高 等 学 校 “ 十 二 五 ” 计 算 机 规 划 精 品 教 材
最新全国计算机等级考试二级MS Office高级应用考试大纲

大学 MS Office 高级应用教程

主　编○匡 松　何志国　刘洋洋　王 超
副主编○鄢 莉　何春燕　邓克虎　王 勇

大学 MS Office 高级应用教程
编 委 会

前言

为了满足信息化时代对大学生有更丰富的计算机知识和更强的计算机应用能力的实际需要，大学计算机基础课程更加注重培养学生灵活运用计算机解决实际问题、熟练的操作技能以及创新意思的能力，使学生在学习和工作中，将计算机技术与本专业紧密结合，使计算机技术更为有效地应用于各专业领域。

本书根据最新版全国计算机等级考试二级 MS Office 高级应用考试大纲的基本要求进行编写，紧跟计算机技术的发展和应用水平，注重实践，强化应用，全面培养和提高学生应用计算机处理信息、解决实际问题的能力并使学生顺利通过全国计算机等级考试二级 MS Office 高级应用考试。

本书共 7 章，内容包括：计算机基础导论；Windows 7 的使用；Word 2010 高级应用；Excel 2010 高级应用；PowerPoint 2010 高级应用；多媒体技术基础；计算机网络基础。

本书内容先进，注重应用，案例丰富，步骤清晰，图文并茂，完全满足最新版全国计算机等级考试二级 MS Office 高级应用考试大纲的考试要求，既可作为大学生学习计算机基础及应用和参加全国计算机等级考试二级 MS Office 高级应用考试的公共课程教材，也可作为各类计算机培训班的教材或初学者的自学用书。

本书由匡松、何志国、王超、刘洋洋担任主编，鄢莉、何春燕、邓克虎、王勇担任副主编，匡松、何志国、王超、刘洋洋、鄢莉、何春燕、邓克虎、王勇、余宗健、刘颖、周峰、陈超、喻敏、缪春池、张俊坤、宁涛、薛飞、林珣、韩延明、张义刚、孙耀邦、郭黎明、李世佳、陈斌、陈德伟、李忠俊、陈康、谢志龙参加了本书的编写工作。

目 录

第1章 计算机基础导论

【学习目标】

☞熟悉计算机的产生、发展、类型及其应用领域。
☞掌握计算机系统的组成及主要技术指标。
☞了解计算机的工作原理。
☞掌握微型计算机的基本配置。
☞掌握计算机中数据的表示与存储。
☞了解信息安全的基本知识，掌握计算机病毒的特征、分类与防治。

1.1 计算机的发展及应用

计算机又称“电脑”，是一种用于高速计算的电子计算机器。计算机是20世纪人类最伟大的科学技术发明之一，引发了信息技术革命，极大地推动了人类社会的进步与发展，对人类的生产活动和社会活动产生了极其重要的影响。

1.1.1 计算机的产生

世界上第一台电子数字计算机诞生于1946年，取名为ENIAC（Electronic Numerical Integrator and Calculator，电子数字积分计算机），主要是为了解决弹道计算问题而研制的，由美国宾夕法尼亚大学莫尔电气工程学院的莫奇莱（J. W. Mauchly）和埃克特（J. P. Eckert）主持设计。ENIAC计算机（如图1-1所示）使用了18 000多个电子管，10 000多个电容器，7000个电阻，1500多个继电器，耗电150千瓦，重量达30吨，占地面积为170平方米。它的加法速度为每秒5000次。ENIAC不能存储程序，只能存20个字长为10位的十进制数。ENIAC计算机的问世，宣告了电子计算机时代的到来。

1944年7月，美籍匈牙利科学家冯·诺依曼在莫尔电气工程学院参观了正在组装的ENIAC计算机，促使他开始构思一个更完整的计算机体系方案。1946年，冯·诺依曼撰写了《关于电子计算机逻辑结构初探》的报告，提出“存储程序”的全新概念，奠定了存储程序式计算机的理论基础，确立了现代计算机的基本结构，称为冯·诺依曼体系结构。这份报告是计算机发展史上的一个里程碑。根据冯·诺依曼提出的改进方案，科学家研制出世界上第一台具有存储程序功能的计算机——EDVAC。EDVAC计算机由运算器、控制器、存储器、输入设备和输出设备这五部分组成，使用二进制进行运算操作，将指令和数据存储到计算机中，计算机按事先存入的程序自动执行。

图 1-1　ENIAC——世界上第一台计算机

EDVAC 计算机的问世，使冯·诺依曼提出的存储程序的思想和结构设计方案成为现实。时至今日，现代的电子计算机仍然被称为冯·诺依曼计算机。

1.1.2　计算机的发展阶段

从 1946 年第一台计算机诞生至今，计算机技术以惊人的速度发展，经历了由简单到复杂、从低级到高级的不同阶段。未来计算机性能应向着巨型化、微型化、网络化、智能化和多媒体化的方向发展。如果按所采用的电子器件进行划分，计算机的发展经历了五个阶段。

1. 第一代计算机

1946 年至 1957 年为计算机发展的初级阶段，计算机采用的电子器件是电子管，如图 1-2 所示。电子管计算机的体积巨大，耗电量大，存储容量小，运算速度为每秒几千次至几万次。软件使用机器语言和汇编语言，主要采用二进制编码的机器语言编写程序。第一代计算机的应用领域以军事和科学计算为主。

图 1-2　电子管

图 1-3　晶体管

2. 第二代计算机

1958 年至 1964 年为计算机发展的第二阶段，计算机采用的电子器件是晶体管，如图 1-3 所示。晶体管计算机的体积缩小，容量扩大，功能增强，可靠性提高，运算速度为每秒几万次至几十万次。主存储器采用磁芯存储器，外存储器开始使用磁盘，提供较多的外部设备，可使用接近于自然语言的高级程序设计语言方便地编写程序，应用领域扩大到数据处理与事务管理，并逐步应用于工业控制。

3. 第三代计算机

1965 年至 1970 年为计算机发展的第三阶段，采用小规模集成电路和中规模集成电路，集成电路芯片如图 1-4 所示。计算机的体积大大缩小，内存容量进一步增加，耗电量减少，功能更加强大，运算速度提高到每秒几十万次至几百万次。在软件方面，出现了多种高级程序设计语言。开始使用操作系统，使得计算机的管理和使用更加方便，应用领域拓展到文字处理、企业管理、自动控制等方面。

图 1-4　集成电路芯片

4. 第四代计算机

从 1971 年起到现在为计算机发展的第四阶段，采用大规模集成电路（Large Scale lntegrated Circuit，简称 LSI，如图 1-5 所示）和超大规模集成电路（Very Large Scale lntegrated Circuit，简称 VLSI）。计算机的性能大幅度提高，运算速度达到几千万次到千百亿次，提供的硬件和软件更加丰富和完善。软件方面出现了数据库管理系统、网络管理系统和面向对象语言等。在这个阶段，计算机向巨型和微型两极发展。1971 年，世界上第一台微处理器在美国诞生，开创了微型计算机时代。微型计算机的出现，使计算机的应用进入了突飞猛进的发展时期，计算机开始进入办公室和家庭，广泛应用于社会的各个领域。

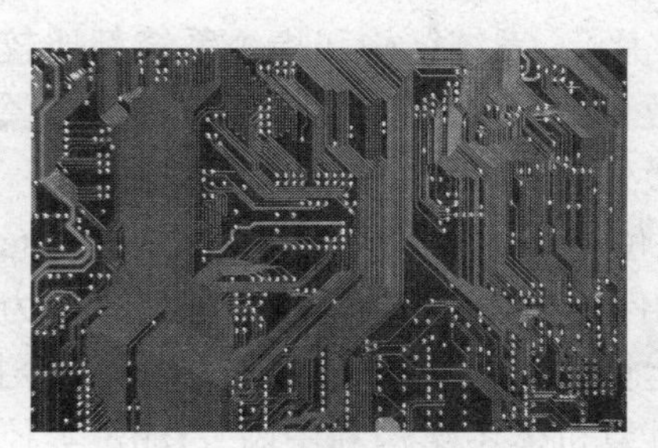

图 1-5　大规模集成电路

5. 第五代计算机

目前，大多数计算机仍然是冯·诺依曼型计算机，我们所使用的计算机虽然能以惊人的信息处理能力来完成人类难以完成的工作，能在一定程度上配合、辅助人类的脑力劳动，开始具备一定的“智能”，但是，它并不能真正听懂人的说话，尚不真正具备联想、推论、学习等人类头脑最普通的思维活动能力，还不能满足某些科技领域的高速、大量的计算任务的要求。因此，科学家正努力突破冯·诺依曼的设计思想，研制真正智能化的非冯·诺依曼型计算机。

第五代计算机的发展与人工智能、知识工程和专家系统等的研究紧密相联，必将突破传统的冯·诺依曼体系结构的概念，其基本结构通常由问题求解与推理、知识库管理和智能化人机接口等子系统组成，真正构成把信息采集、存储、处理、通信与人工智能结合在一起的智能计算机系统，主要面向知识处理，具有形式化学习、思维、联想、推理、解释、解决复杂问题并得出结论的能力，人机之间可以直接通过自然语言（声音、文字）和图形图像交换信息，帮助人们进行判断、决策、开拓未知领域和获得新的知识。第五代计算机是计算机发展史上的一次重要革命，与前四代计算机有着本质的区别，将更加适应未来社会信息化的要求。

1.1.3 微型计算机的发展

微型计算机的发展史实际上就是微处理器的发展历程。微处理器所带来的计算机和互联网革命，改变了整个世界。

微型计算机诞生于20世纪70年代。人们通常把微型计算机叫做PC（Personal Computer）机或个人电脑。微型计算机以微处理器为基础，配置内存储器及输入输出（I/O）接口，体积小，价格便宜，安装和使用十分方便。一台微型计算机的逻辑结构同样遵循冯·诺依曼体系结构，由运算器、控制器、存储器、输入设备和输出设备五部分组成。其中，运算器和控制器（CPU）被集成在一个芯片上，称为微处理器。微处理器的性能决定微型计算机的性能。

1971年，Intel公司推出了全球第一款微处理器。根据微处理器的字长和功能，可将微型计算机的发展划分为以下几个阶段。

1. 第一阶段——4位和8位微处理器时代

1971年至1972年是4位和8位低档微处理器时代。1971年，Intel公司研制出4004微处理器，字长4位，利用该微处理器组成了世界上第一台微型计算机MCS-4。Intel公司于1972年推出8008微处理器，字长为8位，其基本特点是采用PMOS工艺，集成度低（4000个晶体管/片），系统结构和指令系统都比较简单，主要采用机器语言或简单的汇编语言，指令数目较少（20多条指令），基本指令周期为20~50μs。

2. 第二阶段——8位微处理器时代

1973年至1977年是8位微处理器时代，典型产品是Intel 8080/8085、Zilog公司的Z80等，8008处理器拥有相当于4004处理器两倍的处理能力，其特点是采用NMOS工艺，集成度提高约4倍，运算速度提高10~15倍（基本指令执行时间1~2μs），指令系统比较完善，具有典型的计算机体系结构和中断、DMA等控制功能。软件方面除了汇编语言外，出现了BASIC、FORTRAN等高级语言和相应的解释程序和编译程序，并在后期出现了操作系统。

3. 第三阶段——16位微处理器时代

1978年至1984年是16位微处理器时代，典型产品是Intel公司的8086/8088微处理器、Motorola公司的M68000、Zilog公司的Z8000等微处理器，其特点是采用HMOS工艺，集成度（20 000~70 000晶体管/片）和运算速度（基本指令执行时间是0.5μs）都比8位微处理器时代提高了一个数量级。指令系统更加丰富和完善，采用多级中断、多种寻址方式、段式存储机构、硬件乘除部件，并配置了软件系统。

1981年8月，IBM公司推出第一台PC个人计算机，采用Intel 8088微处理器，配置了微软公司的 MS-DOS 操作系统。紧接着推出了扩展型的个人计算机 IBM PC/XT，对内存进行了扩充，并增加了一个硬磁盘驱动器。1982 年，Intel 80286 问世，这是一种标准的 16 位微处理器。1984 年，IBM 公司推出了以 Intel 80286 处理器为核心、带有 10M 硬盘的 16 位增强型个人电脑 IBM PC/AT。

4. 第四阶段——32 位微处理器时代

1985 年至 1992 年是 32 位微处理器时代。1985 年，Intel 公司推出了 32 位的微处理器 80386，在其芯片上集成了 275 000 个晶体管。

1989 年，Intel 80486 问世，这是一种完全 32 位的微处理器。在 Intel 80486 处理器中首次增加了一个内置的数学协处理器，将复杂的数学功能从中央处理器中分离出来，从而大幅度提高了计算速度。Motorola 公司的典型产品有 M69030/68040 等。32 位微处理器采用 HMOS 或 CMOS 工艺，集成度高达 100 万个晶体管/片，具有 32 位地址线和 32 位数据总线，每秒钟可执行 600 万条指令（Million Instructions Per Second，简称 MIPS）。微型计算机的功能已经达到甚至超过超级小型计算机，具有多任务处理能力，也就是说可以同时运行多种程序。同期，如 AMD、TEXAS 等微处理器生产厂商也推出了 80386/80486 系列的芯片。

5. 第五阶段——64 位微处理器时代

1993 年至 2005 年是 Pentium（奔腾）系列微处理器时代。1993 年，Intel 公司推出新一代微处理器 Pentium，虽然 Pentium 处理器仍然属于 32 位芯片（32 位寻址，64 位数据通道），但具有 RISC，拥有超级标量运算，双五级指令处理流水线，在配上更先进的 PCI 总线使其性能大为提高。Intel 公司于 1995 年、1997 年、1998 年、1999 年分别推出了 Pentium Pro 高能奔腾处理器、Pentium II 处理器、Pentium II Xeon 至强处理器与赛扬（Celeron）处理器、Pentium III 处理器与 Pentium III Xeon 至强处理器。Intel 在 Pentium 系列处理器中不断引进多种新的设计思想，其目的是让电脑更加轻松地整合“真实世界”中的数据（如讲话、声音、笔迹和图片），支持电子商务应用及高端商业计算，使微处理器的性能提高到一个新的水平。

2000 年 11 月，Intel 推出 Pentium 4 微处理器，集成度高达每片 4200 万个晶体管，主频为 1.5GHz。2002 年 11 月，Intel 推出的 Pentium 4 微处理器的时钟频率达到 3.06GHz。随后，多媒体扩展结构技术的 MMX（Multi Media eXtension）微处理器的出现，极大提高了计算机在多媒体和通信应用方面的性能，使个人计算机在网络应用以及处理复杂的图形、图像、动画、音乐合成、语音压缩、语音识别以及虚拟技术等方面的功能得到了新的提升。

6. 第六阶段——多核微处理器时代

2005 年至今是酷睿（Core）系列微处理器时代。“酷睿”是一款新型微架构。2005 年，Intel 公司推出 Intel Core 处理器，是向酷睿架构迈进的第一步，酷睿使双核技术在移动平台上第一次得到实现。2006 年，Intel 公司发布全新双核的 Intel Core2（酷睿 2）和赛扬 Duo 处理器。双核处理器（Dual Core Processor）是指在一个处理器上集成两个运算核心，使得同频率的双核处理器比单核处理器性能要高 30%~50%，极大地提高了计算能力。

2007 年，Intel 公司推出 Intel 四核心服务器处理器，接着又推出了 Intel QX9770 四核至强45nm处理器。

2008年11月，Intel公司发布Intel Core i7处理器，这是一款45nm原生四核处理器，采用LGA 1366针脚设计，拥有8MB三级缓存，支持三通道DDR3内存，支持第二代超线程技术，处理器能以八线程运行。

2010年3月，八核处理器诞生，Intel公司宣布推出Intel至强处理器7500系列，该系列处理器可用于构建从双路到最高256路的服务器系统。此后，Intel公司推出的服务器芯片拥有更多的内核。

在提高处理器内部指令处理流水线的数量、增加缓存容量等方法纷纷用尽之后，似乎残酷的现实告诉设计者们：单核心处理器已经走到尽头，双核/多核技术是目前提升处理器性能的解决方案。

在单一处理器上安置两个或更多强大的计算核心的创举开拓了一种简单的和全新的提升CPU性能的方式。工程师们开发了多核芯片，理论上让一个核心完成一个任务，从而实现多任务同步执行，提高性能。

多核技术是处理器发展的必然，近20年来，半导体工艺技术的飞速进步和体系结构的不断发展，推动了微处理器性能的不断提高。半导体工艺技术的每一次进步都为微处理器体系结构的研究提出了新的问题，开辟了新的领域。体系结构的进展又在半导体工艺技术发展的基础上进一步提高了微处理器的性能。

通过更强的制造工艺，让单芯片中容纳更多的核心，这已经是处理器体系结构发展的一个重要趋势，双核处理器已经普及，四核处理器已经在市面上出现，未来的处理器将向多核方面发展，一代更比一代强。随着电子技术的发展，微处理器的集成度越来越高，运行速度成倍增长。微处理器的发展使微型计算机高度微型化、快速化、大容量化和低成本化。

1.1.4 计算机的特点、类型及主要技术指标

1. 计算机的特点

计算机能进行高速运算，具有超强的记忆（存储）功能和灵敏准确的判断能力。计算机具有以下基本特点：

（1）运算速度快——运算速度是计算机的一个重要性能指标。通常，计算机以每秒完成基本加法指令的数目就表示计算机的运行速度。

（2）具有存储和记忆能力——计算机具有“记忆”功能，是与传统计算工具的一个重要区别。计算机的存储器可以“记忆”（存储）大量的计算机程序和数据。随着计算机的广泛应用，计算机存储器的存储容量会越来越大。

（3）自动化程度高——计算机能够存储程序，一旦向计算机发出指令，它会自动、快速地按指定的步骤完成任务，一般无须人工干预。计算机能够高度自动化运行是与其他计算工具的本质区别。

（4）计算精度高——计算机内部采取二进制数字进行运算，可以满足各种计算精度的要求。例如，利用计算机可以计算出精确到小数点后200万位的π值。

（5）可靠性高——随着大规模和超大规模集成电路的发展，计算机的可靠性也大大提高，计算机连续无故障的运行时间可以达几个月，甚至几年。

（6）具有逻辑判断能力——计算机的运算器除了能够完成基本的算术运算外，还具有进行比较、判断等逻辑运算的功能。这种能力是计算机处理逻辑推理问题的前提。

2. 计算机的类型

计算机的种类很多，可按照计算机的规模以及用途等不同的角度进行分类，比如，可分为超级计算机、工业控制计算机、网络计算机、个人计算机、嵌入式计算机五类；也可根据计算机的运算速度、存储容量、功能强弱、规模大小以及软件系统的丰富程度等综合性能指标将计算机划分为巨型机（Giant Computer）、大中型机（Large-scale or Medium-size Computer）、小型机（Mini Computer）、微型机（Micro Computer）和单片机（Single Board Computer）。

（1）按照计算机的规模进行分类

① 巨型计算机——当今体积最大、运行速度最快、功能最强、价格最贵的计算机，其运行速度达到每秒 10 亿以上浮点运算，价格在 200 万至 2000 万美元之间。巨型机可以被许多人同时访问，对尖端科学、战略武器、气象预报、社会经济现象模拟等新科技领域的研究都具有极为重要的意义。

② 小巨型计算机——新发展起来的一类计算机，又称为桌上型超级电脑。其性能与巨型计算机接近，但采用了大规模集成电路和微处理器并行处理技术，体积大大减小，费用仅是巨型机的 1/10。

③ 大型主机——运算速度可以达到每秒几千万次浮点运算。大型主机系统强大的功能足以支持远程终端几百用户同时使用。

④ 小型计算机——运算速度为每秒几百万次浮点运算。与大型主机一样，小型计算机支持多用户。

⑤ 工作站——一种功能强大的台式计算机。常用于图形处理或局域网服务器。工作站与微机的区别较小，一般工作站比微机有更多的接口、更快的速度、更大的外存。

⑥ 微型计算机——简称微机，以大规模集成电路芯片制作的微处理器为 CPU 的个人计算机。按性能和外形大小，可分为台式计算机、笔记本电脑和掌上电脑。

（2）按照计算机的用途进行分类

① 通用计算机——具有广泛的用途和使用范围，可以应用于科学计算、数据处理和过程控制等。

② 专用计算机——适用于某一特殊的应用领域，如智能仪表、生产过程控制、军事装备的自动控制等。

3. 计算机的主要技术指标

评价一台计算机的性能时，通常根据该机器的字长、时钟频率、运算速度、内存及硬盘容量等主要技术指标来进行综合考虑。

（1）字长——一般说来，计算机在同一时间内处理的一组二进制数称为一个计算机的“字”，而这组二进制数的位数叫做“字长”。简言之，字长是指计算机一次能够同时处理的二进制数字的位数。所以，通常称处理字长为 8 位数据的 CPU 叫 8 位 CPU，处理字长为 32 位数据的 CPU 叫 32 位 CPU。字长是衡量计算机性能的一个重要因素，它直接关系到计算机的计算精度、速度和功能。字长越长，计算机处理数据的能力越强。

（2）时钟频率（主频）——提供计算机定时信号的一个源，它产生不同频率的基准信号，用来同步 CPU 的每一步操作，通常简称为频率。频率的标准计量单位是 Hz（赫）。时钟频率又称主频。CPU 的主频，即 CPU 内核工作的时钟频率，是评价 CPU 性能的重要指标。一般说来，一个时钟周期完成的指令数是固定的，因此主频越高，CPU 的速度就越快。由于各种 CPU 的内部结构不尽相同，所以并不能完全用主频来概括 CPU 的性能。但 CPU 主频的高低可以决定计算机的档次和价格水平。

（3）运算速度——计算机每秒钟能够执行的指令条数，常用"百万条指令/秒"（MIPS）或"百万条浮点指令/秒"（MFLOPS）为单位来描述。运算速度是衡量计算机性能的重要指标。

（4）内存容量——内存储器中的 RAM（随机存储器）与 ROM（只读存储器）的容量总和。内存容量以 MB 作为单位。它反映了计算机的内存储器存储信息的能力，是影响整机性能和软件功能发挥的重要因素。内存容量越大，运算速度越快，处理数据的能力越强。

1.1.5 计算机的应用领域

计算机的三大传统应用是科学计算、数据处理和过程控制。随着计算机技术突飞猛进的发展，计算机的功能越来越强大，应用更加广泛。计算机的应用领域大致可分为以下几个方面。

1. 科学计算

科学计算又称为数值计算，指用于科学研究和工程技术的数学问题的计算。目前，科学计算仍然是计算机应用的一个重要领域。现代科学技术工作中的科学计算问题十分巨大而复杂。利用计算机的快速、高精度、连续的运算能力，可以完成各种科学计算，解决人力或其他计算工具无法解决的复杂计算问题，例如同步通信卫星的发射、卫星轨道计算、高能物理、工程设计、地震预测、天气预报等。

2. 信息处理

信息是以适合于通信、存储或处理的形式来表示的知识或消息。信息处理是信息的收集、转换、分类、整理、加工、存储、检索等一系列活动的总称。信息处理是目前计算机应用最为广泛的领域，如企业管理、物资管理、人口统计、报表统计、帐目计算、办公自动化、邮政业务、机票订购、信息情报检索、图书管理、医疗诊断等。

3. 办公自动化

办公自动化（Office Automation，简称 OA）主要表现即"无纸办公"。在计算机、通信与自动化技术飞速发展并相互结合的今天，一个以计算机网络为基础的高效人—机信息处理系统可以全面提高管理和决策水平。现代的 OA 系统通过 Internet/Intranet 平台，为企业员工提供信息共享和交换。

4. 生产自动化

生产自动化是计算机在现代生产中的应用，利用计算机对工业生产过程中的某些信号自动进行检测，并把检测到的数据存入计算机，再根据需要对这些数据进行处理。

（1）实时控制

实时控制又称为过程控制，指实时采集、检测数据并进行加工后，按最佳值对控制对象进行控制。应用计算机进行实时控制可大大提高生产自动化水平，提高劳动效率与产品质量，降低生产成本，缩短生产周期，有力促进工业生产的自动化。

（2）辅助工程

计算机辅助设计（Computer Aided Design，简称 CAD）是指利用计算机帮助人们进行产品和工程设计，使设计过程自动化、设计合理化、科学化、标准化，大大缩短设计周期，提高设计自动化水平和设计质量。CAD 技术已广泛应用于建筑工程设计、服装设计、机械制造设计、船舶设计等行业。

计算机辅助制造（Computer Aided Manufacturing，简称 CAM）是指利用计算机来进行生产规划、管理和控制产品制造的过程。利用 CAM 技术，可完成产品的加工、装配、检测、包装等生产过程，实现对工艺流程、生产设备等的管理与生产装置的控制和操作。

CAD/CAM 技术推动了一切领域的设计革命，广泛地影响到机械、电子、化工、航天、建筑等行业。现在我们周围的商品，大到飞机、汽车、轮船、火箭，小到运动鞋、发夹都可能是使用 CAD/CAM 技术生产的产品。

（3）计算机辅助测试

计算机辅助测试（Computer Aided Testing，简称 CAT）是指利用计算机辅助进行产品测试。利用计算机进行辅助测试，可以提高测试的准确性、可靠性和效率。

5. 人工智能

人工智能是计算机科学的一个分支，是研究和开发用于模拟、延伸和扩展人的智能的理论、方法、技术及应用系统的一门新的技术科学。除了计算机科学以外，人工智能还涉及信息论、控制论、自动化、仿生学、生物学、心理学、数理逻辑、语言学、医学和哲学等多门学科。该领域的研究主要包括：知识表示、自动推理和搜索方法、机器学习和知识获取、知识处理系统、自然语言理解、计算机视觉、专家系统、智能机器人、自动程序设计等方面。

6. 在人类生活中的应用

把计算机的超级处理能力与通信技术结合起来就形成了计算机网络。随着网络建设的进一步完善，计算机越来越成为人类生活的必需品。其主要用于人们的通信（电子邮件、传真、网络电话）、思想交流（网络会议、专题讨论、聊天、博客）、新闻、电子公告、电子商务、影视娱乐、信息查询、教育等。

在教育领域，除计算机辅助教学外，计算机远程教育发展非常快，已经发展为一种重要的教学形式。操作模拟系统（如，飞机、舰船、汽车操作模拟系统）大大提高了训练效果，节约了训练经费。数字投影仪的使用改变了理论课中“黑板加粉笔”的模式，可以大大提高教学效率。

在商业领域，电子商务早已进入实际应用。电子商务（Electronic Business，简称 EB）是利用开放的网络系统进行的各项商务活动。它采用了一系列以电脑网络为基础的现代电子工具，如电子数据交换、电子邮件、电子资金转帐、数字现金、电子密码、电子签名、条形码技术、图形处理技术等。电子商务可以实现商务过程中的产品广告、合同签订、供货、发运、投保、通关、结算、批发、零售、库存管理等环节的自动化处理。

在艺术领域，有电脑绘画、音乐合成、数字影像合成、虚拟演员等技术的应用；在交通及军事领域，卫星定位系统和交通导航系统也得到了较广泛的应用。

总之，计算机的应用已经深入到人类生活、生产及科学研究的各个领域中，以后的应用还将更深入、更广泛，其自动化程度也将会更高。

1.2 计算机系统的组成

一个完整的计算机系统是由硬件系统（Hardware System）和软件系统（Software System）系统两部分组成。

计算机硬件是指系统中可触摸到的设备实体，即构成计算机的有形的物理设备，是计算机工作的基础，像冯·诺依曼计算机中提到的五大组成部件都是硬件。

计算机软件是指在硬件设备上运行的各种程序和文档。如果计算机不配置任何软件，计算机硬件将无法发挥其作用。只有硬件，没有软件的计算机称为裸机。硬件与软件的关系是相互配合，共同完成其工作任务。

1.2.1 计算机系统的层次结构

计算机系统中的硬件系统和软件系统按照一定的层次关系进行组织。硬件处于最内层，然后是软件系统中的操作系统。操作系统是系统软件中的核心，将用户和计算机硬件系统隔离开来，用户对计算机的操作转化为对系统软件的操作，所有其他软件（包括系统软件与应用软件）都必须在操作系统的支持和服务下才能运行。操作系统之外是其他系统软件，最外层为用户应用软件。每层完成各自的任务，层间定义接口。这种层次关系为软件的开发、扩充和使用提供了强有力的手段。计算机系统的层次结构如图 1-6 所示。

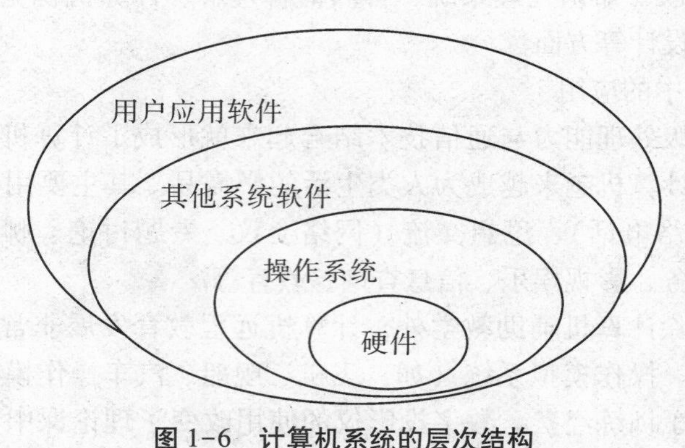

图 1-6 计算机系统的层次结构

1.2.2 计算机硬件系统

计算机的硬件系统通常由运算器、控制器、存储器、输入设备和输出设备五部分组成，如图 1-7 所示。

利用计算机加工处理数据，首先通过输入设备将程序和数据输入计算机，并存放在存储器中，然后由控制器对程序的指令进行解释执行，调动运算器对相应的数据进

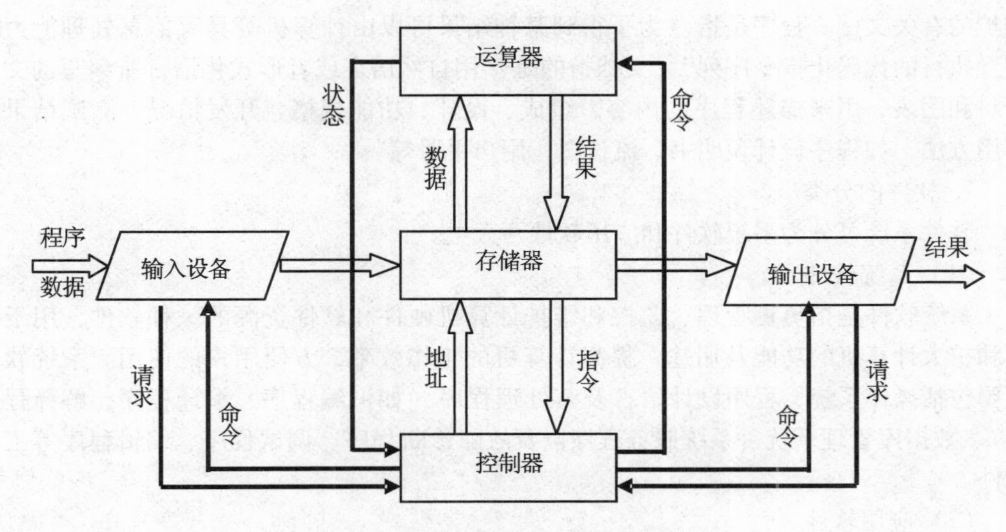

注：⇨ 代表数据流，→ 代表控制流

图 1-7　计算机的基本结构

行算术或逻辑运算，将中间结果和最终结果送回存储器中，这些结果又可通过输出设备输出。在整个处理过程中，由控制器控制各部件协调统一工作。

1. 运算器

运算器又称算术逻辑部件，是进行算术运算和逻辑运算的部件，由算术逻辑运算部件、移位器和若干暂存数据的寄存器组成。算术运算按照算术规则进行运算，如加、减、乘、除等。逻辑运算是指非算术的运算，如与、或、非、异或、比较、移位等。

2. 控制器

控制器主要由程序计数器、指令寄存器、指令译码器和操作控制器等部件组成。控制器是分析和执行指令的部件，是计算机的神经中枢和指挥中心，负责从存储器中读取程序指令并进行分析，然后按时间先后顺序向计算机的各部件发出相应的控制信号，以协调、控制输入输出操作和对内存的访问。

3. 存储器

存储器是存储各种信息（如程序和数据等）的部件或装置。存储器分为主存储器（或称内存储器，简称内存）和辅助存储器（或称外存储器，简称外存）。

4. 输入设备

输入设备是用来把计算机外部的程序、数据等信息送入到计算机内部的设备。常用的输入设备有键盘、鼠标、光笔、扫描仪、数字化仪、麦克风等。

5. 输出设备

输出设备负责将计算机的内部信息传递出来（称为输出），或在屏幕上显示，或在打印机上打印，或在外部存储器上存放。常用的输出设备有显示器和打印机等。

1.2.3　计算机软件系统

1. 软件的概念

软件是指为方便使用计算机和提高使用效率而编写的程序以及用于开发、使用和维护的有关文档。程序是指"为了得到某种结果可以由计算机等具有信息处理能力的装置执行的代码化指令序列"。文档指的是"用自然语言或者形式化语言所编写的文字资料和图表，用来描述程序的内容、组成、设计、功能规格、开发情况、测试结果及使用方法，如程序设计说明书、流程图、用户手册等"。

2. 软件的分类

软件系统可分为系统软件和应用软件两大类。

（1）系统软件

系统软件是指负责管理、监控和维护计算机硬件和软件资源的一种软件，用于发挥和扩大计算机的功能及用途，提高计算机的工作效率，方便用户的使用。系统软件主要包括操作系统、程序设计语言及其处理程序（如汇编程序、编译程序、解释程序等)、数据库管理系统、系统服务程序以及故障诊断程序、调试程序、编辑程序等工具软件。

（2）应用软件

应用软件是指利用计算机和系统软件为解决各种实际问题而编制的程序。从其服务对象的角度，又可分为通用软件和专用软件两类。常见的应用软件有科学计算程序、图形与图像处理软件、自动控制程序、情报检索系统、工资管理程序、人事管理程序、财务管理程序以及计算机辅助设计与制造、辅助教学软件等。

3. 程序设计语言及其处理程序

为了利用计算机解决实际问题，使计算机按照人的意图进行工作，人们主要通过用计算机能够"懂"得的语言和语法格式编写程序并提交计算机执行来实现。编写程序所采用的语言就是程序设计语言。程序设计语言一般分为机器语言、汇编语言和高级语言。

（1）机器语言

机器语言的每一条指令都是由 0 和 1 组成的二进制代码序列。机器语言是最底层的面向机器硬件的计算机语言，用机器语言编写的程序不需要任何翻译和解释就能被计算机直接执行。用机器语言编写的程序称为机器语言程序。机器语言程序可被机器直接执行，不需任何翻译，程序执行效率高；但机器指令数目太多，且都是二进制代码，用机器语言编写的程序难以辨认、记忆、调试、修改，且不易移植。

计算机只能接受以二进制形式表示的机器语言，所以任何非机器语言程序最终都要翻译成由二进制代码构成的机器语言程序，机器才能执行这些程序。

（2）汇编语言

将二进制形式的机器指令代码序列用符号（或称助记符）来表示的计算机语言称为汇编语言。汇编语言实质上是符号化了的机器语言。比如，在 Intel 8086/8088 汇编语言中，用 ADD 来表示"加"，用 MOV 表示"传送"，用 OUT 表示"输出"等。用汇编语言编写的程序（称汇编语言源程序）计算机不能直接执行，必须由机器中配置的汇编程序将其翻译成机器语言目标程序后，计算机才能执行。将汇编语言源程序翻译成机器语言目标程序的过程称为汇编。

（3）高级语言

机器语言和汇编语言都是面向机器的语言，而高级语言则是面向问题的语言。高级语言与具体的计算机硬件无关，其表达方式接近于人们对求解过程或问题的描述方法，容易理解、掌握和记忆。用高级语言编写的程序的通用性和可移植性好。用高级语言编写的程序通常称为源程序，计算机不能直接执行源程序。用高级语言编写的源程序必须被翻译成二进制代码组成的机器语言后，计算机才能执行。高级语言源程序有编译和解释这两种执行方式。

① 解释方式——在解释方式下，源程序由解释程序边“解释”边执行，不生成目标程序，如图 1-8 所示。早期的 BASIC 源程序的执行即采用这种方式，在运行 BASIC 源程序时，“解释程序”负责将 BASIC 源程序语句逐条进行解释和执行，不保留目标程序代码，即不产生可执行文件。解释方式执行程序的速度较慢。

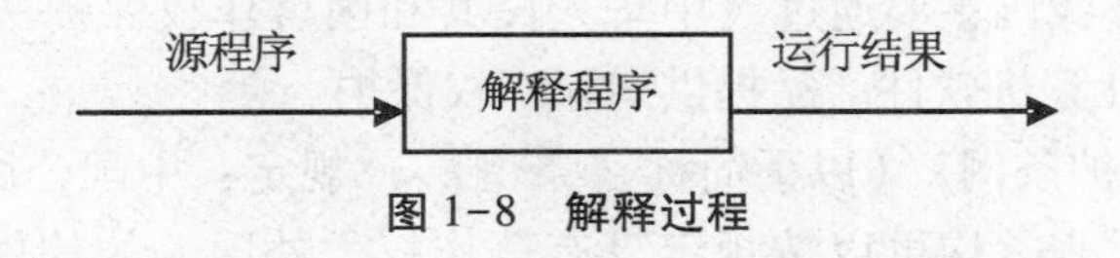

图 1-8　解释过程

② 编译方式——在编译方式下，源程序必须经过编译程序的编译处理来产生相应的目标程序，然后再通过连接和装配生成可执行程序。因此，把用高级语言编写的源程序变为目标程序，必须经过编译程序的编译。编译过程如图 1-9 所示。

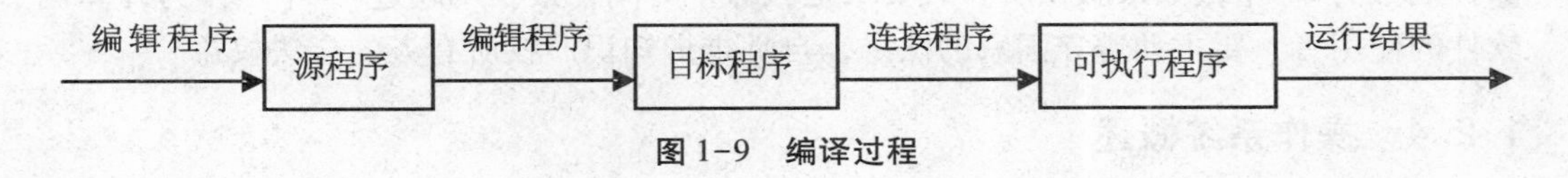

图 1-9　编译过程

4. 数据库管理系统

数据库管理系统（Data Base Management System，简称 DBMS）是计算机数据处理发展到高级阶段而出现的专门对数据进行集中处理的系统软件，负责数据库的定义、建立、操作、管理和维护，在保证数据完全可靠的同时提高数据库应用的简明性和方便性。

数据库管理系统通常包含：数据库的定义和建立、数据库的操作、数据库的控制、数据库的维护、故障恢复、数据通信等。为了完成这些功能，数据库管理系统需要提供语言处理程序，具有向用户提供数据库的定义、操作等的功能，最典型的是数据描述语言（DDL）和数据操纵语言（DML），前者负责描述和定义数据的各种特性，后者说明对数据的操作。数据库管理系统还提供相应的运行控制程序，负责数据库运行时的管理、调度和控制；还提供一些服务性程序，完成数据库中数据的装入和维护等服务性功能，也称实用程序或例行程序。

目前常见的数据库大多为关系型数据库，如小型桌面系统常用的 Access，中小型企业常用的 SQL Server，大型企业常用的 Oracle、DB2 等。

5. 软件的知识产权保护

知识产权是一种无形财产，与有形财产一样，可作为资本投资、入股、抵押、转让、赠送等，但有专有性、地域性和时间性三个主要特性。专有性是指知识产权的独占性、垄断性、排他性。例如，同一内容的发明创造只给予一个专利权，由专利权人所垄断，未经许可任何单位和个人不得使用，否则就构成侵权。地域性是国家所赋予的知识产权权利只在本国国内有效，如要取得某国的保护，必须要得到该国的授权。时间性是指知识产权都有一定的保护期限，保护期一旦失去，便进入公有领域，即它保护的知识产权就变成社会公共财产。

知识产权是国家通过立法使其地位得到确认，并通过知识产权法律的施行才使得知识产权权利人的合法权益得到法律保障。

保护知识产权有利于调动人们从事智力成果创造的积极性；有利于促进智力成果的传播，促进经济和文化事业的发展；有利于促进国际间科学技术和文化事业的交流与协作。

计算机软件是一种智力劳动产品，具有很高的附加值，对劳动生产率的提高也有着不可估量的作用。我国主要通过《中华人民共和国著作权保护法》和《计算机软件保护条例》依法对计算机软件产品提供知识产权保护。

《计算机软件保护条例》（以下简称《条例》）规定：中国公民和单位对其所开发的软件，不论是否发表，均可以按规定享有著作权。外国人的软件首先在中国境内发表的，也享有著作权。外国人在中国境外发表的软件，依照其所属国同中国签订的协议或者共同参加的国际条约享有著作权，受《条例》保护。作为软件的开发者，应该到软件登记管理机构（版权局）进行登记并交纳登记费用才能获得法律保护。软件的保护期限为25年，如果版权所有人要求延长保护时间，最长不超过50年。作为计算机软件的使用者，要主动遵守国家的法令，自觉维护知识产权所有人的合法权益。

1.2.4 操作系统概述

1. 操作系统的功能

操作系统是系统软件中最重要的一种软件，负责控制和管理计算机系统的各种硬件和软件资源，合理地组织计算机系统的工作流程，提供用户与操作系统之间的软件接口。

操作系统的主要功能如下：

（1）进程管理（即处理机管理）——在多用户、多任务的环境下，主要负责对CPU进行资源的分配调度，有效地组织多个作业同时运行。

（2）存储管理——主要是管理内存资源，合理地为程序的运行分配内存空间。

（3）文件管理——有效地支持文件的存储、检索和修改等操作，解决文件的共享、保密与保护问题。

（4）设备管理——负责外部设备的分配、启动和故障处理，让用户方便地使用外部设备。

（5）作业管理——提供使用系统的良好环境，使用户能有效地组织自己的工作流程。

操作系统可以增强系统的处理能力，使系统资源得到有效利用，为应用软件的运行提供支撑环境，让用户方便地使用计算机。

2. 操作系统的分类

操作系统主要有单用户操作系统、批处理操作系统、分时操作系统、实时操作系统、网络操作系统、分布式操作系统六种类型。

（1）单用户操作系统：系统主要面向单个用户专用，功能比较简单，但能提供方便友好的用户操作界面以及功能丰富的配套的系统软件。随着个人计算机的普及应用，单机操作系统的应用也十分广泛。

（2）批处理操作系统：系统可以对用户作业成批输入并处理，以便减少人工操作，提高系统处理效率。

（3）分时操作系统：系统可以使多个用户同时对于系统资源进行共享，CPU 采用轮流分配“时间片”的方式为各个用户服务。每个用户都仿佛“独占”了整个计算机系统。

（4）实时操作系统：系统可以对输入的信息做出快速及时的反应，进行无时延的处理，常用于自动控制系统中。

（5）网络操作系统：系统可以在局域网范围内来管理网络中的软、硬件资源和为用户提供网络服务功能。网络操作系统既可以管理本机资源，也可以管理网络资源；既可以为本地用户提供网络服务，也可以为远程网络用户提供网络服务。其主要服务包括网络通信和资源共享。

（6）分布式操作系统：分布式系统是通过网络联结起来的物理上分散的、具有“自治”功能的计算机系统。分布式操作系统可以统一管理、调度、分配、协调控制分布式系统中所有的计算机系统资源，实现它们相互之间的信息交换、资源共享以及分布式计算与处理。所谓“分布式计算与处理”，即调度多个计算机系统协作完成一项任务。

3. 微型计算机常用的操作系统

微型计算机先后使用的操作系统主要有 DOS、OS/2、Unix、Linux、Windows 等。

（1）DOS 操作系统

DOS（Disk Operation System）是磁盘操作系统的简称，曾广泛使用于微型计算机。DOS 是一个单用户、单任务的操作系统。

（2）OS/2 系统

1987 年，IBM 公司推出了 PS/2（Personal System/2）个人电脑。OS/2 系统正是为 PS/2 系列机开发的一种多任务操作系统。OS/2 具有多任务功能，采用图形界面，是一个 32 位系统，不仅可以处理 32 位 OS/2 系统的应用软件，也可以运行 16 位 DOS 和 Windows 软件。

（3）Unix 操作系统

Unix 是一个支持多任务、多用户的通用操作系统，由 AT&T 贝尔试验室于 1969 年开发成功。Unix 有多种不同的版本，可以应用于商业管理和图像处理，成为工作站和高档微机上标准的操作系统。

Unix 提供了功能强大的命令程序编程语言 Shell，具有良好的用户界面。Unix 还提供了多种通信机制以及丰富的语言、数据库管理系统等。Unix 的文件系统是按层次式的树形分级结构，有良好的安全性和可维护性，因此 Unix 能历尽沧桑而经久不衰。其中 IBM 公司的 Unix-AIX 是一个重要的产品。曾经广泛使用的 Unix 系统还有 Sun 公司的 Solaris、HP 公司的 HP-UX 和 SCO 公司的 Open Server。

(4) Linux 操作系统

Linux 是一种可以运行在 PC 机上的免费的 Unix 操作系统，由芬兰赫尔辛基大学的学生 Linus Torvalds 于 1991 年开发推出。Oracle、Sybase、Novell、IBM 等公司都有自己的 Linux 产品，许多硬件厂商也推出了预装 Linux 操作系统的服务器产品。

(5) Windows 操作系统

20 世纪 90 年代中期，微软公司推出了单用户多任务操作系统 Windows 95，之后又相继推出了 Windows 98、Windows Me、Windows 2000、Windows NT、Windows XP、Windows Vista 等操作系统。2009 年下半年，Windows 7 发布。Windows 7 可供笔记本电脑、平板电脑、多媒体中心等使用。

2012 年，微软公司发布了 Windows 8 预览版，这是一个具有革命性变化的操作系统，支持来自 Intel、AMD 和 ARM 的芯片架构，即：支持个人电脑（Intel 平台系统）以及平面电脑（Intel 平台系统或 ARM 平台系统），将全面支持 USB 3.0 接口。USB 3.0 的传输速度将是 USB 2.0 的传输速度的 10 倍左右（5Gbps）。Windows 8 正式版包括四个版本，即 Windows 8（普通版）、Windows 8 Professional（专业版）、Windows 8 RT 以及 Windows 8 Enterprise（企业版），甚至将推出 Windows 8 China（中国版）版本。

Windows 8 新系统画面与操作方式变化极大，大幅改变以往的操作逻辑，采用全新的 Metro 风格操作界面（称为“开始屏幕”），提供更佳的屏幕触控支持，各种应用程序、快捷方式等能以动态方块的样式呈现在屏幕上，用户可自行将常用的浏览器、社交网络、游戏等添加到这些方块中。Windows 8 旨在提供高效易行的工作环境，让人们的日常电脑操作更加简单和快捷。

1.3 计算机的工作原理

计算机的基本原理是存储程序和程序控制。计算机根据人们预定的安排，自动地进行数据的快速计算和加工处理。计算机在运行时，先从内存中取出指令，通过控制器的译码，按照指令的要求，从存储器中取出数据进行指定的运算和逻辑操作等加工，然后再按地址把结果传送到内存中去。

1.3.1 存储程序原理

基于冯·诺依曼体系结构的现代计算机设计的一个最基本的思想是“存储程序”的原理。存储程序的原理主要包括以下一些内容：

(1) 所有数据和指令均应以二进制形式表示。

(2) 所有数据和由指令组成的程序必须事先存放在主存储器中，然后按顺序执行。

(3) 计算机的硬件系统由存储器、运算器、控制器、输入设备和输出设备五部分组成。在控制器的统一控制下，完成程序所描述的处理工作。

当计算机工作时，有两种信息在流动：数据信息和指令信息。数据信息是指原始数据、中间结果、结果数据、源程序等；指令信息是指规定的计算机能完成的某一种基本操作，例如，加、减、乘、除、存数、取数等。

1.3.2 指令系统与程序执行过程

1. 指令系统

一条指令规定计算机执行一个基本操作。一种计算机可识别许多指令，所有这些指令的集合称为计算机的指令集合或指令系统。指令系统依赖于计算机，即不同类型的计算机指令系统是不同的，因此所能执行的基本操作也是不同的。

指令系统是计算机基本功能具体而集中的体现。从计算机系统结构的角度看，指令是对计算机进行控制的最小单位。当一台机器的指令系统确定后，软件设计师在指令系统的基础上建立程序系统，扩充和发挥机器的功能。程序就是计算机指令的有序序列。

2. 程序执行过程

计算机的工作过程实际上就是快速地执行指令的过程。数据信息从存储器读入运算器进行运算，所得的计算结果再存入存储器或传送到输出设备。指令控制信息是由控制器对指令进行分析、解释后向各部件发出的控制命令，并指挥各部件协调地工作。

指令执行是由计算机硬件来实现的。计算机执行程序的过程实际上是依次逐条执行指令的过程，所以，计算机的基本工作原理可以通过程序的执行过程来描述：程序首先装入计算机内存，CPU 从内存中取出一条指令，分析识别指令，最后执行指令，从而完成了一条指令的执行周期。然后，CPU 按序取出下一条指令，继续下一个指令执行周期，周而复始，直到执行完成程序中的所有指令。

1.4 微型计算机基本配置

一个完整的微型计算机系统包括硬件系统和软件系统两大部分。硬件系统由运算器、控制器、存储器（内存、外存和缓存）、各种输入输出设备组成。软件系统分为系统软件和应用软件。

1.4.1 微型计算机的硬件配置

一台微型计算机的硬件系统主要由中央处理器（CPU）、主板、机箱与电源、存储器、输入设备和输出设备组成，如图 1-10 所示。

微型计算机又称微机、个人计算机或个人电脑，包括台式机（Desktop）、电脑一体机、笔记本电脑（Notebook 或 Laptop）、掌上电脑（PDA）以及平板电脑等。

笔记本电脑的形状很像一个笔记本，体积小，携带方便，如图 1-11 所示。

图 1-10 个人电脑

图 1-11 笔记本电脑

1. 中央处理器——CPU

CPU 即中央处理器，是英文 Central Processing Unit 的缩写，称之为微处理器，是一块超大规模集成电路芯片，内部是由几千万个到几亿个晶体管元件组成的十分复杂的电路。CPU 主要由运算器和控制器组成，是微型计算机硬件系统中的核心部件。CPU 处理数据速度的快慢，直接影响到整台计算机性能的发挥。CPU 品质的高低决定一台计算机的档次。

世界上生产 CPU 芯片的公司主要有 Intel、AMD 和 VIA 等。Intel 公司是目前世界上最大的 CPU 芯片制造商之一，最近几年先后推出了酷睿 2、酷睿 i5、酷睿 i3、酷睿 i7 等微处理器芯片。Intel 公司的 CPU 芯片如图 1-12 所示。

图 1-12 Intel 生产的 CPU 芯片

CPU 性能的主要参数包括内核数量、运行频率、缓存、接口方式、工作电压等。

（1）内核数量

内核数量就是指一个芯片内集成的核心数。例如，双核处理器就是将两个物理处理器核心整合入一个内核中。目前逐步向四核、八核等多核心发展。多核处理器也称为单芯片多处理器，其设计思想是将大规模并行处理器中的对称多处理器集成到同一芯片内，各个处理器并行执行不同的进程。

（2）运行频率

CPU 的运行频率是决定处理器性能的核心指标，主要由主频参数表示。CPU 的主频是指 CPU 的工作时钟频率，是衡量 CPU 性能的一个重要指标。一般说来，主频越高的 CPU 在单位时间里完成的指令数越多，相应的处理器速度也越快。目前，CPU 的主频单位都是 GHz（1MHz = 1000Hz，1GHz = 1000MHz），例如，酷睿双核 E7400 处理器的主频是 2. 80GHz。而外频是 CPU 的外部工作频率，也就是系统总线的工作频率。CPU 的工作主频则是通过倍频系数乘以外频得到的。

（3）缓存

缓存是可以进行高速存取的存储器，又称 Cache，用于内存和 CPU 之间的数据交换。缓存的大小也是 CPU 的重要指标之一，缓存的结构和大小对 CPU 速度的影响非常大，CPU 内缓存的运行频率极高。缓存容量的增大，可以大幅度提升 CPU 内部读取数据的命中率，而不用再到内存或者硬盘上寻找，以此提高系统性能。

（4）指令集

CPU 依靠指令来指挥计算和控制系统，CPU 在设计时规定了一系列与其硬件电路相配合的指令系统。指令的强弱也是 CPU 的重要指标，指令集是提高微处理器效率的最有效的工具之一。

（5）接口方式

CPU 必须通过与主板相对应的接口才能与其他部件进行正常通信。目前 CPU 与主板的接口方式主要有插针式和触点式两种，并以触点式为发展方向。

（6）工作电压和发热

CPU 的工作电压，即 CPU 正常工作所需的电压，分为两方面：CPU 的核心电压与 I/O 电压。核心电压即驱动 CPU 核心芯片的电压；I/O 电压则指驱动 I/O 电路的电压。通常 CPU 的核心电压小于等于 I/O 电压。随着 CPU 制造工艺的提高，目前台式机所用的 CPU 核心电压通常在 2V 以内，笔记本专用 CPU 的工作电压相对更低。

（7）制造工艺

通常所说的 CPU 的制造工艺指的是在生产 CPU 过程中，要进行加工各种电路和电子元件，并制造导线连接各个元器件。通常其生产的精度以微米（1 微米等于千分之一毫米）来表示，未来有向纳米（1 纳米等于千分之一微米）发展的趋势，精度越高，生产工艺越先进。在同样的材料中可以制造更多的电子元件，连接线也越细，不仅提高了 CPU 的集成度，使 CPU 的功耗也越小。

2. 主板

主板是计算机中各个部件工作的一个平台，将各个部件紧密连接在一起，这些部件通过主板进行数据传输。主板又称“母板”，是其他硬件的载体，CPU、内存、硬盘驱动器、软盘驱动器、光盘驱动器、显示卡等都插接在主板上。

主板是用来承载 CPU、内存、扩展卡等部件的基础平台，同时担负各种计算机部件之间的通信、控制和传输任务。主板起着硬件资源调度中心的作用，影响整个计算机硬件系统的稳定性、兼容性及性能。主板外形如图 1-13 所示。

图 1-13　主板外形图

微机主板上有 CPU 插座、内存条插槽、电源插座、各种扩展槽（PCI 插槽、ISA 插槽、AGP 插槽、AMR 插槽、CNR 插槽等）、其他各类接口（串行接口、并行接口、USB 接口、1394 总线接口、软盘驱动器接口、硬盘接口等）以及控制主板工作的主板芯片组等。

（1）主板结构

主板主要由 CPU 插槽、内存插槽、PCI-E（或 AGP）扩展插槽、PCI 插槽、南北桥芯片、电源接口、电源供电模块、外部接口、SATA 接口和 PATA 接口、USB 接口、功能芯片（声卡、网卡、硬件侦测、时钟发生器）等组成。

（2）主板布局

所谓主板布局，就是根据主板上各元器件的排列方式、尺寸大小、形状、所使用的电源规格等制定出的通用标准，所有主板厂商都必须遵循。主板布局分为 ATX、Micro ATX、LPX、NLX、Flex ATX、EATX、WATX 以及 BTX 等结构。ATX 是目前最常见的主板布局，此类型的布局使主板的长边紧贴机箱后部，外设接口可以集成到主板上。ATX 布局中具有标准 I/O 面板插座，提供两个串行口和一个并行口，一个 PS/2 鼠标接口和一个 PS/2 键盘接口，这些 I/O 接口信号直接从主板引出，取消了边接线缆，可以使主板集成更多的功能，也消除了电磁幅射和争夺空间等弊端，进一步提高了系统的稳定性和可维护性。

（3）接口

CPU 需要通过接口与主板连接才能工作。CPU 经过多年的发展，采用的接口方式有引脚式、卡式、触点式、针脚式等。目前 CPU 的接口都是触点式或针脚式接口，对应到主板上，就有相应的插槽类型。不同类型的 CPU 具有不同的 CPU 插槽，因此选择 CPU，就必须选择带有与之对应插槽类型的主板。主板 CPU 插槽类型不同，在插孔数、体积、形状都有变化，所以不能互相接插。

主板上有很多插槽，都是系统单元和外部设备的连接单元，称为接口。接口有如下几种：

① 串行接口，简称串口，如 COM1、COM2 等，主要用于连接鼠标、键盘、调制解调器等设备。串口在单一的导线上以二进制的形式一位一位地传输数据。该方式适用于长距离的信息传输。

② 并行接口，简称并口，如 LPT1、LPT2 等，主要用于连接需要在较短距离内高速收发信息的外部设备，如连接打印机。它们在一个多导线的电缆上以字节为单位同时进行数据传输。

③ PCI-E 是由英特尔公司提出的一种新的总线和接口标准，它的出现取代了 PCI 和 AGP。其主要特点是数据传输速率高，支持热拔插，规格较多，能满足现在和将来一定时间内的各种设备的需求。

④ 通用串行总线口，简称 USB 接口，是串口和并口的最新替换技术。一个 USB 能连接多个设备到系统单元，并且速度更快。利用这种端口可以提供鼠标、键盘、移动硬盘、U 盘、数码相机、USB 打印机、USB 扫描仪等设备的即插即用连接。

⑤ 火线口，又称为 IEEE1394 总线接口，是一种最新的连接技术，用于高速打印机、数码相机和数码摄像机与系统单元的连接。火线接口的传输速度高于 USB 接口，主要用于数码产品与计算机的数据交换。

（4）总线结构

所谓总线（Bus），指的是连接微机系统中各部件的一簇公共信号线，这些信号线构成了微机各部件之间相互传送信息的公用通道。现在的微型计算机系统多采用总线结构，如图 1-14 所示。在微机系统中采用总线结构，可以减少机器中信号传输线的根数，大大提高了系统的可靠性；同时，还可以提高扩充内存容量以及外部设备数量的灵活性。

CPU（包括内存）与外设、外设与外设之间的数据交换都是通过总线来进行的。总线通常由地址总线、数据总线和控制总线三部分组成。地址总线用于传送地址信号，地址总线的数目决定微机系统存储空间的大小；数据总线用于传送数据信号，数据信号的数目反映了 CPU 一次可接收数据的能力；控制总线用于传送控制器的各种控制信号。

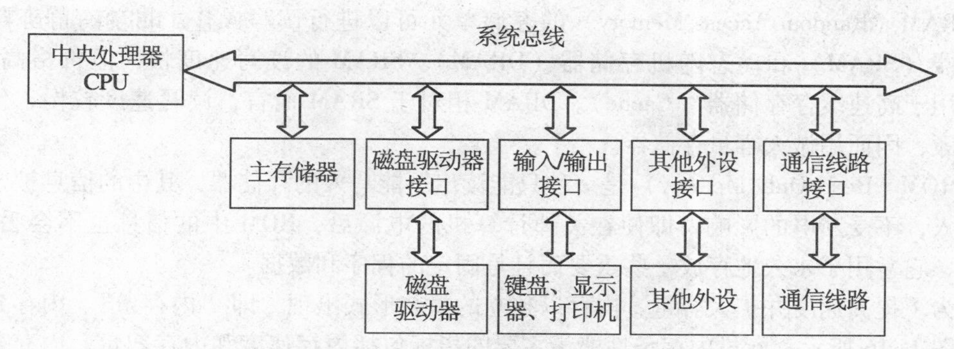

图 1-14　微型计算机的系统结构图

3. 机箱与电源

机箱一般包括外壳、支架、面板上的各种开关、指示灯等，外壳用硬度高的钢板和塑料结合制成。机箱不仅是主机的整体外观，而且还起着保护和固定主板、CPU、显卡、内存、硬盘以及电源等内部组件的重要作用，同时还有防压、防冲击、防尘、防电磁干扰、防辐射等功能，提供许多便于使用的面板开关指示灯等。

机箱中的电源是能起到变压、整流、稳压的电子设备，能够将市电转化成+12V、+5V 的直流电源。电源是计算机的动力来源，直接影响到计算机的稳定运行和整体性能的发挥。随着近年来硬件设备特别是 CPU 和显卡的高速发展，计算机对电源供电的要求大幅提高，电源对整个系统的稳定性发挥着越来越重要的作用。

机箱常见有两大类：立式（塔式）和卧式。立式又有大立式与小立式之分，卧式有大、小、厚、扁（薄）的区别。不论什么形式，其构成基本是一致的，外表看到的构件是薄铁板等硬质材料压制成的外壳、面板和背板，面板上有电源开关、复位开关等基本功能键，还有由电源灯、硬盘灯等组成的状态显示板，用于表明微机的运行状态；此外还可以看到商标以及软（光）驱的入口、栅条状的通风口等。背板上可看到许多由活动铁条遮挡的槽口以及通风口等，主机与外电源、输入输出设备连接的线缆多从背板的槽口接入。机箱如图 1-15 所示。

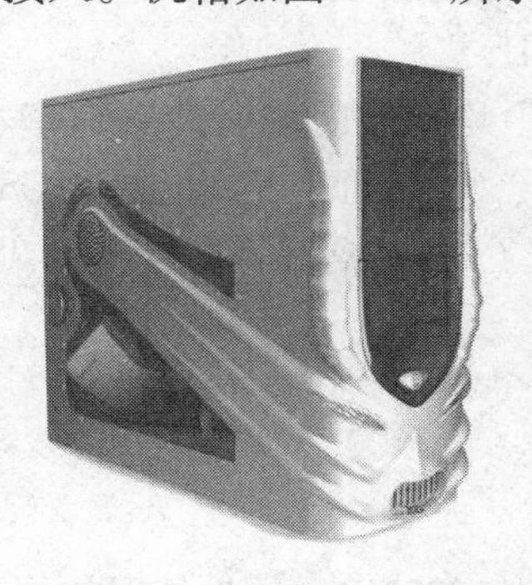

图 1-15　机箱

4. 内存储器

内存储器简称内存（又称主存），通常安装在主板上。内存与运算器和控制器直接相连，能与 CPU 直接交换信息，其存取速度极快。内存分为随机存储器（RAM）和只读存储器（ROM）两部分。

RAM（Random Access Memory）的存储单元可以进行读写操作。目前有静态随机存储器（SRAM）和动态随机存储器（DRAM）。SRAM 的读写速度快，但价格高昂，主要用于高速缓存存储器（Cache）。DRAM 相对于 SRAM 而言，读写速度较慢，价格较低廉，因而用做大容量存储器。

ROM（Read Only Memory）是一种只能读出不能写入的存储器，其中的信息被永久地写入，不受断电的影响，即使在关掉计算机的电源后，ROM 中的信息也不会丢失。因此，它常用于永久地存放一些重要而且是固定的程序和数据。

为了提高速度并扩大容量，内存以独立的封装形式出现，即“内存条”。内存条外形如图 1-16 所示。衡量内存条性能最主要的指标包括内存速度和内存容量。内存条种类包括 EDO、SDRAM、RDRAM 和 DDR（如 DDR、DDR2 和 DDR3）等。

根据内存条上的引脚的多少，可把内存条分为 30 线、72 线、168 线等几种。若按内存条的接口形式，常见内存条有单列直插内存条（SIMM）和双列直插内存条（DIMM）。按内存的工作方式，内存又有 FPA、EDO、DRAM 和 SDRAM（同步动态 RAM）等形式。评价内存条的性能指标主要包括存储容量、存取速度（存储周期）、存储器的可靠性以及性能价格比。

图 1-16　内存条外形图

5. 硬盘

硬盘是计算机中主要的存储部件，可用于存储声音、图像、视频及文档等大量数据。硬盘大多是固定硬盘，被永久性地密封固定在硬盘驱动器中。硬盘有固态硬盘（SSD）、机械硬盘（HDD）和混合硬盘（HHD）。

硬盘的主要技术参数包括容量、转速、平均访问时间、传输速率、缓存以及接口类型等。其接口有 ATA、IDE、RAID、SATA、SATA Ⅱ、SATA Ⅲ、SCSI 以及光纤通道等。硬盘的容量以兆字节（MB）、千兆字节（GB）或百万兆字节（TB）为单位，常见的换算式为：

1MB＝1024KB

1GB＝1024MB

1TB＝1024GB

硬盘厂商通常使用的是 GB，也就是 1GB＝1000MB。硬盘外形如图 1-17 所示。

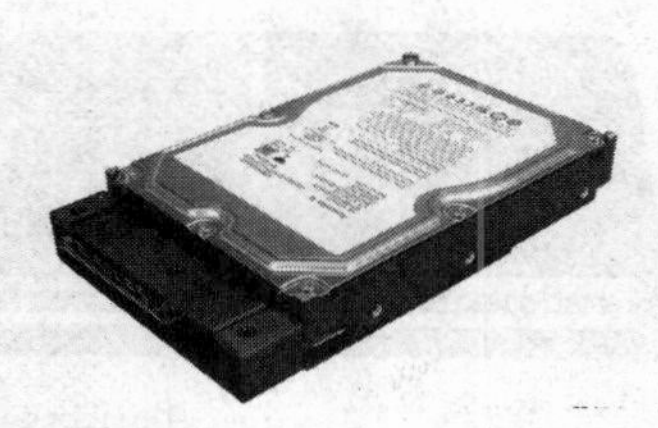

图 1-17　硬盘

6. 声卡

声卡也叫音频卡，由各种电子器件和连接器组成，是实现声波/数字信号相互转换的一种硬件，是组成多媒体电脑必不可少的一种硬件设备。声卡从话筒中获取声音模拟信号，通过模数转换器（ADC），将声波振幅信号采样转换成一串数字信号，存储到计算机中。重放时，这些数字信号送到数模转换器（DAC），以同样的采样速度还原为模拟波形，放大后送到扬声器发声。声卡主要分为板卡式、集成式和外置式三种接口类型。

7. 显卡

显卡全称显示接口卡，又称为显示适配器，是连接显示器和个人电脑主板的重要元件，它将计算机系统所需要的显示信息进行转换驱动，向显示器提供扫描信号。显卡是“人机对话”的重要设备之一。

8. 网卡

网卡即网络接口板，又称为网络适配器或网络接口卡，是计算机局域网中最重要的连接设备，计算机主要通过网卡连接网络。网卡工作在链路层，是局域网中连接计算机和传输介质的接口。网卡上面装有处理器和存储器（包括 RAM 和 ROM）。网卡和局域网之间的通信是通过电缆或双绞线以串行传输方式进行的，而网卡和计算机之间的通信则通过计算机主板上的 I/O 总线以并行传输方式进行。根据传输介质的不同，网卡的接口类型包括 AUI 接口（粗缆接口）、BNC 接口（细缆接口）和 RJ-45 接口（双绞线接口）。

网卡充当电脑与网线之间的桥梁，是用来建立局域网并连接到 Internet 的重要设备之一。在整合型主板中常把声卡、显卡、网卡部分或全部集成在主板上。

9. 调制解调器

调制解调器（Modem）是一种计算机硬件，如图 1-18 所示。所谓调制，就是把数字信号转换成电话线上传输的模拟信号；解调，则是把模拟信号还原为计算机能识别的数字信号。计算机内的信息是由“0”和“1”组成的数字信号，而在电话线上传递的是模拟电信号。因此，当两台计算机要通过电话线进行数据传输时，就需要调制解调器负责数模的转换。通过这样一个“调制”与“解调”的数模转换过程，从而实现了两台计算机之间的远程通信。

根据其形态和安装方式，调制解调器可分为外置式 Modem，内置式 Modem，PCMCIA 插卡式、机架式 Modem，ISDN Modem，Cable Modem，ADSL Modem 以及 USB 接口的 Modem。

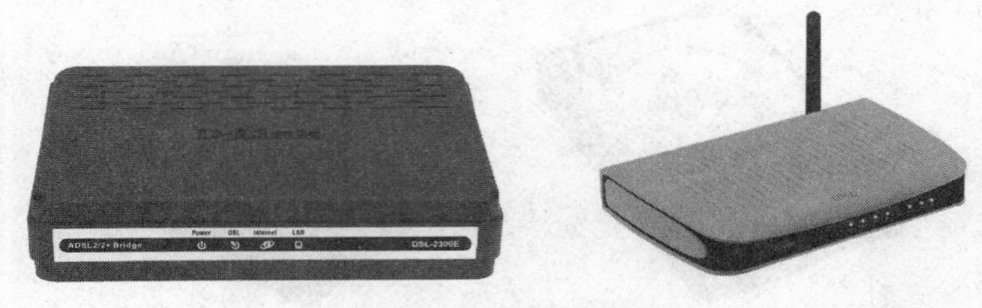

图 1-18　调制解调器

10. 显示器

显示器是将一定的电子文件通过特定的传输设备显示到屏幕上再反射到人眼的一种显示工具，通常也被称为监视器。显示器外形如图 1-19 所示。

图 1-19　显示器

显示器可分为 CRT（阴极射线管）显示器、LCD（液晶显示器）显示器、LED（发光二极管）显示器、3D 显示器以及 PDP（等离子）显示器等类型，其接口有 VGA、DVI 两类。CRT 是应用最广泛的显示器之一。CRT 纯平显示器具有可视角度大、无坏点、色彩还原度高、色度均匀、可调节的多分辨率模式，以及响应时间极短等优点。

显示器屏幕上所显示的字符或图形是由一个个的像素（Pixel）组成的。像素的大小直接影响显示的效果，像素越小，显示结果越细致。假设一个屏幕水平方向可排列 640 个像素，垂直方向可排列 480 个像素，则我们称这时该显示器的分辨率为 640×480。显示器分辨率越高，其清晰度越高，显示效果越好。

11. 键盘

键盘是计算机中最常用的输入设备，是用户同计算机进行交流的主要工具。计算机操作者通过键盘将英文字母、数字、标点符号等输入到计算机中，向计算机输入各种指令、程序和数据，指挥计算机进行工作。

键盘有多种形式，如 101 键键盘、带鼠标或轨迹球的多功能键盘以及一些专用键盘等。常规的键盘有机械式按键和电容式按键两种。键盘的外形分为标准键盘、人体工程学键盘和多媒体键盘。人体工程学键盘目前使用最为广泛的是 101 键的标准键盘，其外形如图 1-20 所示。

若按照应用分类，键盘可分为台式机键盘、笔记本电脑键盘、工控机键盘，速录机键盘，双控键盘、超薄键盘、手机键盘等。按工作原理分类，键盘分为机械键盘、塑料薄膜式键盘、导电橡胶式键盘以及无接点静电电容键盘等。键盘的按键数出现过 83 键、87 键、93 键、96 键、101 键、102 键、104 键、107 键等。键盘的接口有 AT 接口、PS/2 接口和 USB 接口。

图 1-20　键盘

12. 鼠标器

鼠标器（Mouse）即鼠标，是一种用来移动光标和实现选择操作的输入设备，外形如图 1-21 所示。鼠标的基本工作原理是：当移动鼠标器时，它把移动距离及方向的信息转换成脉冲送到计算机，计算机再把脉冲转换成鼠标器光标的坐标数据，从而达到指示位置的目的。鼠标分有线和无线两种。

鼠标按接口类型可分为串行鼠标、PS/2 鼠标、总线鼠标和 USB 鼠标（多为光电鼠标）。其中，总线鼠标的接口在总线接口卡上，USB 鼠标通过 USB 接口直接插在计算机的 USB 口上。

鼠标按其工作原理及其内部结构的不同可分为机械式鼠标、光机式鼠标、光电式鼠标和光学鼠标。机械鼠标主要由滚球、辊柱和光栅信号传感器组成。鼠标经历了从原始鼠标、机械鼠标、光电鼠标、光机鼠标再到如今的光学鼠标的转变，并且光学鼠标将成为光机鼠标的接替者。

图 1-21　鼠标

13. 光盘与光盘驱动器

（1）光盘

光盘（Optical Disk）是一种利用激光技术存储信息的装置。目前常用的光盘有三类：只读型光盘、一次写入型光盘和可抹型（可擦写型）光盘。

① 只读型光盘（Compact Disk-Read Only Memory，简称 CD-ROM）：是一种小型光盘。它的特点是只能写一次，而且是在制造时由厂家用冲压设备将信息写入的。写好后信息将永久保存在光盘上，用户只能读取，不能修改和写入。CD-ROM 最大的特点是存储容量大，一张 CD-ROM 光盘，其容量为 650 MB 左右。

② 一次写入型光盘（Write Once Read Memory，简称 WORM）：可由用户写入数据，但只能写一次，写入后不能擦除修改。

③ 可擦写光盘：有磁光盘与相变型两种。可擦写光盘可反复使用，保存时间长，

具有可擦性、高容量和随机存取等优点，但速度较慢。

现在使用数字化视频光盘（Digital Video Disk，简称 DVD）作为大容量存储器的也越来越多，一张 DVD 盘片的容量大约为 4.7GB，可容纳数张 CD 盘片存储的信息。目前已有双倍存储密度的 DVD 光盘面世，其容量是普通 DVD 盘片存储容量的 2 倍左右。

（2）光盘驱动器

① CD-ROM 驱动器：对于不同类型的光盘盘片，所使用的读写驱动器也有所不同。普通 CD-ROM 盘片，一般采用 CD-ROM 驱动器来读取其中存储的数据。CD-ROM 驱动器只能从光盘上读取信息，不能写入，要将信息写入光盘，须使用光盘刻录机（CD Writer）。CD-ROM 驱动器的主要性能指标包括速度和数据传输率等。CD-ROM 光盘和光盘驱动器外形如图 1-22 所示。

图 1-22　光盘和 CD-ROM 光盘驱动器

② DVD-ROM 驱动器：要读取 DVD 盘片中存储的信息，则要求使用 DVD-ROM 驱动器，这是因为其存储介质与数据的存储格式与 CD 盘片不一样。现在使用数字化视频光盘（DVD：Digital Video Disk）作为大容量存储器的也越来越多，其外形和 CD-ROM 类似。DVD 驱动器外形如图 1-23 所示。

图 1-23　DVD 驱动器

用 DVD 驱动器可以读取 CD 盘片中存储的数据。同样，要将数据写入 DVD 盘片中，要用专门的 DVD 刻录机来完成。另外有一种集 CD 盘片的读写、DVD 盘片的读取功能于一体的新型光盘驱动器，被称为“康宝（Combo）”，可读取 CD、DVD 盘片中的信息，还可用来刻录 CD 盘片。

14. 音箱

音箱是多媒体计算机中一种必不可少的音频设备。音箱一般由放大器、分频器、箱体、扬声器和接口等部分组成。其中放大器是将微弱音频信号加以放大，推动喇叭正常发音；分频器的作用是将音频信号按频率高低分为两个或多个频段分别送到相应的扬声器去播放，以便获得较好的音响效果。接口则实现声卡与放大器相连。音箱外形如图 1-24 所示。

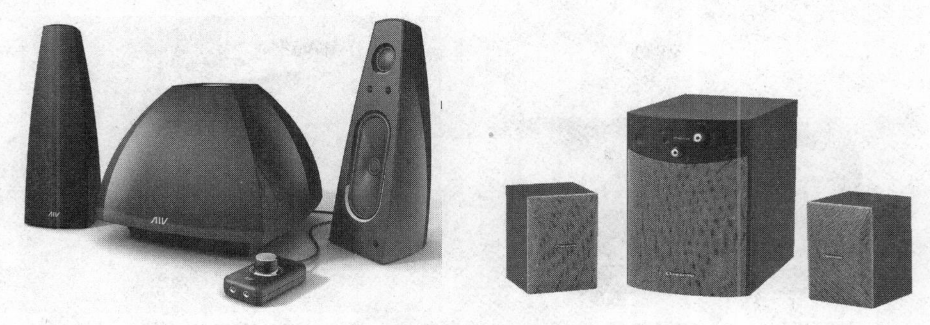

图 1-24　音箱

15. 优盘

优盘（Only Disk，也称 U 盘）是一种基于 USB 接口的无需驱动器的微型高容量移动存储设备，它以闪存作为存储介质（故也可称为闪存盘），通过 USB 接口与主机进行数据传输。优盘可用于存储任何格式数据文件和在电脑间方便地交换数据，是目前流行的一种外形小巧、携带方便、能移动使用的移动存储产品。优盘采用 USB 接口，可与主机进行热拔插操作。接口类型包括 USB1. 1 和 USB2. 0 两种。USB2. 0 的传输速度快于 USB1. 1。Windows 2000 及 以上的版本都包含了常见优盘的驱动程序，系统可以自动识别并进行安装。优盘没有机械读写装置，避免了移动硬盘容易碰伤、跌落等原因造成的损坏。从安全上讲，它具有写保护，部分款式优盘具有加密等功能，令用户的使用更具个性化。优盘外形如图 1-25 所示。

图 1-25　优盘

16. 打印机

打印机是计算机系统的主要输出设备之一。它用于将计算机中的信息打印出来，便于用户阅读、修改和存档。按其工作原理，打印机可分为击打式打印机和非击打式打印机两类。击打式打印机包括点阵式打印机和行式打印机，而激光打印机、喷墨打印机、静电打印机以及热敏打印机等则属于非击打式打印机。

① 针式打印机——针式打印机打印的字符和图形是以点阵的形式构成的。它的打印头由若干根打印针和驱动电磁铁组成。打印时使相应的针头接触色带击打纸面来完成。目前使用较多的是 24 针打印机。针式打印机的主要特点是价格便宜、使用方便，但打印速度较慢、噪音大。

② 喷墨打印机——喷墨打印机（如图 1-26 所示）是直接将墨水喷到纸上来实现打印。喷墨打印机价格低廉、打印效果较好，但喷墨打印机使用的纸张要求较高，墨盒消耗较快。

③ 激光打印机——激光打印机（如图 1-27 所示）是激光技术和电子照相技术的复合产物。激光打印机的技术来源于复印机，但复印机的光源是用灯光，而激光打印机用的是激光。由于激光光束能聚焦成很细的光点，因此，激光打印机能输出分辨率很高且色彩很好的图形。激光打印机具有速度快、分辨率高、无噪音等优势。

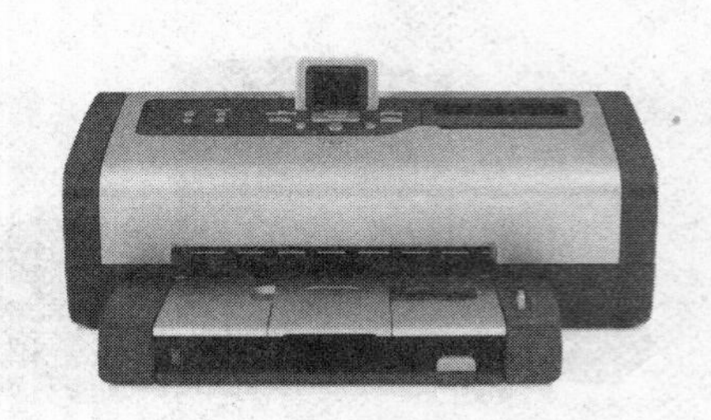

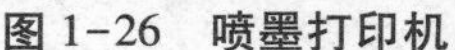

图 1-26 喷墨打印机　　　　图 1-27 激光打印机

17. 扫描仪

扫描仪是一种桌面输入设备，用于扫描或输入平面文档，比如纸张或者书页等。和小型影印机一样，大多数平板扫描仪都能扫描彩色图形。但那些老式的廉价平板扫描仪也许只能扫描灰阶或黑白图形。现在一般的桌上型平板扫描仪都能扫描 8.5×12.7 英寸（1 英寸=0.025 千米，以下同）或者 8.5×14 英寸的幅面，较高档的则能扫描 11×17 英寸或者 12×18 英寸幅面。扫描仪外形如图 1-28 所示。

扫描仪经常和 OCR 联系在一起，OCR 是“光学字符识别”的意思。没有 OCR 的时候，扫描进来的所有东西（包括文字在内）都以图形格式存储，不能对其中包含的单个文字进行编辑。但在采用了 OCR 以后，系统可以实时分辨出单个文字，并以纯文本格式保存下来，以后便可对像普通文档那样进行编辑了。市场上的扫描仪有 EPP、SCSI 和 USB 三种接口。USB 接口的扫描仪使用最为广泛。

图 1-28 扫描仪

18. 绘图仪

用打印机作为电子计算机的输出设备，虽能打印出数据、字符、汉字和简单的图表，但远远不能满足使用要求，例如，在计算机辅助设计（CAD）中要求输出高质量的精确图形，也就是希望在输出离散数据的同时，能用图形的形式输出连续模型。所以，只有采用绘图仪才可以在利用计算机进行数据计算和处理时也输出图形。绘图机的主要性能指标有幅面尺寸、最高绘图速度、加速时间和精度等。

在实际应用中，凡是用到图形、图表的地方都可以使用绘图仪。计算机辅助设计则是利用程序系统及绘图设备，通过人机对话进行工程设计的。它在机电工业中可用于绘制逻辑图、电路图、布线图、机械工程图、集成电路掩膜图，在航空工业中可用于绘制导弹轨迹图、飞机、宇宙飞船、卫星等特殊形状零件的加工图，在建筑工业中可用于绘制建筑平面及主体图等。

1.4.2 微型计算机的软件配置

1. 安装操作系统

微机中必须安装操作系统。目前普遍使用的是微软公司的 Windows 操作系统。

2. 安装办公软件

办公自动化是微机最基础的应用。办公软件通常使用的是微软公司开发的基于 Windows 操作系统的 Microsoft Office 办公软件套装，目前普遍安装的是 Microsoft Office 2003/2007/2010，最新版本是 Microsoft Office 2013。Microsoft Office 2010 是 Microsoft Office 2007 的升级版，为新一代智能商务办公软件。

Microsoft Office 2010 主要包括以下组件：

（1）Microsoft Word 2010——图文编辑工具，用来创建和编辑具有专业外观的文档（包括文字、图片、表格等），如信函、论文、报告和小册子。

（2）Microsoft Excel 2010——数据处理程序，用来执行计算、分析信息以及可视化电子表格中的数据。Excel 提供了丰富的宏命令和函数，可实现统计、财务、数学、字符串等操作以及各种工程上的分析与计算。它还提供了一组现成的数据分析工具，称为“分析工具库”，这些分析工具为建立复杂的统计或计量分析工作带来了极大的方便。

（3）Microsoft PowerPoint 2010——幻灯片制作程序，用来创建和编辑用于幻灯片播放、会议和网页的演示文稿。在幻灯片中可以充分利用多媒体（文字、声音、图片、图像）等展示需要表现的内容。PowerPoint 内置丰富的动画、过渡效果和数十种声音效果，并有强大的超级链接以及由此带来的交互功能，可直接调用外部媒体文件。

（4）Microsoft Access 2010——数据库管理系统，用来创建数据库和程序来跟踪与管理信息。使用标准的 SQL（Structured Query Language，结构化查询语言）作为其数据库语言，具有强大的数据处理能力和通用性。

（5）Microsoft Outlook 2010——电子邮件客户端，用来发送和接收电子邮件，管理日程、联系人和任务以及记录活动。

（6）Microsoft InfoPath Designer 2010——用来设计动态表单，以便在整个组织中收集和重用信息。

（7）Microsoft Publisher 2010——出版物制作程序，用来创建新闻稿和小册子等专业品质出版物及营销素材。

（8）Microsoft InfoPath Filler 2010——用来填写动态表单，以便在整个组织中收集和重用信息。

（9）Microsoft OneNote 2010——笔记程序，用来搜集、组织、查找和共享您的笔记和信息。

3. 安装常用工具软件

为了帮助用户更方便、更快捷地操作计算机，通常需要安装一些常用工具软件。工具软件种类繁多，按照其用途一般可分为文本工具类、图形图像工具类、多媒体工具类、压缩工具类、磁盘光盘工具类、网络应用工具类、系统安全工具类、翻译汉化工具类、系统工具类等。工具软件多为共享软件和免费软件，可在一些官方网站或普通网站上下载。

（1）文本工具

①Adobe Reader——PDF 阅读软件，用于查看、阅读及打印 PDF 文件的一种文档阅读工具。PDF 文件是常见的一种电子图书格式，能图文并茂地再现纸质书籍的效果，便于用户很快适应电子图书的阅读，同时由于其不依赖于具体的操作系统，极大地方便了用户进行网上阅读。

②SSReader——超星阅读器，一种电子图书浏览器，支持 PDG、PDF 和 HTM 格式的文件。

③CAJViewer——期刊网专用全文阅读器，是目前使用较为广泛的中国期刊网专用全文阅读器，支持的文件格式包括 CAJ、CAS、KDH、CAA、NH、PDF 等。

（2）图形图像工具

①ACDSee——图片浏览软件，是常用的一款高性能图片浏览软件，支持 BMP、JPEG、GIF 等格式的图片文件，成为装机必备的工具软件之一。ACDSee 的主要功能是浏览图片和编辑图片。图片浏览提供了图片缩放、旋转、自动播放等功能。它还提供了一些功能强大的图片编辑工具，利用这些工具可以方便地设置图片的大小、图像的曝光度、图像的对比度等。

②Photoshop——图形图像处理软件，是图像创意广告设计、插图设计、网页设计等领域普遍应用的一种功能强大的图形创建和图像合成软件，其功能完善、性能稳定、使用方便。

③HyperSnap-DX——一款功能强大的抓图工具，除了可以进行常规的标准的桌面抓图外，还支持 DirectX、3Dfx Glide 环境下的抓图，能将抓到的图保存为通用的 BMP、JPG 等文件格式，方便用户浏览和编辑。

（3）多媒体工具

①豪杰超级解霸——豪杰公司开发的一款集影音娱乐、媒体文件转换制作、BT 资源下载、媒体搜索、IP 通信和电子商务于一体的多功能娱乐服务平台。可以播放多种格式的电影和音乐，支持的格式包括 AVI、ASF、WMV、RM、RMVB、MOV、SWF、MP3PRO、WMA 等。除了循环播放、抓图、指定播放等常用功能外，该软件还提供一系列的实用工具，如：完成多种音视频文件格式之间的转换（如将 AVI 格式转换为 MPG）；轻松地从影音文件分离声音数据，把卡拉 OK 制成 CD 或 MP3；搭载网络电话，实现个人电脑与座机、手机或小灵通之间的通话等。

②RealPlayer——媒体播放器。RealPlayer 媒体播放器是一款网上多媒体播放软件，支持 RM、AVI、MP3、DAT 等文件格式。用户可以使用它在网上收听、收看实时的音频和视频节目，还可以用其自带的浏览器查看互联网信息。

③音频转化大师——音频转换软件。音频转化大师是一款功能强大的音频转化工具，既可在 WAV、MP3、WMA、Ogg Vorbis、RAW、VOX、CCIUT u-Law、PCM、MPC（MPEG plus/MusePack）、MP2（MPEG 1 Layer 2）、ADPCM、CCUIT A-LAW、AIFC、DSP、GSM、CCUIT G721、CCUIT G723、CCUIT G726 格式之间互相转化，也同时支持同一种音频格式在不同压缩率的转化。

（4）压缩工具

①WinRAR 压缩工具——为了节省磁盘空间和提高互联网上文件的传输速度，文件压缩技术的应用越来越广泛，WinRAR 是当前最常用的压缩工具之一，经过其压缩后生成的文件格式为 RAR，它完全兼容 ZIP 压缩文件格式，压缩比例比 ZIP 文件还要高出许多。同时，WinRAR 还支持 CAB、ARJ、TAR、JAR 等压缩文件格式。WinRAR 具有创建文件的压缩包、将指定的文件添加到压缩包、创建自解压文件、解压缩文件、修复压缩文件等功能，还可以对压缩包进行加密处理，保证了压缩文件数据的安全。

②WinZip 压缩工具——一个功能强大并且易于使用的压缩工具软件，操作简便、运行速度快。WinZip 支持多种文件压缩方法，支持目前常见的 ZIP、CAB、TAB、GZIP 等压缩文件格式。

（5）磁盘工具

①VoptXP——磁盘整理工具。计算机经过长时间使用后会产生各种垃圾文件、重复文件和文件碎片等，这会影响到硬盘存取资料的速度，降低计算机的工作效率。用户应定期对计算机进行磁盘整理和系统优化工作，虽然 Windows 系统自身也提供了磁盘整理程序，但速度很慢。VoptXP 能快速和安全地重整分散在硬盘上不同扇区的文件，全面支持 FAT、FAT32 和 NTFS 格式的分区，操作简单方便。

②Partition Magic——硬盘分区管理工具。Partition Magic 是一款硬盘分区管理工具，可以在不破坏硬盘数据的情况下进行数据无损分区，并对现有分区进行合并、分割、复制、调整，并可进行转换分区格式、隐藏分区、多系统引导等操作。

③Symantec Ghost——硬盘备份/恢复工具。Symantec Ghost 是由 Symantec 公司开发的一款系统备份和恢复工具软件，可以把一个硬盘上的内容原样复制到另一个硬盘上，还可以在系统意外崩溃的时候利用其镜像文件进行快速恢复。Symantec Ghost 支持多种硬盘分区格式，如 FAT16、FAT32、NTFS、HPFS 等，支持服务器/工作站模式，可以快速地对多台计算机进行系统安装和升级。

（6）光盘工具

①Virtual Drive——虚拟光碟，可用于产生一台虚拟的光驱，然后利用由光盘内容压缩而形成的虚拟光盘文件来仿真实体光驱，具有 CD/DVD 刻录、虚拟光碟和虚拟快碟等功能。该软件操作简便，不再需要原始的光盘，可以有效地减少实体光驱的使用时间，延长其使用寿命。虚拟光碟具有能自动识别光盘格式、数据压缩比率高、支持 MP3 光盘制作、音轨导出等特点。

②Nero-Burning Rom——光盘刻录工具，可刻录数据光盘、刻录音乐光盘、刻录 VCD 光盘、光盘复制、制作光盘封面。

（7）网络应用工具

①腾讯 QQ——网络即时通信服务软件，不仅仅是一种网上文字聊天的工具，新版的腾讯 QQ 还具有视频电话、点对点断点续传文件、共享文件、网络硬盘、自定义面板、QQ 邮箱、QQ 游戏等多种功能，可与移动通信设备等实现互联，实现短信、彩信互发。

②Foxmail——邮件处理工具。Foxmail 邮件处理工具是一款著名的电子邮件客户端软件，提供基于 Internet 标准的电子邮件收发功能。它支持 SSL 协议，使用完善的安全

机制，在邮件接收和发送过程中对传输的数据进行严格的加密，能够有效地保证数据安全。Foxmail 具有邮件编辑、邮件分组管理、RSS 阅读、多语言支持、垃圾邮件过滤、数字签名和加密等功能。

③NetAnts 和 FlashGet——下载工具。互联网上提供了相当多的资源可供用户下载，用 IE 浏览器进行下载的缺点是速度慢而且容易断线，这时用户就需要用专门的下载工具来提高下载速度。NetAnts（网络蚂蚁）和 FlashGet（网际快车）是专门解决互联网下载问题的工具软件，其采用将一个文件分成几个部分同时下载的技术，以提高下载速度。它们都具有断点续传、多点连接、下载任务管理、自动拨号等功能。这两款工具软件的功能和操作也很相似，用户一般只需安装其中一种即可。

④CuteFTP——上传下载软件。CuteFTP 基于文件传输协议，是广泛应用于 FTP 文件传送的工具软件。CuteFTP 采用类似资源管理器的界面，分栏列出本地资源和服务器资源，可以支持断点续传，支持多线程传输，可以上传和下载整个目录，并能支持远程编辑和管理功能，方便用户直接对服务器上的资源进行修改。

⑤BitTorrent——BT 下载软件。BitTorrent（简称 BT，俗称 BT 下载）是一个多点下载的源码公开的 P2P 软件，采用了多点对多点的传输原理，适于下载电影等较大的文件。使用 BT 下载与使用传统的 HTTP 站点或 FTP 站点下载不同，随着下载用户的增加，下载速度反而会越快。使用也非常方便，在已安装该软件的前提下，只需在网上找到与所要下载文件相应的种子文件（*.torrent），即可开始下载。

（8）翻译软件——金山词霸、东方网译、东方快车

金山词霸是金山公司的产品。该软件具有简体中文、英文、繁体中文、日文四种语言的安装和使用界面。四种语言的词汇可以相互翻译，并可以朗读单词；还可以屏幕取词，即将鼠标指向需要翻译的字词，就可以显示相对应语种的词意。金山词霸的词来源于权威词典，特别是收集了 70 余个专业词库，用户可以根据需要设置自己要求的专业词典和语言词典。

东方网译、东方快车是能够整篇翻译外文文章的软件，在互联网上可以将英、日网页翻译为简体中文网页，支持中日韩十余种内码转换。

（9）系统优化软件——超级兔子

超级兔子可以设置 Windows 系统加速，包括开机加速、自动运行程序加速、屏幕菜单加速、文件和光驱硬盘加速、上网加速。超级兔子可以清除垃圾文件、清除垃圾注册表，还可以进行部分应用软件的最佳设置。

1.5 计算机中数据的表示与存储

计算机内部是一个二进制的数字世界，一切信息的存取、处理和传送都是以二进制编码形式进行的。二进制只有 0 和 1 这两个数字符号，0 和 1 可以表示器件的两种不同的稳定状态，即用 0 表示低电平，用 1 表示高电平。二进制是计算机信息表示、存储、传输的基础。在计算机中，对于数字、文字、符号、图形、图像、声音和动画都是采用二进制来表示的。计算机采用二进制，其特点是运算器电路在物理上很容易实现，运算简便、运行可靠，逻辑计算方便。

1.5.1 计算机中的数制

1. 进位计数制

日常生活中，人们最熟悉的是十进制，但是在计算机中，会接触到二进制、八进制、十进制和十六进制，无论是哪种进制，其共同之处都是进位计数制。

所谓进位计数，就是在该进位数制中，可以使用的数字符号个数。R 进制数的基数为 R，能用到的数字符号个数为 R 个，即 0，1，2，…，R-1。R 进制数中能使用的最小数字符号是 0，最大数字符号是 R-1。

2. 二、八、十六进制

计算机中常用到二、八、十和十六进制，它们的基本符号集如表 1-1 所示。

表 1-1　　几种进位数制

进制	计数原则	基本符号
二进制	逢二进一	0，1
八进制	逢八进一	0，1，2，3，4，5，6，7
十进制	逢十进一	0，1，2，3，4，5，6，7，8，9
十六进制	逢十六进一	0，1，2，3，4，5，6，7，8，9，A，B，C，D，E，F

注：十六进制的数符 A~F 分别对应十进制的 10~15。

1.5.2 各计数制的相互转换

1. 十进制数转换成二进制数

把十进制整数转换成二进制整数的规则是“除 2 取余”，即：将十进制数除以 2，得到一个商数和余数；再将其商数除以 2，又得到一个商数和余数；以此类推，直到商数等于零为止。每次所得的余数（0 或 1）就是对应二进制数的各位数字。在最后得到二进制数时，将第一次得到的余数作为二进制数的最低位，最后一次得到的余数作为二进制数的最高位。

【例 1-1】将十进制整数 56 转换成二进制数。

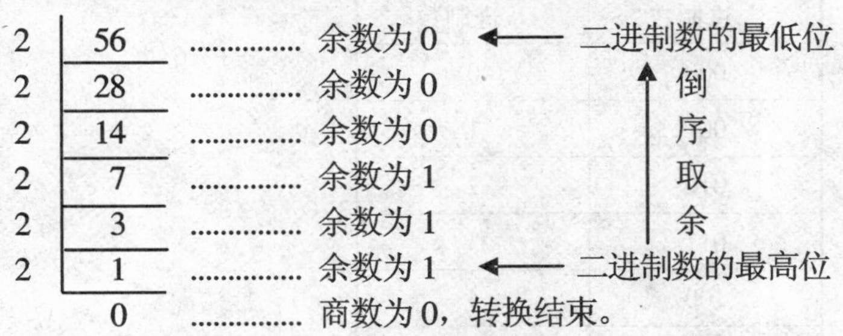

因此，十进制数 56 的二进制数是 111000。

2. 十进制数转换成八进制数

将十进制整数转换成八进制数与转换成二进制数的方法相似，但采用的规则是“除 8 取余”。八进制数计数的原则是“逢八进一”。在八进制数中不可能出现数字符号 8 和 9。

【例 1-2】将十进制数 59 转换成八进制数。

将十进制数 59 转换成八进制数的过程如下：

```
8 | 59    ............... 余数为 3
  |----
8 |  7    ............... 余数为 7
  |----
     0    ............... 商数为 0，转换结束。
```

十进制数 59 转换成八进制数是 73。

3. 十进制数转换成十六进制数

将十进制整数转换成十六进制整数的规则是“除 16 取余”。十六进制数计数的原则是“逢十六进一”。在十六进制数中，用 A 表示 10，B 表示 11，C 表示 12，D 表示 13，E 表示 14，F 表示 15。

【例 1-3】将十进制数 89 转换成十六进制数。

将十进制数 89 转换成十六进制数的过程如下：

```
16 | 89    ............... 余数为 9
   |----
16 |  6    ............... 余数为 5
   |----
      0    ............... 商数为 0，转换结束。
```

十进制数 89 转换成十六进制数是 59。

4. 将二进制数转换成十、八与十六进制数

（1）将二进制数转换成十进制数

【例 1-4】将二进制数 1111100 转换成十进制数。

$(1111100)_2=1\times2^6+1\times2^5+1\times2^4+1\times2^3+1\times2^2+0\times2^1+0\times2^0$

$=64+32+16+8+4=(124)_{10}$

二进制数 1111100 的十进制数为 124。

（2）将二进制数转换成八进制数

将一个二进制整数转换为八进制数的方法是：将该二进制数从右向左每三位分成一组，组间用逗号分隔。每一组代表一个 0~7 之间的数。表 1-2 表示二进制数与八进制数的对应关系。

表 1-2　进制的对应关系

二进制数	八进制数
000	0
001	1
010	2
011	3
100	4
101	5
110	6

【例 1-5】将二进制数 110100 转换成八进制数。

将二进制数 110100 转换成八进制数的方法如下：

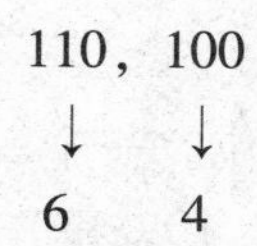

二进制数 110100 转换成八进制数是 64。

（3）将二进制数转换成十六进制数

将一个二进制数转换为十六进制数的方法是：将该二进制数从右向左每四位分成一组，组间用逗号分隔。每一组代表一个 0~9、A、B、C、D、E、F 之间的数。

表 1-3 中列出了二进制数与十六进制数的对应关系。

表 1-3　　二进制数与十六进制数的对应关系

二进制数	十六进制数	二进制数	十六进制数
0000	0	1000	8
0001	1	1001	9
0010	2	1010	A
0011	3	1011	B
0100	4	1100	C
0101	5	1101	D
0110	6	1110	E
0111	7	1111	F

【例 1-6】将二进制数 111010011 转换成十六进制数。

将二进制数 111010011 转换成十六进制数的方法如下：

0001，1101，0011
↓　　↓　　↓
1　　D　　3

二进制数 111010011 转换成十六进制数是 1D3。

5. 将八、十六进制数转换成十进制数

【例 1-7】将八进制数 413 转换成十进制数。

将八进制数 413 转换成十进制数的方法如下：

$(413)_8 = 4\times8^2+1\times8^1+3\times8^0 = 256+8+3 = (267)_{10}$

八进制数 413 的十进制数为 267。

【例 1-8】将十六进制数 1A8F 转换成十进制数。

将十六进制数 1A8F 转换成十进制数的方法如下：

$(1A8F)_{16} = 1\times16^3+10\times16^2+8\times16^1+15\times16^0 = 4096+2560+128+15 = (6799)_{10}$

十六进制数 1A8F 的十进制数为 6799。

1.5.3　数据的存储单位

计算机中数据和信息常用单位有位、字节和字长。

1. 位（bit）

位是计算机中最小的数据单位。它是二进制的一个数位，简称位。一个二进制位可表示两种状态（0 或 1）。两个二进制位可表示 4 种状态（00，01，10，11）。n 个二进制位可表示 2n 种状态。

2. 字节（Byte）

字节是表示存储空间大小最基本的容量单位，也被认为是计算机中最小的信息单位。8 个二进制位为一个字节。除了用字节为单位表示存储容量外，通常还用到 KB（千字节）、MB（兆字节）、GB（千兆字节或吉字节）、TB（千千兆字节）等单位来表示存储器（内存、硬盘、软盘等）的存储容量或文件的大小。所谓存储容量指的是存储器中能够包含的字节数。

字节是在硬盘或内存中存储信息或通过网络传输信息的单位，最小的基本单位是 Byte，表示信息单位的顺序为 bit、Byte、KB、MB、GB、TB、PB、EB、ZB、YB 等，它们之间的单位换算关系如下：

1Byte = 8bit

1KB = 1024Bytes

1MB = 1024KB = 1 048 576 Bytes

1GB = 1024MB = 1 048 576 KB = 1 073 741 824 Bytes

1TB = 1024GB = 1 048 576 MB = 1 073 741 824 KB = 1 099 511 627 776 Bytes

1PB = 1024TB = 1 048 576 GB = 1 125 899 906 842 624 Bytes

1EB = 1024PB = 1 048 576 TB = 1 152 921 504 606 846 976 Bytes

1ZB = 1024EB = 1 180 591 620 717 411 303 424 Bytes

1YB = 1024ZB = 1 208 925 819 614 629 174 706 176 Bytes

3. 字长

字长是计算机存储、传送、处理数据的信息单位。用计算机一次操作（数据存储、传送和运算）的二进制位最大长度来描述，如 8 位、16 位等。字长是计算机性能的重要指标，字长越长，在相同时间内就能传送更多的信息，从而使计算机运算速度更快；字长越长，计算机就有更大的寻址空间，从而使计算机的内存储器容量更大；字长越长，计算机系统支持的指令数量越多，功能就越强。不同档次的计算机字长不同，按字长可以将计算机划分为 8 位机、16 位机（如 286、386 机）、32 位机（如 586 机）、64 位机等。计算机的字长是在设计机器时规定的。

1.5.4 字符在计算机中的表示——ASCII 码

ASCII（American Standard Code for Information Interchange）编码称为“美国信息交换标准代码”，其本身为美国的字符代码标准，于 1968 年发表，被国际标准化组织 ISO 认定为国际标准，成为了一种国际上通用的字符编码。ASCII 码是目前计算机中普遍采用的一种字符编码。

1. 基本 ASCII 码

每个 ASCII 码占用一个字节，由 8 个二进制位组成，每个二进制位为 0 或 1。ASCII 码中的二进制数的最高位（最左边一位）为数字 0 的称为基本 ASCII 码，其范围为 0~

127。基本 ASCII 码代表 128 个不同的字符，其中有 94 个可显示字符（10 个数字字符、26 个英文小写字母、26 个英文大写字母、32 个各种标点符号和专用符号），34 个控制字符。基本 ASCII 码在各种计算机上都是适用的。

在 ASCII 编码中，10 个数字字符是按从小到大的顺序连续编码的，而且它们的 ASCII 码也是从小到大排列的。因此，只要知道了一个数字字符的 ASCII 码，就可以推算出其他数字字符的 ASCII 码。例如，已知数字字符 2 的 ASCII 码为十进制数 50，则数字字符 5 的 ASCII 码为十进制数 50+3=53。

在 ASCII 编码中，26 个英文大写字母和 26 个英文小写字母是按 A~Z 与 a~z 的先后顺序分别连续编码的。因此，只要知道了一个英文大写字母的 ASCII 码，就可以根据字母顺序推算出其他大写字母的 ASCII 码。例如，已知英文大写字母 A 的 ASCII 码为十进制数 65，故英文大写字母 E 的 ASCII 码为十进制数 65+4=69。

2. 扩充 ASCII 码

ASCII 码的 8 位二进制数的最高位（最左边一位）为数字 1 的称为扩充 ASCII 码，扩充部分的范围为 128~255，代表 128 个扩充字符。8 位 ASCII 码总共可以代表 256 个字符。其扩充部分（128~255）在不同的计算机上可能会有不同的字符定义。通常各个国家都把扩充的 ASCII 码作为自己国家语言文字的代码。例如，中国把 ASCII 码扩充部分作为汉字的编码。

1.5.5 汉字编码

汉字由于是象形文字，字的数目多达 6 万余个，常用汉字就有 3000~5000 个，加上汉字的形状和笔画的多少差异极大。

计算机汉字处理是以中国国家标准局所颁布的一些常见汉字编码为基础，计算机软硬件开发商根据该标准开发汉字的输入方法程序、计算机内汉字的表示、处理方法程序、汉字的输出显示程序等。汉字的编码涉及汉字的交换码、机内码、外码和输出码。

1.《信息交换用汉字编码字符集——基本集》

《信息交换用汉字编码字符集——基本集》是我国于 1980 年制定的国家标准，其标准代号为 GB2312-80。它是国家规定用于汉字信息处理所用代码的依据。GB2312-80 中规定了信息交换用的 6763 个汉字和 682 个非汉字图形符号（包括几种外文字母、数字和符号）的代码。6763 个汉字又按其使用频度、组词能力以及用途大小分成一级常用汉字 3755 个和二级常用汉字 3008 个。一级汉字按拼音字母顺序排列；若遇同音字，则按起笔的笔形顺序排列；若起笔相同，则按第二笔的笔形顺序排列，依次类推。二级汉字按部首顺序排列。

GB2312-80 标准对汉字进行编码是用两个字节来表示一个汉字或图形符号。每个字节只用低 7 位。在进入计算机后，第 8 位固定为 1。汉字被排列成 94 行、94 列。其行号称为区号，列号称为位号，其实就是在双字节中，用高字节表示区号，低字节表示位号。非汉字图形符号置于第 1~11 区，一级汉字 3755 个置于第 16 ~55 区，二级汉字 3008 个置于第 56~87 区。

为避开控制符，汉字的二进制编码从 $(100000)_2$（即十进制的 32）开始。因此，要把区位码转换为二进制或十六进制的国标码，只需要分别在区号和位号上加上十进制数的数32。例如，汉字“啊”的区位码为1601，则它的二进制编码的高位字节编码为 $(16)_{10}+(32)_{10}=(48)_{10}=(110000)_2=(30)_{16}$，它的低位为 $(01)_{10}+(32)_{10}=(33)_{10}=(100001)_2=(21)_{16}$。故汉字“啊”的国标码（用十六进制表示）为3021。

2. 汉字的机内码

汉字的机内码是供计算机系统内部进行汉字的存储、加工处理、传输统一使用的代码，又称为汉字内部码或汉字内码。不同的系统使用的汉字机内码有可能不同。目前使用最广泛的一种为两个字节的机内码，是变形的国标码。这种格式的机内码是将国标GB2312-80交换码的两个字节的最高位分别设置为1而得到的。其最大优点是机内码表示简单，且与交换码之间有明显对应关系，同时也解决了中西文机内码存在二义性的问题。例如，汉字“啊”的机内码二进制编码为1011000010100001，十六进制编码为B0A1。

3. 汉字的输入码（外码）

汉字输入码是为了将汉字通过键盘输入计算机而设计的代码。汉字输入码一般有数码输入法（如区位码）、拼音类输入法（如智能全拼输入码、智能双拼等）、拼形类输入法（如五笔字型输入法）和音形结合类输入法（如自然码）等几大类。

4. 汉字的字形码

计算机中，屏幕显示汉字用点阵来表示。它将汉字写在同样大小的方块中，每个方框有m行n列，简称点阵。一个m×n列的点阵共有m×n个点。例如16×16点阵的汉字，每个方块有16行，每行有16个点，每个汉字共256个点。例如，汉字“大”的点阵图如图1-29所示。在计算机中用二进制数来表示汉字的点阵，有点处用1表示，无点处用0表示。这就是汉字的字形（字模）码，或称为汉字的输出码。

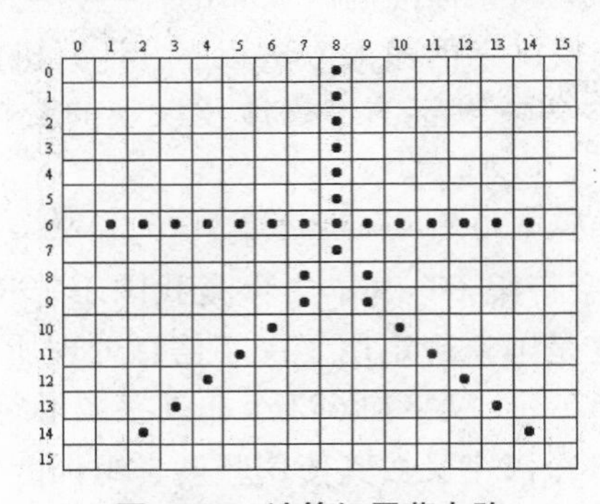

图1-29　计算机屏幕点阵

对一个汉字而言，行列数越多，描绘的汉字越精细，字体就越漂亮，但占用的存储空间也越多。现在常用的汉字字形点阵有16×16点阵、24×24点阵、32×32点阵等。

对某一种点阵，某一种字体汉字的数值化编码集合为汉字字库。如16×16点阵的宋体字库、24×24点阵的黑体字库等。

存储汉字的字形还可以采用矢量表示存储技术，它用来存储描述汉字字形的轮廓特征，当要输出汉字时通过计算机计算，由汉字字形描述生成所需大小和形状的汉字点阵。矢量化字形描述与终端文字的显示大小、分辨率无关，因此汉字输出的质量高。Windows中使用的TrueType技术就是采用矢量汉字技术。

5. 汉字的其他编码

（1）ISO10646 汉字编码方案——国际标准化组织 10646 号标准为 UCS（Universal Character Set）编码，是世界通用的一种汉字编码方案，或称之为“大字符集”或通用多八位编码字符集。该方案采用 4 个字节的编码来表示一个汉字，可容纳 20 亿个汉字。在编码中，将中文、日文、朝鲜文的汉字统一编码。

（2）Unicode 编码——由几家计算机公司提出的汉字编码方案，得到了 Microsoft、Sun、Next、Novell 和 Adobe 公司的支持。该方案采用 16 位编码方案来进行汉字编码，建立了通用汉字子集，把中、日、朝文字中的常用汉字统一起来编码，在互联网上得到了广泛的应用。

（3）BIG5 编码——一种繁体汉字的编码标准，包括 440 个符号，一级汉字 5401 个、二级汉字 7652 个、扩充字 7 个，共计 13 060 个汉字。

（4）GB12345-90《信息交换用汉字编码字符集：第一辅助集》——汉字繁体字的编码标准，共收录 6866 个汉字，纯繁体的字大概有 2200 个。

（5）GBK 码——全国信息技术化技术委员会于 1995 年 12 月 1 日发布的《汉字内码扩展规范》。共收入 21 886 个汉字和图形符号，GBK 向下与 GB2312 完全兼容，向上支持 ISO-10646 国际标准，在前者向后者过渡的过程中起到承上启下的作用。

1.6 信息安全及计算机病毒的防范

计算机与网络技术为信息的获取、传输、处理与利用提供越来越先进方法的同时，也为入侵者提供了方便之门，使得计算机与网络中的信息变得越来越容易遭受攻击，用户对计算机与网络中信息的安全性也更加担心，从而带来了一系列前所未有的风险和威胁。

在医学上，生物病毒是一类个体微小，结构简单，具有遗传、复制、变异、进化等生命特征的微生物。与医学上的病毒不同，计算机病毒不是天然存在的，而是人为利用计算机软件和硬件所固有的脆弱性编制的一组指令集或程序代码，是一种能自我复制或运行的计算机程序，计算机病毒往往会影响受感染计算机的正常运行。

1.6.1 信息安全概述

1. 信息安全的基本概念

信息安全是指信息网络的硬件、软件及其系统中的数据受到保护，不受偶然的或者恶意的原因而遭到破坏、篡改、泄露，系统连续可靠正常地运行，信息服务不中断。

信息安全主要包括以下七个方面的内容，即需保证信息的真实性、保密性、完整性、可用性、不可抵赖性、可控制性和可审查性。

（1）真实性：对信息的来源进行判断，能对伪造来源的信息予以鉴别。

（2）保密性：保证机密信息不被窃听，或窃听者不能了解信息的真实含义。

（3）完整性：保证数据的一致性，防止数据被非法用户篡改。

（4）可用性：保证合法用户对信息和资源的使用不会被不正当地拒绝。

（5）不可抵赖性：建立有效的责任机制，防止用户否认其行为。

（6）可控制性：对信息的传播及内容具有控制能力。

（7）可审查性：对出现的网络安全问题提供调查的依据和手段。

2. 信息安全面临的威胁

信息安全面临的多数威胁具有相同的特征，即：威胁的目标都是破坏机密性、完整性或者可用性。威胁的对象包括数据、软件和硬件；实施者包括自然现象、偶然事件、无恶意的用户和恶意攻击者。按照威胁的来源，分为计算机内部威胁和外部威胁。

（1）内部威胁

① 系统软件的安全功能较少或不全，以及系统设计时的疏忽或考虑不周而留下的“漏洞”或“破绽”。

② 数据库管理系统的脆弱性。由于数据库管理系统 DBMS 对数据库的管理是建立在分级管理的模型上的，因此 DBMS 的安全性不高。

（2）外部威胁

① 计算机网络的使用对数据造成的安全威胁——计算机网络的发展，使信息共享日益广泛与深入。但是信息在公共通信网络上存储、共享和传输，会被非法窃听、截取、篡改或毁坏而导致巨大的损失。

② 病毒和其他恶意软件——病毒是一种能自我复制的代码，可以像生物病毒一样传染其他程序。网络中有多种多样的病毒，这些病毒不断传播，严重危害信息安全。

③ 自然灾害和环境危害——诸如高温、湿度、照明、火灾、地震等，都能破坏信息设施。应制定灾难恢复计划，预防和处理这些灾害。

④ 人为因素——据统计，造成信息系统在经费和生产力方面损失的一半是由于人为的差错。这些人为差错包括对设备和软件不适当的安装与管理，误删除文件，升级错误的文件，将不正确的信息存入文件，忽视口令更换等行为，从而引起信息的丢失、系统的中断等事故。

3. 信息安全的对策

信息安全是一个涉及多方面的问题，可以说是一个极其复杂的系统工程，不仅仅局限于对信息的加密和通信保密等功能要求。一个成功的信息安全对策应当遵循以下原则：

（1）制定明确且前后一致的信息安全政策和工作程序，评价信息系统的薄弱环节，确认安全隐患。

（2）强制改善已发现的网络和信息系统安全方面的薄弱环节。

（3）强制报告受到的攻击，更好地发现和交流易受攻击之处，及时采取改进措施。

（4）进行损失评估，以便恢复遭到攻击者破坏的信息的完整性。

（5）进行培训，使用户了解互联网计算机的安全风险并规范执行安全措施，保证网络管理人员和系统管理人员有充分的时间和资源来完成任务。

（6）慎用防火墙、智能卡和其他技术解决方案。

（7）增强事故应对能力，主动发现和应付攻击行为，跟踪和追究攻击者。

1.6.2 计算机病毒及其防范

1. 计算机病毒的定义

计算机病毒（Computer Virus）最早是由美国计算机病毒研究专家弗雷德·科恩

（Fred Cohen）博士正式提出的。“病毒”一词来源于生物学，因为计算机病毒与生物病毒在很多方面有着相似之处。弗雷德·科恩博士对计算机病毒的定义是：“病毒是一种靠修改其他程序来插入或进行自身拷贝，从而感染其他程序的一段程序。”

《中华人民共和国计算机信息系统安全保护条例》中明确将计算机病毒定义为：“编制或者在计算机程序中插入的破坏计算机功能或者破坏数据，影响计算机使用并且能够自我复制的一组计算机指令或者程序代码”。计算机病毒是一种人为的特制程序，能像生物界的病毒一样进行自我复制并感染和破坏其他程序。计算机病毒具有很强的感染性、一定的潜伏性、特定的触发性，以及严重的破坏性。

2. 计算机病毒的结构

计算机病毒一般由以下三个部分构成：

（1）传染部分——病毒的重要组成部分，主要实施病毒的传染。

（2）表现部分和破坏部分——对被感染的系统进行破坏，并表现出一些特殊状况。

（3）激发部分——判断当前是否满足病毒发作的条件。

3. 计算机病毒的特征

计算机病毒会干扰系统的正常运行，抢占系统资源，修改或删除数据，会对系统造成不同程度的破坏。计算机病毒具有隐蔽性、潜伏性、传染性、激发性、破坏性等特征。

（1）隐蔽性

病毒程序具有很强的隐蔽性，编制技巧相当高，有的时隐时现，变化无常，极具隐蔽性，使人们很难察觉和发现它的存在。

（2）潜伏性

病毒具有依附于其他信息媒体的寄生能力。病毒侵入系统后，一般不立即发作，往往要经过一段时间后才发生作用。病毒的潜伏期长短不一，可能为数十小时，也可能长达数天甚至更久。一旦时机成熟，得到运行机会，就会四处繁殖、扩散，造成更大的危害。有些病毒像定时炸弹一样，它的发作时间和条件是预先设计好的，比如“黑色星期五”病毒，等到预定时间或条件具备的时候会突然发作，对系统进行破坏。

（3）传染性

计算机病毒不但本身具有破坏性，更有害的是还具有传染性。传染性是计算机病毒的基本特性。计算机病毒具有生物病毒类似的特征，有很强的再生能力。计算机病毒会通过各种渠道从已被感染的计算机扩散到未被感染的计算机。计算机病毒的传播主要通过文件拷贝、文件传送、文件执行等方式进行。一旦病毒被复制或产生变种，其速度之快令人难以预防。一旦某台计算机感染病毒，如果不及时处理，病毒就会在这台计算机上迅速扩散，计算机病毒可通过各种可能的渠道，如硬盘、移动硬盘、计算机网络去传染其他计算机。

（4）激发性

许多病毒传染到某些对象上后，并不立即发作，而是满足一定条件后才被控制激发。激发条件可能是时间、日期、特殊的标识符以及文件使用次数等。

（5）破坏性

计算机病毒对系统具有不同程度的危害性。计算机中毒后，可能会删除计算机内的文件或对文件进行不同程度的损坏，导致正常的程序无法运行，具体表现在抢占系统资源、删除磁盘文件、格式化磁盘、对数据文件做加密、封锁键盘、使系统死锁、干扰运行，甚至摧毁系统等方面。

（6）变种性

某些病毒可以在传播的过程中自动改变自己的形态，从而衍生出另一种不同于原版病毒的新病毒，这种新病毒称为病毒变种，源于同一病毒演变而来的所有病毒称为病毒家族。有变形能力的病毒能更好地在传播过程中隐蔽自己，使之不易被反病毒程序发现及清除。有的病毒能产生几十种变种病毒。

4. 计算机病毒的分类

计算机病毒的种类繁多，包括宏病毒、木马病毒、蠕虫病毒、黑客病毒、脚本病毒、后门病毒、系统病毒、病毒种植程序病毒、玩笑病毒、捆绑机病毒等。

（1）按病毒表现性质划分

① 良性病毒——此类病毒不包含立即对计算机系统产生直接破坏作用的代码，为了表现其存在，只是不停地进行扩散，并不对系统产生破坏，但是会占用系统的存储空间或占用 CPU 时间，影响系统的性能。

② 恶性病毒——在其代码中包含损伤和破坏计算机系统的操作，具有极大的破坏性，可以破坏系统中的程序和数据，甚至破坏计算机的某些硬件设施。

（2）按病毒入侵的途径划分

① 源码病毒——在程序的源程序中插入病毒编码，随源程序一起被编译，然后同源程序一起执行。

② 入侵病毒——病毒入侵时将自身的一部分插入主程序。

③ 外壳病毒——通常感染 DOS 下的可执行程序，当程序被执行时，病毒程序也被执行进行传播或破坏活动。

④ 操作系统病毒——它替代操作系统中的敏感功能（如 I/O 处理、实时控制等），此类病毒最常见，危害性极大。

（3）按感染的目标划分

① 引导型病毒——这类病毒只感染磁盘的引导扇区，即用病毒自身的编码代替原引导扇区的内容。

② 文件型病毒——感染可执行文件，并将自己嵌入可执行程序中，从而取得执行权。

③ 混合型病毒——此类病毒既可感染引导扇区，也可感染可执行文件。

（4）其他破坏工具

① 特洛依（Trojan Horse）木马——计算机中的木马程序表面上是完成某种功能的一个程序，而在暗地里，它还可以做另外一些事情。你可能常常在网上获得一些免费软件，下载后安装在系统上运行，这样，你的系统便可能中了木马，比如冰河木马。系统中了木马之后，便后门大开，有的木马程序可以自动联系黑客，而有的黑客可在远程的计算机上利用木马控制端来获得你的重要信息，对用户的机器乃至操作了如指掌，黑客们可以破坏系统，甚至控制计算机，不让你进行任何操作等。木马不同于病毒，它在对系统进行攻击时并不进行自我复制。

② 时间炸弹——一种计算机程序，它在不被发觉的情况下存在于你的计算机中，直到某个特定的时刻才被引发，比如圣诞节、元旦节等特定的日期。

③ 逻辑炸弹——通过某些特定数据的出现和消失而引发的计算机程序。它可能是一个单独的程序，也可能它的代码嵌入在某些软件上，系统一旦运行，逻辑炸弹便随时监控系统中的某些数据是否出现或消失，一旦发现所期待的事情发生，逻辑炸弹便“爆炸”。这种“爆炸”可以以用户看不见的方式发作，比如将系统中的某些数据进行非法的复制和转移；也可以产生明显的效果，如系统中的重要文件被破坏、整个系统瘫痪等。

④ 蠕虫（Worm）——计算机网络的程序，它通过安全系统的漏洞进入计算机系统。和病毒相同，蠕虫也能自我复制，但蠕虫不需要附着在文档或者可执行文件上来进行复制。目前常见的蠕虫都是通过 Internet 上的电子邮件或者是 Web 浏览器的系统漏洞来传播的。它传到一台计算机上之后，利用该机器上的某些数据，比如该用户电子邮件地址簿中的其他邮件用户的地址以传递给其他系统。目前蠕虫是破坏系统正常运行的主要手段之一。Internet 上的大多数蠕虫并不对系统进行破坏，但它会占用系统大量的时间和空间资源，使系统性能大大降低，甚至导致系统关闭或重新启动，如冲击波、震荡波、灰鸽子等。

5. 计算机病毒的防治

如果出现程序运行速度减慢，无故读写磁盘，文件尺寸增加，出现新的奇怪文件，可以使用的内存总数降低，出现奇怪的屏幕显示和声音效果，打印出现问题，异常要求用户输入口令，硬盘不能引导系统，死机现象增多等都可以考虑是否是病毒影响，应检测是否感染病毒。

计算机病毒随时都有可能入侵计算机系统，因此，用户应提高对计算机病毒的防范意识，不给病毒以可乘之机。

计算机病毒的预防主要有以下措施：

(1) 注意对系统文件、重要可执行文件和数据进行写保护。备份系统和参数，建立系统恢复盘。无论采用多么好的杀毒软件，都无法保证计算机完全不受病毒的侵害。计算机感染了病毒而无法启动时，如果有系统恢复盘，90%以上的系统数据都可以正常恢复的。

(2) 经常运行 Windows Update，安装操作系统的补丁程序。经常给操作系统打“补丁”，以保证系统运行安全。有很多病毒利用系统漏洞或者操作系统和应用软件的弱点来进行传播，尽管反病毒软件能保护用户不被病毒侵害，但是，及时安装操作系统中最新被发现的漏洞补丁，仍然是一个极好的安全措施。

(3) 安装实时监控杀毒软件，定期升级杀毒软件和更新病毒库。杀毒软件只能查找并清除其病毒库中包含的“已知”病毒，因此需要定期升级杀毒软件及其病毒库，以便查找并清除更多更新的病毒，从而更可靠地保护计算机系统。

(4) 定期备份重要的文件。如果计算机被病毒感染，用户数据遭到破坏，可用备份的文件进行恢复。

(5) 不使用来历不明的程序或数据，不轻易打开来历不明的电子邮件。对于从Internet上下载的一些可执行文件，应事先用杀毒软件清除病毒或在计算机上安装病毒防御系统方可运行。从外部获取数据前先进行检查，即在打开外部传过来的数据、文件之前，用户应该先检查这些可携带病毒媒介的安全性。

（6）综合各种杀毒技术。同样是杀毒软件，不同的软件都有各自的优点和缺点，因此不要局限于一种杀毒程序。

（7）安装防火墙，设置访问规则，过滤不安全的站点。

（8）不要使用盗版软件，慎用公用软件和共享软件；慎装插件。

（9）慎用各种游戏软件。

习题 1

一、选择题

1. 世界上第一台电子数字计算机诞生的时间是__________年。

A）1936　　B）1946　　C）1956　　D）1975

2. 世界上第一台电子数字计算机取名为__________。

A）UNIVAC　　B）EDSAC　　C）ENIAC　　D）EDVAC

3. 第一代电子计算机到第四代计算机的体系结构都是由运算器、控制器、存储器以及输入输出设备组成的，称为__________体系结构。

A）艾伦·图灵　　B）罗伯特·诺依斯

C）比尔·盖茨　　D）冯·诺依曼

4. 计算机的发展阶段通常按计算机所采用的__________来划分。

A）内存容量　　B）电子器件

C）程序设计语言　　D）操作系统

5. 第一代计算机采用的电子器件是__________。

A）晶体管　　B）电子管

C）中小规模集成电路　　D）超大规模集成电路

6. 目前计算机所采用的电子器件是__________。

A）晶体管　　B）超导体

C）中小规模集成电路　　D）超大规模集成电路

7. 现代计算机之所以能自动地连续进行数据处理，主要是因为__________。

A）采用了开关电路　　B）采用了半导体器件

C）具有存储程序的功能　　D）采用了二进制

8. 一个完整的计算机系统通常包括__________。

A）系统软件和应用软件　　B）计算机及其外部设备

C）硬件系统和软件系统　　D）系统硬件和系统软件

9. 人们通常所说的“裸机”指的是__________。

A）只装备操作系统的计算机　　B）不带输入输出设备的计算机

C）未装备任何软件的计算机　　D）计算机主机暴露在外

10. 电子计算机工作最重要的特征是__________。

A）高精度　　B）存储程序与自动控制

C）记忆力强　　　　　　　　　　　D）高速度

11. 巨型计算机指的是__________。

A）功能强　　　　B）体积大　　　　C）重量大　　　　D）耗电量大

12. 下列四条叙述中，正确的一条是__________。

A）最先提出存储程序思想的人是英国科学家艾伦·图灵

B）ENIAC 计算机采用的电子器件是晶体管

C）在第三代计算机期间出现了操作系统

D）第二代计算机采用的电子器件是集成电路

13. 计算机内部信息的表示及存储采用二进制形式的最主要原因是__________。

A）产品的成本低　　　　　　　　　B）避免与十进制混淆

C）与逻辑电路硬件相适应　　　　　D）容易记忆和计算

14. 微型计算机中存储数据的最小单位是__________。

A）字节　　　　B）字　　　　C）位　　　　D）KB

15. 通常所说的 32 位机，指的是这种计算机的 CPU __________。

A）是由 32 个运算器组成的

B）能够同时处理 32 位二进制数据

C）包含 32 个寄存器

D）一共有 32 个运算器和控制器

16. 关于计算机病毒的叙述，正确的说法是__________。

A）计算机病毒可以烧毁计算机的电子器件

B）计算机病毒是一种传染力极强的生物细菌

C）计算机病毒是一种人为特制的具有破坏性的程序

D）计算机病毒一旦产生，便无法清除

17. 计算机病毒除有破坏性、潜伏性和激发性外，还有一个最明显的特性是__________。

A）传染性　　　　B）自由性　　　　C）隐蔽性　　　　D）危险性

18. 《计算机软件保护条例》中所称的计算机软件（简称软件）是指__________。

A）计算机程序　　　　　　　　　　B）源程序和目标程序

C）源程序　　　　　　　　　　　　D）计算机程序及其有关文档

19. 下列叙述中，正确的是__________。

A）所有软件都可以自由复制和传播

B）受法律保护的计算机软件不能随便复制

C）软件没有著作权，不受法律的保护

D）应当使用自己花钱买来的软件

20. 与十进制数 93 等值的二进制数是__________。

A）1101011　　　　B）1111001　　　　C）1011100　　　　D）1011101

21. 在计算机内部，一切信息的存取、处理和传送都是以__________形式进行的。

A）EBCDIC 码　　　　B）ASCII 码　　　　C）十六进制　　　　D）二进制

22. 十进制数 267 转换成八进制数是__________。

A）326　　B）410　　C）314　　D）413

23. 十进制数378转换成十六进制数是________。

A）A71　　B）1710　　C）17A　　D）1071

24. 二进制数1111100转换成十进制数是________。

A）124　　B）152　　C）89　　D）213

25. 二进制数110100转换成八进制数是________。

A）21　　B）64　　C）54　　D）46

26. 二进制数111010011转换成十六进制数是________。

A）323　　B）1D3　　C）133　　D）3D1

27. 十六进制数10AC转换成二进制数是________。

A）1101110101110　　B）1010010101001

C）1000010101100　　D）1011010101100

28. 八进制数413转换成十进制数是________。

A）324　　B）267　　C）299　　D）265

29. 十六进制数2A3C转换成十进制数是________。

A）11802　　B）16132　　C）10812　　D）11802

30. 下面几个不同进制的数中，最大的数是________。

A）二进制数1100010　　B）八进制数225

C）十进制数500　　D）十六进制数1FE

31. 一个计算机系统的硬件一般由________几部分构成。

A）CPU、键盘、鼠标和显示器

B）运算器、控制器、存储器、输入设备和输出设备

C）主机、显示器、打印机和电源

D）主机、显示器和键盘

32. 计算机的主机由________部件组成。

A）运算器和存储器　　B）CPU和内存

C）CPU、存储器和显示器　　D）CPU、软盘和硬盘

33. CPU是计算机硬件系统的核心，它由________组成。

A）运算器和存储器　　B）控制器和存储器

C）运算器和控制器　　D）加法器和乘法器

34. 计算机的存储系统通常包括________。

A）内存储器和外存储器　　B）软盘和硬盘

C）ROM和RAM　　D）内存和硬盘

35. 计算机的内存储器简称内存，它由________构成。

A）随机存储器和软盘　　B）随机存储器和只读存储器

C）只读存储器和控制器　　D）软盘和硬盘

36. 计算机内存中的只读存储器简称为________。

A）EMS　　B）RAM　　C）XMS　　D）ROM

37. 随机存储器简称为________。

A）CMOS　　B）RAM　　C）XMS　　D）ROM

38. 用汇编语言编写的程序需经过__________翻译成机器语言后，才能在计算机中执行。

A）编译程序　　B）解释程序　　C）操作系统　　D）汇编程序

39. 把用高级语言编写的源程序变为目标程序，要经过__________。

A）编译　　B）汇编　　C）连接　　D）编辑

40. 微型机 IBM PC/XT 采用的 CPU 芯片是由__________公司生产的。

A）IBM　　B）Intel　　C）HP　　D）Digital

41. 下列叙述中，正确的一条是__________。

A）操作系统是一种重要的应用软件

B）外存中的信息可直接被 CPU 处理

C）用机器语言编写的程序可以由计算机直接执行

D）电源关闭后，ROM 中的信息立即丢失

42. 机器指令是由二进制代码表示的，它能被计算机__________。

A）直接执行　　B）解释后执行

C）汇编后执行　　D）编译后执行

43. 在下列叙述中，错误的一条是__________。

A）内存是主机的组成部分

B）对于种类不同的计算机，其机器指令系统都是相同的

C）CPU 由运算器和控制器组成

D）十六位微型机的含义是：这种机器能同时处理十六位二进制数

44. 微型计算机中，运算器、控制器和内存储器的总称是__________。

A）主机　　B）MPU　　C）CPU　　D）ALU

45. 由高级语言编写的源程序要转换成计算机能直接执行的目标程序，必须经过__________。

A）编辑　　B）编译　　C）汇编　　D）解释

46. 计算机软件一般包括系统软件和__________。

A）字表处理软件　　B）应用软件

C）工具软件　　D）科学计算软件

47. 所谓应用软件，指的是__________。

A）所有能够使用的工具软件

B）能被各应用单位共同使用的某种特殊软件

C）专门为某一应用目的而编制的软件

D）所有微机上都应使用的基本软件

48. 机器指令是由二进制代码表示的，它能被计算机__________。

A）汇编后执行　　B）直接执行

C）编译后执行　　D）解释后执行

49. 下列关于操作系统的叙述中，正确的是__________。

A）操作系统是一种图形图像处理软件

B）操作系统主要用于对源程序进行编译和解释

C）操作系统属于系统软件，并且是系统软件的核心

D）操作系统可用于文字处理，是一种应用软件

50. 操作系统的五项基本功能是__________。

A）CPU 管理、软盘管理、硬盘管理、CD-ROM 管理、显示器管理

B）CPU 管理、磁盘管理、打印机管理、显示器管理、软件管理

C）作业管理、文件管理、处理器管理、存储管理、设备管理

D）主机管理、外设管理、输入管理、输出管理、设备管理

二、填空题

1. 首先提出在电子计算机中存储程序的概念的科学家是__________。

2. ENIAC 是世界上第一台电子数字计算机，它所采用的电子器件是__________。

3. 第四代计算机采用的电子器件是__________。

4. 与十进制数 217 等值的二进制数是__________。

5. 十进制数 72 转换成八进制数是__________。

6. 与十进制数 283 等值的十六进制数是__________。

7. 与二进制数 1110 等值的十进制数是__________。

8. 与二进制数 101110 等值的八进制数是__________。

9. 与二进制数 101110 等值的十六进制数是__________。

10. 在内存储器中，只能读出不能写入的存储器叫做__________。

11. CPU 和内存合在一起称为__________。

12. 微型计算机总线一般由数据总线、地址总线和__________总线组成。

13. 运算器的主要功能是算术运算和__________。

14. 通常用屏幕水平方向上显示的点数乘以垂直方向上显示的点数来表示显示器的清晰程度，该指标称为__________。

15. 能把计算机处理好的结果转换成为文本、图形、图象或声音等形式并输送出来的设备称为__________设备。

16. 可以将各种数据转换成为计算机能够处理的形式并输送到计算机中去的设备统称为__________。

17. 按某种顺序排列的，使计算机能执行某种任务的指令的集合称为__________。

18. 计算机软件系统由系统软件和__________两部分组成。

19. 用__________语言编写的程序可由计算机直接执行。

20. 在微型计算机中，I/O 设备的含义是__________设备。

第 2 章 Windows 7 的使用

【学习目标】

☞熟悉 Windows 7 操作系统的特性。

☞掌握 Windows 7 的基本操作。

☞掌握 Windows 7 的文件管理。

☞掌握 Windows 7 的程序和任务管理。

☞掌握 Windows 7 实用工具的使用。

☞熟悉 Windows 7 的系统管理。

2.1 Windows 7 新特性概述

作为微软继 Windows XP 和 Windows Vista 之后重要的操作系统，Windows 7 呈现出全新的简洁视觉设计，众多功能特性以及更加安全稳定的性能让用户眼前一亮。Windows 7的主要新增特性如下：

1. 系统运行更快速

Windows 7 不仅在系统启动时间上得到了大幅度改进，对休眠模式唤醒系统这样的细节也进行了改善，成为反应更快速、令人感觉清爽的操作系统。据实测，在中低端配置的 PC 机中运行 Windows 7，系统启动时间一般不超过 20 秒。而在相同配置下，启动 Windows Vista 系统则需要 40 秒左右。

2. 更个性化的桌面

用户可以对自己的桌面进行个性化设置。Windows 7 提供了桌面大图标和更具视觉冲击的内置主题包。桌面壁纸、面板色调，甚至系统声音更具个性化。

3. 革命性的任务栏设计

进入 Windows 7 系统，最引人注目的就是屏幕的底部经过全新设计的“任务栏”。“任务栏”中所有的应用程序都采用大图标模式，不再有文字提示。“任务栏”增加了窗口的预览功能，同时可以在预览窗口中进行相应操作。为了便于访问经常使用的程序或文档，Windows 7 还提供了“跳转列表”功能，让用户轻松快捷地访问经常使用的程序或文档。

“跳转列表”是 Windows 7 的新增功能，通过它，用户能够快速查看、访问最近常用的文档、图片、歌曲或网站等。右键单击 Windows 7“任务栏”上的程序图标，即可打开“跳转列表”（Jump List）；也可以通过“开始”菜单，单击程序名称旁的箭头，访问“跳转列表”。

4. 智能化的窗口缩放

半自动化的窗口缩放是 Windows 7 的另一项有趣的功能，即把窗口拖到屏幕最上方，窗口会自动最大化；把已经最大化的窗口往下拖一点，就会自动还原，这对需要经常处理文档的用户来说，是一项十分实用的功能。用户可以轻松直观地在不同的文档之间进行对比、复制等操作。Windows 7 还拥有一项贴心的小设计：当打开大量文档工作时，如果需要专注在其中一个窗口，只需要在该窗口上按住鼠标左键并轻微晃动鼠标，其他所有的窗口便会自动最小化。重复该动作，所有窗口又重新出现。

5. 无处不在的搜索框

在 Windows 7 中，用户可以通过窗口中的搜索框轻松地搜索、访问需要的文档、图片、音乐、电子邮件和其他文件等资源。从“开始”菜单和“Windows 资源管理器”中都可以进行搜索。

Windows 7 改进了搜索相关性，用户的搜索结果将更加精准。

（1）搜索结果按类别分组，搜索所使用的关键字高亮显示在文件内容片段或文件路径中，用户可以更方便地从排列有序的搜索结果中发现想要找到的文件。

（2）搜索更加智能，根据用户最近的搜索提示输入建议，动态过滤这些建议来缩小搜索范围，帮助用户更快地搜索到所需资源。

6. 无缝的多媒体体验

Windows 7 提供了远程媒体流控制功能，可以帮助用户从家庭以外的 Windows 7 个人电脑安全地远程访问家里的 Windows 7 电脑中的数字媒体中心，随心欣赏保存在家庭电脑中的任何数字娱乐内容。

Windows 7 中的综合娱乐平台和媒体库 Windows Media Center 不但可以让用户轻松管理电脑硬盘上的音乐、图片和视频，它更是一款可定制化的个人电视。只要将电脑与网络连接，或插上一块电视卡，可随时随处享受 Windows Media Center 上丰富多彩的互联网视频内容或高清的地面数字电视节目。

7. 超强的硬件兼容性

Windows 7 广泛兼容 Windows Vista 支持的各类硬件与外设。在软件兼容性方面，来自第三方的测试报告指出，91%的主流应用程序与 Windows 7 兼容；在硬件兼容性方面，92%的硬件与 Windows 7 兼容。

8. Windows XP 模式

Windows 7 体现出超强的兼容性，但仍然有些程序在 XP 模式下可以正常工作，在 Windows 7 下却无法运行。为了让用户，尤其是中小企业用户过渡到 Windows 7 平台时减少程序兼容性顾虑，微软在 Windows 7 中增加了 Windows XP 兼容模式。

2.2 Windows 7 基本操作

2.2.1 个性化桌面

桌面，即屏幕的整个背景区域，是一切工作的平台。启动 Windows 7 后，屏幕上出现 Windows 7 桌面。用户可以同时选中多张桌面壁纸，让它们在桌面上像幻灯片一样播放，播放速度可以自己决定。桌面壁纸、面板色调，甚至系统声音更具个性化，可以根据自己的习惯和喜好来自定义这些主题元素，即个性化主题包。

Windows 7 桌面主要由桌面壁纸、桌面图标、“开始”按钮和“任务栏”等部分组成，如图 2-1 所示。

图 2-1　Windows 7 桌面

1. 桌面图标

在 Windows 7 中，图标以一个小图形的形式来代表程序、文件或文件夹，也可以表示磁盘驱动器、打印机以及网络中的计算机等。图标由图形符号和名字两部分组成。系统中的所有资源分别由以下几种类型的图标所表示：

（1）应用程序图标

应用程序图标表示具体完成某一功能的可执行程序。

（2）文件夹图标

文件夹图标表示可用于存放其他应用程序、文档或子文件夹的“容器”。

（3）文档图标

文档图标表示由某个应用程序所创建的文档信息。

左下角带有弧形箭头的图标代表快捷方式。快捷方式是一种特殊的文件类型，可以对系统中的某些对象进行快速访问。快捷方式图标是原对象的“替身”图标。快捷方式图标十分有用，是进行快速访问常用应用程序和文档的最主要的方法。

在默认状态下，Windows 7 安装后，在桌面左上角只保留了“回收站”图标。在 Windows 7 中，将 Windows XP 的“我的电脑”更名为“计算机”，“网上邻居”更名为“网络”，“我的文档”更名为“用户的文件”。

2. 任务栏

Windows 7 的“任务栏”是位于屏幕底部的水平长条。Windows 7 将快速启动按钮与活动任务结合在一起，形成任务栏按钮区。“任务栏”主要包括“开始”按钮、任务栏按钮区、语言栏和通知区域，如图 2-2 所示。

图 2-2　Windows 7 的“任务栏”

“开始”按钮在桌面左下角。任务栏按钮区显示桌面当前打开的程序窗口，用户可以快速启动、切换和关闭程序。语言栏显示用户当前的输入法状态。在通知区域中，显示系统常驻程序的图标、系统时间等系统信息。在通知区域的最右端是显示桌面按钮。

用户可以隐藏“任务栏”，或将其移至桌面的两侧或顶部。“任务栏”也是状态栏，可在任务之间切换。所有正在运行的应用程序、打开的文件夹，均以凸起的按钮形式显示在“任务栏”中。单击“任务栏”中某一按钮，可切换到相应的应用程序或文件夹。“任务栏”为用户提供了快速启动和切换应用程序、文档及其他已打开窗口的方法。

3. 桌面背景

屏幕上主体部分显示的图像称为桌面背景，其作用是美化屏幕。用户可以选择不同图案和不同色彩的背景来修饰桌面。

4. “开始”菜单

“任务栏”的最左端就是“开始”按钮。单击“开始”按钮，打开“开始”菜单。“开始”菜单是使用和管理计算机的起点，可运行程序、打开文档及执行其他常规任务。通过它用户可以完成系统使用、管理和维护等工作。“开始”菜单的便捷性简化了频繁访问程序、文档和系统功能的常规操作方式。

2.2.2 窗口及其基本操作

Windows 7 沿用了一贯的 Windows 窗口式设计，可以同时打开多个窗口，窗口可以关闭、改变尺寸、移动、最小化到“任务栏”上，或最大化到整个屏幕上。Windows 7 中的几乎所有的应用程序和文档，打开后，都以一个窗口的形式出现在桌面上。

窗口操作是 Windows 7 中最基本的操作模式。

1. 窗口的组成

一个典型的 Windows 7 窗口由“工作区”、“标题栏”、“控制菜单按钮”、“菜单栏”、“工具栏”、“窗口控制按钮”、“滚动条”和“状态栏”、“边框”组成，如图 2-3 所示。

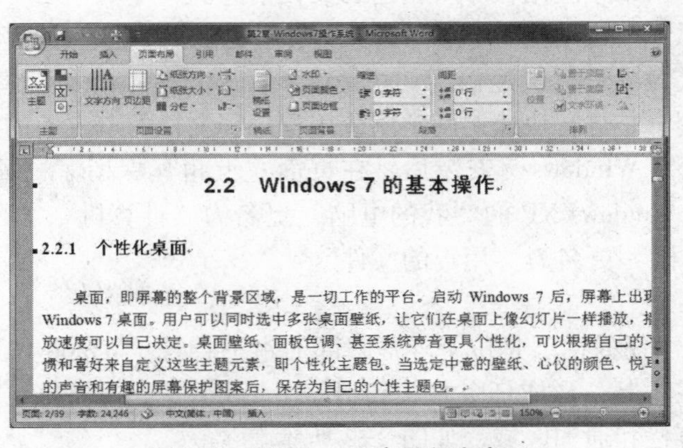

图 2-3 Windows 7 应用程序窗口

（1）工作区——当前应用程序可使用的屏幕区域，显示和处理各种工作对象的信息。

（2）标题栏——位于窗口顶部的第一行，显示应用程序的名称及已打开的文件名称。拖动“标题栏”，可使窗口在桌面上移动。如果在桌面上同时打开了多个窗口，其中某一窗口的“标题栏”处于深色显示状态，说明该窗口当前可以与用户交互，为活动窗口，也称为当前窗口。

（3）控制菜单按钮——位于“标题栏”左边的小图标。单击该图标（或按 Alt+空格键）即可打开控制菜单。选择菜单中的相关命令，可改变窗口的大小、位置或关闭窗口。

（4）菜单栏——位于“标题栏”的下方，列出了应用程序的各种功能命令，用户可方便地使用这些命令。

（5）工具栏——位于“菜单栏”的下方，包含多个图标和按钮。为应用程序的常用命令提供了一种实现相应功能的快捷方式。

（6）窗口控制按钮——在窗口的右上角有三个控制按钮，即：“最小化”按钮、“最大化”按钮和“关闭”按钮。单击“最小化”按钮，窗口尺寸缩小为一个图标放在“任务栏”上；单击“任务栏”上的对应按钮，窗口又恢复成原来状态；单击“最大化”按钮，窗口放大至整个屏幕，该按钮变成“还原”按钮；单击“还原”按钮，窗口恢复到前一个状态；单击“关闭”按钮，则关闭窗口。

（7）滚动条——当一个窗口内的信息超过窗口而无法显示全部内容时，可以通过移动“滚动条”来查看窗口中尚未显示出的信息。窗口中有“垂直滚动条”和“水平滚动条”两种，通过单击滚动箭头或拖动滚动块，可控制窗口中的内容上下或左右滚动。

（8）状态栏——位于窗口底部，用于显示当前窗口的有关状态信息和提示信息。

（9）边框——可以用鼠标指针拖动边框及边框角更改窗口的大小。

2. 窗口的类型

Windows 7 的窗口分为“应用程序窗口”和“文档窗口”。

（1）应用程序窗口

应用程序窗口简称为窗口，是应用程序运行时的人机交互界面。应用程序窗口包含一些与该应用程序相关的“菜单栏”、“工具栏”以及被处理的文档名字等信息。应用程序的数据输入及数据的处理都在此窗口。

（2）文档窗口

文档是运行应用程序时所生成的文件。文档窗口指的是在应用程序运行时向用户显示文件内容的窗口。文档窗口只出现在应用程序窗口中。文档窗口不含菜单栏，与应用程序窗口共享菜单。

3. 窗口的操作

（1）窗口的打开与关闭

双击桌面上的程序快捷图标，或选择“开始”菜单中的“所有程序”命令，或在“计算机”和“Windows 资源管理器”中双击某个程序或文档图标，打开程序或文档所对应的窗口。

可用下列方法关闭窗口：

① 单击窗口右上角的“关闭”按钮。

② 双击程序窗口左上角的“控制菜单按钮”图标。

③ 单击程序窗口左上角的“控制菜单按钮”图标，或按组合键“Alt+空格键”，然后选择“关闭”命令。

④ 按组合键“Alt+F4”。

⑤ 选择窗口的“文件”菜单中的“关闭”或“退出”命令。

⑥ 将鼠标指向“任务栏”中的该窗口图标按钮，单击鼠标右键，选择“关闭”命令。

(2) 打开多个窗口

Windows 7 是一个多任务操作系统，允许同时打开多个窗口。打开窗口的个数不限，但由所用计算机的内存大小而定。打开的窗口太多，会影响系统运行速度。打开多个窗口的情况如图 2-4 所示。

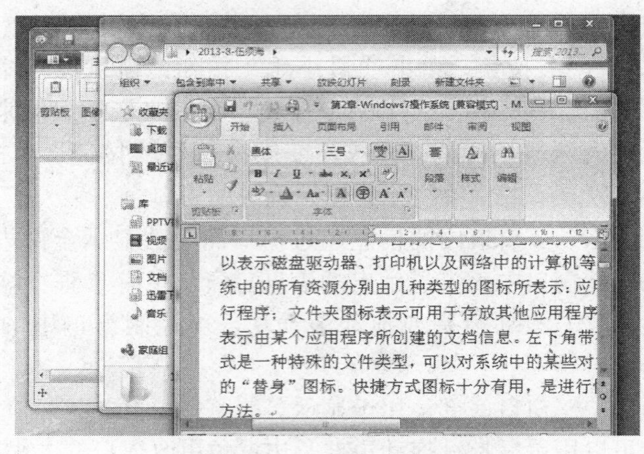

图 2-4　打开多个窗口

(3) 不同窗口的切换

窗口的“标题栏”显示程序的名称和当前打开的文档名称。如果在桌面上同时打开多个窗口，只有一个窗口的“标题栏”呈深色显示，并且在“任务栏”中代表此程序的图标处于凸起、透明状态，表示其为当前窗口，也称活动窗口。活动窗口总是在其他所有窗口之上。可用下面的方法在不同窗口之间进行切换：

① 使用组合键“Alt+Tab”、“Alt+Shift+Tab”或“Alt+Esc”进行窗口切换。按组合键“Alt+Esc”切换窗口时，切换面板被调出，在切换面板中显示所有窗口的缩略图，此时，可以通过不断按切换组合键，或直接将鼠标指针移动到切换面板中对应的缩略图标上，选择需要切换为活动的窗口。

② 用鼠标左键单击某非活动窗口能看到的部分，该窗口即切换为当前活动窗口。

③ 对于打开的不同程序的窗口，在“任务栏”中都有一个代表该程序窗口的图标按钮。当同一程序启动多个窗口时，分组显示在同一图标按钮，该图标表现为不同层次。若要切换窗口，单击“任务栏”中对应的图标按钮。

(4) 窗口的基本操作

窗口的基本操作有移动窗口、改变窗口的大小、排列窗口等。

① 移动窗口：将鼠标指针指向窗口的“标题栏”，按住左键不放，拖动鼠标到所需要的地方，然后松开鼠标按钮，窗口被移动到所需位置。也可使用键盘操作进行窗

口的移动：按组合键“Alt+空格键”，弹出窗口控制菜单，利用键盘的箭头键选择“移动”命令，鼠标指针移到标题栏，利用键盘上的箭头键“→”、“←”、“↑”或“↓”来移动窗口到所需位置，并按回车键。

② 改变窗口的大小：将鼠标指向窗口的边框或窗口的 4 个角，鼠标指针变为↕、↔、↘和↙，按住鼠标左键将窗口拖动到所需大小。

③ 排列窗口：如果同时打开了多个窗口，用户面临的是一些杂乱无章的窗口。将窗口按一定方法进行排列，可使桌面整洁。通过窗口的重新排列，使窗口变得组织有序，可把藏得很深的窗口找出来。窗口的排列方式有“层叠窗口”、“堆叠显示窗口”和“并排显示窗口”三种。右击“任务栏”的任意空白处，弹出如图 2-5 所示的快捷菜单，然后从中选择相应的窗口排列方式来排列窗口。

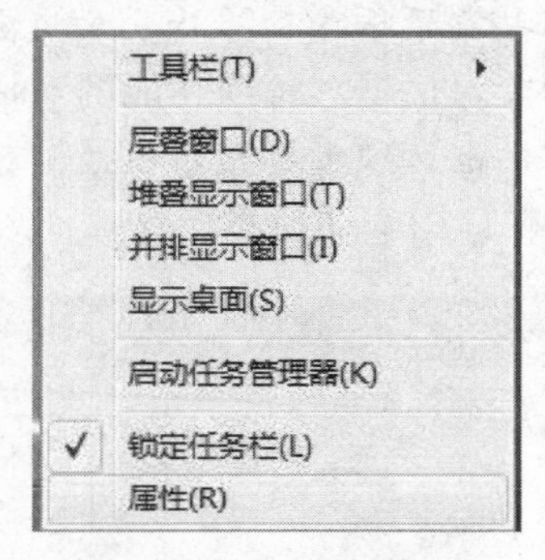

图 2-5　排列窗口命令

2.2.3　对话框的基本操作

对话框是一种特殊的窗口，是系统或应用程序与用户进行交互、对话的重要途径。对话框包含的各种元素如图 2-6 所示。

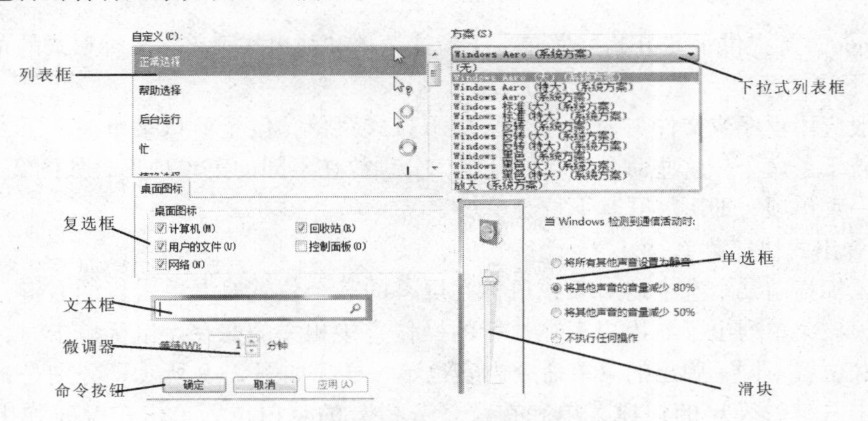

图 2-6　对话框中常见几种组成元素

（1）命令按钮——用来执行某种任务的操作，单击即可执行某项命令。

（2）单选框——为一组有多个互相排斥的选项，在某一时间只能选择其中一项。单击即可选中其中一项。

（3）复选框——当复选框内有一个符号“√”时，表示该选项被选中。若再单击一次，变为未选中状态。很多对话框列出了多个复选框，允许用户一次选择多项。

（4）文本框——用于输入文本信息的一个矩形方框，可让用户输入简单信息。

（5）下拉式列表框——它与列表框的不同之处在于：其初始状态只包含当前选项（默认选项）。单击列表框右侧的箭头，可以查看并单击选中列表中的选项。

（6）列表框——可以显示多个选项，用户可选择其中的一项或几项。如果窗口尺寸容纳不下里面的内容，窗口旁的滚动条可以帮助用户在列表中浏览和选择。

（7）微调器——位于文本框的右侧，有一对箭头用于增减数值。单击向上或向下箭头，可以增加或减少其中的数值。用户也可以直接从键盘输入数值。

（8）滑块——使用滑块时，通常向上（右）移动，值增加；向下（左）移动，值减少。

（9）页面式选项卡——有些对话框窗口不止一个页面，而是将具有相关功能的对话框组合在一起形成一个多功能对话框。每项功能的对话框称为一个选项卡，选项卡是对话框中叠放的页，单击对话框选项卡标签，可显示相应的内容，称为页面式选项卡。带有页面式选项卡的对话框如图 2-7 所示。

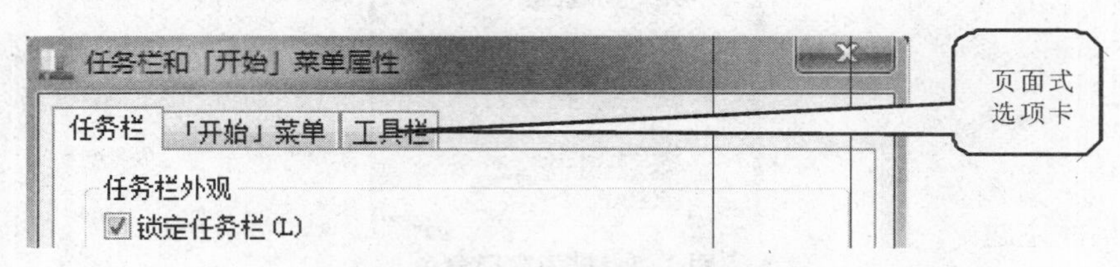

图 2-7　页面式选项卡对话框

如果对话框有标题栏，可以像移动窗口那样移动对话框的位置。对话框和窗口最根本的区别在于：对话框的大小不能改变。

2.2.4　菜单的基本操作

Windows 7 提供了“开始”菜单、下拉式菜单和弹出式菜单等多种形式的菜单。

1. 下拉式菜单

一般应用程序或文件夹窗口中均采用下拉式菜单，位于窗口菜单栏的下方，在菜单中有若干条命令，这些命令按功能分组，分别放在不同的菜单项里，如图 2-8 所示。选择某一菜单项，即可展开其下拉菜单。

2. 弹出式快捷菜单

将鼠标指向某个选中的对象或鼠标在屏幕的某个位置时，单击鼠标右键，弹出快捷菜单，该菜单列出了与用户正在执行的操作直接相关的命令。鼠标单击时，若指向的对象和位置不同，弹出的菜单命令内容也不一样，如图 2-9 所示，分别是鼠标在桌面上单击右键时弹出的快捷菜单和在“任务栏”的空白位置单击右键时弹出的快捷菜单。

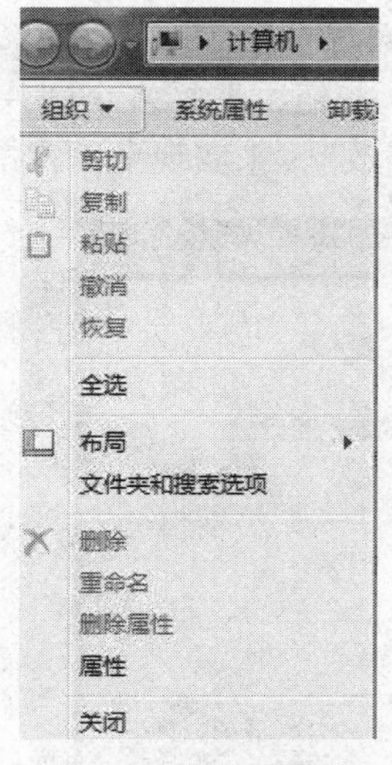

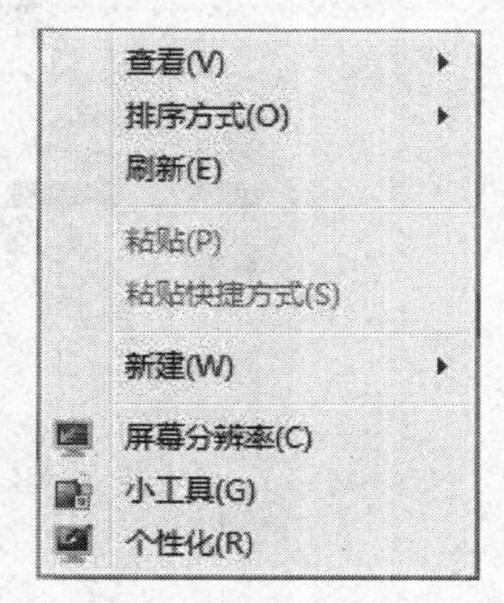

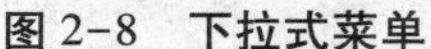

图 2-8　下拉式菜单　　　　图 2-9　弹出式快捷菜单

2.2.5　外观和个性化设置

“外观和个性化”设置用于改善用户界面的总体外观，包括桌面主题、桌面图标、账户图片的修改，以及屏幕显示的各种设置等。

1. 桌面主题

桌面主题包括桌面背景、窗口颜色、系统声音和屏幕保护程序等。用户可以根据自己的喜好选择中意的壁纸、心仪的颜色、悦耳的声音、有趣的屏幕保护图案，保存为自己的个性主题。Windows 7 集成了桌面壁纸自动更换的功能，用户可以同时选中多张桌面壁纸，让桌面像幻灯片一样自由播放。

【例 2-1】设置个性化的主题。

设置个性化主题的操作步骤如下：

（1）设置“桌面背景”

① 鼠标右键单击“桌面背景”，在弹出的菜单中单击“个性化”命令，出现的“个性化”窗口如图 2-10 所示。

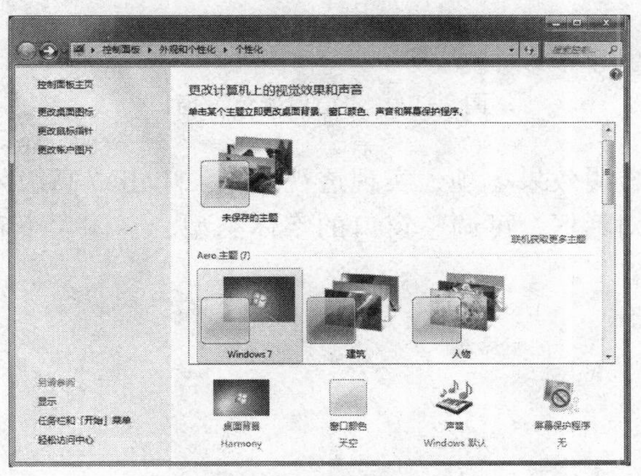

图 2-10　“个性化”窗口

② 单击“桌面背景”图标，出现“选择桌面背景”窗口，如图 2-11 所示。单击某个图片，使其成为桌面背景；或单击“浏览”按钮，选择多个图片，创建一个幻灯片。通过设置“更改图片时间间隔”和“无序播放”，来实现桌面背景的自动变换。

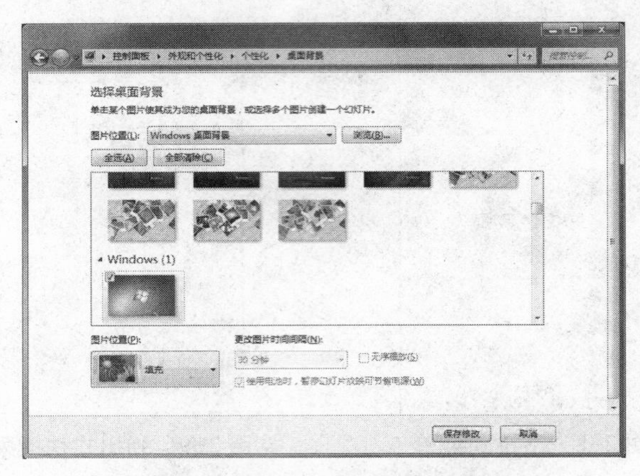

图 2-11　“选择桌面背景”窗口

③ 单击“保存修改”按钮，回到“个性化”窗口，完成“选择桌面背景”设置。

（2）设置“窗口颜色”

① 在“个性化”窗口，单击“窗口颜色”图标，打开“窗口颜色”窗口，如图 2-12所示，可选取颜色来设置窗口边框、“开始”菜单和“任务栏”的颜色。

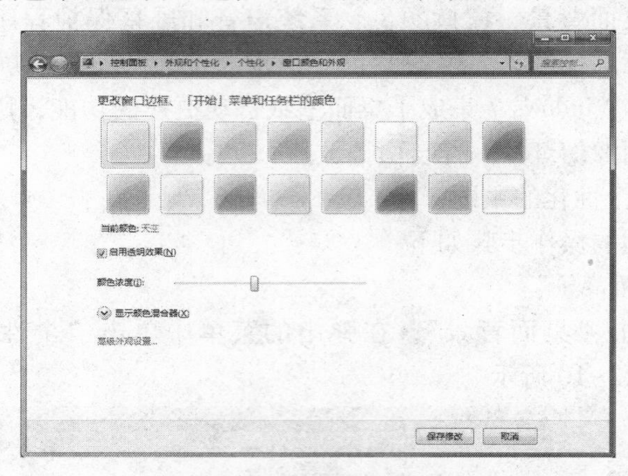

图 2-12　“窗口颜色”窗口

② 勾选“启用透明效果”项，实现透视效果。单击“高级外观设置”项，打开“窗口颜色和外观”对话框，可调整窗口的字体类型、字体大小和字体颜色等，如图 2-13所示。

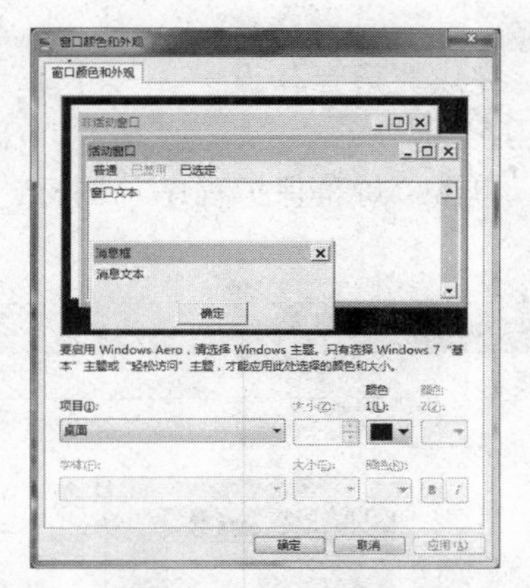

图 2-13 “窗口颜色和外观”对话框

③ 调整完窗口颜色和外观，单击“确定”按钮，回到“窗口颜色”窗口，单击“保存修改”按钮，完成“窗口颜色”设置。

（3）设置“声音”

① 在“个性化”窗口，单击“声音”图标，打开“声音”对话框，如图 2-14 所示。

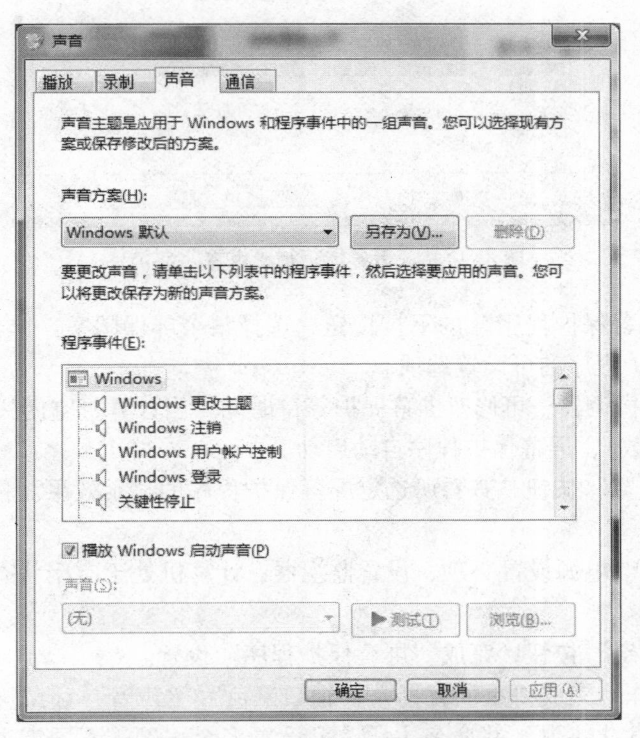

图 2-14 “声音”对话框

② 修改“程序事件”列表框中每个事件对应的提示声音。选择其中一个需要修改声音的事件，在“声音”栏中出现对应的声音，单击“浏览”按钮，则可选择其他声音文件，此时，在“声音”栏中出现选定的声音；单击“测试”按钮，试听声音播放

效果。

③ 单击“确定”按钮，完成“声音”设置。

（4）设置“屏幕保护程序”

① 在“个性化”窗口，单击“屏幕保护程序”图标，打开“屏幕保护程序设置”对话框，如图 2-15 所示。

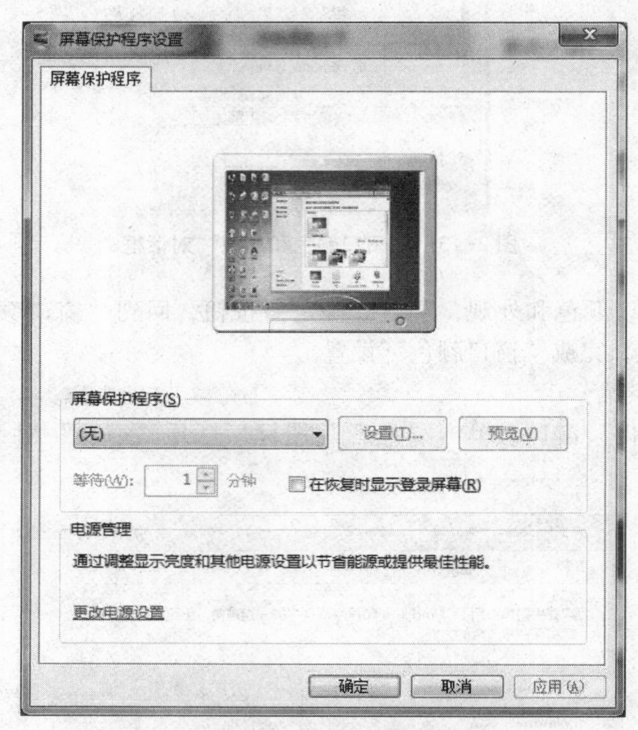

图 2-15 “屏幕保护程序设置”对话框

② 单击“屏幕保护程序”的下拉按钮，选择某个屏保图案，单击“设置”按钮，可查看该屏幕保护程序的可设置选项。

③ 通过时间微调器，可修改屏幕保护等待时间。当计算机空闲一定时间后（“等待”指定的分钟数），屏幕保护程序自动启动。

④ 单击“预览”按钮，查看所选定屏幕保护程序的显示效果。移动鼠标或按任意键，结束预览。

⑤ 单击“更改电源设置”项，设置监视器、计算机处于空闲状态下一段时间后进行相关操作。

⑥ 单击“确定”按钮，完成“屏幕保护程序”设置。

通过上述操作，完成“桌面背景”、“窗口颜色”、“声音”和“屏幕保护程序”的设置，即选择个性化主题，并命名主题。可设置多个主题，不同需求时，选择对应的主题。

2. 桌面图标

在默认状态下，Windows 7 在桌面左上角只保留了“回收站”图标。为了便于操作，可以通过使用“更改桌面图标”来重新排列桌面图标。

【例 2-2】重新排列桌面图标，如图 2-16 所示。

图 2-16　重设桌面图标

操作步骤如下：

（1）在桌面空白处，单击鼠标右键，在弹出的菜单中，单击“个性化”命令，打开“个性化”窗口。

（2）在“个性化”窗口，单击“更改桌面图标”项，打开“桌面图标设置”对话框，如图 2-17 所示。

图 2-17　“桌面图标设置”对话框

（3）在“桌面图标设置”对话框，选中需要添加到桌面的图标复选框，然后单击“确定”按钮，完成更改桌面图标设置。

Windows 7 系统的桌面图标可以设置成超炫的大图标，Windows 7 的美观、精致便可一览无余。在桌面上的空白处单击鼠标右键，在弹出的菜单中，依次选择“查看”、“大图标”命令，可以看到，其清晰和美观的效果是 Windows XP 无法比拟的。

3. 设置屏幕分辨率

屏幕分辨率是屏幕图像的精密度，指显示器所能显示像素的多少。分辨率越高，屏幕中的像素点也越多，画面就越精细。

【例 2-3】设置屏幕分辨率。

操作步骤如下：

（1）在桌面空白处单击鼠标右键，在弹出的菜单中，单击“屏幕分辨率”命令，打开“更改显示器的外观”窗口，如图 2-18 所示。

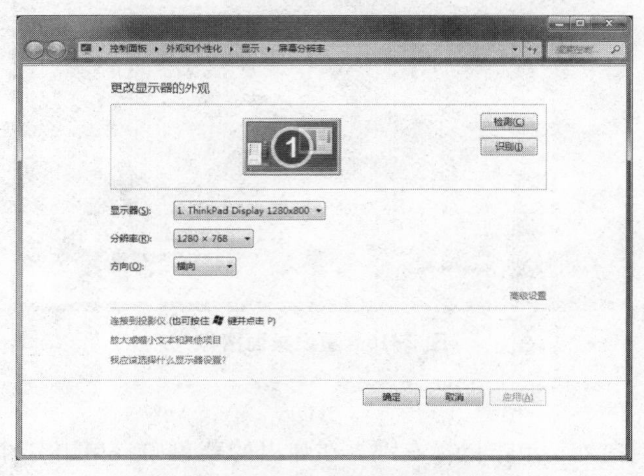

图 2-18　“更改显示器的外观”窗口

（2）单击“分辨率”栏的下拉箭头，拖动下拉框中的滑块，选择当前显示器所支持的分辨率。

（3）单击“确定”按钮，完成“屏幕分辨率”设置。

4. 设置屏幕刷新率

当用户要运行运动类程序时，需要提高显示器的刷新率。

【例 2-4】设置屏幕刷新率。

操作步骤如下：

（1）在桌面空白处单击鼠标右键，在弹出的菜单中，单击“屏幕分辨率”命令，打开“更改显示器的外观”窗口。

（2）单击“高级设置”按钮，打开“屏幕刷新率”对话框，如图 2-19 所示。

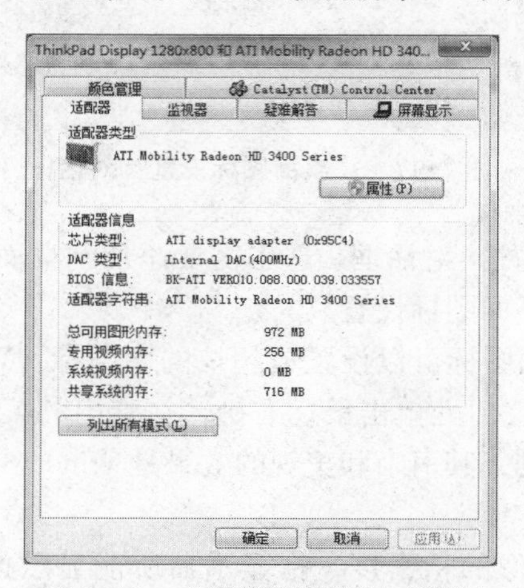

图 2-19　“屏幕刷新率”对话框

（3）单击“监视器”选项卡，单击“屏幕刷新频率”栏的下拉箭头，选择合适的刷新频率数值，单击“确定”按钮，完成“屏幕刷新率”设置。

2.2.6 “开始”菜单的操作

Windows 7 的“开始”菜单如图 2-20 所示。“开始”菜单是 Windows 7 桌面的重要组成部分，是计算机程序、文件夹和设置的主门户。绝大多数操作都可以通过“开始”菜单来启动和完成，它是一切工作的起点，同时又是系统管理和维护的中心。为了帮助用户更好地使用“开始”菜单，系统允许用户根据自己的喜好及需要自定义“开始”菜单。

“开始”菜单主要由常用程序列表、“所有程序”、搜索框、用户账户按钮、系统功能列表和“关机”按钮等组成。

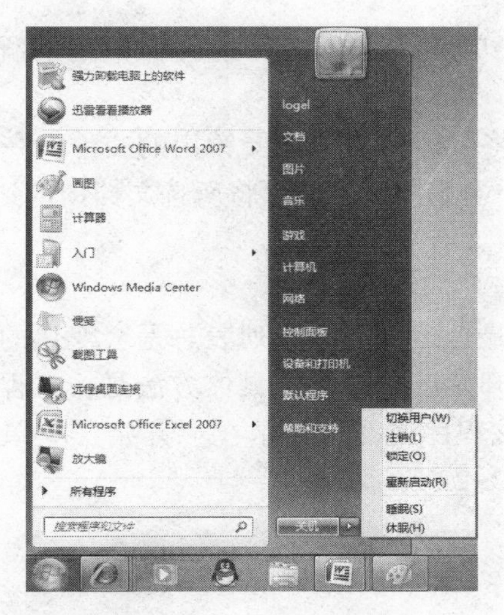

图 2-20　Windows 7 的“开始”菜单

1. 从“开始”菜单启动程序

“开始”菜单最常见的用途是打开计算机上安装的程序。若要打开“开始”菜单中显示的程序，单击某程序，即可打开该程序，且“开始”菜单随之关闭。

Windows 7 的“开始”菜单的程序列表放弃了 Windows XP 中层层递进的菜单模式，而是直接将所有内容置放到“开始”菜单中，通过单击下方的“所有程序”来进行切换。

2. “开始”菜单的跳转列表

Windows 7 为“开始”菜单引入了“跳转列表”功能，如图 2-21 所示。

默认情况下，“开始”菜单中不会锁定任何便于启动的程序或文件。第一次打开某个程序或文件后，该程序或文件出现在“开始”菜单中。用户可以选择从列表中删除程序或文件，也可以将程序或文件锁定到“开始”菜单，以便它始终出现在此处；也可以将不需要的文档解除锁定，或从跳转列表中删除。

以锁定 Word 文档为例，将程序或文件锁定到“开始”菜单的跳转列表的操作如下：

图 2-21　开始菜单中的“跳转列表”

（1）单击“开始”菜单，将鼠标移动到需要锁定的程序“Microsoft Office Word 2010”。

（2）弹出跳转列表，将鼠标移动到需要锁定的文件，在文件列表项后面出现一个“锁定到此列表”图标，单击该图标，即可将所选文档锁定到跳转列表中，即在“已固定”分组中出现。

3. 程序快捷方式附加到“开始”菜单

在“开始”菜单中，最近运行的程序列表总是会变化的。对于某些经常使用的程序，也可以将其固定在“开始”菜单上。具体方法是：在程序上单击鼠标右键，单击“附到开始菜单”命令。该程序的图标显示在“开始”菜单的顶端区域，与临时列表区域用分隔符分开，如图 2-22 所示。

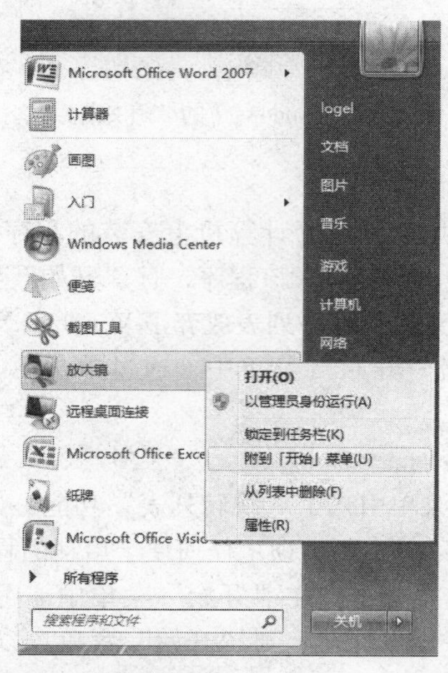

图 2-22　程序快捷方式附加到“开始”菜单

4. 搜索框

“开始”菜单包含一个搜索框，用户可以通过这个搜索框查找存储在计算机上的文件、文件夹、程序以及电子邮件。在搜索框中键入单词或短语，即可自动开始搜索，搜索的结果会临时填充搜索框上面的“开始”菜单空间。

【例 2-5】通过搜索框，查找微软配置程序，设置 Windows 7 启动时需要的 CPU 数量。

操作步骤如下：

（1）单击“开始”按钮，在“开始”菜单的搜索框中键入“msconfig”命令，如图 2-23 所示。

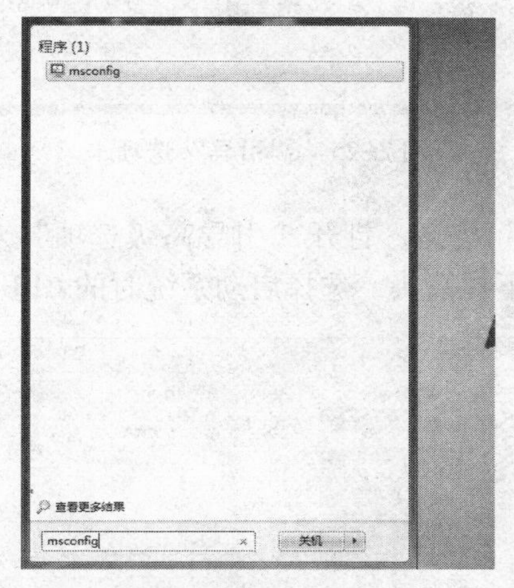

图 2-23　在搜索框中键入“msconfig”命令

（2）单击搜索结果中的“msconfig”程序，打开“系统配置”对话框，如图 2-24 所示。

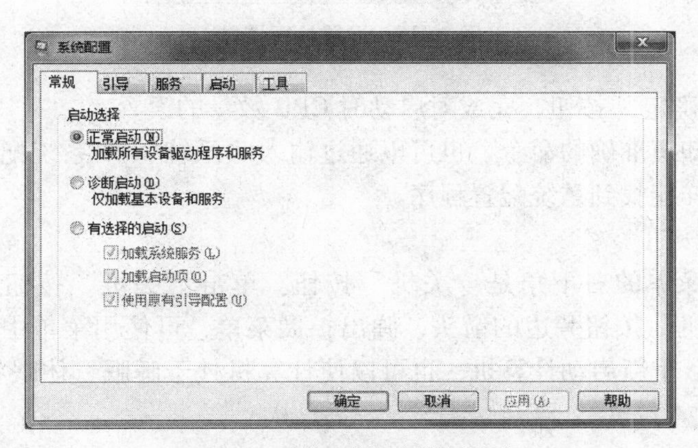

图 2-24　“系统配置”对话框

（3）在“系统配置”对话框中，单击“引导”选项卡，如图 2-25 所示。

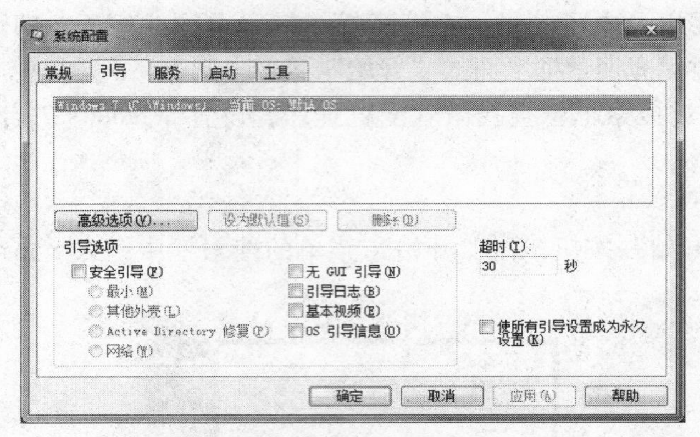

图 2-25　“引导”选项卡

（4）单击“高级选项”按钮，打开“引导高级选项”对话框，勾选“处理器数”项，单击“处理器数”的下拉箭头，选择启动系统时的 CPU 数量，如图 2-26 所示。

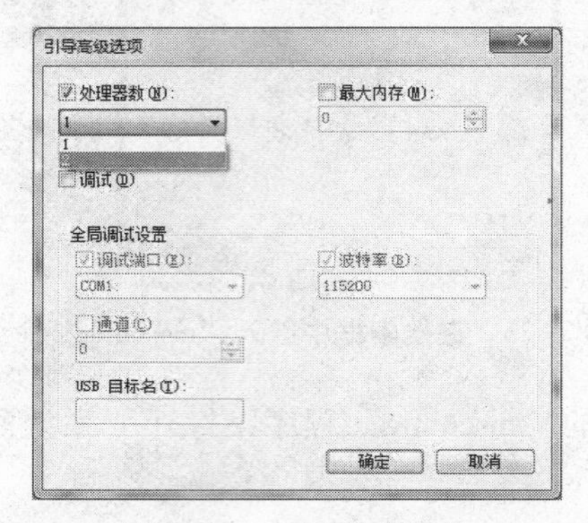

图 2-26　设置处理器数

（5）单击“确定”按钮，完成对启动时 CPU 数量的设置。

如果用户不知道准确的命令，也可以通过输入“系统”、“系统配置”等相近关键字进行搜索，同样能找到系统配置程序。

5.“关机”按钮

在“开始”菜单的右下角是“关机”按钮。单击“关机”按钮，即可关闭计算机。若单击“关机”按钮旁边的箭头，弹出扩展菜单，可使用菜单中的命令来切换用户、注销、锁定、重新启动计算机，也可以使计算机处于睡眠、休眠状态，如图 2-27 所示。

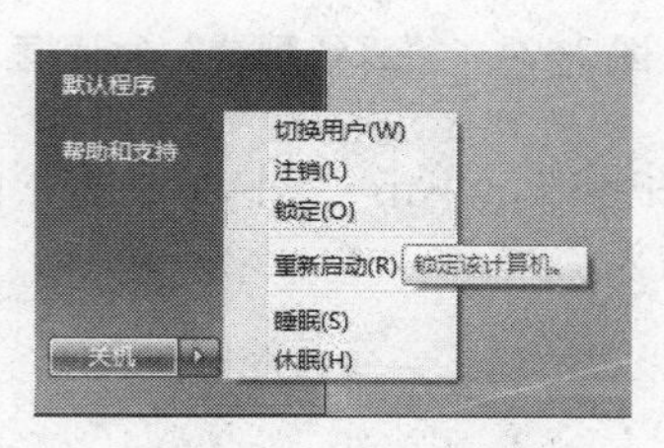

图 2-27　关机按钮

6. 自定义“开始”菜单

用户可以根据使用习惯，自定义“开始”菜单中需要显示的项目及其显示方式等；可以自定义常用程序的显示数量、跳转列表显示数量；也可以自定义“开始”菜单的系统功能列表；为了防止个人隐私泄漏，可删除“开始”菜单中的使用记录，快速清除最近使用的项目，如图 2-28 所示。

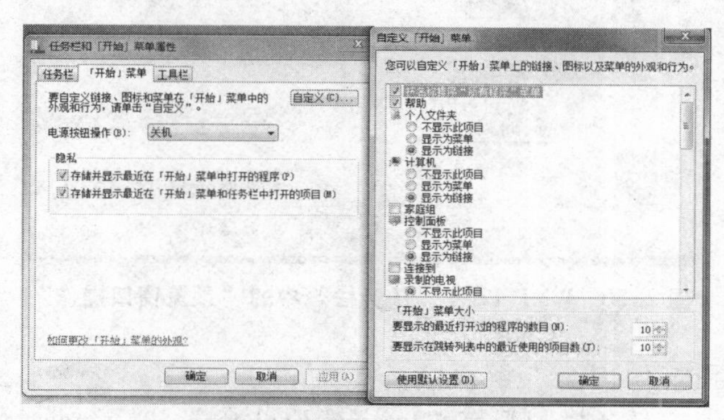

图 2-28　自定义“开始”菜单

2.2.7　“任务栏”的操作

Windows 7“任务栏”中的图标以按钮形式存在。在默认情况下，任务栏按钮区分组显示相似活动任务。

1. “任务栏”的预览功能

与 Windows XP 不同的是，将鼠标移动到“任务栏”中的活动任务按钮上稍微停留，可预览各个已打开窗口的内容，在预览窗口上显示正在浏览的窗口信息，如图 2-29所示。

从任务栏按钮区中，用户可以容易分辨出已打开的程序窗口按钮和未打开的程序的图标。有凸起的透视图标为已打开的程序窗口按钮。当同时打开多个相同程序窗口，任务栏按钮区的该程序图标按钮右侧会出现层叠的边框以进行标识。

图 2-29　“任务栏”预览效果

“任务栏”除了基本的预览功能，还可以在预览的窗格中进行操作。以“Windows Media Player”为例，将歌曲或视频加入播放列表，将鼠标移动到其任务栏图标上，可看到一组播放控制按钮，如图 2-30 所示。在预览中，可以进行“暂停”、“播放”、“上一个”、“下一个”等操作。

和其他 Windows 系统一样，用户可根据习惯对任务栏按钮区中的项目重新排序。按住鼠标左键不放，将需要调整的图标按钮拖到易于操作的位置，然后松开鼠标即可。

图 2-30　WMP 11 在“任务栏”中的“预览窗口操作”

2. 任务栏图标按钮的锁定与解锁

在默认情况下，“任务栏”只有“Internet Explorer”、“Windows Media Player”和“Windows 资源管理器”三个程序按钮图标。用户可将经常使用的程序添加到任务栏按钮区，也可以将使用频率低的程序从任务栏按钮区中删除。

对于未打开的程序，可以将程序的快捷方式图标直接拖到“任务栏”的空白处，此时会出现“附到任务栏”的提示框，如图 2-31（1）所示；松开左键，将此程序锁定到“任务栏”。当拖到按钮图标上，出现一个类似禁手的图标，如图 2-31（2）所示。

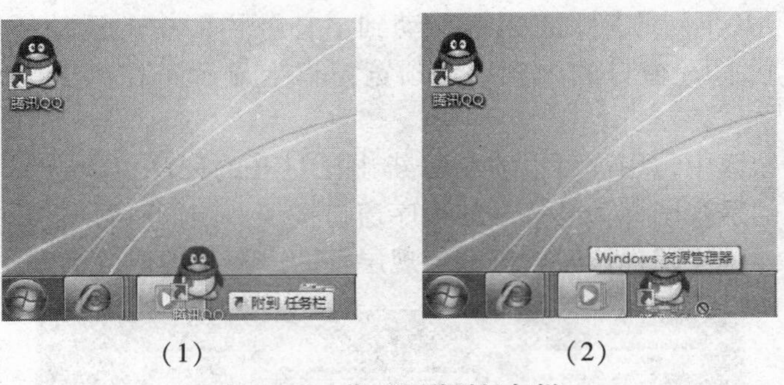

（1）　　　　　　　　（2）

图 2-31　将 QQ 附到任务栏

对于已打开的程序，可右击此程序的图标，单击“跳转列表”中的“将此程序锁定到任务栏”命令，此程序即常驻“任务栏”。

右击任务栏按钮区图标，单击“跳转列表”中的“将此程序从任务栏中解锁”，将该程序从任务栏按钮区中移除。

3. “任务栏”的“跳转列表”

“任务栏”的“跳转列表”使用非常方便，只需要右键单击任务栏按钮区中的图标，即可使用跳转功能。例如，将鼠标移动到“Word”的图标上，单击鼠标右键，出现“Word”跳转列表菜单，如图 2-32 所示。

在 Word 的“跳转列表”菜单中，在“已固定”栏中有一个名为“行课时间安排”的文档，这个文档被固定到跳转列表，并长期存在。在“最近”列表栏中，列出最近打开过的程序文件，随着时间的变化，“最近”列表中的文档也会发生变化。

（1）为了便于快速访问常用文档，用户可将常用文档锁定到“跳转列表”中，如：将名为“花销清单”的文档锁定到“跳转列表”的操作方法为：将鼠标移到“花销清单”，此时，出现文档的所在位置，且在最右端出现“锁定到此列表”图标，单击此图标，即把该文档固定到“跳转列表”。

（2）当某个程序不再需要经常使用，可以将该程序从“跳转列表”中解锁，如：将“跳转列表”中的“行课时间安排”解锁，如图 2-33 所示。操作方法为：将鼠标移到“行课时间安排”，此时，出现文档的所在位置，且在最右端会出现“从此列表解锁”图标，单击此图标，即把该文档从已固定栏中删除，此文档出现在“最近”列表中，如图 2-34 所示。

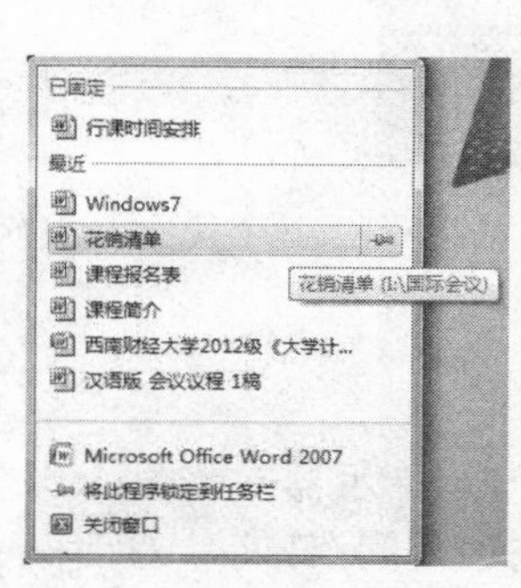

图 2-32　将文档锁定到跳转列表

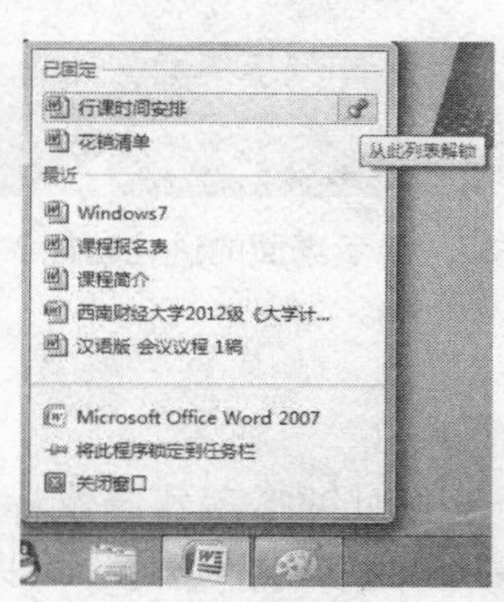

图 2-33　将文档从跳转列表中解锁

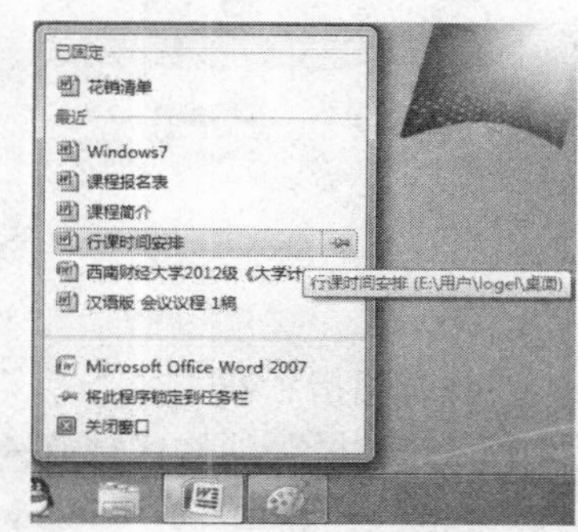

图 2-34　解锁后的文档位置

4. 通知区域

Windows 7“任务栏”的通知区域（即系统托盘区域，如图 2-35 所示）有一个小改变：在默认状态下，大部分图标都是隐藏的，如果要使某个图标始终显示，单击通知区域的倒三角按钮，然后单击“自定义”按钮，接着在弹出的窗口中找到要设置的图标，选择“显示图标和通知”即可，如图 2-36 所示。

图 2-35　Windows 7 的通知区域

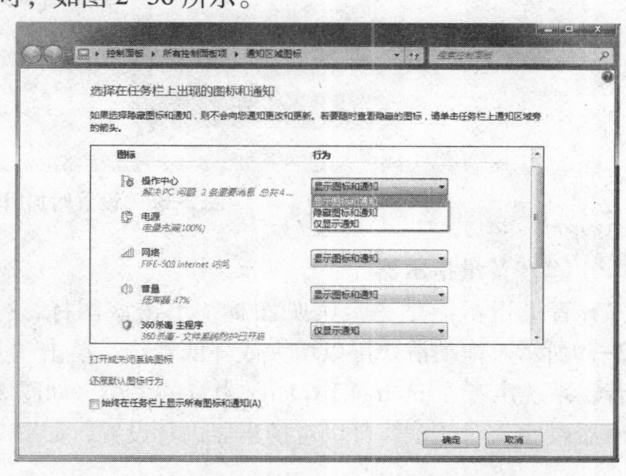

图 2-36　自定义 Windows 7 的通知区域图标

5.“显示桌面”按钮

在 Windows 7 中，用户比较熟悉的“显示桌面”按钮已“进化”成 Windows 7“任务栏”最右侧的那一小块半透明的区域，其作用不仅仅是单击后，即可显示桌面、最小化所有窗口，而是当把鼠标移动到上面，即可透视桌面上的所有东西，查看桌面的情况；鼠标离开后，即恢复原状，如图 2-37 所示。

图 2-37　显示桌面的进化功能

6. 指示器

（1）时间指示器

在“任务栏”通知区域有一个电子时钟指示器，鼠标指向该指示器时将显示当前日期。Windows 7 延续了 Windows Vista 的多时钟功能，可以在“时间/日期”对话框中调整系统日期时间和设置不同时区的附加时钟，如图 2-38 所示。

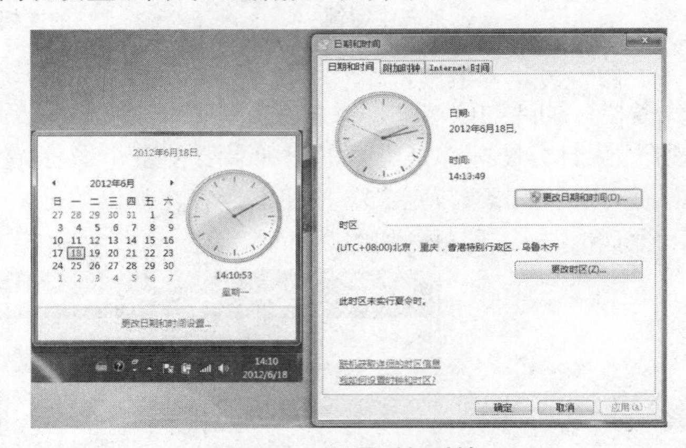

图 2-38　设置附加时钟

（2）音量指示器

音量指示器是一个喇叭图标，单击该图标，打开“扬声器调整”对话框，如图 2-39所示。拖动滑块可以增大或降低音量。单击“合成器”按钮，可以调整扬声器声音、系统声音、Internet Explorer 声音的大小，如图 2-40 所示；单击图标，打开“扬声器属性”对话框，可以对扬声器进行设置，如图 2-41 所示。

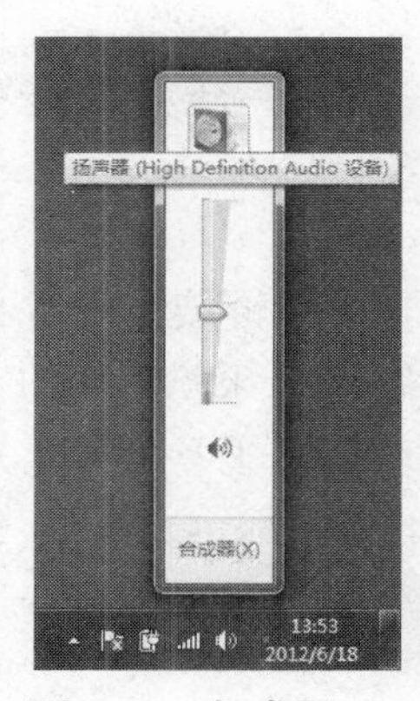

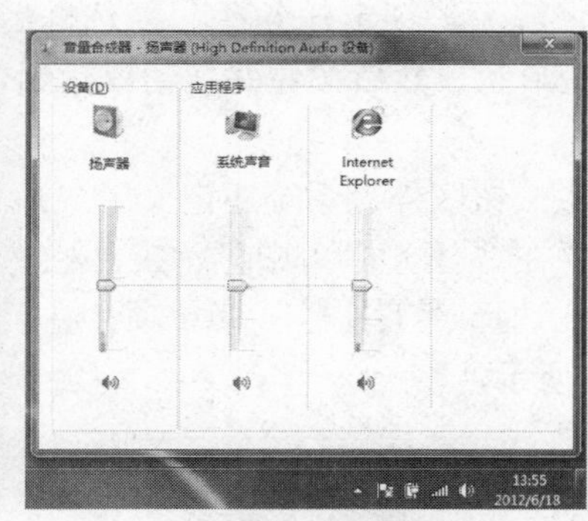

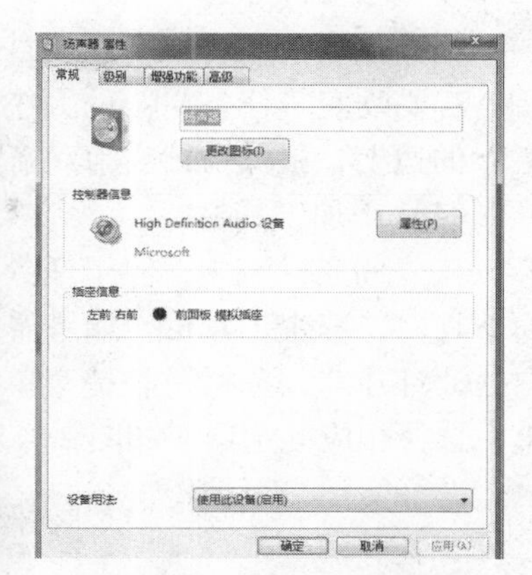

图 2-39　扬声器　　图 2-40　“音量合成器”对话框　　图 2-41　“扬声器”属性

（3）输入法指示器

输入法指示器帮助用户快速选择输入法。单击“输入法指示器”，打开输入法选择菜单供用户选择需要的输入法；也可以按组合键“Ctrl+Shift”或“Ctrl+Space”来切换输入法。对于不需要的输入法，可以从输入法指示器中删除。右击“输入法指示器”，如图 2-42 左所示，单击“设置”命令，打开“文本服务和输入语言”对话框，如图 2-42右所示。在“键盘”栏中，选中需要删除的输入法，单击“删除”按钮，接着单击“确定”按钮，完成设置。

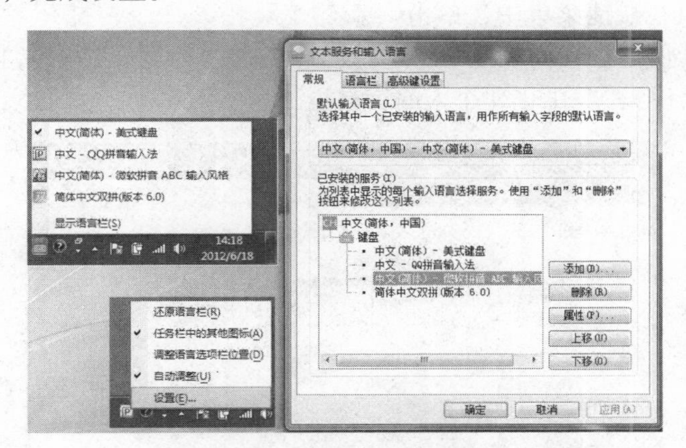

图 2-42　输入法的设置

7. 自定义“任务栏”

将鼠标指向“任务栏”的空白处，单击右键，选择快捷菜单中的“属性”命令，打开“任务栏与开始菜单属性”对话框。

在“任务栏”选项卡的“任务栏外观”方框中，可作以下选择：

（1）隐藏“任务栏”

有时需要将“任务栏”进行隐藏，以使桌面显示更多的信息。若要隐藏“任务栏”，单击“自动隐藏任务栏”复选框。

（2）移动“任务栏”

如果要将“任务栏”移动到其他位置，取消选中“锁定任务栏”复选框，解除锁定，然后将鼠标指向“任务栏”空白处，并按住鼠标拖动。

（3）改变“任务栏”的大小

若要改变“任务栏”的大小，解除“锁定任务栏”复选框后，将鼠标移到“任务栏”的边上，鼠标指针变为双箭头形状，然后按住并拖动鼠标到合适位置。

（4）添加工具栏

在“任务栏”中，除了任务栏按钮区外，系统还定义了“地址”、“链接”和“桌面工具栏”三个工具栏。如果需要在“任务栏”中显示工具栏，右击“任务栏”的空白处，打开“任务栏”快捷菜单，选择“工具栏”菜单项，在展开的“工具栏”子菜单中选择相应的选项，如图 2-43 所示。

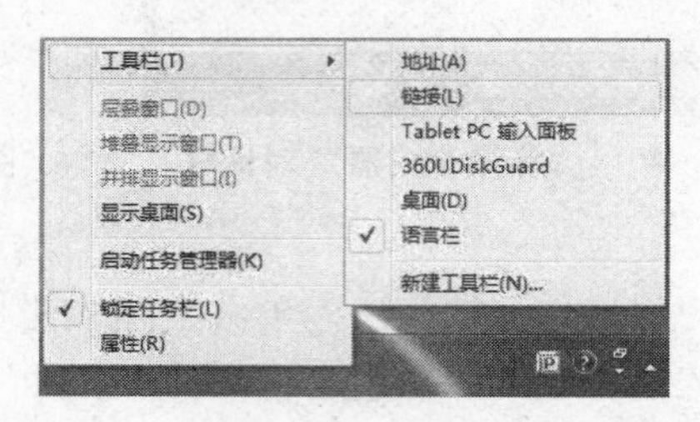

图 2-43　“任务栏”中的工具栏快捷菜单

（5）创建工具栏

可以在“任务栏”中定义个人的工具栏。若要在“任务栏”中创建工具栏，可在“任务栏”的工具栏快捷菜单中，单击“新建工具栏”命令，打开“新建工具栏”对话框，如图 2-44 所示。在列表框中，选择新建工具栏的文件夹，单击“选择文件夹”按钮，即可在“任务栏”中创建个人的工具栏。

图 2-44　“新建工具栏”对话框

（6）创建新的工具栏后，打开“任务栏”快捷菜单，执行“工具栏”命令，可以发现新建工具栏名称出现在其子菜单中，且在工具栏的名称前有一个符号“√”。

2.3 Windows 7 的文件管理

文件和文件夹是计算机中存放、管理各类信息的基本要素。Windows 7 将所有的软硬件资源都当成文件或文件夹，按照统一的模式进行管理。

2.3.1 文件系统简介

文件是按一定形式组织的一个完整的、有名称的信息集合，是计算机系统中数据组织的基本存储单位。操作系统的一个基本功能就是数据存储、数据处理和数据管理，即文件管理。文件中可以存放应用程序、文本、多媒体等数据信息。

计算机中可以存放很多文件。为便于管理文件，把文件进行分类组织，并把有着某种联系的一组文件存放在磁盘中的一个文件项目下，该项目称为文件夹或目录。一个文件夹就是存放文件和子文件夹的容器，文件夹中还可以存放子文件夹，这样逐级地展开下去，整个文件目录或称文件夹结构就呈现一种树状的组织结构，因此也称为树形结构。“Windows 资源管理器”中的左窗格显示的文件夹结构就是树型结构，如图 2-45 所示。

文件由文件名和图标两部分组成，文件名又是由名称和扩展名两部分组成。

1. 文件的命名

在计算机中，系统以“按名存取”的方式来使用文件，所以每个文件必须有一个确定的名字。文件通常存放在软盘或硬盘等外部存储器介质中的某一位置上，通过文件名来进行管理。对一个文件的所有操作都是通过文件名来进行的。文件名一般由文件名和扩展名两部分组成。文件名和扩展名之间用小圆点“.”隔开。文件名可以由最长不超过 255 个合法的可见字符组成，扩展名由 1~4 个合法字符组成，文件的扩展名说明文件所属的类别。文件名的英文字符不区分大小。系统规定在同一个文件夹内不能有相同的文件名，而在不同的文件夹中则可以重名。

2. 文件的类型和图标

为了更好地管理和控制文件，系统将文件分成若干类型，每种类型有不同的扩展名与之对应。文件类型可以是应用程序、文本、声音、图像等，如程序文件（.com、.exe 和 .bat）、文本文件（.txt）、多媒体文件（.wav、.mp3）、图像文件（.bmp、.jpeg）、字体文件（.fon）、Word 文档（.doc）等。每种类型的文件都对应一种图标，区别一个文件的格式有两种方法：一种是根据文件的扩展名，另一种根据文件的图标。

3. 文件的属性

一个文件包括两部分内容：一是文件所包含的数据；二是有关文件本身的说明信息，即文件属性。每一个文件（文件夹）都有一定的属性，不同的文件类型，“属性”对话框中的信息也各不相同，如文件夹的类型、文件路径、占用的磁盘、修改和创建时间等。一个文件（文件夹）通常为只读、隐藏、存档等几个属性。

4. 路径

在多级目录的文件系统中，用户要访问某个文件时，除了文件名外，一般还需要知道该文件的路径信息，即文件放在什么盘的什么文件夹下。所谓路径是指从此文件

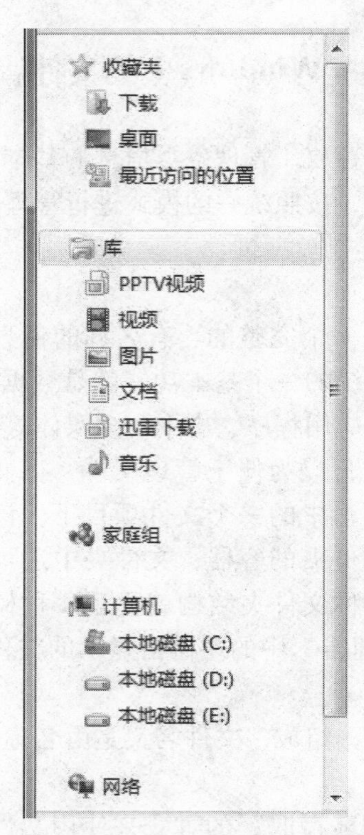

图 2-45　Windows 7 的文件夹结构组织图

夹到彼文件夹之间所经过的各个文件夹的名称，两个文件夹名之间用分隔符“\”分开。经常需要在“资源管理器”中的地址栏键入要查询文件（文件夹）或对象所在的地址，如：C：\ Documents and Settings \ user \ My Documents，按回车键后，系统即可显示该文件夹的内容。如果键入一个具体文件名，则可在相应的应用程序中打开一个文件。

5. 特殊的组织形式

“库”是 Windows 7 的一个比较抽象的文件组织，集中提供相关文件的合并视图。通过“库”可以快速访问所需文件，即使这些文件在不同文件夹或不同系统中时也是如此。“库”类似于文件夹，库中可以包含文件夹，但与文件夹不同的是，“库”只是存储文件或文件夹的位置，而不会以任何方式复制、存储这些文件或文件夹。对“库”中的文件、文件夹进行删除操作，就像删除快捷方式一样不会影响原文件。

“用户的文档”是一个特殊的文件夹，它是在安装系统时建立的，用于存放用户的文件。一些程序常将此文件夹作为存放文件的默认文件夹。

2.3.2　“Windows 资源管理器”与系统文件夹

1. 打开“Windows 资源管理器”

“Windows 资源管理器”是 Windows 7 中一个重要的文件管理工具。在“Windows 资源管理器”中可显示出计算机上的文件、文件夹和驱动器的树型结构，同时显示映射到计算机上的所有网络驱动器名称。使用“Windows 资源管理器”，可以快速进行复制、移动、重新命名以及搜索文件和文件夹等操作。

打开“开始”菜单，依次选择“所有程序”、“附件”命令，然后选择“Windows资源管理器”命令，或右键单击“开始”按钮，选择“打开Windows资源管理器”命令，打开“Windows资源管理器”窗口。

“Windows资源管理器”的窗口如图2-46所示，除了包含Windows 7窗口的一般元素，如菜单栏、状态栏等外，还有功能丰富的工具栏和地址栏。在默认情况下，如“文件”、“编辑”、“查看”、“工具”等菜单项被隐藏。依次单击“组织”、“布局”、“菜单栏”命令，可以显示菜单栏。

“Windows资源管理器”的工作区由左右两个窗格组成：左窗格为文件夹列表框，系统中所有资源以树型结构显示出来，并清晰地展示出磁盘文件的层次结构；右窗格为文件夹内容列表框。左右窗格之间有一个分隔条，用鼠标拖动分隔条左右移动，可调整左右窗格框架的大小。如果选择“预览窗格”，在文件夹内容列表框右边还有一个窗格，可以预览所选中文件的内容。

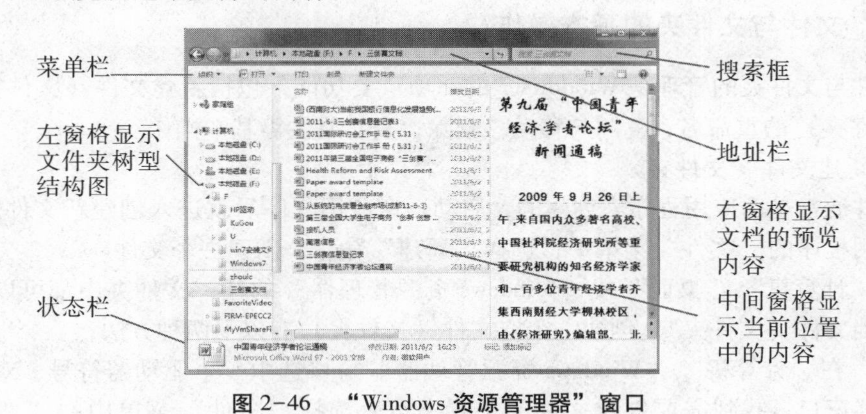

图2-46 “Windows资源管理器”窗口

2. 利用“Windows资源管理器”操作文件和文件夹

(1) 展开和折叠文件夹

在文件夹列表窗格中，大部分文件夹前面有符号“▷”，表明此文件夹中还有下一级子文件夹。利用这个符号可以显示或关闭子文件夹。

(2) 打开一个文件夹

将打开的文件夹（即当前文件夹，包含文件及文件夹）的内容在“Windows资源管理器”的右窗格中显示出来，文件夹图标变为打开状态。使用菜单或工具栏的“查看”命令，可以使文件（文件夹）的排列方式按用户的要求进行排列。

(3) 选定文件（文件夹）或对象

为了完成对一个文件（文件夹）或其他对象的操作，如创建、重命名、复制、移动和删除等，首先进行选定操作，以明确操作对象。被选定的文件（文件夹）或对象的颜色呈高亮度显示。

(4) 文件夹选项的设置

单击“Windows资源管理器”中的“组织”菜单，在下拉菜单中，选择“文件夹和搜索选项”命令，打开“文件夹选项”对话框，如图2-47所示。

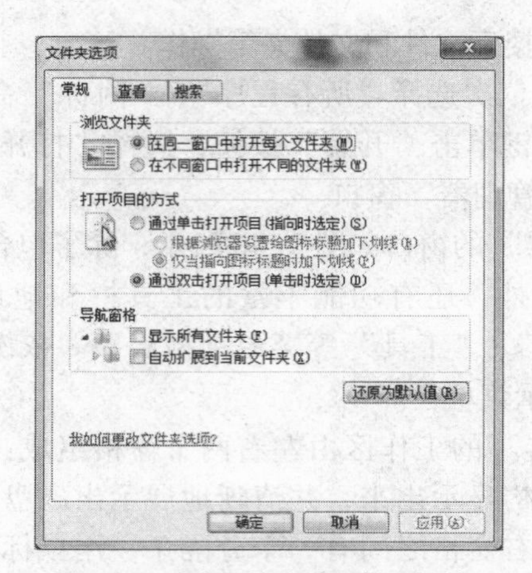

图 2-47 “文件夹选项”对话框

2.3.3 文件与文件夹的基本操作

文件与文件夹的管理是 Windows 7 的一项重要功能，包括新建文件（文件夹）、文件（文件夹）的重命名、复制与移动、删除、查看属性等基本操作。

1. 新建文件（文件夹）

文件通常是由应用程序来创建的，启动一个应用程序后就进入创建新文件的过程；或从应用程序的“文件”菜单中，选择“新建”命令，新建一个文件。

在“计算机”、“桌面”或“Windows 资源管理器”的任一文件夹中都可以创建新的空文档文件（文件夹）。创建一个空文件（文件夹）有以下两种方法；

（1）在“计算机”、“Windows 资源管理器”窗口选中一个驱动器符号，双击打开该驱动器窗口，找到需要创建文件的位置，然后选择“文件”菜单中的“新建”命令，在展开的下一级菜单中，选择新建文件类型或新建一个文件夹。

（2）在“桌面”、某个“库”或某个文件夹中单击右键，在弹出的快捷菜单中选择“新建”命令，在下级菜单中选择文件类型或新建文件夹，如图 2-48 所示。新建文件（文件夹）时，系统自动为新建的文件（文件夹）取一个名字，默认的文件名类似为“新建文件夹”、“新建文件夹（2）”等，用户可以修改文件或文件夹的名称。

使用上述方法创建新文件（文件夹）时，系统并不启动相应的应用程序。双击文件图标，启动应用程序进行文件（文件夹）编辑工作。

2. 文件（文件夹）的重命名

经常需要对文件（文件夹）重新命名，即重新给文件（文件夹）取一个名称。重命名的方法有以下几种：

（1）单击需要重新命名的文件（文件夹），选择“文件”菜单中的“重命名”命令。

（2）选中文件（文件夹）后单击右键，在弹出的快捷菜单选择“重命名”命令。

（3）将鼠标指向某文件（文件夹）名称处，单击鼠标，稍停一会，再单击左键，即可进行重命名。

（4）选中要重命名的文件（文件夹），按 F2 键，也可进行重命名。

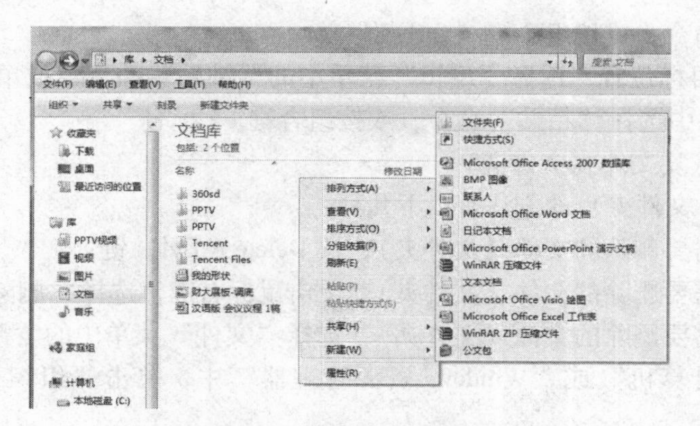

图 2-48 新建文件（文件夹）

当名称被蓝色填充后，直接输入名称。输入文件名后按回车键，或在其他空白处单击鼠标，即可完成文件（文件夹）的重命名。

3. 复制与移动文件（文件夹）

为了更好地管理和使用文件（文件夹），经常需要使用复制与移动文件（文件夹）的功能，即对文件进行备份或将一个文件（文件夹）从一个地方移动到另一个地方。

（1）复制文件（文件夹）

复制文件（文件夹）有以下几种方法：

① 使用“剪贴板”。选择需要复制的文件（文件夹），选择“编辑”菜单中的“复制”命令（或单击鼠标右键，在弹出的快捷菜单中选择“复制”命令；或按组合键“Ctrl+C”），然后定位到文件（文件夹）复制的目标位置，选择“编辑”菜单中的“粘贴”命令（或单击鼠标右键，在弹出的快捷菜单中选择“粘贴”命令；或按组合键“Ctrl+V”）。

② 选择需要复制的文件（文件夹），按住鼠标右键并拖动到目标位置，释放鼠标，在弹出的快捷菜单中选择“复制到当前位置”命令，如图 2-49 所示。

在“Windows 资源管理器”中选择需要复制的文件（文件夹），按住 Ctrl 键，拖动到目标位置。

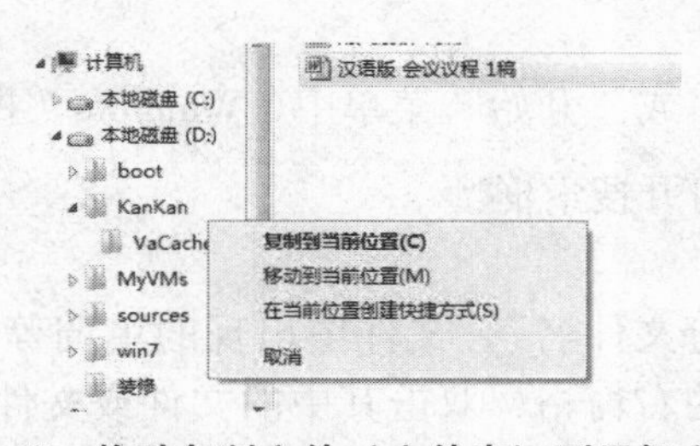

图 2-49 拖动复制文件（文件夹）到目标文件夹

（2）移动文件（文件夹）

移动文件（文件夹）的步骤如下：

① 选择需要移动的文件（文件夹）。

② 选择“编辑”菜单中的“剪切”命令；或单击鼠标右键，在弹出的快捷菜单中

选择“剪切”命令；或按组合键“Ctrl+X”。

③ 定位到目标位置，选择“编辑”菜单中的“粘贴”命令；或单击鼠标右键，在弹出的快捷菜单中选择“粘贴”命令，或按组合键“Ctrl+V”。

4. 删除和恢复文件（文件夹）

删除文件（文件夹）的方法有以下几种：

（1）选择需要删除的文件（文件夹），按 Delete（Del）键。

（2）选择需要删除的文件（文件夹），单击鼠标右键，选择“删除”命令。

（3）选择需要删除的文件（文件夹），选择“文件”菜单中的“删除”命令。

（4）在“计算机”或“Windows 资源管理器”中，单击“组织”菜单中的“删除”命令。

如果通过以上方法不小心误删除了文件（文件夹），可以利用“回收站”进行补救，来恢复删除的文件（文件夹）。系统在硬盘中专门开辟了一定的空间作为“回收站”使用。删除文件（夹）时，通常是将删除的文件（文件夹）放入到“回收站”。如果需要恢复此文件，可以从“回收站”中将文件还原回去。但从软盘或网络驱动器删除的文件项目不受“回收站”保护，将被永久删除。

恢复文件（文件夹）时，双击桌面上的“回收站”图标，打开“回收站”窗口。选中要还原的文件（文件夹），单击“文件”菜单中的“还原”命令（或单击鼠标右键，在弹出的快捷菜单中选择“还原”命令），选中的文件（文件夹）被恢复到原来的位置。

如果要真正删除一个文件（文件夹），在回收站中选中一个或多个文件（文件夹），单击鼠标右键，在弹出的快捷菜单中，选择“删除”命令（也可选择“文件”菜单中的“删除”命令），还可按组合键 Shift+Del 直接删除。

2.3.4 文件的搜索

Windows 7 无处不在的搜索框可以帮助用户快速地找到不知道位置的某个文件或对象，甚至不知道要查找的文件的全名。“搜索”功能十分强大，可以快速搜索文件或文件夹。

1. 打开搜索框

在任意一个非程序窗口或“开始”菜单中，Windows 7 提供了便捷的搜索框。可以通过按组合键“⊞ +F”打开搜索框。

2. 搜索文件或文件夹

用户可将“全部或部分文件名”、文件中出现的单词等关键字输入搜索框进行搜索，搜索结果显示在窗口的右窗格，双击其中的文件或文件夹，可打开这些文件或文件夹。随着输入关键字的变化，窗口中搜索结果也随之发生变化。在搜索结果中将着重显示搜索的关键字，并显示该文件或文件夹的其他信息。系统保留每次搜索的关键字，以便下次搜索时进行输入提示，如图 2-50 所示。

还可以通过设置一些高级选项，缩小查找范围，如“修改日期”、“大小”；也可以通过选择窗口左窗格中不同的搜索范围来提高搜索效率。

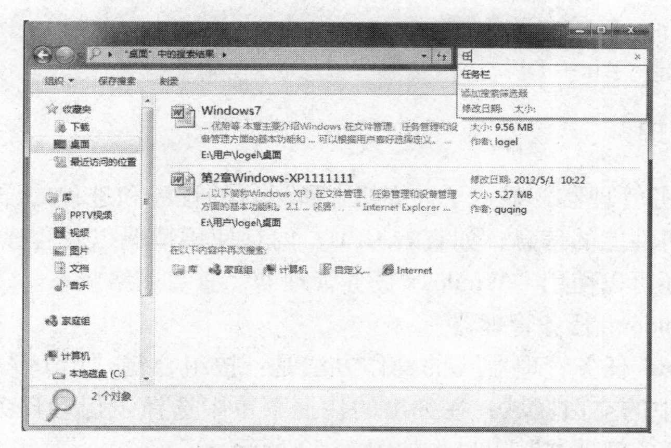

图 2-50 "搜索"窗口

2.4 Windows 7 的程序和任务管理

Windows 7 除了提供实现程序和硬件之间的通信以及内存管理等基本功能外，还为其他应用程序提供基础工作环境。

2.4.1 运行程序

1. 应用程序的启动

除了从"开始"菜单的"所有程序"中启动应用程序，还可用以下方法启动应用程序：

（1）快捷图标方式：双击桌面或文件夹中的应用程序图标。

（2）在"开始"菜单的搜索框中，输入程序名称，单击搜索到的该程序或直接"回车"。

（3）按组合键"⊞+R"，打开"运行"对话框，如图 2-51 所示。输入程序的路径名、文件名，单击"确定"按钮。

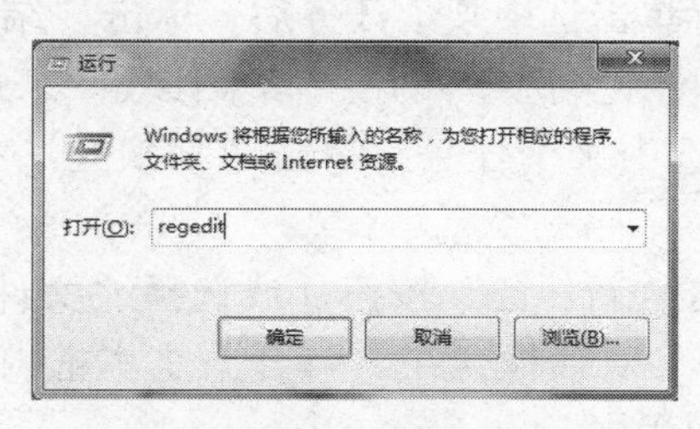

图 2-51 "运行"程序对话框

（3）双击某个文档，可直接打开编辑该文档的应用程序和该文档。

（4）在"Windows 任务管理器"的"应用程序"选项卡中，单击"新任务"按钮，在创建新任务对话框中输入程序名，或通过"浏览"查找应用程序。

2. 关闭程序

（1）单击程序窗口的"关闭"按钮，或选择"文件"菜单中的"退出"命令。

（2）双击程序窗口的左上角图标。

（3）按组合键“Alt + F4”。

2.4.2 任务管理

“Windows 任务管理器”显示了计算机上所运行的程序和进程的详细信息，并为用户提供有关计算机性能的信息，如查看 CPU、内存使用情况以及程序的描述等。如果计算机已联网，还可以使用“Windows 任务管理器”查看网络状态。

1. 启动“Windows 任务管理器”

启动“Windows 任务管理器”的操作方法是：按组合键“Ctrl+Alt+Del”，或右键单击“任务栏”中的空白区域，在弹出的快捷菜单中选择“启动任务管理器”命令，打开“Windows 任务管理器”窗口，如图 2-52 所示。

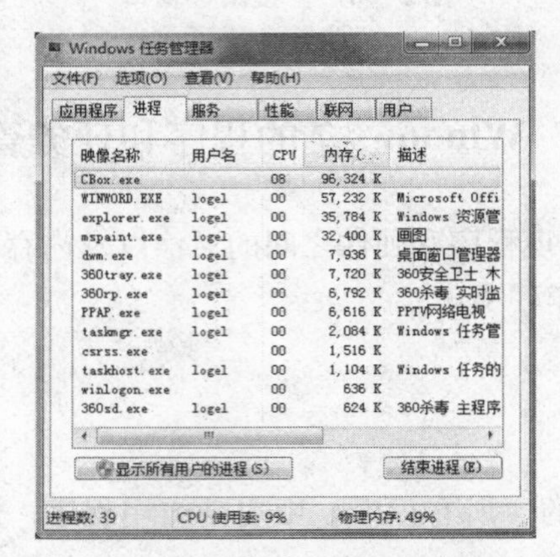

图 2-52 “Windows 任务管理器”窗口

2. 管理应用程序

在“Windows 任务管理器”窗口，单击“应用程序”选项卡，可看到系统中已启动的应用程序及当前状态。在该窗口中，可以关闭正在运行的应用程序，或切换到其他应用程序及启动新的应用程序。

（1）结束任务：用鼠标单击选中某个任务后，单击“结束任务”按钮，可关闭一个应用程序。如果某个程序停止响应，可用“结束任务”来强行终止它。

（2）切换任务：单击选中某个任务，单击“切换至”按钮，系统切换到该程序窗口。

（3）启动新任务：单击“新任务”按钮（或选择“文件”菜单中的“新建任务”命令），打开“创建新任务”对话框，在“打开”文本框内，输入要运行的程序，单击“确定”按钮，打开应用程序。

2.4.3 程序的安装与卸载

“控制面板”提供了一个添加和删除应用程序的工具——“程序”。“添加/删除程序”可以帮助用户管理计算机上的程序和组件。

通过“添加/删除程序”，可以完成以下工作：

（1）添加新程序

可从光盘安装新的应用程序，或从 Internet 上添加 Windows 7 的新功能、设备驱动程序和进行系统更新。

（2）卸载或更改程序

打开“控制面板”窗口，双击“卸载程序”图标，打开如图 2-53 所示的“卸载或更改程序”窗口。若要卸载某个应用程序，在列表框中选择需要卸载的程序，然后单击“卸载/更改”按钮，启动卸载程序。

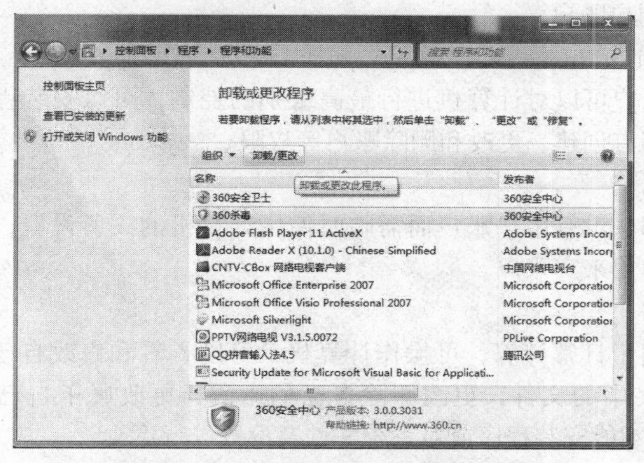

图 2-53 “卸载或更改程序”窗口

（3）添加/删除 Windows 7 组件

Windows 7 在安装时，将文件全部复制到硬盘上，因此，添加或删除 Windows 7 组件时，不需要提供 Windows 7 系统光盘，只需在 Windows 7 功能列表框中选择需要添加或删除的组件即可。

添加组件的步骤如下：

① 依次单击“开始”、“控制面板”、“程序”、“打开或关闭 Windows 功能”项。

② 在 Windows 7 功能列表框中找到想要添加的 Windows 7 组件，单击组件名称的复选框，将其选中。

③ 单击“确定”按钮，安装组件。

如果不再需要某些组件，可通过取消勾选列表框中组件名称的复选框来删除这些组件。

2.5 Windows 7 的系统管理

使计算机处于一种良好的工作状态，需要经常对系统进行管理。在执行某些管理任务时，可能需要以 Administrators 组成员身份登录。通过一个统一的桌面工具，即“计算机管理”，可帮助用户管理本地或远程计算机，将多个 Windows 7 管理工具合并到一个控制台树中，轻松地访问特定计算机的管理属性和工具。

2.5.1 用户管理

Windows 7 是一个多任务多用户的操作系统，但在某一时刻只能有一个用户使用计算机，也就是说，一台单机可以在不同的时刻供多人使用，因此，不同的人可以建立不同的用户账户及密码。用户账户定义了用户可以在系统中执行的操作，即用户账户确定了分配给每个用户的特权。

Windows 7 有“系统管理员账户”、“来宾（Guest）账户”和“标准（受限）账户”三种类型的用户账户。

1. 系统管理员账户

系统管理员账户可以对计算机进行最高级别的控制，可以安装程序并访问计算机中的所有文件，拥有创建、更改和删除账户等权限。

2. 来宾账户

来宾账户为那些没有用户账户而需临时使用计算机的人所设置，如果没有启用来宾账户，则不能使用来宾账户。

3. 标准账户

标准账户适用于日常计算，可操作计算机，可以查看和修改自己创建的文件，查看共享文档文件夹中的文件，更改删除自己的密码，更改属于自己的图片、主题及“桌面”设置，但不能安装程序或对系统文件及设置进行更改。

在 Windows 7 中，每一个文件都有一个所有者，即创建该文件的账户名，而其他人不能对不属于自己的文件进行“非法”操作。利用“系统管理员账户”可以看到所有用户的文件，而“标准账户”和“来宾账户”的使用者则只能看到和修改自己创建的文件。

Windows 7 还提供了“家长控制”功能。使用“家长控制”功能对儿童使用计算机的方式进行协助管理，例如，可以限制儿童使用计算机的时段、允许玩的游戏类型以及可以运行的程序。此时，家长使用“系统管理员账户”，而将“标准账户”分配给儿童。

创建新用户的方法：在“控制面板”中，双击“添加或删除用户账户”图标，打开“管理账号”对话框，选择“创建一个新账户”，输入账户名，指定账户的类型为“标准账户”或“系统管理员账户”，账户建立后，在“用户账号”对话框中双击该账户名（图标），即可对账户的信息（如密码等）进行设置和更改操作。

在 Windows 7 中，所有用户账户可以在不关机的状态下随时登录，也可以同时在一台计算机上打开多个账户，并在打开的账户之间进行快速切换。注销和切换账户的方法：选择“开始”菜单中的“注销”命令，打开“注销 Windows”对话框，单击“切换用户”按钮，即可切换账户。

2.5.2 设备管理

在使用计算机时，经常要给计算机增加一个新设备（如打印机、网卡等），或要重装操作系统，这些都涉及硬件设备的安装。一个硬件设备通常带有自己的驱动程序，硬件设备的驱动程序在操作系统与该设备之间建立起一种链接关系，使操作系统能指挥硬件设备完成指定任务。在安装“即插即用”设备时，Windows 7 自动配置该设备，它能和计算机上安装的其他设备一起正常工作。

在安装非“即插即用”设备时，设备的资源设置不是自动配置的。通常操作系统自带了多数厂家的各种常用硬件设备的驱动程序，在安装系统时，安装程序自动找到并安装这些设备的驱动程序，但系统也经常会找不到相应的驱动程序，用户可根据所安装设备的类型，手动安装驱动程序。

一般的硬件设备附带的光盘及手册提供了该设备的驱动程序及如何进行配置安装操作的指导。用户只需将光盘插入驱动器，启动驱动程序的安装向导，然后按提示顺序执行即可完成安装。

2.5.3 磁盘管理

1. 查看磁盘的属性

如果要了解磁盘的有关信息，可查看磁盘的属性。磁盘的属性包括磁盘的类型、文件系统类型、卷标、容量大小、已用和可用的空间、共享设置等。

查看磁盘属性的操作方法如下：

(1) 打开“计算机”或“Windows 资源管理器”窗口，选中磁盘符号（如 D:），在状态栏中查看基本属性。

(2) 选择“文件”菜单中的“属性”命令；或单击鼠标右键，在弹出的快捷菜单中选择“属性”命令，打开“本地磁盘属性”对话框。

在“本地磁盘属性”对话框中，可以详细地查看该磁盘的使用信息，如该磁盘的已用空间、可用空间以及文件系统的类型，还可进行一些必要的设置，如更改卷标名、设置磁盘共享等。

2. 磁盘清理

在计算机使用过程中，由于各种原因，会产生许多“垃圾文件”，如系统使用的临时文件、“回收站”中已删除的文件、Internet 缓存文件以及一些不需要的文件等。随着时间的推移，这些垃圾文件越来越多，占据了大量的磁盘空间，并影响计算机的运行速度，因此必须定期清除。磁盘清理程序是系统为清理垃圾文件提供的一个实用程序。

磁盘清理程序的使用方法如下：

(1) 打开“开始”菜单，依次选择“所有程序”、“附件”、“系统工具”项，然后选择“磁盘清理”命令，打开“驱动器选择”对话框，如图 2-54 所示。

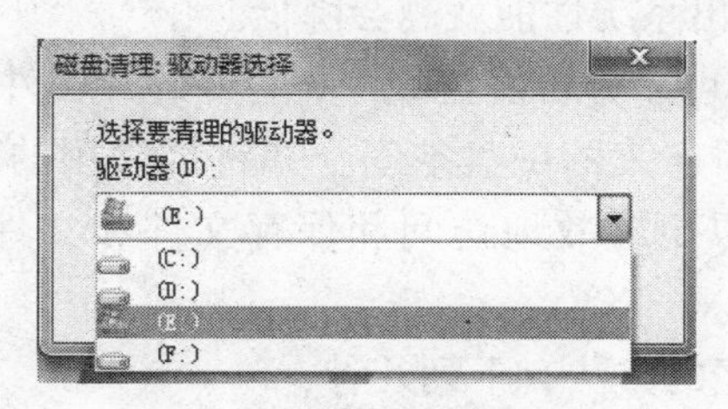

图 2-54 “驱动器选择”对话框

(2) 单击“驱动器”的下拉箭头，选择需要清理的驱动器符号（如 E:），单击

“确定”按钮，打开“磁盘清理”对话框，如图 2-55 所示。

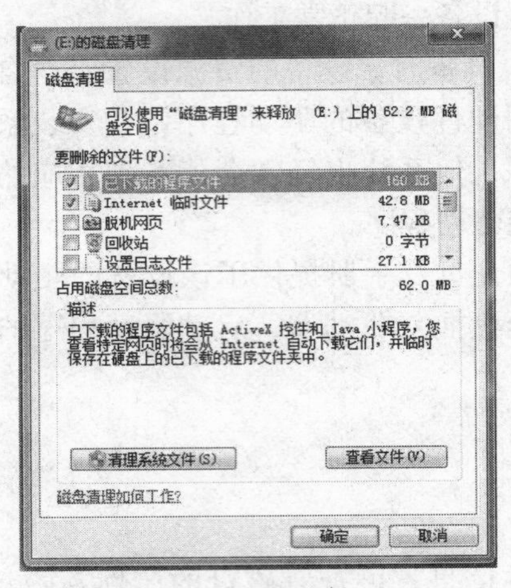

图 2-55 **“磁盘清理”对话框**

（3）在“磁盘清理”对话框中，选择需要清理的文件（文件夹）。单击“查看文件”按钮，可以查看文件的详细信息。

（4）单击“确定”按钮，打开“磁盘清理”确认对话框，单击“确定”按钮，开始清理并删除不需要的垃圾文件（文件夹）。

用户也可右键单击磁盘盘符，选择“属性”命令。在“属性”对话框中，选择“常规”选项卡，单击“磁盘清理”按钮，打开“磁盘清理”对话框。单击“确定”按钮，完成磁盘清理操作。

3. 磁盘碎片整理

在使用磁盘的过程中，用户经常要创建和删除文件及文件夹、安装新软件或从 Internet 下载文件，经过一段时间后，磁盘上会产生一些物理位置不连续的文件，这就形成了磁盘碎片。通常情况下，计算机存储文件时会将文件存放在足够大的第一个连续可用的存储空间上。如果没有足够大的可用空间，会尽量将文件数据保存在最大的可用空间上，然后将剩余数据保存在下一个可用空间上，依次类推。不管如何存放数据，计算机系统都能找到并读取数据，但读写数据的速度不一样。

当磁盘中的大部分空间都被用来存储文件和文件夹后，有些新文件就被存储在磁盘的碎片中。删除文件后，在存储新文件时剩余的空间将随机填充。磁盘中的碎片越多，计算机的文件输入/输出系统性能就越会降低。

“磁盘碎片整理程序”可以分析磁盘碎片、合并碎片文件和文件夹，以便每个文件或文件夹都可以占用单独而连续的磁盘空间，并将最常用的程序移到访问时间最短的磁盘位置。这样，系统可以更有效地访问和保存文件和文件夹，从而提高程序运行、打开和读取文件的速度。

使用磁盘碎片整理程序的方法有下列几种：

（1）打开“开始”菜单，依次选择“所有程序”、“附件”、“系统工具”项，然后选择“磁盘碎片整理程序”命令。

（2）打开“我的电脑”或“Windows 资源管理器”窗口，在该窗口中找到需要进行碎片整理的磁盘（如D:)。选择“属性”命令，打开“属性”窗口，在“工具”选项卡中，选择“立即进行碎片整理”，单击“开始整理”按钮，打开“磁盘碎片整理程序”窗口，如图2-56所示。

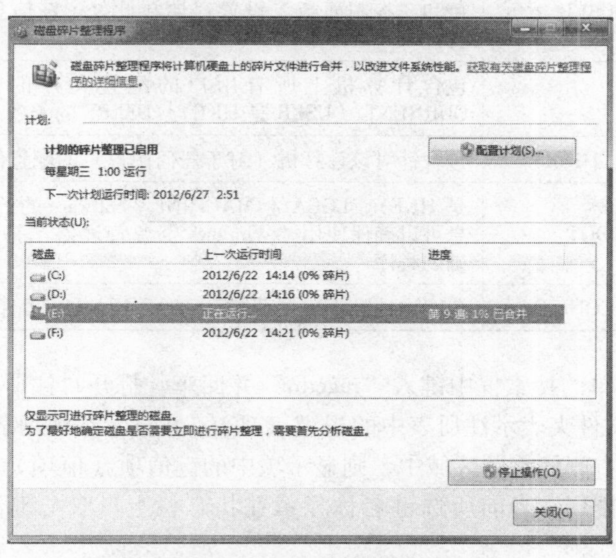

图2-56 “磁盘碎片整理程序”窗口

选中需要分析或整理的磁盘，如选择（E:）盘，单击“磁盘碎片整理”按钮，系统开始整理磁盘。磁盘碎片整理的时间比较长，在整理磁盘前一般先进行分析，以确定磁盘是否需要进行整理。所以，单击“分析磁盘”按钮，系统开始对当前磁盘进行分析，分析完成后出现磁盘分析对话框，用户可以看到分析结果，并决定是否对磁盘进行整理。

用户可以通过“配置计划”按每天、每周、每月设置定期磁盘碎片整理，系统将自动执行磁盘碎片整理，无需用户手动执行。

2.5.4 系统注册表

注册表中包含了有关计算机如何运行的信息。注册表数据库包含了应用程序和计算机系统的配置、系统和应用程序的初始化信息、应用程序和文档文件的关联关系、硬件设备的说明状态和属性、计算机性能记录和底层的系统状态信息以及其他数据等。在启动时，系统从注册表中读取各种设备的驱动程序及其加载顺序信息，而设备驱动程序从注册表中获得配置参数，同时还要收集动态的硬件配置信息保存在注册表中。

注册表编辑器是用来查看和更改系统注册表设置的高级工具。Windows 7将配置信息存储在以树状组织形式的数据库（注册表）中。注册表的路径用来说明某个键值在注册表中的位置，与文件系统中的文件路径类似，一个完整的路径是从根键开始的。注册表编辑器的定位区域显示文件夹，每个文件夹表示本地计算机上的一个预定义的项。访问远程计算机的注册表时，只出现两个预定义项：HKEY_ USERS和HKEY_ LOCAL_ MACHINE。注册表的根键如表2-1所示。

表 2-1　　　　注册表的根键

文件夹/预定义项	说　明
HKEY_ CURRENT_ USER	包含当前登录用户的配置信息的根目录。用户文件夹、屏幕颜色和“控制面板”设置存储在此处。该信息被称为用户配置文件
HKEY_ USERS	包含计算机上所有用户的配置文件的根目录。HKEY_ CURRENT_ USER 是 HKEY_ USERS 的子项
HKEY_ LOCAL_ MACHINE	包含针对该计算机（对于任何用户）的配置信息
HKEY_ CLASSES_ ROOT	是 HKEY_ LOCAL_ MACHINE \ Software 的子项。此处存储的信息可以确保使用“Windows 资源管理器”打开文件时，打开正确的程序
HKEY_ CURRENT_ CONFIG	包含本地计算机在系统启动时所用的硬件配置文件信息

在“开始”菜单的搜索框中键入“regedit”并回车，打开“注册表编辑器”窗口，如图 2-57 所示。文件夹表示注册表中的根键（项），并显示在注册表编辑器窗口左侧的定位区域中。在右侧的主题区域中，则显示项中的键值项（值项）。这些值从默认值开始，按字母顺序排列，当前所选键名称显示在状态栏上，双击键值项（值项）时，打开编辑对话框。

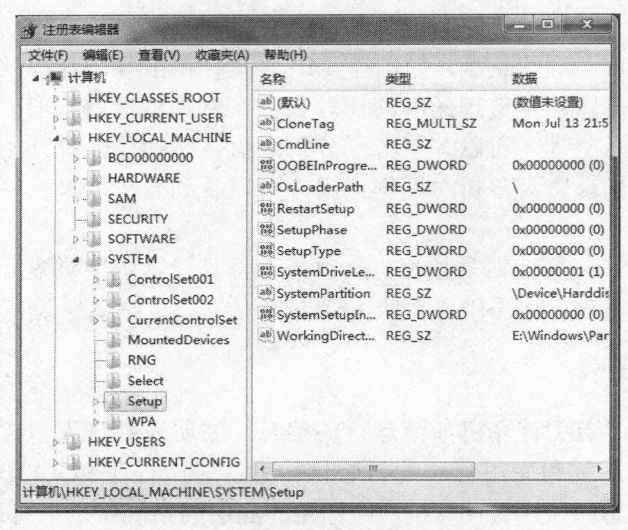

图 2-57　“注册表编辑器”窗口

在对注册表中的值进行编辑时，注意系统对用户的修改立刻生效，而不会给任何提示，因此要特别小心。一般高级用户能够编辑和还原注册表，高级用户可以安全地使用注册表编辑器清除重复项或删除已被卸载或删除的程序项。

尽管可以用注册表编辑器查看和修改注册表，但是要注意，不要轻易更改注册表，因为编辑注册表不当，可能会严重损坏系统，导致系统彻底瘫痪，不得不重装系统。如果一定要修改，在更改注册表前，应备份计算机上任何有价值的数据，并备份注册表。

备份注册表的操作步骤如下：

（1）选择“开始”菜单中的搜索框中键入“regedit”并回车，打开“注册表编辑器”窗口。

（2）选择“文件”菜单中的“导出…”命令，打开“导出注册表文件”对话框。

（3）在对话框中，选择注册表备份存放的磁盘路径，输入注册表备份文件的名称，单击“保存”按钮，完成注册表的备份操作。

恢复注册表时，打开注册表编辑器，选择“文件”菜单中的“导入…”命令，找到已备份的注册表文件即可。

2.6 Windows 7 的实用工具

Windows 7 的“附件”中提供了“记事本”、“写字板”、“计算器”、“画图”等多个实用工具，方便用户使用。

2.6.1 记事本

Windows 7 提供了“记事本”和“写字板”两个字处理实用工具。它们都提供了基本文本编辑功能，不同的任务，可以选择不同的编辑器。

“记事本”是一个纯文本编辑器，如图 2-58 所示。“记事本”可用于编辑简单的文档或创建网页，但不能处理诸如字体的大小、类型、行距和字间距等格式。若要创建和编辑带格式的文件，可以使用“写字板”。“记事本”是一种基本的文本编辑器，通常用来查看或编辑文本文件，例如，自动批处理文件 Autoexe. bat、系统配置文件 Config. sys 和 Windows 软件中提供的 Readme. txt 文件。如果要和使用其他操作系统（例如 UNIX）的用户共享文档，则纯文本文件非常重要。

图 2-58 “记事本”窗口

2.6.2 写字板

“写字板”是 Windows 7 提供的另一个文本编辑器，如图 2-59 所示。使用“写字板”，可以创建比较复杂的文档，可以创建和编辑带格式的文件，可以提供字处理器的大部分功能，如更改整个文档或文档中某些字的字体。在“写字板”中，可在文本中插入项目符号，或者将段落左对齐或右对齐。

而字处理器相较“记事本”和“写字板”就提供了更多的文档控制功能，可以添加脚注、注释，甚至生成文档的目录。一些字处理器还提供宏和模板以帮助用户自动执行重复性的任务，例如键入用户名称或格式化标题。通常字处理器会自动检查文档中的拼写和语法错误。字处理器提供更多的文本格式选项，例如自动对文本行进行编号、创建列或插入图像及文本框等。

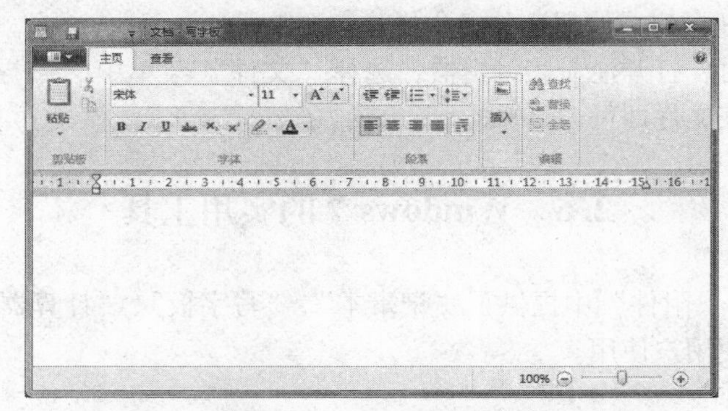

图 2-59　“写字板”窗口

2.6.3　计算器

使用“计算器”可以完成通常借助手持计算器来完成的标准运算。“计算器”可用于基本的算术运算，同时还具有科学计算器、进制换算、统计等功能，比如对数运算和阶乘运算等。在运行其他 Windows 应用程序过程中，如需要进行相关运算，用户可随时调用计算器。若要把计算结果直接调到相关的应用程序中，在“计算器”窗口中选择“编辑”菜单中的“复制”命令，然后转到目标应用程序窗口，将插入点移到准备插入计算结果的位置，接着选择“编辑”菜单中的“粘贴”命令，或按组合键“Ctrl+V”。

打开“开始”菜单，依次选择“所有程序”、“附件”项，最后选择“计算器”命令，打开“计算器”窗口。选择“查看”菜单中的“科学型”、“程序员”、“统计信息”等命令，可进行统计、对数、阶乘、进制换算、单位换算、日期计算等运算，如图 2-60 所示。

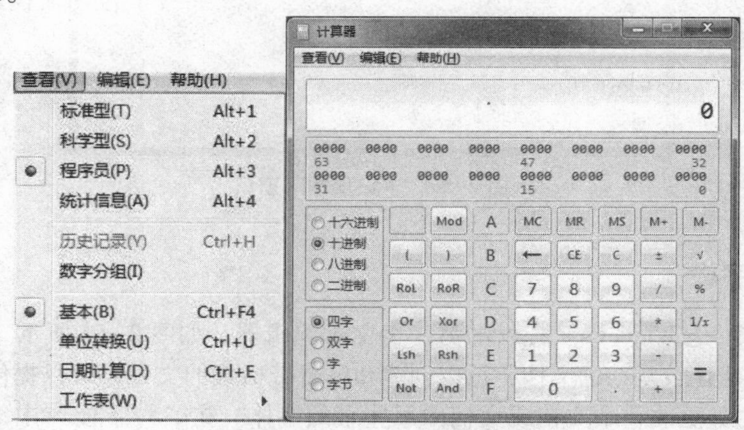

图 2-60　“计算器”窗口

Windows 7 计算器的格式和使用方法与一般计算器基本相同。例如，在标准型计算器中，用鼠标单击计算器的各个按钮，如同手指在一般计算器上按键操作。用户也可使用小键盘进行输入。

2.6.4 画图

Windows 7 提供了位图绘制程序——“画图”。“画图”程序可用来创建简单而精美的图片，可以查看和编辑已有图片。这些图片可以是黑白或彩色的，并可以存为位图文件。利用“画图”，可以创建商业图形、公司标志、示意图以及其他类型的图形等，还可以处理其他格式的图片，例如 JPG、GIF 或 BMP 格式的文件；还可以将“画图”中的图片粘贴到其他已有文档中，也可以将其作为桌面背景。

1. “画图”的启动

打开“开始”菜单，依次选择“所有程序”、“附件”项，然后选择“画图”命令，打开“画图”窗口，如图 2-61 所示。可以将“画图”程序“附到‘开始’菜单”或锁定到“任务栏”，可以方便启动“画图”程序。

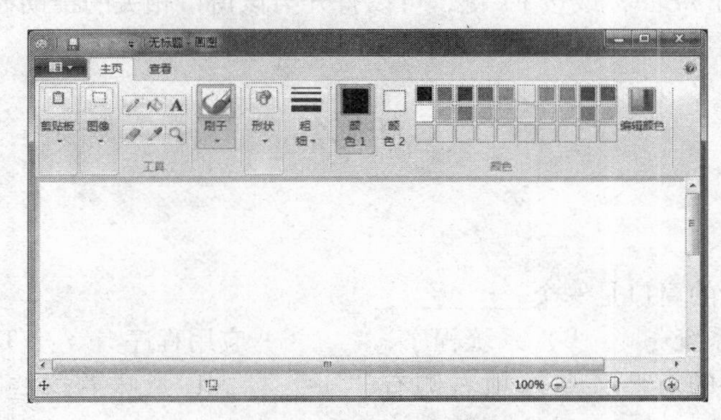

图 2-61 “画图”窗口

2. 新建一个图片文件

进入“画图”窗口，即创建一个新的位图文件；如果需要再新建一个文件，可选择“文件”菜单中的“新建”命令，在新建一个位图文件时，如果“画图”有未保存过的内容，则系统将提示位图文件是否保存；如果要对一个旧位图文件进行编辑，可选择“文件”菜单中的“打开”命令。

3. “画图”工作区窗口

“画图”主窗口中有一白色区域，称为画布。将鼠标移动到右、下或右下角处，指针变为“↔”、“↕”或“↘”形状，按住鼠标左键不放，拖动即可改变画布的大小。当画布大小确定后，用户即可用画图工具画图。使用“图像”中的“重新调整大小”命令，同样可调整画布尺寸。

4. 调色板

在“画图”窗口顶部右边有一组颜色栅格称为调色板。单击某一颜色栅格，该颜色就会出现在调色板左边的“颜色 1”的选择框内，该颜色为前景色；单击“颜色 2”，在调色板中选择某种颜色出现在“颜色 2”的背景色框中，该颜色称为背景色。

5. 画图工具和形状

“画图”窗口顶部的左侧是画图工具和形状图形。可以通过下拉菜单，选择在画布上绘制各种图形及对图形作各种处理的工具。单击其中的某一图形，即选中该工具，然后指向画布，可通过单击或拖动鼠标来绘制出相应的图形。

2.7 Windows 7的帮助和支持

Windows 7为用户提供了一个帮助学习使用 Windows 7的完整资源，包括各种实践建议、教程和演示。用户可使用搜索特性、索引或目录查看所有 Windows 7的帮助资源，甚至包括那些 Internet 上的资源。Windows 7的帮助系统以 Web 页面风格显示帮助内容，具有一致性的帮助系统的风格、组织和术语，拥有更少的层次结构和更大规模的全面索引，对于每一个问题还增加了“相关主题”的链接查询等功能。

选择“开始”菜单中的“帮助和支持”命令（或按 F1 键），即可打开“帮助和支持中心”。另外，在 Windows 7的很多窗口，如“资源管理器”、“计算机”等的“帮助”菜单下或单击图标或按 F1 键，可以打开与该窗口相关的帮助窗口，也可以在搜索框中输入关键字寻求帮助。

习题2

一、选择题

1. Windows 7的窗口是一个__________。

A）操作系统　　B）系统程序　　C）应用程序　　D）界面

2. Windows 7的有些菜单选项右侧有“…”标志，意味着这些菜单选项被选定后，__________。

A）系统将给出对话框　　B）用户要长时间等待

C）可能出现死机现象　　D）该命令将会在后台运行

3. 启动 Windows 7，是指将 Windows 系统的__________。

A）全部程序从外存中输入内存，并运行这些程序

B）核心程序从外存中输入内存，并运行这些程序

C）全部程序从内存中存入外存，并运行这些程序

D）核心程序从内存中存入外存，并运行这些程序

4. 在下列关于 Windows 7文件名的叙述中，错误的一条是__________。

A）文件名中允许使用汉字

B）文件名中允许使用多个圆点分隔符

C）文件名中允许使用空格

D）文件名中允许使用竖线“|”

5. Windows 7提供了两个管理系统资源的程序组，它们是__________。

A）“计算机”和“控制面板”

B）“Windows 资源管理器”和“控制面板”

C）“计算机”和“Windows 资源管理器”

D）“控制面板”和“开始”菜单

6. 把 Windows 7 的窗口和对话框进行比较，窗口可以移动和改变大小，而对话框__________。

A）既不能移动，也不能改变大小　　B）仅可以移动，不能改变大小

C）仅可以改变大小，不能移动　　D）既能移动，也能改变大小

7. 在 Windows 7 中，用于设置系统环境的是__________。

A）控制面板　　B）Windows 资源管理器

C）附件　　D）计划任务

8. 在 Windows 7 中，“任务栏”__________。

A）只能改变位置，不能改变大小

B）只能改变大小，不能改变位置

C）既不能改变位置，也不能改变大小

D）既能改变位置，也能改变大小

9. Windows 7 的“计算机”是一个__________。

A）系统文件夹　　B）用户自己创建的文件夹

C）文档文件　　D）应用程序文件

10. 在 Windows 7 中，移动窗口的方法是：将鼠标指针指向__________上并拖动鼠标。

A）标题栏　　B）菜单栏　　C）状态栏　　D）工具栏

11. Windows 7 中的“剪贴板”是__________。

A）硬盘中的一块区域　　B）软盘中的一块区域

C）高速缓存中的一块区域　　D）内存中的一块区域

12. Windows 7 的“任务栏”中__________。

A）只显示活动窗口的图标　　B）只显示不活动窗口的图标

C）显示活动窗口和不活动的图标　　D）不显示窗口的图标

13. 在“Windows 资源管理器”窗口中，其左部窗口中显示的是__________。

A）当前打开的文件夹的内容

B）系统的文件夹树

C）当前打开的文件夹名称及其内容

D）当前打开的文件夹名称

14. 下列关于 Windows 7 的“回收站”的叙述中，错误的是__________。

A）“回收站”可以暂时或永久存放硬盘上被删除的信息

B）放入“回收站”的信息可以恢复

C）“回收站”所占据的空间是可以调整的

D）“回收站”可以存放软盘上被删除的信息

15. 在 Windows 7 中，能弹出对话框的操作是__________。

A）选择了带省略号的菜单项

B）选择了带向右三角形箭头的菜单项

C）选择了颜色变灰的菜单项

D）运行了与对话框对应的应用程序

16. 在Windows 7中，若在某一文档中连续进行了多次剪切操作，当关闭该文档后，“剪贴板”中存放的是__________。

A）空白　　B）所有剪切过的内容

C）最后一次剪切的内容　　D）第一次剪切的内容

17. 在“计算机”窗口中，若已选定硬盘上的文件或文件夹，按了Del键并单击“确定”按钮，则该文件或文件夹将__________。

A）被删除并放入“回收站”　　B）不被删除也不放入“回收站”

C）被删除但不放入“回收站”　　D）不被删除但放入“回收站”

18. 在Windows 7中，若已选定某文件，不能将该文件复制到同一文件夹下的操作是__________。

A）用鼠标右键将该文件拖动到同一文件夹下

B）先执行“编辑”菜单中的复制命令，再执行粘贴命令

C）用鼠标左键将该文件拖动到同一文件夹下

D）按住Ctrl键，再用鼠标右键将该文件拖动到同一文件夹下

19. 在Windows 7中，当菜单展开后，按键盘上的__________键可以折叠菜单。

A）Shift　　B）空格键　　C）Ctrl　　D）Alt或Esc

20. 设Windows 7桌面上已经有某应用程序的图标，要运行该程序，可以__________。

A）用鼠标左键单击该图标　　B）用鼠标右键单击该图标

C）用鼠标左键双击该图标　　D）用鼠标右键双击该图标

21. 在Windows 7中，若要安装一个应用程序，正确的操作应该是__________。

A）打开“Windows资源管理器”窗口，使用鼠标拖动

B）打开“控制面板”窗口，双击“添加/删除程序”图标

C）打开MS-DOS窗口，使用COPY命令

D）打开“开始”菜单，选中“运行”项，在“运行”对话框中使用COPY命令

22. 在“Windows资源管理器”窗口的右部，若已单击了第一个文件，又按住Ctrl键并单击了第五个文件，则__________。

A）有0个文件被选中　　B）有5个文件被选中

C）有1个文件被选中　　D）有2个文件被选中

23. 在Windows 7中，若要选定列表框中的某一列表项，其操作方法是__________。

A）移动鼠标指针指向要选定的列表项即可

B）移动鼠标指针指向要选定的列表项，然后单击鼠标左键

C）移动鼠标指针指向要选定的列表项，然后单击鼠标右键

D）移动鼠标指针指向要选定的列表项，然后双击鼠标右键

24. 在Windows 7中，若要设置共享文件夹，在“Windows资源管理器”或“计算机”中，先单击要共享的文件夹，接着单击“文件”菜单中的“__________”命令，然后进行设置。

A）属性　　B）打开　　C）新建　　D）查找

25. 在“回收站”中，存放的__________。

A）只能是硬盘上被删除的文件或文件夹

B）只能是软盘上被删除的文件或文件夹

C）可以是硬盘或软盘上被删除的文件或文件夹

D）可以是所有外存储器中被删除的文件或文件夹

26. 在 Windows 7 系统中，用户__________。

A）最多只能打开一个应用程序窗口

B）最多只能打开一个应用程序窗口和一个文档窗口

C）最多只能打开一个应用程序窗口，而文档窗口可以打开多个

D）可以打开多个应用程序窗口和多个文档窗口

27. 在“Windows 资源管理器”窗口中，如果想一次选定多个分散的文件或文件夹，正确的操作是__________。

A）按住 Ctrl 键，用鼠标右键逐个选取

B）按住 Ctrl 键，用鼠标左键逐个选取

C）按住 Shift 键，用鼠标右键逐个选取

D）按住 Shift 键，用鼠标左键逐个选取

28. 在“Windows 资源管理器”窗口右部，对已选定了的所有文件，如果要取消其中几个文件的选定，应进行的操作是__________。

A）用鼠标左键依次单击各个要取消选定的文件

B）按住 Ctrl 键，再用鼠标左键依次单击各个要取消选定的文件

C）按住 Shift 键，再用鼠标左键依次单击各个要取消选定的文件

D）用鼠标右键依次单击各个要取消选定的文件

29. 在“Windows 资源管理器”窗口中，用户若要选定多个不连续的文件或文件夹时，须在鼠标单击操作之前按下__________键。

A）Ctrl　　B）Shift　　C）Alt　　D）Tab

30. 在 Windows 7 中，为对象打开快捷菜单的具体操作是：先将鼠标指针指向该对象，然后__________。

A）单击左键　　B）单击右键　　C）双击左键　　D）双击右键

31. 在 Windows 7 的“开始”菜单下的“文档”菜单中存放的是__________。

A）最近建立的文档　　B）最近打开过的文件夹

C）最近打开过的文档　　D）最近运行过的程序

32. 下列关于 Windows 7 窗口的叙述中，错误的是__________。

A）窗口是应用程序运行后的工作区

B）同时打开的多个窗口可以重叠排列

C）窗口的位置和大小都改变

D）窗口的位置可以移动，但大小不能改变

33. 删除 Windows 7 桌面上某个应用程序的图标，意味__________。

A）该应用程序连同其图标一起被删除

B）只删除了该应用程序，对应的图标被隐藏

C）只删除了图标，对应的应用程序被保留

D）该应用程序连同其图标一起被隐藏

34. 不能打开“Windows 资源管理器”窗口的操作是__________。

A）用鼠标右键单击“开始”按钮

B）用鼠标左键单击“任务栏”空白处

C）用鼠标左键单击“开始”菜单中“程序”下的“Windows 资源管理器”项

D）用鼠标右键单击“计算机”图标

35. 在 Windows 7 中，若系统长时间不响应用户的要求，为了启动“任务管理器”，应使用的组合键是__________。

A）Shift+Esc+Tab　　B）Crtl+Shift+Enter

C）Alt+Shift+Enter　　D）Ctrl+Alt+Del

二、填空题

1. Windows 7 最下方的“任务栏”的最左端是__________按钮。

2. 在 Windows 7 中，当用鼠标左键在不同的驱动器之间拖动对象时，系统默认的操作是__________。

3. 在 Windows 7 中，若要弹出某文件夹的快捷菜单，可以将鼠标指向该文件夹，然后按__________。

4. 当用户打开多个窗口时，只有一个窗口处于激活状态，该窗口称为__________窗口。

5. 在 Windows 7 中，当启动程序或打开文档时，若不知道文件所在位置，可以使用系统提供的__________功能。

6. 在 Windows 7 中，为了在系统启动成功后自动执行某个程序，应将该程序文件添加到__________文件夹中。

7. 在 Windows 7 的“回收站”窗口中，要恢复选定的文件或文件夹，可以使用“文件”菜单中的__________命令。

8. 当选定文件或文件夹后，不将文件或文件夹放到“回收站”中，而直接删除的操作是按复合键__________。

9. 在 Windows 7 中，要想将当前屏幕的内容存入剪贴板中，可以按__________键。

10. 当单击窗口上的关闭按钮后，窗口在屏幕上消失，并且图标也从__________上消失。

第 3 章　Word 2010 高级应用

【学习目标】

☞掌握 Word 2010 文档的创建、编辑、保存和保护等基本操作。

☞掌握字体、段落格式、应用文档样式和主题、调整页面布局等排版操作。

☞掌握文档中图形、图像（片）对象的编辑和图文混排。

☞掌握文档中表格的制作与编辑。

☞掌握文档的分栏、分页、分节操作、文档页眉、页脚的设置等操作。

☞掌握文档的审阅和修订操作。

☞掌握符号与数学公式的输入与编辑。

☞掌握利用邮件合并功能批量制作和处理文档。

3.1　Word 2010 基本操作

Word 2010 是一种功能强大的图文编辑工具，用来创建和编辑具有专业外观的文档（包括文字、图片、表格等），如信函、论文、报告和小册子。

3.1.1　Word 2010 的启动与退出

1. 启动 Word 2010

（1）从“开始”菜单中启动 Word 2010

打开“开始”菜单，依次选择“所有程序”、“Microsoft Office”项，然后选择“Microsoft Word 2010”命令，即可启动 Word 2010。

（2）按快捷方式启动 Word 2010

如果桌面上已有 Word 的快捷图标，可以使用快捷方式启动 Word 2010，操作方法为：双击桌面上的“Word 2010”的快捷方式图标，即可启动 Word 2010。

2. 退出 Word 2010

退出 Word 2010，返回到 Windows 7 系统下，可采用以下任何一种方法：

（1）单击 Word 2010 应用程序窗口标题栏右上角的“关闭”按钮。

（2）选择“文件”主选项卡的“退出”命令。

（3）按组合键“Alt+F4”。

3. Word 2010 主窗口的组成

启动 Word 2010 后，屏幕上显示 Word 2010 主窗口，如图 3-1 所示。

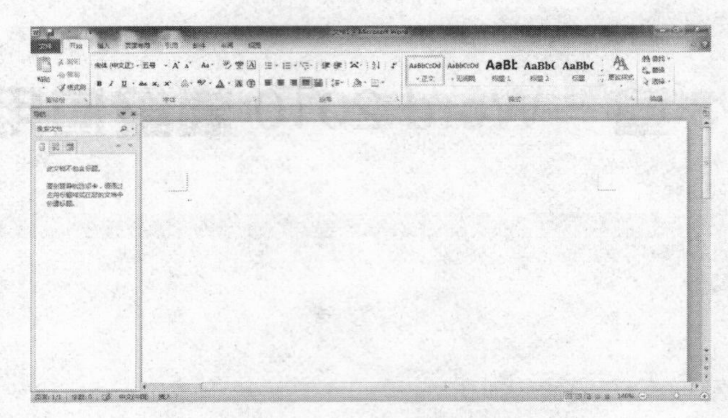

图 3-1　Word 2010 主窗口

Word 2010 主窗口由“快速启动按钮”、“标题栏”、“窗口操作按钮”、“主选项卡栏”、“功能区”、“工作区”、“状态栏”等部分组成。

其中，“主选项卡栏”中横向排列若干个主选项卡的名称，包括“文件”、“开始”、“插入”、“页面布局”、“引用”、“邮件”、“审阅”和“视图”。选择某个主选项卡，出现与之相应的功能区。

（1）“开始”主选项卡的功能区：包含“剪贴板”、“字体”、“段落”、“样式”和“编辑”。

（2）“插入”主选项卡的功能区：包含“页”、“表格”、“插图”、“链接”、“页眉和页脚”、“文本”和“符号”。

（3）“页面布局”主选项卡的功能区：包含“主题”、“页面设置”、“页面背景”、“段落”和“排列”。

（4）“引用”主选项卡的功能区：包含“目录”、“脚注”、“引文与书目”、“题注”、“索引”和“引文目录”。

（5）“邮件”主选项卡的功能区：包含“创建”、“开始邮件合并”、“编写与插入域”、“预览结果”和“完成”。

（6）“审阅”主选项卡的功能区：包含“校对”、“语言”、“中文简繁转换”、“批注”、“修订”、“更改”、“比较”和“保护”。

（7）“视图”主选项卡的功能区：包含“文档视图”、“显示”、“显示比例”、“窗口”和“宏”。

功能区中排列若干个选项，单击它们，可执行其对应的命令。有的选项还有对应的下拉菜单，可从中选择相应的命令。功能区中各个选项都有一个图标。如果图标显示呈现灰色，表示此功能暂时不能使用。

3.1.2　文档的基本操作

1. 新建文档

在进行文本输入与编辑之前，首先要新建一个文档。每次启动 Word 2010 时，系统自动建立一个名为“文档 1”的空文档。

新建文档的操作步骤如下：

选择“文件”主选项卡的“新建”命令，在“新建文档”任务窗格中，单击“空白文档”，单击“创建”按钮，建立一个空文档。

2. 保存文档

在编辑文档时，为了避免出现意外而导致未存盘的信息丢失，需要保存文档。保存文档，就是将文档从内存写到外存。

可使用下列方法保存文档：

（1）保存未命名的文件

① 选择“文件”主选项卡的“保存”命令，或单击“快速启动按钮”中的“保存”按钮，或按组合键“Ctrl+S”，打开“另存为”对话框。

② 在“另存为”对话框的“保存位置”下拉列表框中，选择保存位置；在“文件名”文本框中，输入文件名，例如“邀请”。单击“保存”按钮，保存文件。

（2）保存已有的文档

保存已有文档的操作方法类似与保存未命名文档，但不再出现“另存为”对话框。

（3）将已有文档保存为其他的文件名

选择“文件”主选项卡的“另存为”命令，打开“另存为”对话框。其他操作步骤同保存未命名的文件。

（4）设置自动保存文件

设置自动保存文件后，系统按设定的时间间隔来自动保存文件。操作步骤如下：

① 选择“文件”主选项卡的“选项”命令，打开“Word 选项”窗口，如图 3-2 所示。

② 选中“保存自动恢复信息时间间隔”复选框，在其右侧的“分钟”列表框中输入两次保存之间的时间间隔，单击“确定”按钮。

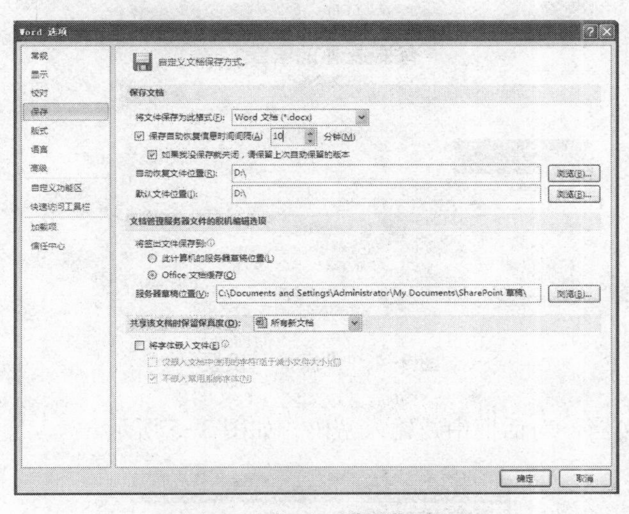

图 3-2 “Word 选项”窗口

3. 打开文档

可使用下列方法打开文档：

（1）选择“文件”主选项卡中最近使用的文件，或单击快速启动按钮栏上的“打开”按钮，快速打开最近使用的文档。

（2）选择“文件”主选项卡的“打开”命令，或按组合键“Ctrl+O”，出现“打开”窗口，如图3-3所示。在“查找范围”下拉列表框中，选择文档所在的文件夹，在文档列表中双击文档名，打开文档。

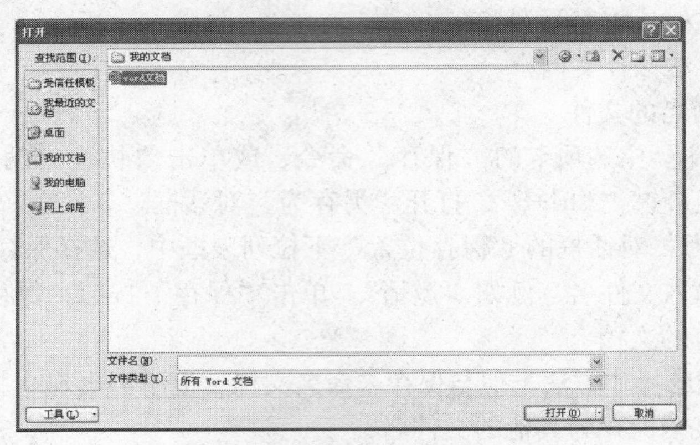

图3-3　“打开”窗口

4. 保护文档

在Word 2010中，设置文档的安全性后，当打开或修改文档时，必须使用密码，以达到保护文档的目的。设置打开文档的密码和修改文档的密码的操作步骤如下：

（1）设置打开文档的密码

① 选择“文件”主选项卡的“信息”命令，在“权限”中，单击“保护文档”按钮，单击“用密码进行加密”项，如图3-4所示。

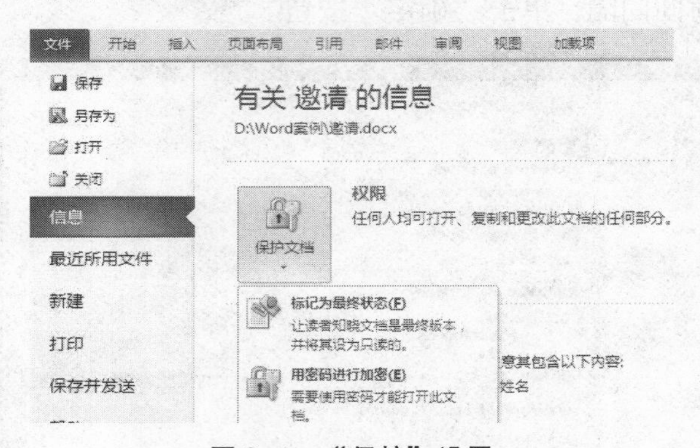

图3-4　“保护”设置

② 在“加密文档”对话框中，输入密码，如图3-5所示。

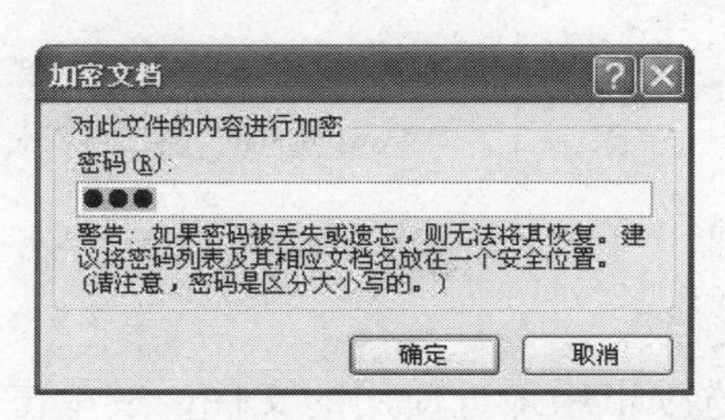

图3-5　“加密文档”对话框

③ 在“确认加密”对话框中，重新输入相同的密码，如图 3-6 所示。

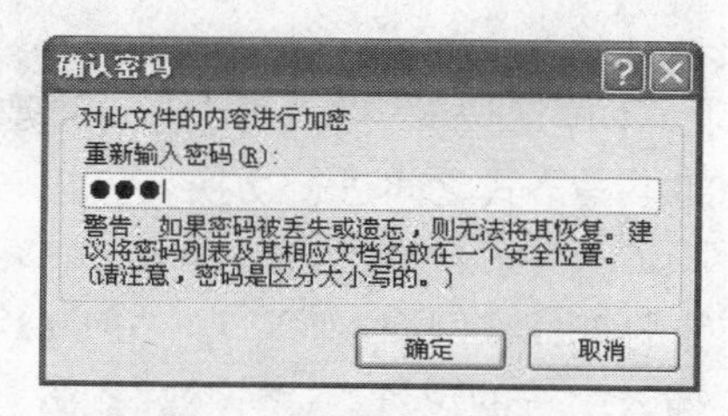

图 3-6 “确认密码”对话框

④ 关闭文档后，需要输入密码才能打开文档，如图 3-7 所示。

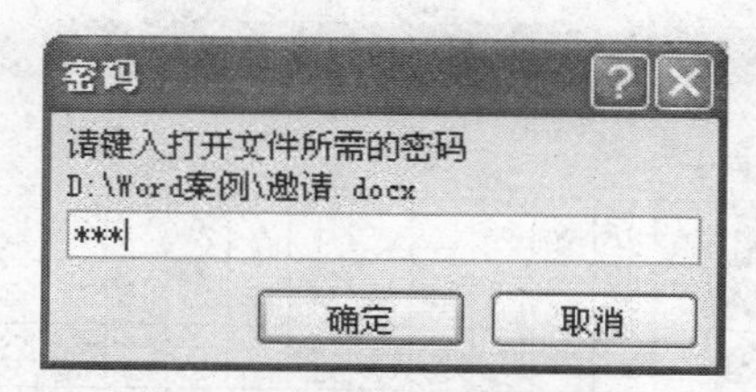

图 3-7 “密码”对话框

（2）设置修改文档的密码

选择“文件”主选项卡的“信息”命令，在“权限”中，单击“保护文档”按钮，单击“限制编辑”项，在文档右侧弹出“限制格式和编辑”对话框，可以进行格式设置、编辑限制、启动强制保护等操作，选择应用该设置并输入密码。

5. 关闭文档

单击文档窗口右上角的“关闭”按钮，或按组合键“Ctrl+F4”，或选择“文件”主选项卡的“关闭”命令，关闭文档。

3.1.3 文本的输入

建立新文档后，即可在工作区中的插入点输入文本。输入文本时，插入点自动后移。当输入的文本到达右边界，Word 2010 自动换行。

注意：为了便于排版，输入文本的各行结尾处不要按回车键。当一个段落结束时，才能按回车键。按回车键，表示一个段落结束，新段落开始。在段落的开头不要用空格键，而采用缩进方式对齐文本。

1. 输入中文

Word 2010 默认为英文输入状态。按组合键“Ctrl+Space”，在中文和英文输入法之间进行切换。在中文输入状态下，单击“语言栏”中的按钮，或按组合键“Ctrl+Shift”，进行输入法的切换；单击“语言栏”中的按钮，进行中文标点符号输入和英文标点符号输入的切换。

2. 输入英文

在 Word 2010 中输入英文，系统启动自动更正功能。例如，输入“i am a student”，系统自动更正为“I am a student”。

在英文状态下，可以快速更正已输入的英文字母或英文单词的大小写。操作方法如下：

（1）选定需要更新的文本。

（2）按住 Shift 键的同时，不停地按 F3 键。每次按 F3 键，英文单词的格式在全部大写、单词首字母大写和全部小写格式之间进行切换。

3. 输入特殊符号

在文档中可输入一些特殊的符号，例如：☎、☺、Φ、Ω等。操作步骤如下：

（1）将光标定位到需要插入字符的位置。

（2）选择“插入”主选项卡的“符号”功能区，单击“符号”按钮，在“符号”下拉列表中，选择“其他符号（M）”命令，打开“符号”对话框，如图 3-8 所示。

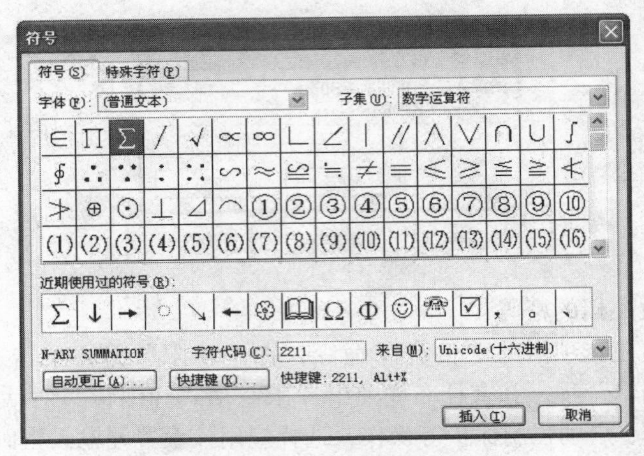

图 3-8　“符号”对话框

（3）单击“符号”选项卡，在“字体”下拉列表框中选择符号集。在选定的符号集中，又可以选择不同的子集。

（4）选择需要插入的字符，单击“插入”按钮，在文档的光标处插入字符。

如果需要插入常用的印刷符号，例如：©、§ 等，可在“符号”对话框的“特殊字符”选项卡中进行选择。

4. 输入日期和时间

在文档中可以插入固定的日期和时间，也可插入自动更新的日期和时间。操作步骤如下：

（1）单击需要插入日期和时间的位置。

（2）选择“插入”主选项卡的“文本”功能区，单击“日期和时间”按钮，打开“日期和时间”对话框，如图 3-9 所示。

（3）在“可用格式”列表框中，选择某种格式。

（4）选中“自动更新”复选框，在打印文档时，自动更新日期和时间。

（5）单击“确定”按钮。

【例 3-1】在“故事”文档中输入下列文本，如图 3-10 所示。

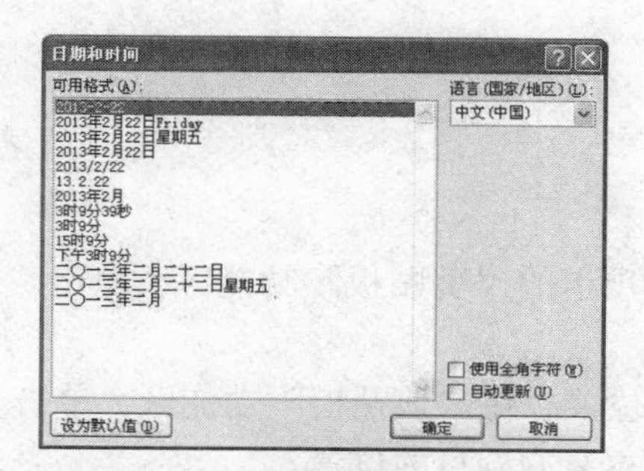

图 3-9 “日期和时间”对话框

蜗牛和玫瑰树
The Snail and the Rose-tree
[丹麦] 安徒生（1861）
这篇小故事发表于 1862 年在哥本哈根出版的《新的童话和故事集》第二卷第二辑里。它是作者 1861 年 5 月在罗马写成的。故事的思想来源于安徒生个人的经验。
园子的四周是一圈榛子树丛，像一排篱笆。外面是田野和草地，有许多牛羊。园子的中间有一棵花繁的玫瑰树，树下有一只蜗牛，他体内有许多东西，那是他自己。
故事更新时间：2007-2-25

图 3-10 文本内容

3.1.4 文本的编辑和修改

1. 插入和改写方式

在默认状态下，输入文本为“插入”状态，即：将已输入的文本右移，以便插入新输入的字符。可以切换到“改写”状态，使新输入的文本替换已有文本；可按 Insert 键，在“插入”和“改写”状态之间切换。

2. 选择文本

选择文本是对文本进行编辑和修饰的前提。选择文本的方法有：

(1) 鼠标拖动

当鼠标变成 I 形，即可在选定的文本块中拖动。

(2) 使用选定区

将鼠标移到文档左边的选定区，鼠标变成白色的箭头 ⇙ 。此时，单击鼠标左键，选定一行；双击鼠标左键，选定一个段落；连续三次单击鼠标左键，选定整篇文档。

(3) 使用快捷键

将光标定位到正在编辑的文档的任意位置，按组合键“Ctrl+A”，选定整篇文档。

(4) 使用键盘加鼠标

将光标定位到任意文本前，按住 Shift 键，将光标移到要选定文本的末尾处，单击鼠标左键，松开 Shift 键，选定文本。

(5) 选定矩形文本

将光标定位到要选定文本前，按住 Alt 键不放，将鼠标移到定位的文本处，按下鼠标左键拖动，选定矩形文本。

3. 删除文本

使用 Backspace 键，可删除光标前的一个字符；使用 Delete 键，可删除光标后的一个字符；如果先选定文本，再按 Delete 键，则删除选定文本。

4. 复制和移动文本

（1）复制文本

操作步骤如下：

① 选择需要复制的文本。

② 选择“开始”主选项卡的“剪贴板”功能区，单击“复制”按钮；或按组合键“Ctrl+C”。

③ 将光标定位到目标位置。在“剪贴板”功能区，单击“粘贴”按钮；或按组合键“Ctrl+V”，将选定的文本复制到目的位置。

（2）移动文本的操作步骤

① 选择需要移动的文本。

② 选择“开始”主选项卡的“剪贴板”功能区，单击“剪切”按钮；或按组合键“Ctrl+X”。

③ 将光标定位到目标位置。在“剪贴板”功能区，单击“粘贴”按钮；或按组合键“Ctrl+V”，将选择的文本移动到目标位置。

5. 撤消、恢复和重复操作

（1）“撤消”操作：单击快速启动按钮上的“撤消”按钮，或按组合键“Ctrl+Z”。

（2）“恢复”操作：单击快速启动按钮上的“恢复”按钮，或按组合键“Ctrl+Y”。

（3）“重复”操作：按组合键“Ctrl+Y”，重复输入上一次键入的文本。

3.2 文本格式编排

文本格式编排包括字符格式、段落格式、边框底纹、格式刷、查找替换等。

3.2.1 设置字符格式

字符格式包括字体、字符大小、形状、颜色以及阴影、阳文、动态等特殊效果。如果用户在没有设置格式的情况下输入文本，则 Word 按照默认格式设置。

设置字符格式的方法如下：

（1）选定文本。

（2）选择“开始”主选项卡的“字体”功能区，字符格式设置命令的功能如图 3-11所示。

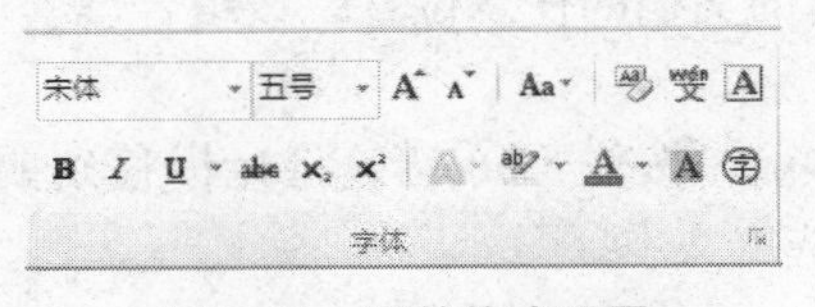

图 3-11 字符格式设置

（2）选定文本，单击“字体”功能区中的“打开”按钮，打开“字体”对话框，如图 3-12 所示。在该对话框中可进行格式的设置。

（3）选定文本，可使用下列组合键：

Ctrl + B：设置加粗。

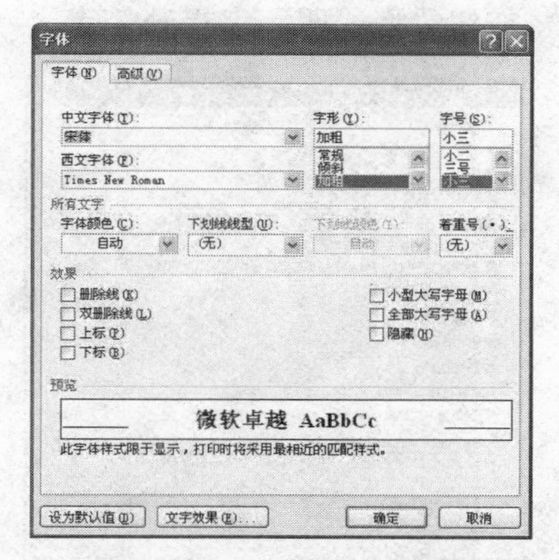

图 3-12 “字体”对话框

Ctrl + I：设置斜体。

Ctrl + +：设置下标。

Ctrl + Shift+ +：设置上标。

【例 3-2】将例 3-1 的前 3 行的文本设置为如图 3-13 所示的格式。其中，设置“蜗牛和玫瑰树”的格式为幼园、四号、加粗、下划线，设置“The Snail and the Rose-tree”的“发光和柔化边缘”为“橄榄色”。

蜗牛和玫瑰树

The Snail and the Rose-tree

[丹麦]安徒生(1861)

图 3-13 文本格式的设置效果

操作步骤如下：

（1）选定文本“蜗牛和玫瑰树”。

（2）选择“开始”主选项卡的“字体”功能区，在“字体”下拉列表框，选择“幼园”；单击“字号”下拉列表框，选择“四号”；单击“加粗”按钮；单击“下划线”按钮。

（3）选定文本“（1861）”，在英文输入状态下按组合键“Ctrl + Shift + +”。

（4）选定文本“The Snail and the Rose-tree”。

（5）选择“开始”主选项卡的“字体”功能区，单击“字体”按钮，打开“字体”对话框。在“文字效果”选项卡中，单击“发光和柔化边缘”选项中的“橄榄色”，单击“确定”按钮。

【例 3-3】在文档中，利用字符间距输入“曌”字。

操作步骤如下：

（1）在光标处输入文本“明空”，选定“明空”，设置字号为“六号”。

（2）选定“明”，选择“开始”主选项卡的“字体”功能区，单击“字体”按钮，打开“字体”对话框，单击“高级”选项卡，如图 3-14 所示。

（3）在字符间距区域的“位置”下拉列表框中选择“提升”，在“磅值”微调器中输入“7”，单击“确定”按钮，将“明”字提升7磅。

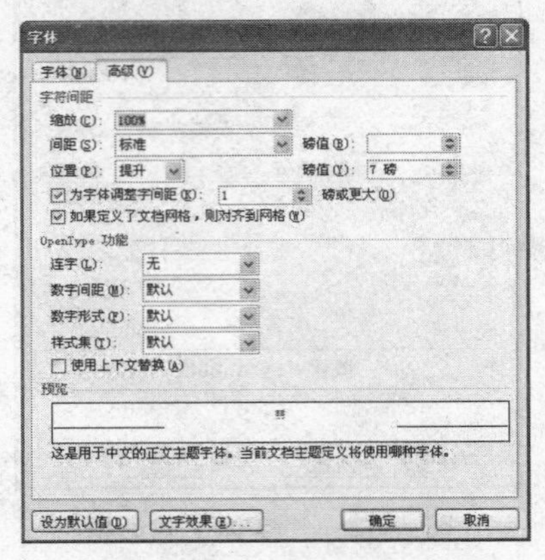

图3-14 “高级”选项卡

（4）选定“明空”，选择“开始”主选项卡的“字体”功能区，单击“字体”按钮，打开“字体”对话框，单击“字符间距”选项卡，在“间距”下拉列表框中选择“紧缩”，在间距“磅值”微调器中输入“10”。

（5）单击“确定”按钮，将“明”字和“空”字的间距紧缩10磅。

3.2.2 设置中文版式

排版文档时，某些格式是中文特有的，例如给中文加拼音、字符合并、双行合一等。

【例3-4】给例3-2的第1行文本“蜗牛和玫瑰树”加注拼音，将“新的童话和故事集”排版为**新的童话
和故事集**。

操作步骤如下：

（1）选定文本“蜗牛和玫瑰树”。

（2）选择“开始”主选项卡的“字体”功能区，单击“拼音指南”按钮。

（3）选定文本“新的童话和故事集”。

（4）选择“开始”主选项卡的“段落”功能区，单击“中文版式”下拉菜单，选择“双行合一”命令，单击“确定”按钮。

3.2.3 设置段落格式

段落格式是以段落为单位的格式设置。设置一个段落的格式之前不需要选定段落，只需要将光标定位在某个段落即可。如果要设置多个段落的格式，则需要选定多个段落。段落格式包括段落缩进、段落对齐、行间距、段落间距等。

1. 段落缩进

缩进决定段落到左或右页边距的距离。在Word 2010中，可利用水平标尺设置段落的首行缩进、左缩进、右缩进、悬挂缩进，如图3-15所示。功能分别是：

首行缩进▽：拖动该滑块，可调整首行文字的开始位置。

悬挂缩进△：拖动该滑块，可调整段落中首行以外其余各行的起始位置

左缩进□：拖动该滑块，可同时调整段落首行和其余各行的开始位置。

右缩进△：拖动该滑块，可调整段落右边界。

另外，可以单击“开始”菜单，“段落”功能区中的“减少缩进量”或者“增加缩进量”，所选文本段落的所有行将减少或增加一个汉字的缩进量。

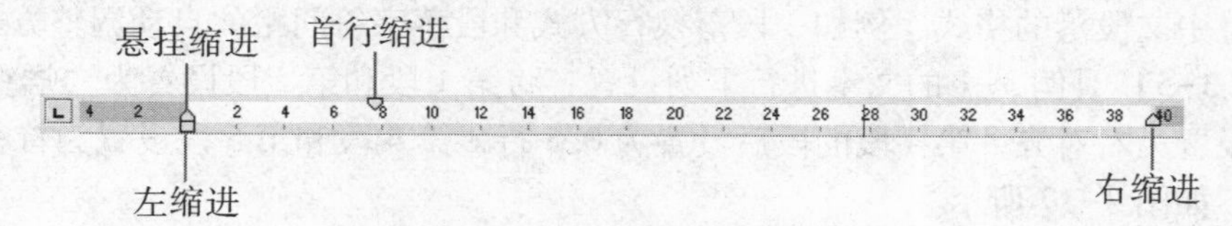

图 3-15　标尺中各缩进标志的作用

2. 段落对齐

水平对齐方式决定段落边缘的外观和方向，Word 2010 中有左对齐、居中对齐、右对齐和两端对齐，选择“开始”主选项卡的“段落”功能区，设置对应的对齐按钮。

3. 段落间距和行距

段落间距决定段落的前后空白距离的大小。行距决定段落中各行文本间的垂直距离，其默认值是单倍行距。

设置段落间距和行距的操作方法如下：

（1）选择“开始”主选项卡的“段落”功能区，单击“段落”按钮，打开“段落”对话框，如图 3-16 所示。

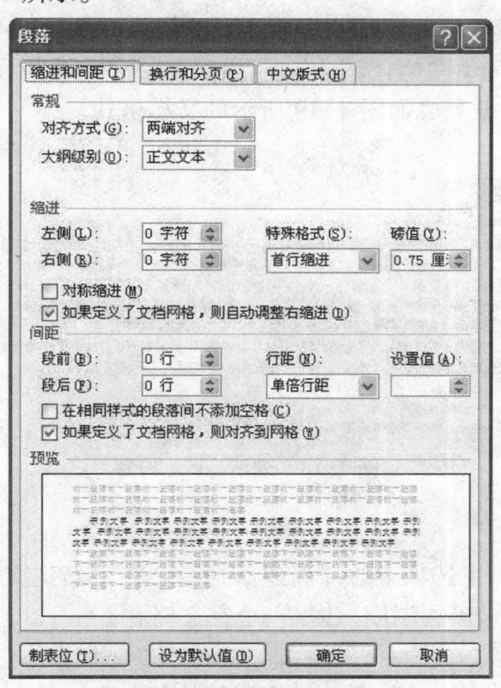

图 3-16　“段落”对话框

（2）选择“缩进和间距”选项卡，在“间距”设置区，可设置段前间距和段后间距；在“行距”设置区，可以设置行距的类型和设置值。

4. 段落的其他格式

在“段落”对话框的“换行和分页”选项卡，可以控制换行和分页的方法。例如，是否段前分页、是否确定段中不分页等。在“段落”对话框的“中文版式”中，可以设置中文段落的格式，例如，段落换行方式和段落字符间距的自动调整方式等。

【例 3-5】对例 3-1 的文本进行下列设置：将第 1 段和第 2 段设置为“居中对齐”，第 3 段设置为右对齐，第 4 段的段后设置为 0.5 行，第 4 段和第 5 段设置为首行缩进两个汉字，如图 3-17 所示。

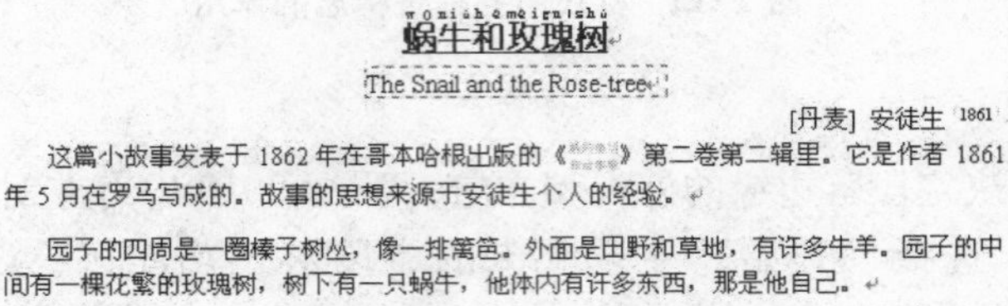

蜗牛和玫瑰树

The Snail and the Rose-tree

[丹麦] 安徒生 1861

这篇小故事发表于 1862 年在哥本哈根出版的《》第二卷第二辑里。它是作者 1861 年 5 月在罗马写成的。故事的思想来源于安徒生个人的经验。

园子的四周是一圈榛子树丛，像一排篱笆。外面是田野和草地，有许多牛羊。园子的中间有一棵花繁的玫瑰树，树下有一只蜗牛，他体内有许多东西，那是他自己。

图 3-17　段落格式的设置效果

操作步骤如下：

（1）选定第 1 段和第 2 段，单击“段落”功能区的“居中对齐”按钮。

（2）光标定位在第 3 段，单击“段落”功能区的“右对齐”按钮。

（3）选定第 4 段和第 5 段，将“水平标尺”的首行缩进按钮向右拖动两个汉字。

（4）光标定位在第 4 段，在“段落”功能区，单击“段落”按钮，打开“段落”对话框，在“间距”设置区的“段后”微调器中输入 0.5。

【例 3-6】建立 Word 文档，输入文档内容如图 3-18 所示，保存文档为“邀请.docx”，然后将该文档设置成如图 3-19 所示的文档格式。

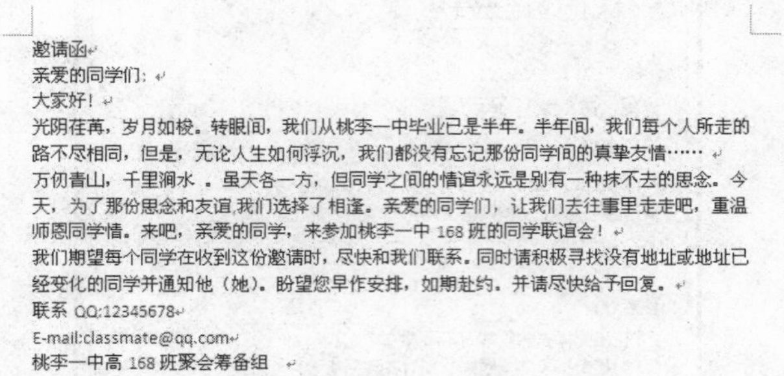

邀请函
亲爱的同学们：
大家好！
光阴荏苒，岁月如梭。转眼间，我们从桃李一中毕业已是半年。半年间，我们每个人所走的路不尽相同，但是，无论人生如何浮沉，我们都没有忘记那份同学间的真挚友情……
万仞青山，千里涧水 。虽天各一方，但同学之间的情谊永远是别有一种抹不去的思念。今天，为了那份思念和友谊,我们选择了相逢。亲爱的同学们，让我们去往事里走走吧，重温师恩同学情。来吧，亲爱的同学，来参加桃李一中 168 班的同学联谊会！
我们期望每个同学在收到这份邀请时，尽快和我们联系。同时请积极寻找没有地址或地址已经变化的同学并通知他（她）。盼望您早作安排，如期赴约。并请尽快给予回复。
联系 QQ:12345678
E-mail:classmate@qq.com
桃李一中高 168 班聚会筹备组

图 3-18　邀请.docx 内容

操作步骤如下：

（1）选择“文件”主选项卡的“新建”命令，在“新建文档”任务窗格中，单击“空白文档”，单击“创建”按钮，建立一个空文档。

（2）输入文字内容。

（3）单击“快速启动按钮”中的“保存”按钮。在“另存为”对话框中，输入文件名“邀请”。

邀请函

亲爱的同学们:

大家好!

光阴荏苒，岁月如梭。转眼间，我们从桃李一中毕业已是半年。半年间，我们每个人所走的路不尽相同，但是，无论人生如何浮沉，我们都没有忘记那份同学间的真挚友情……

万仞青山，千里涧水 ．虽天各一方，但同学之间的情谊永远是别有一种抹不去的思念。今天，为了那份思念和友谊,我们选择了相逢。亲爱的同学们，让我们去往事里走走吧，重温师恩同学情。来吧，亲爱的同学，来参加桃李一中168 班的同学联谊会！

我们期望每个同学在收到这份邀请时，尽快和我们联系。同时请积极寻找没有地址或地址已经变化的同学并通知他（她）。盼望您早作安排，如期赴约。并请尽快给予回复。

联系 QQ:12345678

E-mail:classmate@qq.com

桃李一中高 168 班聚会筹备组

图 3-19　编辑“邀请函”的效果

（4）在“邀请”文档中，选择第一段文字。

（5）选择“开始”主选项卡的“字体”功能区，选择字体为“隶书”，字号为“二号”，如图 3-20 所示。

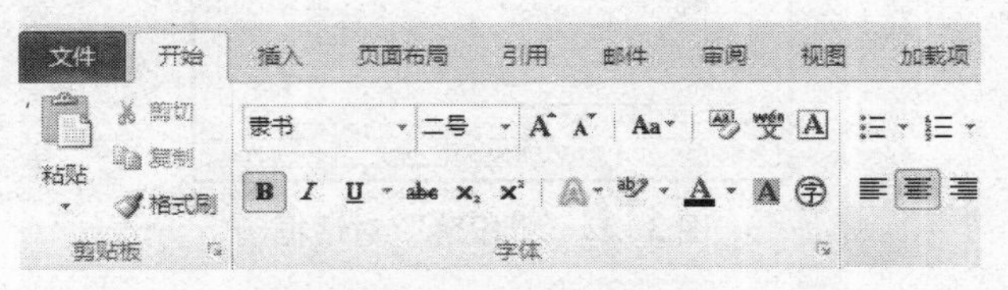

图 3-20　“字体”设置

（6）选择其他段落的文字，设置字号为“小四”。

（7）按组合键“Ctrl+A”，选择所有文档。

（8）选择“开始”主选项卡的“字体”功能区，单击“文本效果”按钮，选择“渐变填充-橙”，如图 3-21 所示。

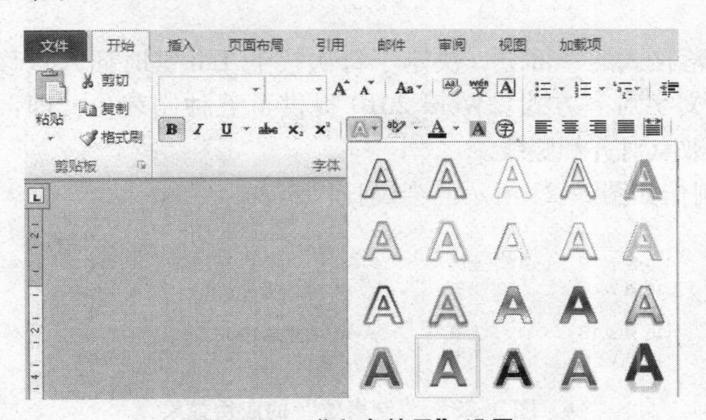

图 3-21　“文本效果”设置

（9）选择第一段，选择“开始”主选项卡的“段落”功能区，单击“居中”按钮。

（10）选择最后一段，选择“开始”主选项卡的“段落”功能区，单击“文本右对齐”按钮。

（11）选择其他段落，拖动“水平标尺”中的“首行缩进”按钮，将文本设置首行缩进两个汉字。

（12）选择“开始”主选项卡的“段落”功能区，单击“打开对话框”按钮，打开“段落”对话框，如图 3-22 所示。设置段前“0.5 行”，设置行距为“多倍行距”，在“设置值”中输入“1.3”。

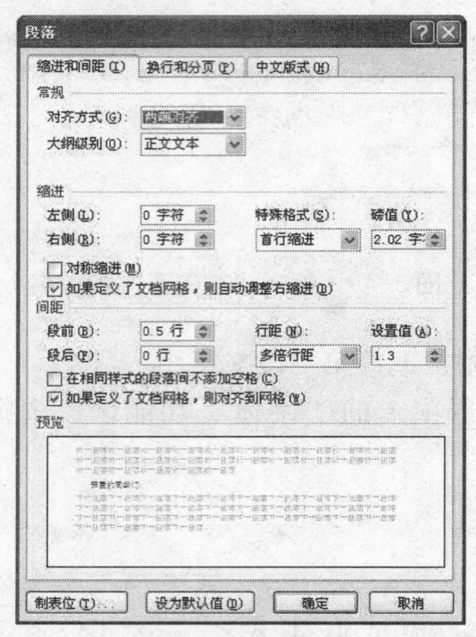

图 3-22 “段落”对话框

5. 项目符号和编号

在 Word 2010 中，可以为段落添加项目符号和编号。操作步骤如下：

（1）将光标定位到需要添加项目符号的段落。

（2）单击段落功能区中的“项目符号”或“编号”，选择某种项目符号或编号样式，单击“确定”按钮，给该段落添加项目符号或编号。

6. 制表位

制表位是段落格式的一部分，决定了每次按下 Tab 键时插入点移动到的位置和两个 Tab 键之间的文字对齐方式。Word 2010 提供了五种制表位，即：左对齐、居中对齐、右对齐、小数点对齐和竖线。

【例 3-7】制作如图 3-23 所示的会议日程列表。

日期	时间	会议内容	会议主持人
10 月 27 日	全天	报到	刘兰
10 月 28 日	上午	省内优秀课件展示	李阳
10 月 28 日	下午	说课	丁锋
10 月 29 日	上午	颁奖、大会总结	李阳
10 月 29 日	下午	闭会	李军

图 3-23 “制表位”的应用效果

（1）将光标定位在需要输入文字的位置。

（2）选择“开始”主选项卡的“段落”功能区，单击“打开段落对话框”按钮▣，单击左下方的“制表位”命令，打开“制表位”对话框，如图 3-24 所示，选择“对齐方式”为“左对齐”，单击“确定”按钮。注意：在这里可以设置制表位的位置。

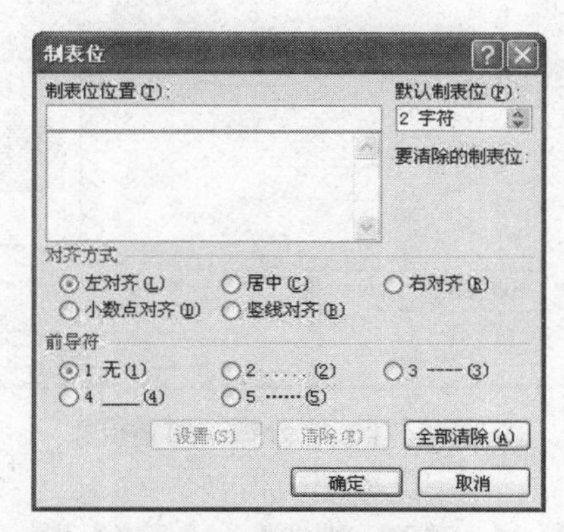

图 3-24　“制表位”对话框

（3）在水平标尺上的 2、10、16、28 处单击鼠标，设定制表位，如图 3-25 所示。注意：再次单击制表位，可取消制表位的设置。

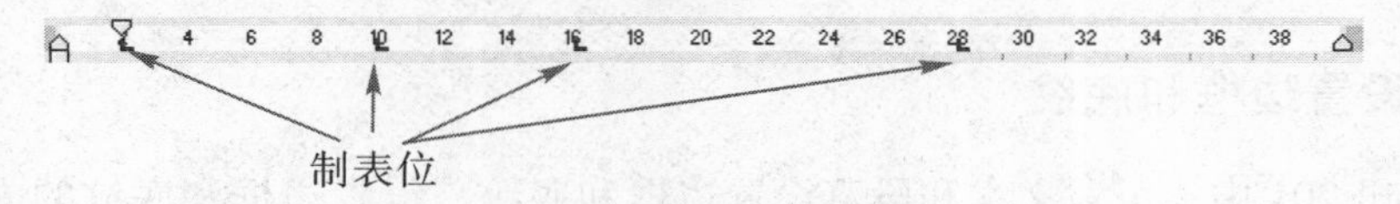

图 3-25　标尺上的制表位

（4）输入第一行文本，注意“日期”、“时间”、“会议内容”、“会议主持人”之间按 Tab 键分隔，依次输入各行文本，文本中的各列按照制表位设置的位置自动左对齐。

7. 分栏

在 Word 2010 中，可将文本分为多栏显示。设置分栏的操作步骤如下：

（1）选定需要分栏的段落。

（2）选择“页面布局”主选项卡的“页面设置”功能区，单击“分栏”的下拉箭头，在下拉菜单中选择“更多分栏”命令，打开“分栏”对话框，如图 3-26 所示。

（3）在“分栏”对话框中，在“预设”区选择分栏格式；在“宽度和间距”设置区可以设置各栏的宽度和间距；如果选定“栏宽相等”，每个分栏宽度相同；如果选定“分隔线”，则各栏之间有一分隔线，单击“确定”按钮。分栏效果如图 3-27 所示。

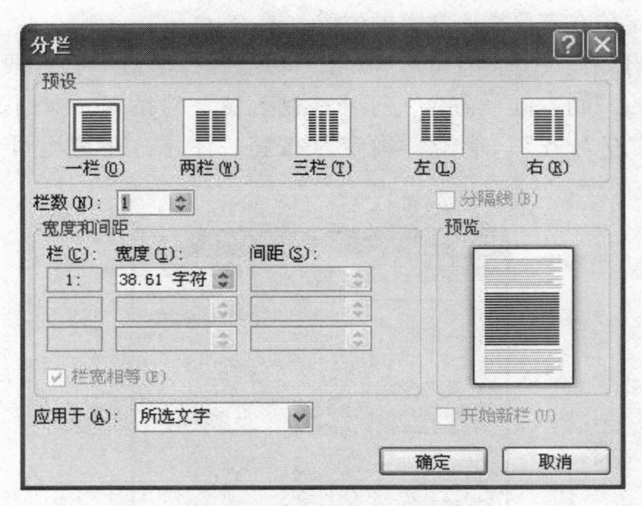

图 3-26 “分栏”对话框

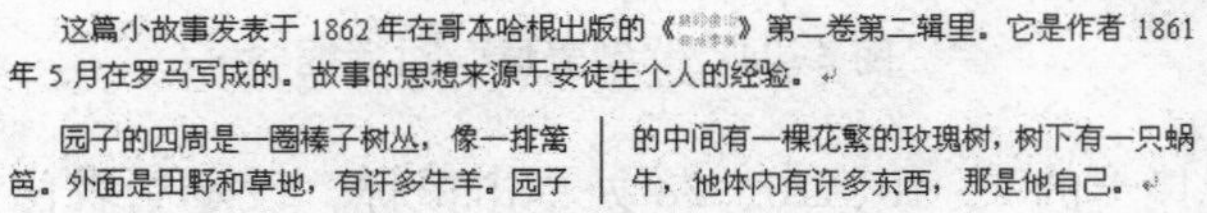

这篇小故事发表于 1862 年在哥本哈根出版的《新的童话和故事》第二卷第二辑里。它是作者 1861 年 5 月在罗马写成的。故事的思想来源于安徒生个人的经验。

园子的四周是一圈榛子树丛，像一排篱笆。外面是田野和草地，有许多牛羊。园子的中间有一棵花繁的玫瑰树，树下有一只蜗牛，他体内有许多东西，那是他自己。

图 3-27 “分栏”效果

3.2.4 设置边框和底纹

在 Word 201 中，可对文本和段落设置边框和底纹。设置边框和底纹的方法为：单击“开始”菜单的“字体”功能区上的“边框”按钮 A 和“底纹”按钮 A 。在“段落”功能区中，单击“边框和底纹”按钮，打开“边框和底纹”对话框。

【例 3-8】将例 3-5 中的第 5 段设置成如图 3-28 所示的格式。

园子的四周是一圈榛子树丛，像一排篱笆。外面是田野和草地，有许多牛羊。园子的中间有一棵花繁的玫瑰树，树下有一只蜗牛，他体内有许多东西，那是他自己。

图 3-28 边框和底纹设置的效果

操作步骤如下：

(1) 将光标定位在第 5 段。

(2) 单击“边框和底纹”按钮，打开“边框和底纹”对话框，如图 3-29 所示。在“边框和底纹”对话框中，打开“边框”选项卡，在“设置”样式中选择边框样式为“阴影”，选择线型为“=====”，并选择线型的颜色和粗细，在“应用于”下拉列表框中选择“段落”。单击“确定”按钮，给该段落设置边框。

(3) 在“边框和底纹”对话框中，选择“底纹”选项卡，如图 3-30 所示。在“填充”样式中的调色板内，选择某种底纹的颜色；在“应用于”下拉列表框中，选择“段落”，单击“确定”按钮，给该段落添加底纹。

如果在“应用于”下拉列表框中选择“文本”，则只对所选定的文本设置边框和底纹。

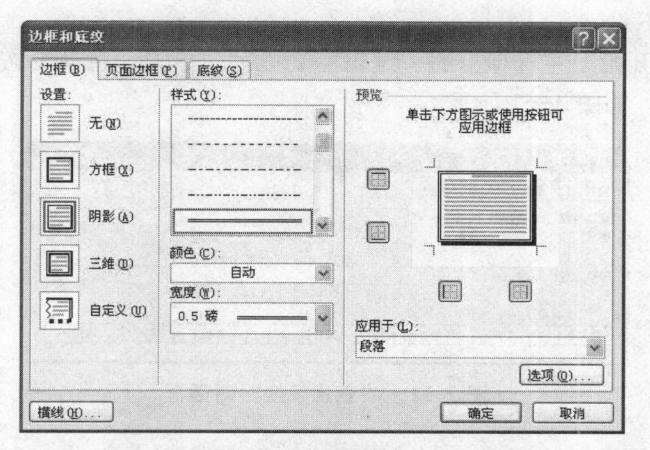

图 3-29 “边框和底纹”对话框的“边框”选项卡

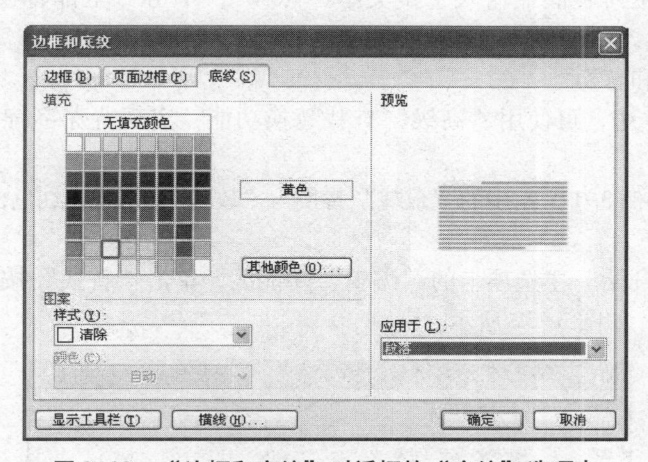

图 3-30 “边框和底纹”对话框的“底纹”选项卡

3.2.5 使用格式刷

通过格式刷，可将某一段落或文本的排版格式复制给另一段落或文本，从而达到将所有的段落或文本均设置一种格式的目的。操作步骤如下：

（1）选定需要复制格式的段落的段落符号“↵”或文本。

（2）单击“剪贴板”功能区上的“格式刷”按钮，此时，鼠标指针变成一把小刷子。

（3）选定需要设置格式的段落的段落符号“↵”或文本，则格式复制完成。

3.2.6 查找和替换

1. 一般查找和替换

查找和替换是 Word 中非常有用的工具。查找功能能检查某文档是否包含所找内容。替换以查找为前提，可以实现用一些文本替换文档中指定文本的功能。

【例 3-9】将例 3-1 文本中的“玫瑰”替换为“Rose”。

操作步骤如下：

（1）选择“开始”主选项卡的“编辑”功能区，单击“替换”按钮，打开“查找和替换”对话框，如图3-31所示。

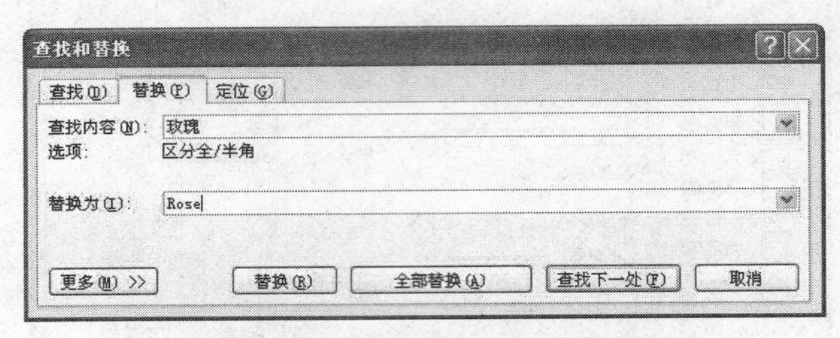

图3-31　“查找替换”对话框

（2）单击“替换”选项卡，在“查找内容”下拉列表框中，输入文本“玫瑰”，在“替换为”下拉列表框中输入替换文本“Rose”，单击“全部替换”按钮。说明：如果单击“替换”，则仅替换最近查找的文本。

2. 特殊查找和替换

在Word 2010中，可使用“高级”查找替换功能，实现特殊字符的替换和格式的替换等。

【例3-10】将例3-1文本中的“玫瑰”替换为“玫瑰”（格式：红色，加上着重号）。

操作步骤如下：

（1）选择“开始”主选项卡的“编辑”功能区，单击“替换”按钮，打开“查找和替换”对话框，如图3-32所示。

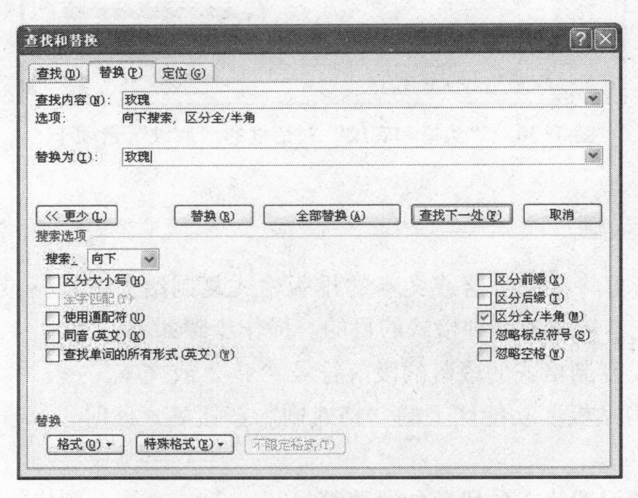

图3-32　“查找和替换”对话框

（2）在“查找内容”列表中输入“玫瑰”，在“替换为”列表中输入“玫瑰”。将光标定位在“替换为”列表。

（3）单击“更多”按钮，出现“搜索选项”选项，单击“格式”按钮，在弹出的菜单中单击“字体”，打开“替换字体”对话框，如图3-33所示。

（4）选择“字体颜色”为“红色”，选择“着重号”，单击“确定”按钮，返回

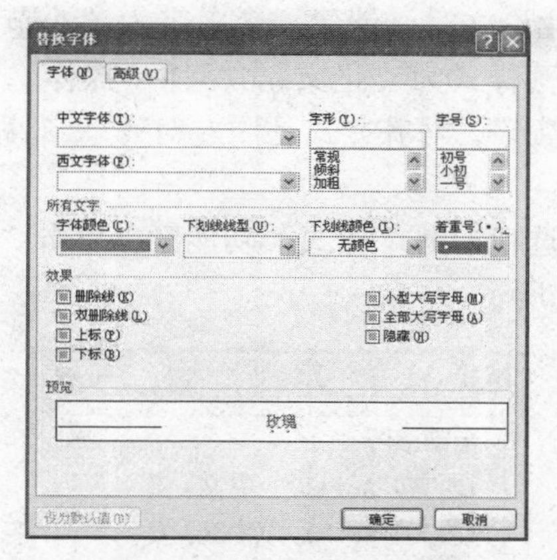

图 3-33 “替换字体”对话框

“查找和替换”对话框。

（5）单击“全部替换”按钮，将文档中所有的“玫瑰”替换为“玫瑰”（格式：红色，加上着重号）。

3.3 使用样式

样式是字体、字号和缩进等格式设置特性的组合。样式根据应用的对象不同，可以分为字符样式和段落样式。字符样式是只包含字符格式的样式，用来控制字符的外观；段落样式是同时包含字符、段落、边框与底纹、制表位、语言、图文框、项目列表符号和编号等格式的样式，用于控制段落的外观。另外，样式根据来源不同，分为内置样式和自定义样式。

3.3.1 应用样式

用户在新建的文档中所输入的文本具有 Word 系统默认的“正文”样式，该样式定义了正文的字体、字号、行间距、文本对齐等。Word 系统默认内置样式中除了“正文”样式，还提供了其他内置样式，例如，“标题 1”、“标题 2”、“默认段落字体”等。

在文档中应用样式的方法如下：

（1）单击需要设置样式的段落，或选定要设置样式的文本。

（2）选择“开始”主选项卡的“样式”功能区，单击某种样式，完成对段落或文本的样式的设置。

3.3.2 创建新样式

在编制文档过程中，经常需要使一些文本或段落保持一致的格式，如章节标题、字体、字号、对齐方式、段落缩进等。如果将这些格式预先设定为样式，再进行命名，并在编辑过程中应用到所需的文本或段落中，可使多次重复的格式化操作变得简单快捷，且可保持整篇文档的格式协调一致，美化文档外观。

下面以一个具体的例子来说明如何创建样式。

【例 3-11】在撰写毕业论文时，创建一个名字为“小节”的段落样式，要求基准样式是“标题 3”，后续段落样式为“正文”，字体“黑体”，字号是“小三”，段落格式段前“13 磅”，段后“6 磅”，对齐方式是“左对齐”，行距是“单倍行距”。

操作步骤如下：

(1) 选择“开始”主选项卡的“样式”功能区，单击“打开”按钮，出现“样式”任务窗格，如图 3-34 所示。

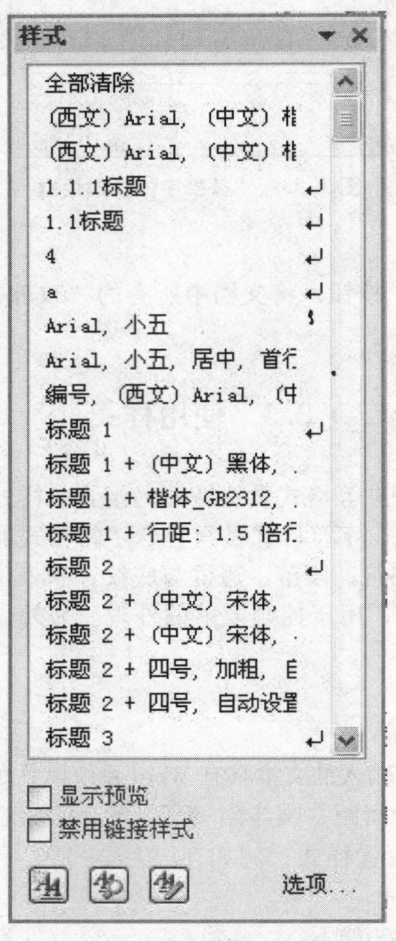

图 3-34 “样式”任务窗格

(2) 单击“新建样式”按钮，打开“根据格式设置创建新样式”对话框，如图 3-35 所示。

(3) 在“名称”文本框中，键入新建样式的名字“小节”。

(4) 单击“样式类型”下拉列表框，有“段落”和“字符”两个选项，分别用来定义段落样式和字符样式。这里选择“段落”。

(5) 在“样式基准”下拉列表框中，选择一种样式作为基准。默认情况下，显示“默认段落字体”样式。这里选择“标题 3”。

(6) 如果创建“段落”样式，可在“后续段落样式”下拉列表框为所创建的样式

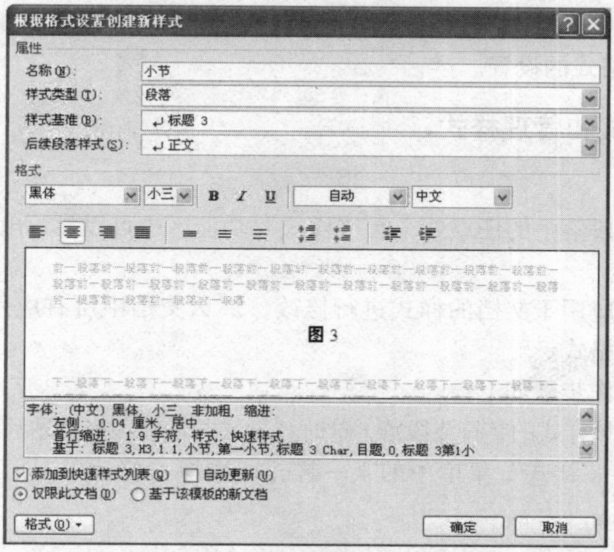

图 3-35 “根据格式设置创建新样式”对话框

指定后续段落样式。后续段落样式指应用该样式的段落的后续一个段落的默认段落样式。这里选择“正文”样式。

（7）在“格式”设置区，设置字体为“黑体”，字号为“小三”。

（8）单击“格式”按钮，出现一个菜单，选择“段落”命令，打开“段落”对话框，如图 3-36 所示。

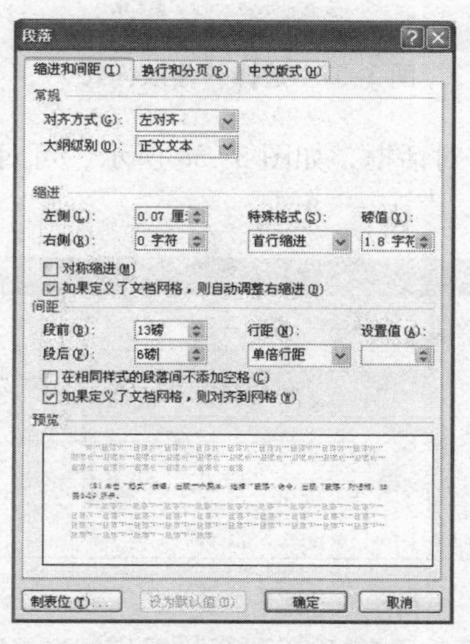

图 3-36 “段落”对话框

（9）在“段落”对话框中，设置“对齐方式”为“左对齐”，设置“段前”为“13 磅”，段后为“6 磅”，设置行距为“单倍行距”。从“预览”区和“预览”区下的说明，可看到所设置字体的效果。

（10）单击“确定”按钮，返回到“根据格式设置创建新样式”对话框中。单击“确定”按钮，返回到“文档”中。

(9) 创建“小节”样式后，输入文档时，若遇到小节标题，即可使用自定义的“小节”样式进行格式的设置。

3.3.3 显示样式和管理样式

1. 显示样式

将插入点移至段落中的任意处，在“样式”功能区中可以显示出当前段落的样式。

2. 修改样式

如果对某一已应用于文档的样式进行修改，那么文档中所有应用该样式的字符或段落也将随之改变格式。

修改样式的操作步骤如下：

(1) 选中含有该样式的字符或段落，这时“样式”功能区突出显示当前使用中的样式。

(2) 右键单击“样式”菜单中的某一样式，选择“修改”，即可修改样式，如图3-37所示。

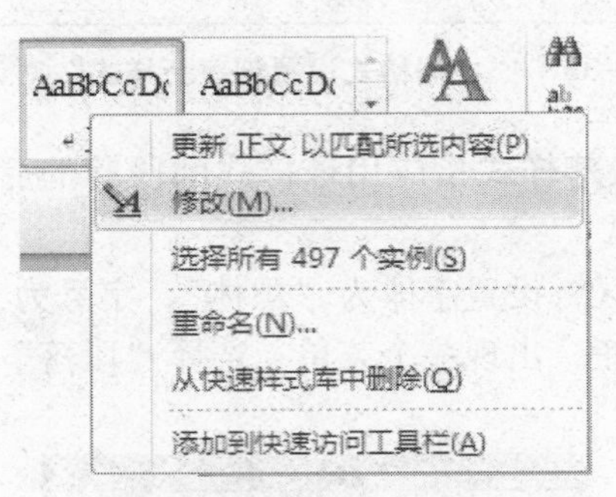

图 3-37 选择“修改样式”

(3) 打开“修改样式”对话框，如图 3-38 所示，可对样式进行修改。修改完毕，单击“确定”按钮退出。

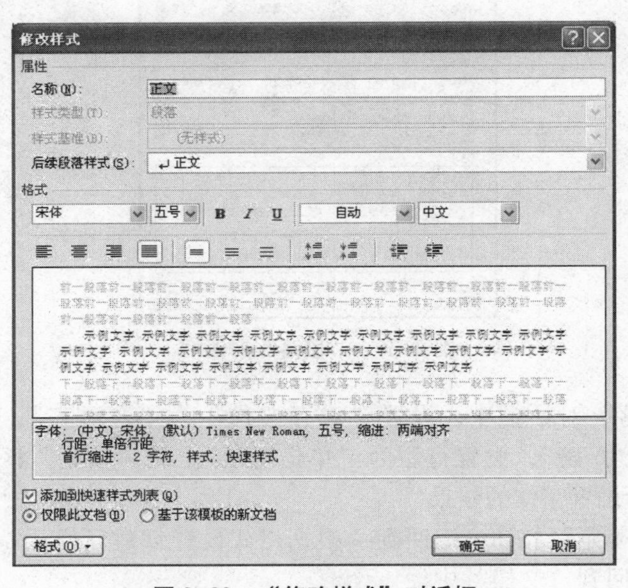

图 3-38 “修改样式”对话框

3. 删除样式

用户自定义的样式可以删除。打开“样式”任务窗格，选中需要删除的样式，右键单击，在弹出的下拉列表框中选“删除”，这时出现屏幕提示，单击“是”按钮，当前样式被删除，这时，文档中所有应用此样式的段落自动应用“正文”样式。

3.4 图文混排

Word 2010 是一个图文混排软件，在文档中插入图形，可以增加文档的可读性，使文档变得生动有趣。在 Word 2010 中，可以使用两种基本类型的图形，即：图形对象和图片。图形对象包括自选图形、图表、曲线、线条和艺术字图形对象。这些对象都是 Word 2010 文档的一部分。图片是由其他文件创建的图形，包括位图、扫描的图片、照片以及剪贴画。

3.4.1 插入图片或剪贴画

在 Word 2010 中，可以向文档插入剪贴画和插入来自文件的图片。

1. 插入剪贴画

剪贴画是一种矢量图形。这种图形的特点是：当图形的比例大小发生改变时，图形的显示质量不会发生改变。在文档中插入剪贴画的操作步骤如下：

（1）将鼠标定位到需要插入图片的位置。

（2）选择“插入”主选项卡的“插图”功能区，单击“剪贴画”按钮，出现“剪贴画”任务窗格，如图 3-39 所示。

图 3-39 “剪贴画”任务窗格

（3）在“剪贴画”任务窗格的“搜索”框中，键入描述所需剪贴画的单词或词组，例如“植物”，或键入剪贴画的全部或部分文件名。可使用通配符代替一个或多个真实字符。使用星号（*）代替文件名中的零个或多个字符。使用问号（?）代替文件名中的单个字符。

（4）单击“搜索”按钮，在“结果”框中，单击某剪贴画，该剪贴画被插入到文件中。

2. 插入图片

从文件中插入图片的操作步骤如下：

（1）单击需要插入图片的位置。

（2）选择“插入”主选项卡的“插图”功能区，单击“图片”按钮，打开“插入图片”窗口，如图3-40所示。

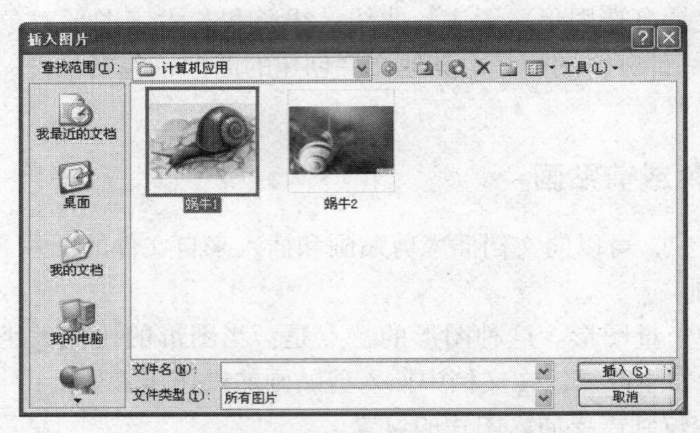

图3-40 “插入图片”窗口

（3）单击“查找范围”下拉列表框，选择需要插入图片的位置，定位到所要插入的图片，例如“蜗牛1”。

（4）双击需要插入的图片。

插入剪贴画和图片以后的效果如图3-41所示。

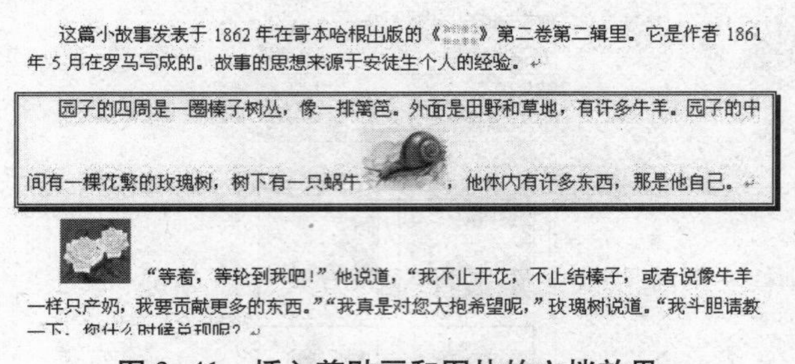
这篇小故事发表于1862年在哥本哈根出版的《 》第二卷第二辑里。它是作者1861年5月在罗马写成的。故事的思想来源于安徒生个人的经验。

园子的四周是一圈榛子树丛，像一排篱笆。外面是田野和草地，有许多牛羊。园子的中间有一棵花繁的玫瑰树，树下有一只蜗牛，他体内有许多东西，那是他自己。

“等着，等轮到我吧！”他说道，“我不止开花，不止结榛子，或者说像牛羊一样只产奶，我要贡献更多的东西。”“我真是对您大抱希望呢，”玫瑰树说道。“我斗胆请教

图3-41 插入剪贴画和图片的文档效果

3.4.2 设置图片格式

在文档中插入图片后，单击图片，使用“图片工具”中的命令按钮，如图3-42所示，可对图片进行调整，即进行图片样式的修改、排列布局和图片大小的调整等操作。

1. 复制和移动图片

在文档中插入图片后，单击图片，当鼠标变成白色箭头，按下Ctrl键，拖动鼠标到目的位置，可将图片复制到目的位置。另外，可以使用“复制”和“粘贴”命令来

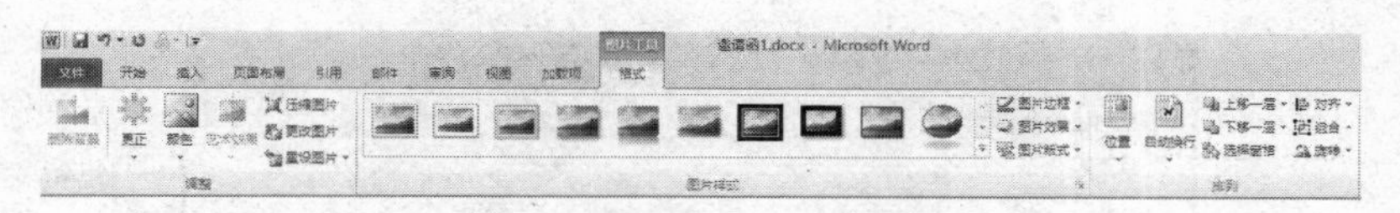

图 3-42 “图片”格式

复制图片，操作方法同文本的复制。

在文档中插入图片后，单击图片，当鼠标变成白色箭头，拖动鼠标，可以移动图片。另外，也可以使用“剪切”和“粘贴”命令来移动图片，操作方法同文本的移动。

2. 设置图片的大小

单击图片后，图片周围出现 8 个尺寸控制点，此时，用鼠标拖动控制点，可以调整图片的大小。如果要精确设置图片的大小，可以右击图片，选择“设置图片格式”，打开“设置图片格式”对话框，如图 3-43 所示。选择“大小”选项卡，即可设置图片的大小。

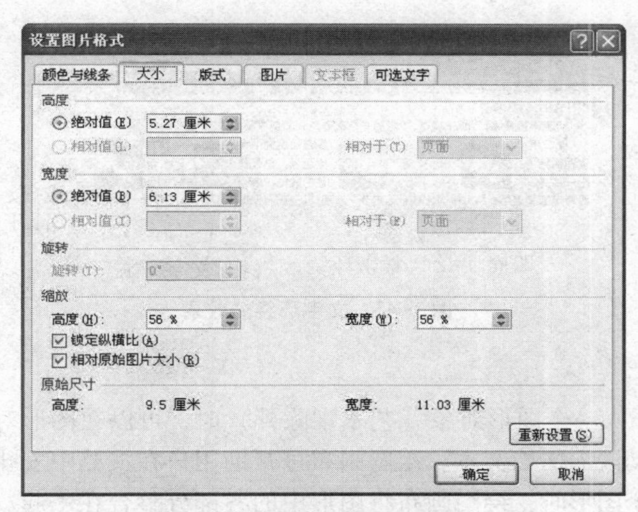

图 3-43 “设置图片格式”对话框

3. 设置图片的环绕

在 Word 2010 中，系统默认的正文环绕的方式是“嵌入环绕”。用户可另外设置环绕类型。

操作步骤如下：

在文档中，右键单击图片，选择“设置图片环绕”，打开“设置图片格式”对话框，单击“版式”选项卡，选择某种环绕方式，例如“嵌入型”，如图 3-44 所示。

常见的几种文字环绕效果如图 3-45 所示。

3.4.3 绘制图形

Word 2010 提供了专门的绘图工具，主要用于绘制新的图形对象，如：线条、椭圆、立方体等。

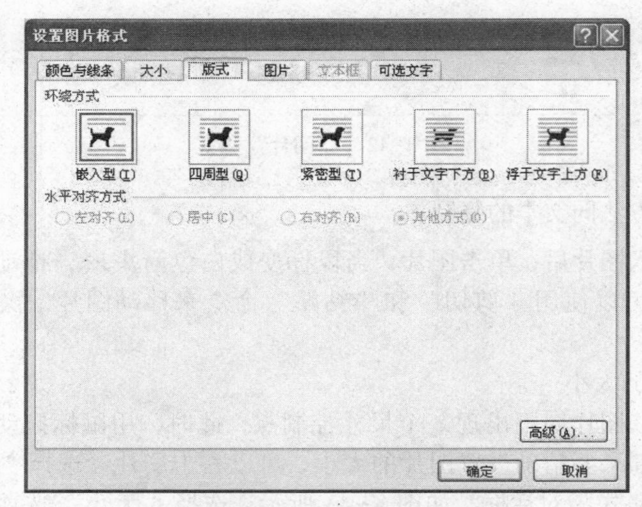

图 3-44 “设置图片格式”对话框

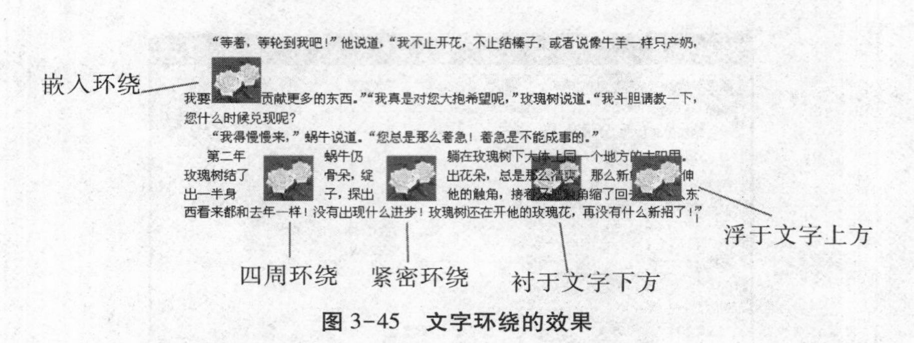

图 3-45 文字环绕的效果

1. 绘图画布

在 Word 中插入一个图形对象（艺术字除外）时，可以在图形对象的周围放置一块画布，画布自动嵌入文档文本。绘图画布可帮助用户在文档中安排图形的位置。当图形对象包括几个图形时，绘图画布将图形中的各部分整合在一起。绘图画布还在图形和文档的其他部分之间提供一条类似图文框的边界和黑色控制点，如图 3-46 所示。

2. 绘制图形

在文档中可以绘制线条、矩形、椭圆等基本形状，还可以绘制自选图形。下面通过一个具体例子说明如何绘制图形。

【例 3-12】在文档中绘制如图 3-47 所示的图形。

图 3-46 绘图画布控制点

图 3-47 图形样式

绘制图形的操作步骤如下：

（1）单击文档中需要创建绘图的位置。

（2）选择“插入”主选项卡的“插图”功能区，单击“形状”的下拉箭头，在下拉列表中，选择“新建绘图画布（N）”命令，将绘图画布插入文档中。

（3）添加所需的图形或图片。

（4）选择“插入”主选项卡的“插图”功能区，单击“形状”的下拉箭头，在下拉列表中，在“基本形状”区域中单击“笑脸”图形☺，在绘图画布中拖动，在“标注”区域中单击“云形标注”图形，在绘图画布中拖动。在“线条”区域中单击按钮↘，在绘图画布上拖动。

（5）右键单击绘图画布上的“云形标注”图形，在弹出的菜单中单击“添加文字”命令，然后输入“你好”，即在图形中添加文字。

（6）拖动绘图画布周围的控制点，调整画布大小。

3. 图形移动、旋转、对齐及尺寸

（1）移动图形的操作方法：单击图形，将光标移到图形编辑区，当鼠标变成✥形状时，单击并拖动图形。

（2）旋转图形的操作方法：单击图形，将光标移到选定图形，在绿色按钮圆点处变成带箭头的环形后，单击并拖动鼠标。

（3）对齐图形的操作方法：单击选中第一个图形，按下 Shift 键，接着单击选中其他图形，单击“绘图工具”的“格式”命令，在“排列”功能区中单击“对齐”，在弹出的菜单中选择一种对齐方式。

（4）调整图形的尺寸的操作方法：单击图形，图形周围出现 8 格控制点，将光标移到这些控制点，光标变成双向箭头形状↔↕↘↙，单击并拖动鼠标，即可调整图形尺寸。

4. 调整图形的叠放次序

通过调整图形的叠放次序，可获得更灵活的图形效果。调整图形和图形之间的叠放次序的操作方法：在“绘图工具”的“格式”菜单中，选择“排列”功能区中的“上移一层”或“下移一层”菜单，调整图片位置，如图 3-48 所示。

图 3-48　叠放次序

5. 设置图形的边框，填充和文字颜色

在“绘图工具”的“格式”菜单中，在“形状样式”功能区中可分别设置图形的形状填充、形状轮廓以及形状效果。

3.4.4　插入艺术字

艺术字具有特殊效果，Word 把艺术字作为一种图形来处理，除了颜色、字体格式外，还可以设置位置、形状、阴影、三维、倾斜、旋转等。利用 Word 2010 提供的艺术字功能，可以制作出精美绝伦的艺术字体。

【例 3-13】在文档中插入如图 3-49 所示的艺术字。

![蜗牛与玫瑰]

蜗牛与玫瑰

图 3-49　艺术字效果

操作步骤如下：

（1）将光标定位到需要插入艺术字的位置。

（2）选择“插入”主选项卡的“文本”功能区，单击“艺术字”的下拉箭头，出现“艺术字”下拉列表，如图 3-50 所示。

（3）选择一种要插入艺术字的样式，在文本框中插入相应艺术字。

（4）在文本框中输入插入艺术字的内容“蜗牛与玫瑰”，单击“确定”按钮，在文档中插入艺术字，如图 3-51 所示。

（5）在“格式”主选项卡的“形状样式”功能区中选择不同的形状。

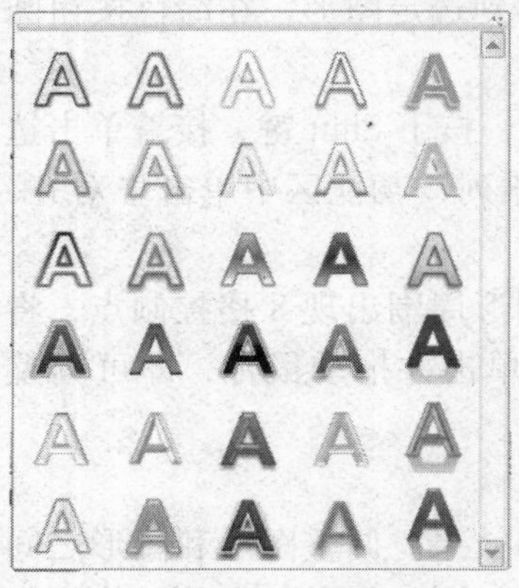

图 3-50　选择艺术字样式

图 3-51　编辑“艺术字”

【例 3-14】制作如图 3-52 所示的图形和艺术字效果。

图 3-52　“布局”的对话框

操作步骤如下：

（1）选择“插入”主选项卡的“插图”功能区，选择“形状”中的“云形标注”命令，拖动云形标注最下方的椭圆中的黄色菱形到云形的中间。设置“形状轮廓”为“无轮廓”，设置“形状填充”为“绿色”，如图 3-53 所示。

（2）选择“插入”主选项卡的“插图”功能区，选择“形状”中的“矩形”命令，拖动矩形到云形标注下方。设置矩形的“形状轮廓”为“无轮廓”，设置“形状

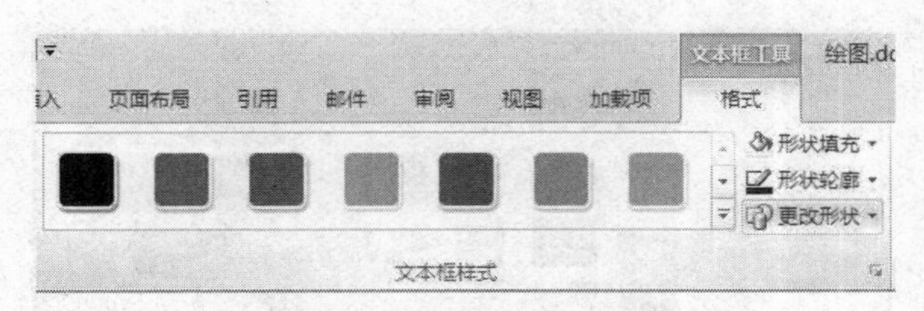

图 3-53 “文本框工具”选项

填充”为“绿色”。

(3) 选择“插入”主选项卡的“文本”功能区，选择“艺术字”中的“艺术字样式 22”命令，打开“编辑艺术字文字”对话框，输入文本“好大一棵树”，如图 3-54 所示。设置艺术字的环绕为“浮于文字上方”，调整艺术字到合适的位置。

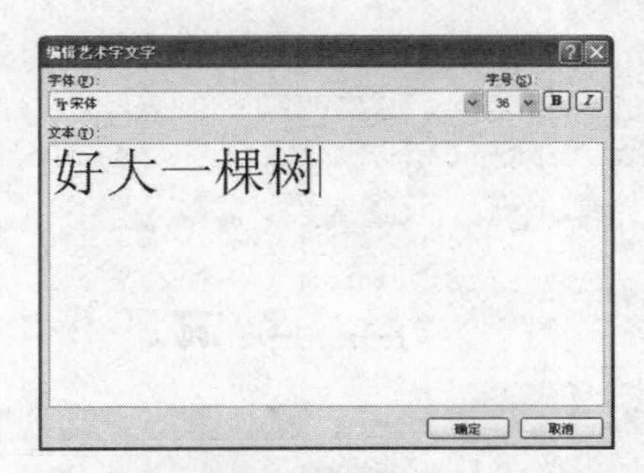

图 3-54 “编辑艺术字文字”的对话框

3.4.5 插入 SmartArt 图形

SmartArt 图形是用户信息的可视表示形式，用户可以从多种不同布局中进行选择，从而快速轻松地创建所需形式，以便有效地传达信息或观点。

【例 3-15】利用 SmartArt 工具制作如图 3-55 所示的组织结构图。

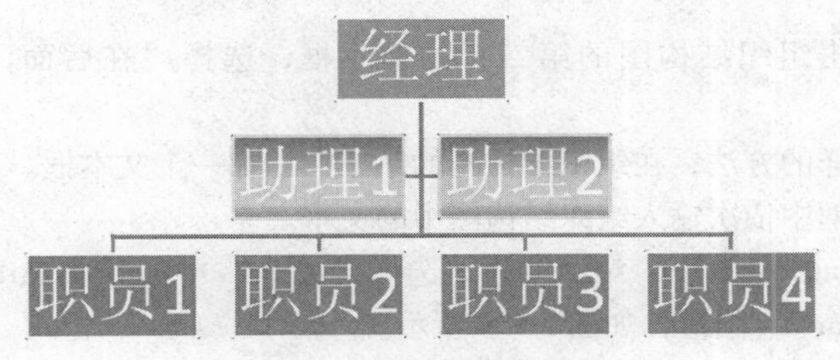

图 3-55 组织结构图示例

操作步骤如下：

(1) 选择“插入”主选项卡的“插图”功能区，单击“SmartArt”按钮，打开“选择 SmartArt 图形”对话框，如图 3-56 所示。

(2) 在“选择 SmartArt 图形”对话框，选择“层次结构”中的“组织结构图”，单击“确定”按钮，插入组织结构图。

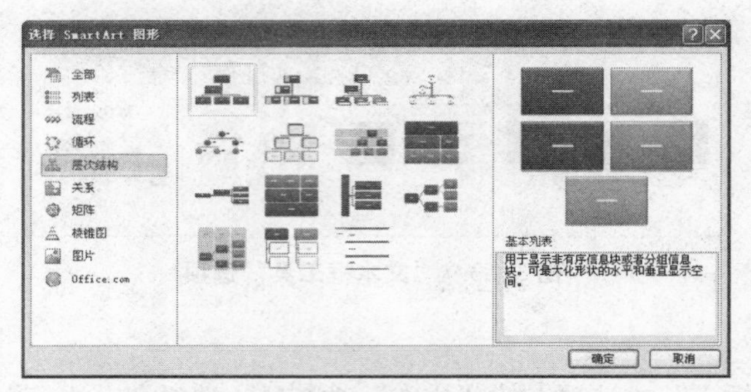

图 3-56　“布局”的对话框

（3）选择“SmartArt 工具”选项卡中的“更改颜色”按钮，选择其中的一种配色颜色，如图 3-57 所示。

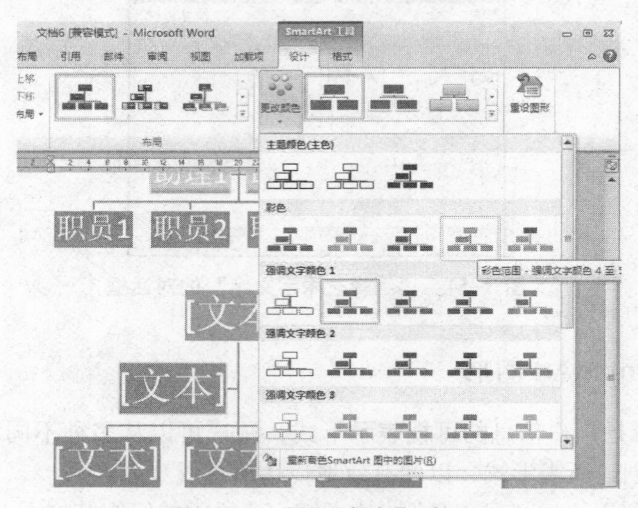

图 3-57　“更改颜色”选项

（4）右键单击组织结构图的第二行的文本框，选择“在后面添加形状”，如图 3-58所示。

（5）按照同样的方法，在组织结构图的第三行添加一个文本框。

（6）在文本框中依次输入组织结构图中的文本。

在“选择 SmartArt 图形”对话框中，选择“图片”中的 SmartArt 图形，还可以绘制图文并茂的 SmartArt 图形，如图 3-59 所示。

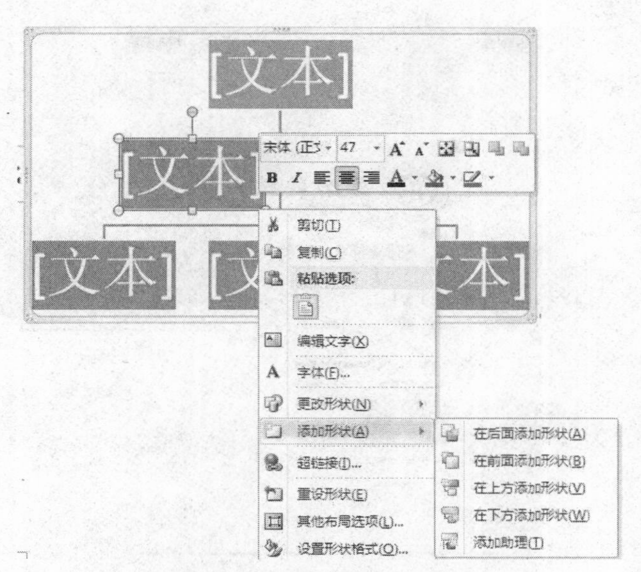

图 3-58 “添加形状”选项

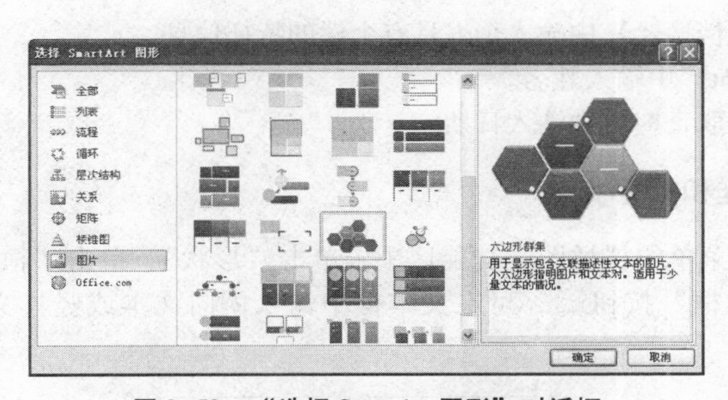

图 3-59 “选择 SmartArt 图形”对话框

3.4.6 插入封面

通过使用插入封面功能，用户可以借助 Word 2010 提供的多种封面样式为 Word 文档插入风格各异的封面，并且无论当前插入点光标在什么位置，插入的封面总是位于 Word 文档的第 1 页。

【例 3-16】设计一个具有个性化风格的个人简历封面，如图 3-60 所示。

操作步骤如下：

（1）新建文档。

（2）选择“插入”主选项卡的“页”功能区，单击“封面”的下拉箭头，在“封面”下拉列表中选择“现代型”封面。

（2）插入一幅具有毕业学校特色的图片，设置图片的格式为“浮于文字上方”，调整图片到合适的位置。

（3）在【键入文档标题】中输入“个人简历”。

（4）在【键入文档副标题】中输入“姓名”和“专业”。

图 3-60 “个性化封面”效果

（5）在【文档摘要】中输入个人具有个性的特征信息。

（6）在【root】中输入姓名。

（7）在【选取日期】中输入日期。

3.4.7 文本框和文字方向

在“插入”菜单的“插图”功能区中，单击“形状”，单击“横向文本框”按钮 或“竖排文本框”按钮 ，可在文本框中输入横向文本或竖排文本，如图 3-61 所示。

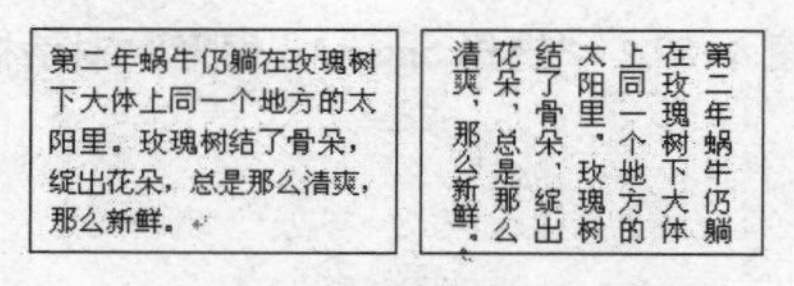

图 3-61 文本框和竖排文本框效果

3.4.8 首字下沉

首字下沉也称为“花式首字母”，利用它，可以将段落的第一个字符变成大号字，从而使版面美观。被设置为首字下沉的文字实际上已成为文本框中的独立段落。

操作步骤如下：

（1）将光标定位到需要设置首字下沉的段落。

（2）选择“插入”主选项卡的“文本”功能区，单击“首字下沉”的下拉箭头，在“首字下沉”下拉菜单中，选择“首字下沉选项”命令，打开“首字下沉”对话框，如图 3-62 所示。

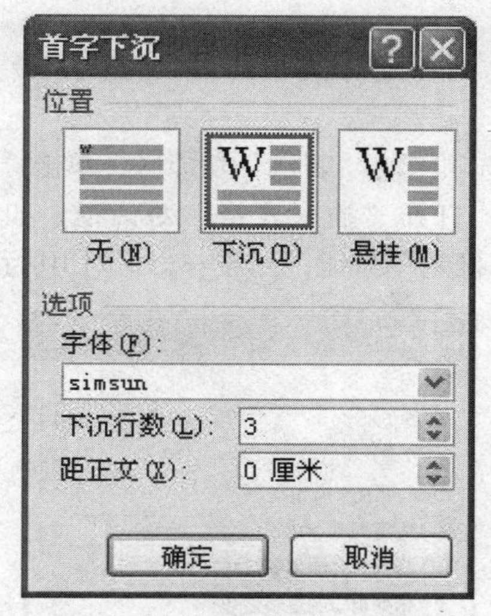

图 3-62 “首字下沉”对话框

(3) 选择下沉位置的样式、字体、下沉行数、距正文的距离。设置完毕，单击“确定”按钮。

3.5 表格的制作

表格具有直观的效果，可以使输入的文本更简明清晰。图 3-63 是一个表格示例。

姓名		性别		照片
民族		年龄		
学历		政治面貌		
婚否				
学习经历	合并和拆分			
主要兴趣				
联系方式	☎		E-MAIL	

图 3-63 表格案例

3.5.1 创建表格

在 Word 2010 中，使用“表格”菜单中的“插入表格”，可方便地创建表格。

【例 3-17】创建如图 3-64 所示的表格。

图 3-64 一个 5 列 10 行的表格

操作步骤如下：

（1）设计表格的行列，按照整个表格的最大行数和最大列数来设计，需要5列10行。

（2）选择“插入”主选项卡的“表格”功能区，单击“表格”按钮，在下拉列表中选择“插入表格”命令，打开“插入表格”对话框，如图3-65所示。输入列数“5”和行数“10”，单击“确定”按钮，创建一个5列10行的表格。

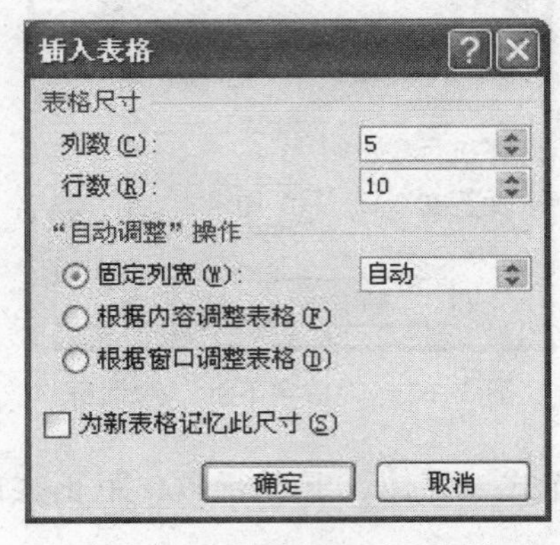

图3-65 “插入表格”对话框

3.5.2 编辑表格

1. 选定表格

对表格进行编辑操作前，需要选定单元格、行和列。

（1）选定一个单元格的方法：将光标置于单元格前，当光标变成➚，单击即可选定单元格。

（2）选定一行单元格的方法：将光标置于一行单元格左侧，当光标变成⇗形状，单击即可选定一行单元格。

（3）选定一列单元格的方法：将光标置于一列单元格上方，当光标变成↓形状，单击鼠标即可选定一列。

（4）选定相邻几个单元格的方法：当鼠标变成I形状，使用鼠标拖动相邻几个单元格。

（5）选定整个单元格的方法：鼠标置于表格的左上角，当鼠标变成⊞形状，单击鼠标即可。

2. 删除单元格

选定表格中的单元格或整个表格，选择“表格工具”的“布局”菜单，在“行和列”功能区中选择“删除”，选择菜单中的菜单项，即可删除相应的单元格。

3. 插入单元格

操作步骤如下：

（1）选定需要插入单元格的位置。这里可以选定多个单元格。选定的单元格数目与插入单元格的数目相等。

（2）选择“表格工具”中的“布局”菜单，在“行和列”功能区中选择相应选项。

4. 合并和拆分单元格

合并单元格：将两个或两个以上的单元格合并成一个单元格。

拆分单元格：将一个单元格拆分成若干小的单元格。

【例 3-18】将图 3-64 所示的表格调整为如图 3-66 所示的表格格式。

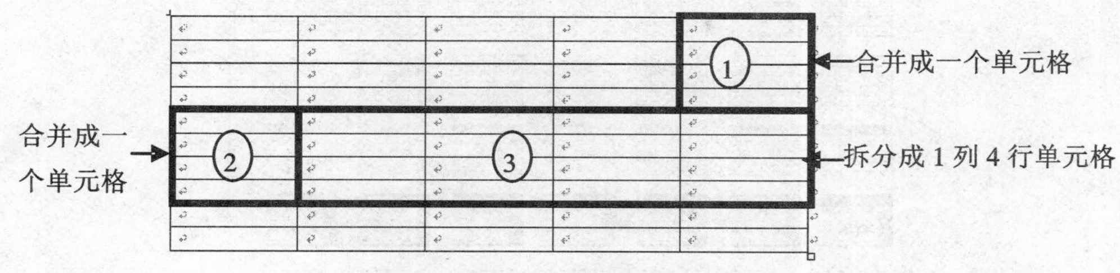

图 3-66 表格的合并和拆分

操作步骤如下：

(1) 选择表格的①区，选择“表格工具”的“布局”菜单，在“合并”功能区中单击“合并单元格”。

(2) 选择表格的②区，选择“表格工具”的“布局”菜单，在“合并”功能区中单击“合并单元格”。

(3) 选择表格的③区，选择“表格工具”的“布局”菜单，在“合并”功能区中单击“拆分单元格”，打开“拆分单元格”对话框，输入“1”列和“4”行，单击“确定”按钮。

(4) 同理，设置其他区域单元格的合并和拆分。

4. 表格中文本的处理

表格设计完成后，可以在表格中输入文本。表格中文本的格式设置同文档中文本格式设置的方法一致。这里简单介绍表格的文字方向和单元格对齐方式。

右键单击需要设置格式的单元格，在快捷菜单中选择“文字方向”命令，设置“竖排”文字。

右键单击需要设置格式的单元格，在快捷菜单中选择“单元格对齐方式”命令，设置单元格中文字的水平对齐和垂直对齐方式。例如，在“学习经历”单元格的文字设置了“垂直居中”和“水平居中”效果。

3.5.3 修饰表格

表格的修饰主要指设置表格的边框和底纹等效果。表格修饰的方法有：

(1) 使用“表格样式”。选择“设计”菜单，单击“表格样式”，如图 3-67 所示。选择已有的一种表格样式。

(2) 右键单击表格，在快捷菜单中选择“边框和底纹”命令，对表格中的单元格或整个表格进行“边框和底纹”的修饰，如图 3-68 所示。

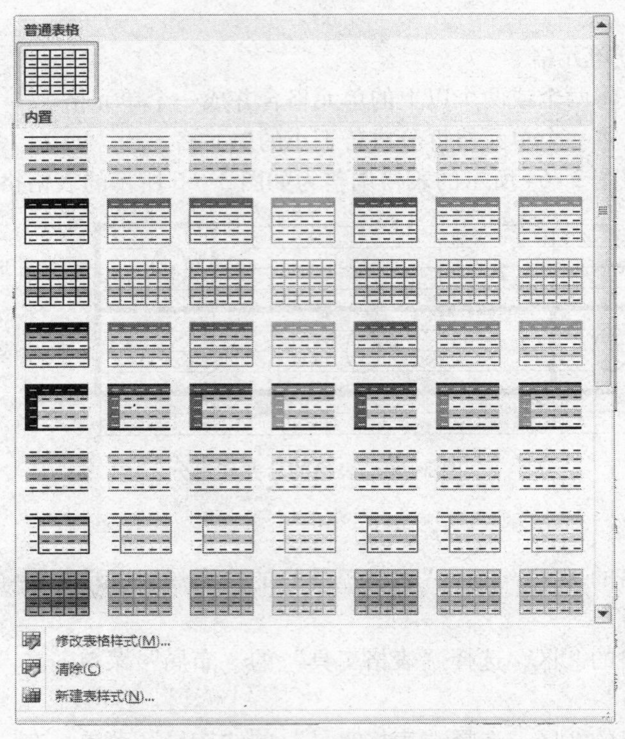

图 3-67 “表格样式”设置

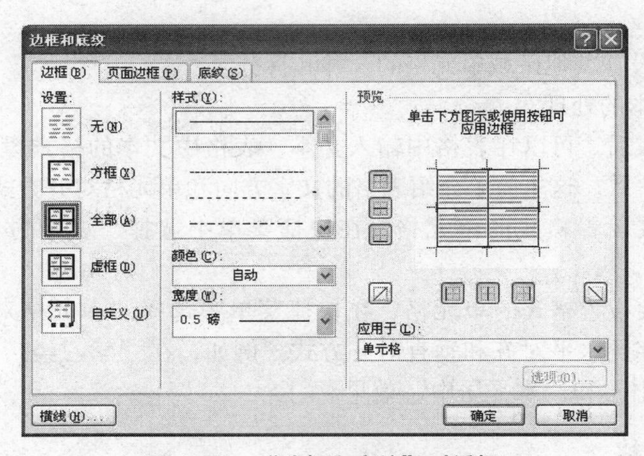

图 3-68 “边框和底纹”对话框

【例 3-19】使用表格制作一份个人求职简历，如图 3-69 所示。

操作步骤如下：

（1）选择“插入”主选项卡的“表格”功能区，单击“表格”按钮，在下拉菜单中选择“插入表格”命令，打开“插入表格”对话框，如图 3-70 所示。

（2）在“插入表格”对话框，输入“列数”为“5”，行数为“13”，生成的表格如图 3-71 所示。

个人简历表

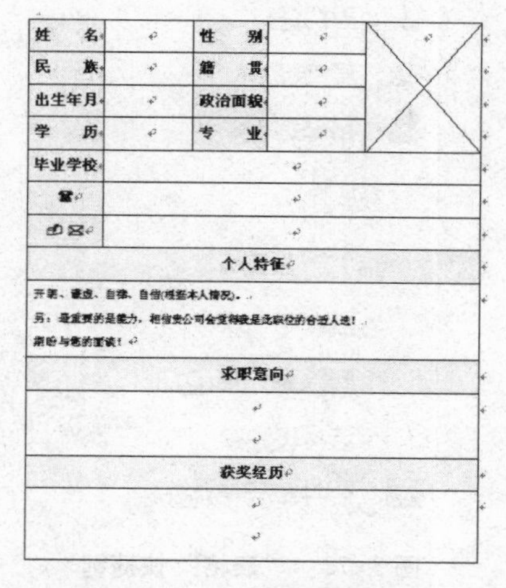

姓　名		性　别		
民　族		籍　贯		
出生年月		政治面貌		
学　历		专　业		
毕业学校				
☎				
✉				
个人特征				
开朗、谦虚、自律、自信(根据本人情况)。 另：最重要的是能力，相信贵公司会觉得我是此职位的合适人选！ 期盼与您的面谈！				
求职意向				
获奖经历				

图 3-69　“个人简历”效果

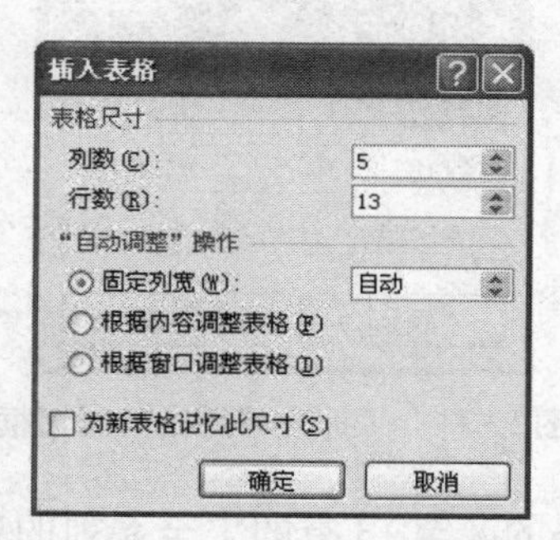

图 3-70　“插入表格”对话框

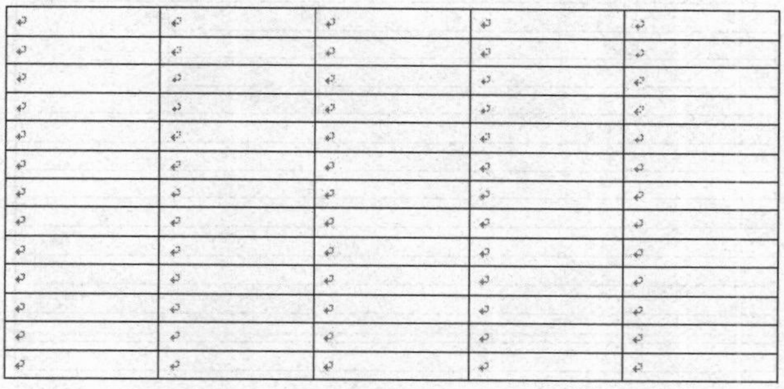

图 3-71　表格效果

（3）选择表格的第 5 列的 1 至 4 行，右键单击快捷菜单中的“合并单元格”命令，如图 3-72 所示，合并单元格；选择表格的第 5 至 7 行的 2 至 5 列，右键单击快捷菜单中的“合并单元格”命令，合并单元格。

（4）右键单击该单元格，选择“拆分单元格”命令，打开“拆分单元格”对话框，输入“列数”为 1，“行数”为“3”，如图 3-73 所示。

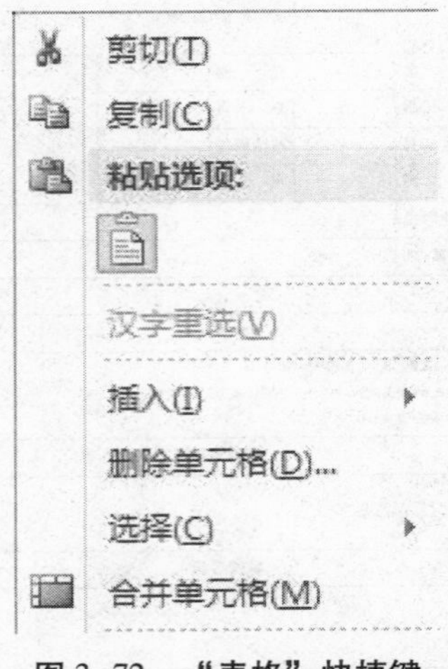

图 3-72　“表格”快捷键

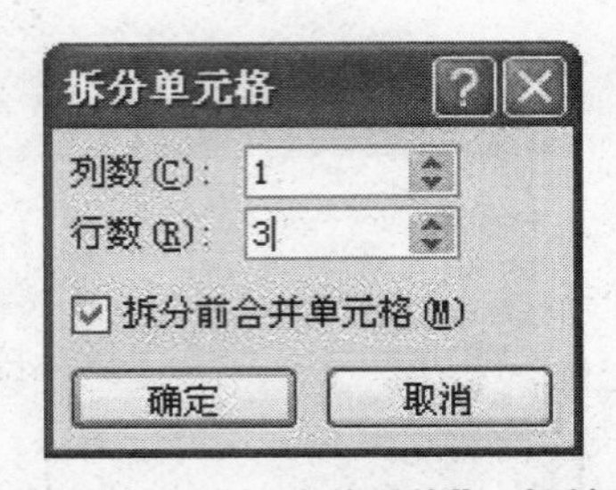

图 3-73　“拆分单元格”对话框

（5）同样的方法，将表格的 8 至 13 行的 1 至 5 列的单元格先合并再拆分为 1 列 6 行的单元，经过合并和拆分后的表格如图 3-74 所示。

<table>
<tr><td>↵</td><td>↵</td><td>↵</td><td>↵</td><td rowspan="4">↵</td></tr>
<tr><td>↵</td><td>↵</td><td>↵</td><td>↵</td></tr>
<tr><td>↵</td><td>↵</td><td>↵</td><td>↵</td></tr>
<tr><td>↵</td><td>↵</td><td>↵</td><td>↵</td></tr>
<tr><td>↵</td><td colspan="4">↵</td></tr>
<tr><td>↵</td><td colspan="4">↵</td></tr>
<tr><td>↵</td><td colspan="4">↵</td></tr>
<tr><td colspan="5">↵</td></tr>
<tr><td colspan="5">↵</td></tr>
<tr><td colspan="5">↵</td></tr>
<tr><td colspan="5">↵</td></tr>
<tr><td colspan="5">↵</td></tr>
<tr><td colspan="5">↵</td></tr>
</table>

图 3-74　经过合并和拆分后的表格效果

（6）输入文本。按住 Ctrl 键，不连续地选择蓝色的单元格区域，单击右键，选择“边框和底纹”命令，打开“边框和底纹”对话框，如图 3-75 所示。选择“底纹”选项卡，设置某种背景色。

（7）右键单击表格的最左上角的单元格，选择“边框和底纹”命令，选择“边框”选项卡，单击对角线边框设置▨和▧，设置“应用于”为“单元格”，如图 3-76 所示。

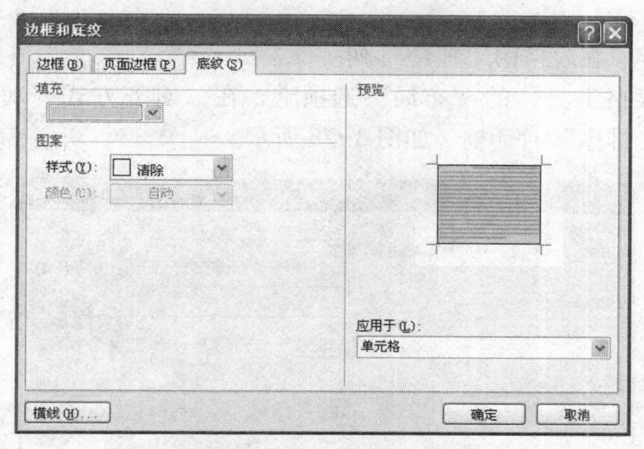

图 3-75 “边框和底纹”对话框

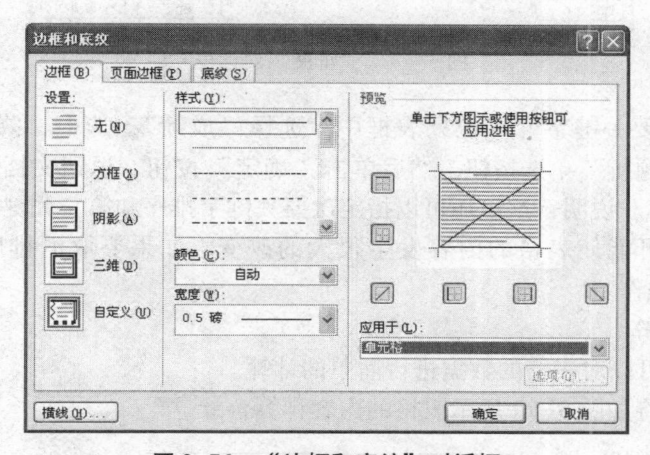

图 3-76 “边框和底纹”对话框

（8）按组合键 Ctrl+A，全选表格，设置表格的字体为四号。

3.5.4 表格的计算和排序

1. 表格的排序

在 Word 2010 中，可以按照递增或递减的顺序对表格的内容进行排序。

【例 3-20】将如图 3-77 所示表格的内容按照“成绩”降序排序。

课程名	成绩	学分
英语	67	3
货币银行学	78	2
政治	78	3
保险学原理	86	2
金融学	89	2
语文	89	2
会计学原理	90	2

图 3-77 待排序的表格

操作步骤如下：

（1）将光标定位在表格的“成绩”列。

（2）选择“表格工具”的“布局”选项卡，在“对齐方式”功能区，单击“排序”按钮，打开“排序”对话框，如图 3-78 所示。

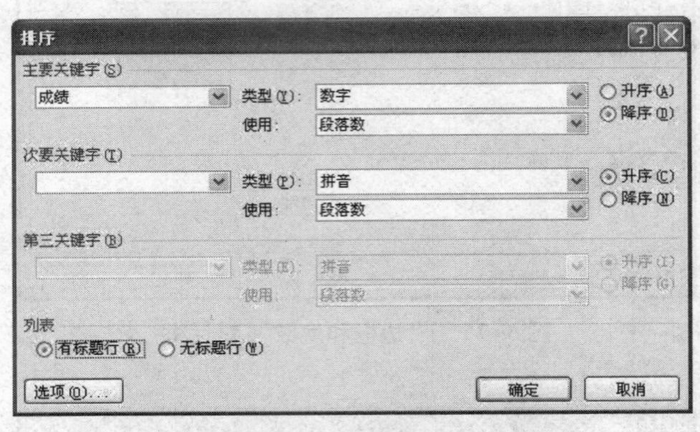

图 3-78 “排序”对话框

（3）在“主要关键字”下拉列表框中，选择“成绩”，选中“降序”单选按钮，接着选择“有标题行”单选按钮，然后单击“确定”按钮，返回文档窗口，表格按照“成绩”降序排序。说明：这里还可以指定次要关键字排序和第三关键字排序。

另外，排序可能使表格的内容发生很大的改变，如果要取消排序，可按组合键 Ctrl+Z，来取消操作。

2. 表格的计算

在表格中，可以对表格的数据进行简单的计算。

【例 3-21】将如图 3-79 所示表格的内容计算合计。

课程名	成绩	学分
会计学原理	90	2
金融学	89	2
语文	89	2
保险学原理	86	2
货币银行学	78	2
政治	78	3
英语	67	3
合计		

图 3-79 待计算的表格

操作步骤如下：

（1）光标定位在“成绩”列的“合计”行单元格。

（2）选择“表格工具”的“布局”选项卡，在“数据”功能区，单击“公式”按钮，系统自动显示“=SUM（ABOVE）”，单击“确定”按钮，在光标所在单元格计算出结果“577”。

（4）同理，在“学分”列的“合计”行单元格计算出结果“16”。

3.6 文档版式设置

在实际工作中，用户可能需要将文档划分为若干节（例如：毕业论文分为多章，每一章可单独设置为一节），以便为各节设置不同的页眉、页脚和版式。

3.6.1 分页和分节

一般情况下，系统会对编辑的文档自动分页。但是用户也可以对文档进行强制分页。

在 Word 2010 中，节是文档格式化的最大单位，只有在不同的节中，才能设置不同的页眉、页脚、页边距等。用户需要插入“分节符”才能对文档进行分节。

插入“分页符”和“分节符”的方法如下：

（1）选择“页面布局”主选项卡的“页面设置”功能区，单击“分隔符”的下拉箭头，出现“分隔符”下拉菜单，如图 3-80 所示。

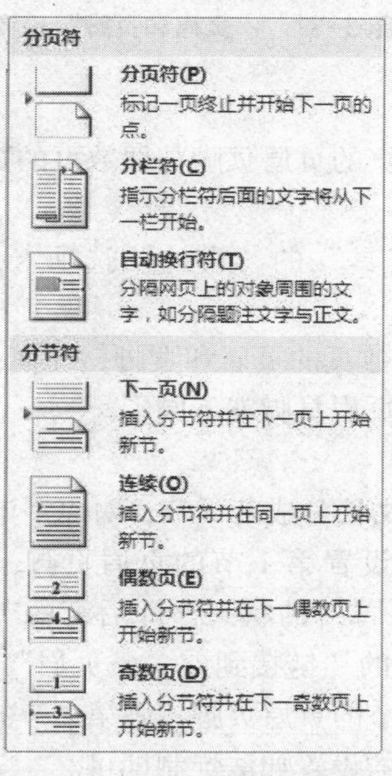

图 3-80　“分隔符”对话框

（2）选择“分隔符类型”为“分页符”，在文档中从光标处强行分页。

（3）在“分节符”选项中选择，则插入分节符。

3.6.2 页眉和页脚

1. 创建页眉和页脚

页眉和页脚出现在每一页的上页边区和下页边区。编辑页眉和页脚时不能编辑正文，同样，编辑正文时也不能编辑页眉和页脚。

插入页眉和页脚的操作方法如下：

（1）将光标定位到需要添加页眉和页脚的位置。

（2）选择“插入”主选项卡的“页眉和页脚”功能区，单击“页眉”的下拉箭头，在下拉菜单中选择“编辑页眉”命令，出现“页眉”编辑框，如图 3-81 所示。在“页眉”编辑框中，输入页眉的内容，并在编辑框中插入其他内容，如页码、页数等。

图 3-81　“页眉”编辑框

（3）选择“页眉和页脚工具”的“设计”选项卡，选择“导航”功能区，单击“转至页脚”按钮，切换到“页脚”编辑框内进行页脚的编辑，如图 3-82 所示。

图 3-82　“页眉和页脚”设置

2. 设置奇偶页不同

在文档中，可以设置奇数页的页眉页脚与偶数页的页眉页脚不相同。

操作方法如下：

（1）选择“页眉和页脚工具”的“设计”选项卡，选择“选项”功能区，选中“奇偶页不同”复选框。

（2）设置文档中任何一奇数页的页眉和页脚，任何一偶数页的页眉和页脚，那么，在文档中，奇数页和偶数页的页眉页脚就不同了。

3. 设置不同节的页眉页脚

在 Word 2010 中，可以将文档分成若干节，对每一节设置不同的页眉页脚。具体方法是：在文档中插入分节符，设置第 1 节的页眉页脚，在设置第 2 节的页眉页脚时，系统默认是“链接到前一条页眉”的状态，即后续的节和前面一节的页眉页脚相同，此时，单击“导航”功能区上的“链接到前一条页眉”按钮，即可取消同前一节相同的页眉页脚，然后输入第 2 节的页眉页脚，则第 2 节的页眉页脚同第 1 节的页眉页脚就不同了，后续节的页眉页脚的设置如法炮制即可。

【例 3-22】设文档中有 30 页，其中，1~10 页为第 1 章，11~20 页为第 2 章，21~30 页为第 3 章。要求设置文档的页眉和页脚：整个文档的奇数页的页眉是“Office 简明操作手册”，第 1 章的偶数页的页眉是“Word 操作手册”，第 2 章的偶数页的页眉是“Excel 操作手册”，第 3 章的偶数页的页眉是“PowerPoint 操作手册”。

操作步骤如下：

（1）插入分节符。光标定位在第 10 页的末尾，选择“页面布局”菜单中的“分隔符”，选择“分节符”中的“连续”。光标定位在第 20 页的末尾，选择“插入”菜单中的“分隔符”选择“分节符”中的“连续”。这样，文档中 1 到 10 页为第 1 节，11 到 20 页为第 2 节，21 到 30 页为第 3 节。

（2）输入第 1 节的页眉。鼠标双击在第 1 页的页眉区域，进入“页眉页脚视图”，在“页眉”编辑框中输入“Word 操作手册”。

（3）输入第 2 节的页眉。光标定位在第 11 页，在“页眉和页脚”功能区中，单击“链接到前一条页眉”按钮，取消同前一节相同的页眉设置，输入第 2 节的页眉“Excel 操作手册”。

（4）输入第 3 节偶数页的页眉。光标定位在第 21 页，在“页眉和页脚”功能区上，单击“链接到前一条页眉”按钮，取消同前一节相同的页眉设置，输入第 3 节的页眉“PowerPoint 操作手册”。

（5）在页脚中插入页码，在“页眉和页脚”功能区单击“页码”下拉菜单，在“页面底端”中选择“普通数字 2”。

（6）光标定位到第 11 页的页脚，在“页眉和页脚”功能区单击“页码”，单击“设置页码格式”，打开“页码格式”对话框，然后选择“续前节”，单击“确定”按钮。

（7）光标定位到第 21 页的页脚，在“页眉和页脚”功能区单击“页码”，单击“设置页码格式”，打开“页码格式”对话框，然后选择“续前节”，单击“确定”按钮。

3.6.3 页面设置

页面设置直接影响打印的效果。页面设置主要包括设置纸型、纸张来源、版式、页边距和文档网格等。

1. 页边距

页边距是文本到页边界的距离。

在 Word 2010 中，设置页边距的方法如下：

（1）选择“页面布局”主选项卡的“页面设置”功能区，单击“页面设置”按钮，打开“页面设置”对话框，如图 3-83 所示。单击“页边距”选项卡。

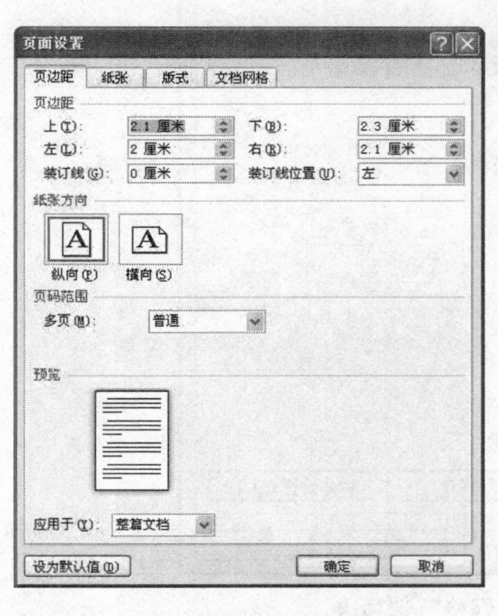

图 3-83 “页面设置”对话框

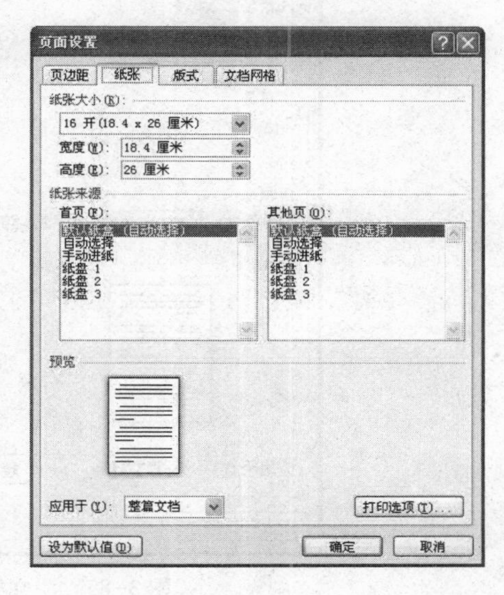

图 3-84 “纸张”选项卡

（2）若要改变页边距，可通过在“上”、“下”、“内侧”、“外侧”框中输入页边距的尺寸来进行改变；如果需要设置装订线，则要指定装订线的位置和装订线的边距。

（3）选择方向为“纵向”或“横向”。

（4）选择“多页”下拉列表框的“对称页边距”，在双面打印时，内侧页边距和外侧页边距都等宽。

（5）设置完成，可在“预览”区看到设置的效果，单击“确定”按钮返回。

2. 纸张的设置

设置纸张的操作步骤如下：

（1）选择“页面布局”主选项卡的“页面设置”功能区，单击“页面设置”按钮，打开“页面设置”对话框，单击“纸张”选项卡，如图 3-84 所示。

（2）在“纸张大小”下拉列表框中选择一种纸张，也可以选择“自定义大小”，输入纸张的高度和宽度。

（3）在“应用于”下拉列表框中选择纸张应用的范围。

（4）设置完毕，单击“确定”按钮返回。

3. 文档网格

在 Word 2010 中，可以设置文档网格，指定每行的字数和每列的字数。

操作步骤如下：

（1）选择“页面布局”主选项卡的“页面设置”功能区，单击“页面设置”按钮，打开“页面设置”对话框，单击“文档网格”选项卡，如图 3-85 所示。

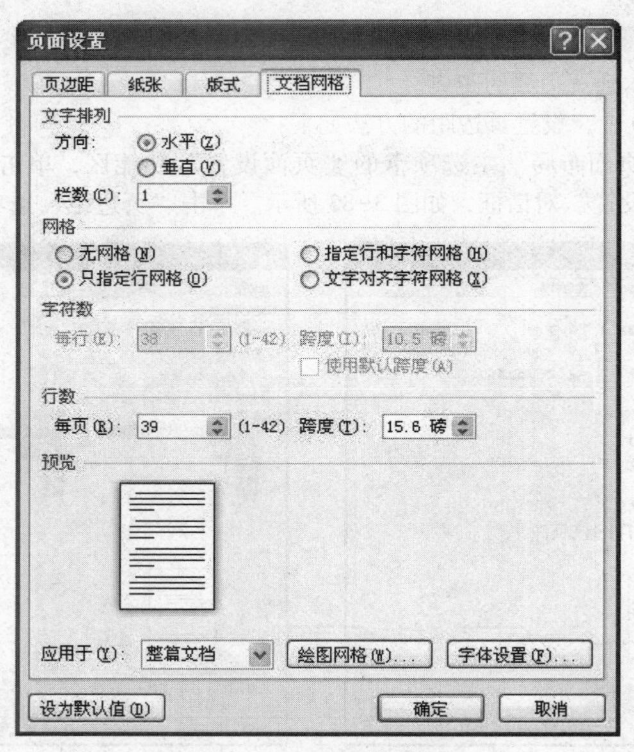

图 3-85 “文档网格”选项卡

（2）在“文字排列”选择区，选择方向为“水平”或“垂直”。

（3）在“字符”设置区，指定“每行”的字符数和跨度。

（4）单击“确定”按钮。

3.7 脚注、尾注、修订与批注

3.7.1 脚注和尾注

1. 插入脚注和尾注

撰写论文时，有时需要对正文的某些内容加上脚注和尾注，更能合理地布局和排版，如图 3-86 所示。

3.10.1 自动更正[1]

对用户在输入的过程中的习惯性错误，Word 可以自动进行更正。另外还可以使用自动更正为一些固定的长词或长句，设置缩写输入。具体操作步骤如下：

（1） 打开“工具”菜单，单击“自动更正选项”命令，弹出“自动更正”对话框。如

[1] 自动更正可以加快录入的速度

图 3-86 插入脚注的效果

插入脚注和尾注的操作步骤如下：

（1）选定需要加上脚注或尾注的文本。

（2）选择“引用”主选项卡的“脚注”功能区，单击“脚注和尾注”按钮，打开“脚注和尾注”对话框，如图 3-87 所示。

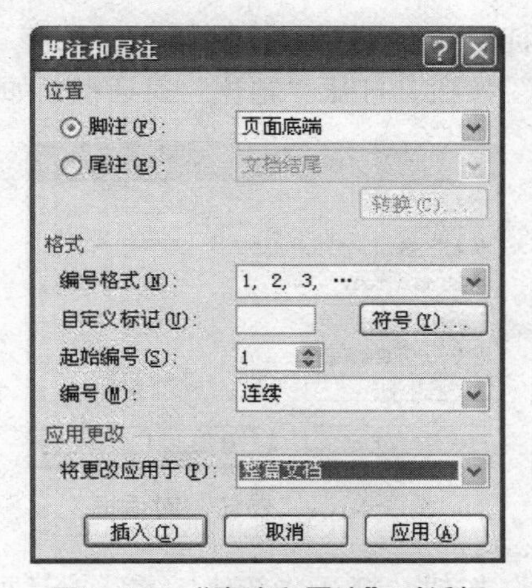

图 3-87 “脚注和尾注”对话框

（3）选中“脚注”单选按钮，插入所选文本的脚注；选中“尾注”单选按钮，则插入所选文本的尾注。在“格式”设置相应的格式，单击“插入”按钮。

（4）在出现的脚注或尾注编辑框中输入脚注的文本。

【例 3-23】为如图 3-88 所示的图片增加题注，题注标题为“花朵图案”，脚注文字如图 3-89 所示，尾注文字如图 3-90 所示。

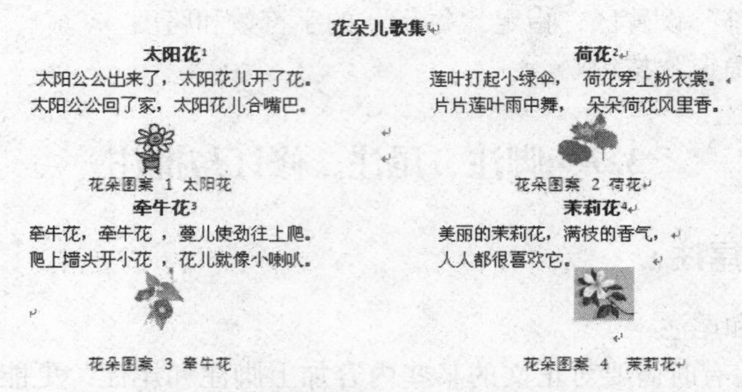

花朵儿歌集
太阳花¹
太阳公公出来了，太阳花儿开了花。
太阳公公回了家，太阳花儿合嘴巴。
花朵图案 1 太阳花
荷花²
莲叶打起小绿伞，荷花穿上粉衣裳。
片片莲叶雨中舞，朵朵荷花风里香。
花朵图案 2 荷花
牵牛花³
牵牛花，牵牛花，蔓儿使劲往上爬。
爬上墙头开小花，花儿就像小喇叭。
花朵图案 3 牵牛花
茉莉花⁴
美丽的茉莉花，满枝的香气，
人人都很喜欢它。
花朵图案 4 茉莉花

图 3-88 设置题注的图片、设置脚注尾注的文字

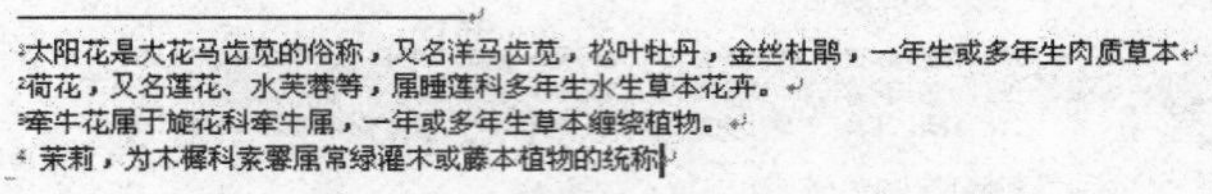

¹太阳花是大花马齿苋的俗称，又名洋马齿苋，松叶牡丹，金丝杜鹃，一年生或多年生肉质草本
²荷花，又名莲花、水芙蓉等，属睡莲科多年生水生草本花卉。
³牵牛花属于旋花科牵牛属，一年或多年生草本缠绕植物。
⁴茉莉，为木樨科素馨属常绿灌木或藤本植物的统称

图 3-89 脚注

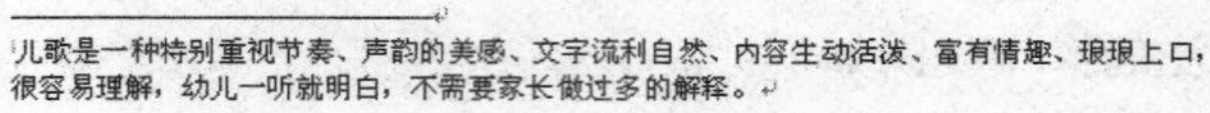

儿歌是一种特别重视节奏、声韵的美感、文字流利自然、内容生动活泼、富有情趣、琅琅上口，
很容易理解，幼儿一听就明白，不需要家长做过多的解释。

图 3-90 尾注

操作步骤如下：

（1）插入题注。将光标定位到第一幅图片下方，选择“引用”主选项卡的“题注”功能区，单击“题注”按钮，打开“题注”对话框，如图 3-91 所示。

题注
题注(C):
Table 1
选项
标签(L): Table
位置(P): 所选项目上方
题注中不包含标签(E)
新建标签(N)...
删除标签(D)
编号(U)...
自动插入题注(A)...
确定
关闭

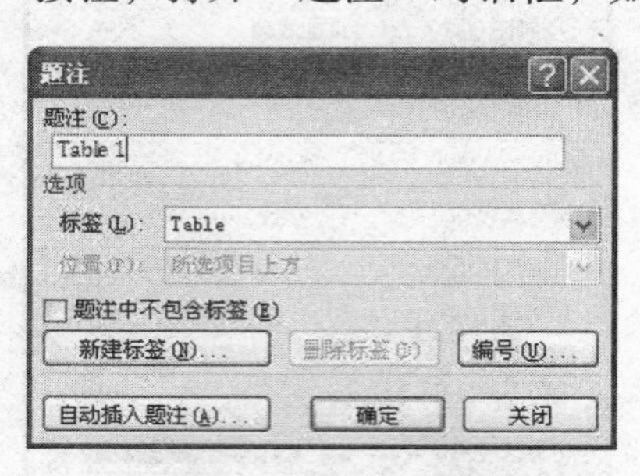

图 3-91 “题注”对话框

（2）单击“新建标签”按钮，打开“新建标签”对话框，输入“花朵图案”，如图 3-92 所示。

新建标签
标签(L):
花朵图案
确定
取消

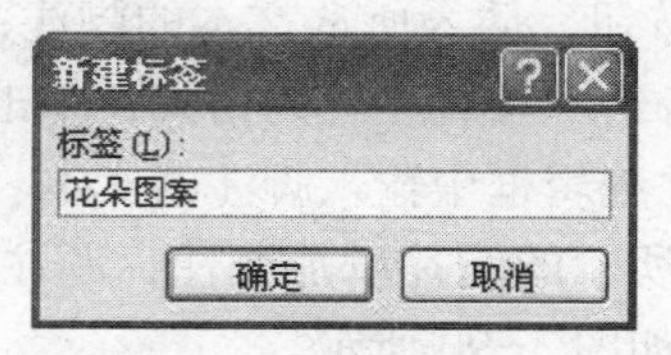

图 3-92 “新建标签”对话框

（3）在“题注”的“花朵图案 1”中输入“太阳花”，如图 3-93 所示。

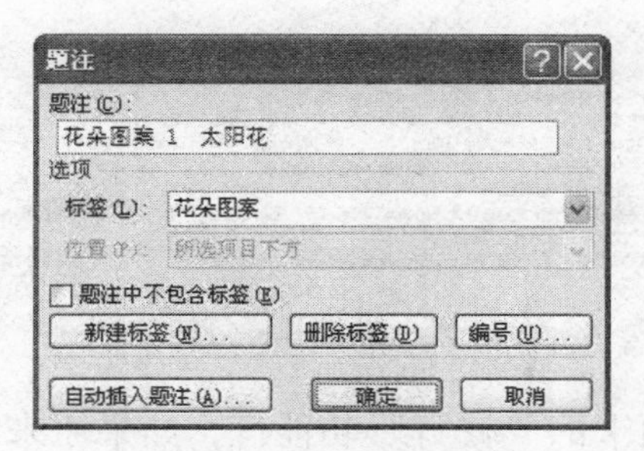

图 3-93　“题注”对话框

（4）将光标依次定位到第 3 至第 4 幅图片下方，选择“引用”选项卡，在“题注”中单击“插入题注”，如图 3-94 所示，依次插入其他图片的题注。

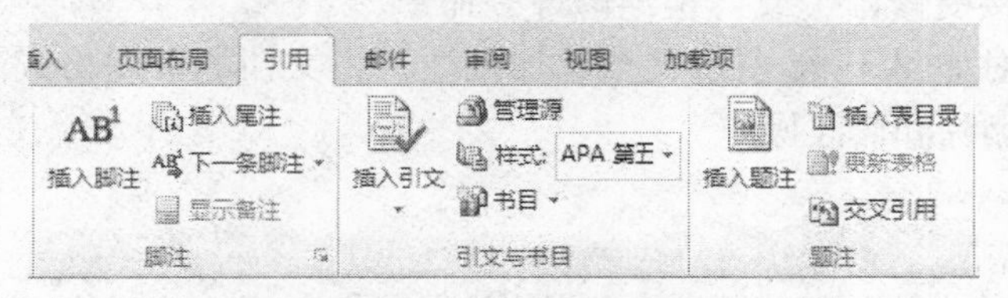

图 3-94　“引用”选项

（5）插入脚注。将光标定位到“太阳花”，选择“引用”主选项卡的“脚注”功能区，单击“插入脚注”按钮，在页脚处出现脚注标号“1”，输入脚注文字。按照同样的方法，依次输入其他脚注。

（6）插入尾注。将光标定位到“花朵儿歌集”，选择“引用”主选项卡的“脚注”功能区，单击“插入尾注”按钮，在文档末尾处出现尾注标号“1”，输入尾注文字。按照同样的方法，依次输入其他尾注。

2. 删除脚注或尾注

若要删除脚注或尾注文本，删除正文中的脚注或尾注的编号即可。

3.7.2　批注

1. 插入批注

在修改别人的文档时，用户需要在文档中加上自己的修改意见，但是又不能影响原有文章的排版，这时可插入批注。

选定需要批注的文本，选择“审阅”主选项卡的“批注”功能区，单击“新建批注”按钮，在出现的“批注”文本框中输入批注信息。

2. 删除批注

右键单击批注文本框，在快捷菜单中单击“删除批注”命令。

3.7.3　修订

启用修订功能时，用户的每一次插入、删除或格式更改都会被标记出来，如图 3-95所示。

启用/关闭修订的方法如下：

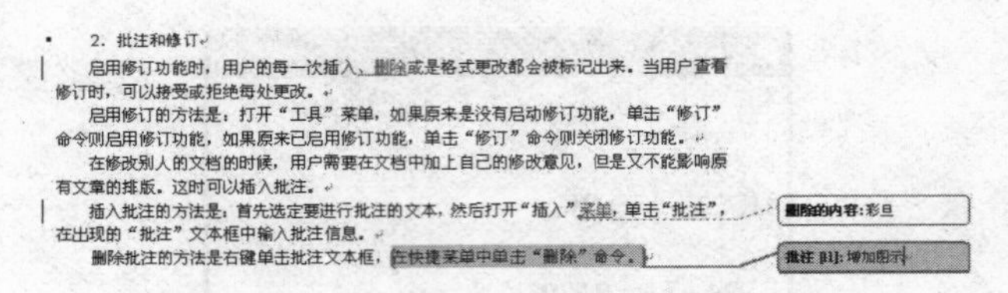

2. 批注和修订

启用修订功能时，用户的每一次插入、删除或是格式更改都会被标记出来。当用户查看修订时，可以接受或拒绝每处更改。

启用修订的方法是：打开“工具”菜单，如果原来是没有启动修订功能，单击“修订”命令则启用修订功能，如果原来已启用修订功能，单击“修订”命令则关闭修订功能。

在修改别人的文档的时候，用户需要在文档中加上自己的修改意见，但是又不能影响原有文章的排版。这时可以插入批注。

插入批注的方法是：首先选定要进行批注的文本，然后打开“插入”菜单，单击“批注”，在出现的“批注”文本框中输入批注信息。

删除批注的方法是右键单击批注文本框，在快捷菜单中单击“删除”命令。

删除的内容：彩旦

批注 [I1]: 增加图示

图 3-95 批注和修订的效果

选择“审阅”主选项卡的“修订”功能区，如果原来没有启动修订功能，单击“修订”按钮，启用修订功能；如果原来已启用修订功能，单击“修订”命令，则关闭修订功能。

当查看修订时，可以接受或拒绝每处更改。方法是：右键单击修订的文本，在下拉菜单中选择“接受修订”或“拒绝修订”命令。

【例 3-24】对如图 3-96 所示文档添加批注，将文档的审阅格式改成“修订”，对文档进行增加、删除和修改操作。

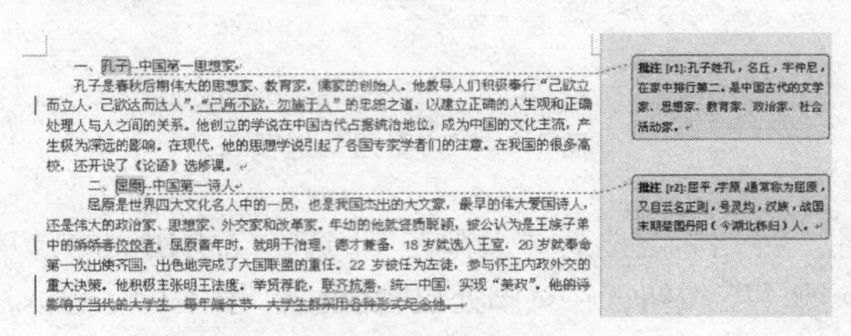

一、孔子-中国第一思想家

孔子是春秋后期伟大的思想家、教育家，儒家的创始人。他教导人们积极奉行“己欲立而立人，己欲达而达人”，“己所不欲，勿施于人”的忠恕之道，以建立正确的人生观和正确处理人与人之间的关系。他创立的学说在中国古代占据统治地位，成为中国的文化主流，产生极为深远的影响。在现代，他的思想学说引起了各国专家学者们的注意。在我国的很多高校，还开设了《论语》选修课。

二、屈原-中国第一诗人

屈原是世界四大文化名人中的一员，也是我国杰出的大文豪，最早的伟大爱国诗人，还是伟大的政治家、思想家、外交家和改革家。年幼的他就资质聪颖，被公认为是王族子弟中的娇娇者佼佼者。屈原青年时，就明于治理，德才兼备，18 岁就选入王室，20 岁就奉命第一次出使齐国，出色地完成了六国联盟的重任。22 岁被任为左徒，参与怀王内政外交的重大决策。他积极主张明王法度，举贤荐能，联齐抗秦，统一中国，实现“美政”。他的诗影响了当代的大学生，每年端午节，大学生都采用各种形式纪念他。

批注 [r1]:孔子姓孔，名丘，字仲尼，在家中排行第二，是中国古代的文学家、思想家、教育家、政治家、社会活动家。

批注 [r2]:屈平，字原，通常称为屈原，又自云名正则，号灵均，汉族，战国末期楚国丹阳（今湖北秭归）人。

图 3-96 批注和修订

操作步骤如下：

（1）选择需要添加批注的文字，例如“孔子”，选择“审阅”主选项卡的“批注”功能区，单击“新建批注”按钮，如图 3-97 所示。在“批注”文本框中输入批注文字。

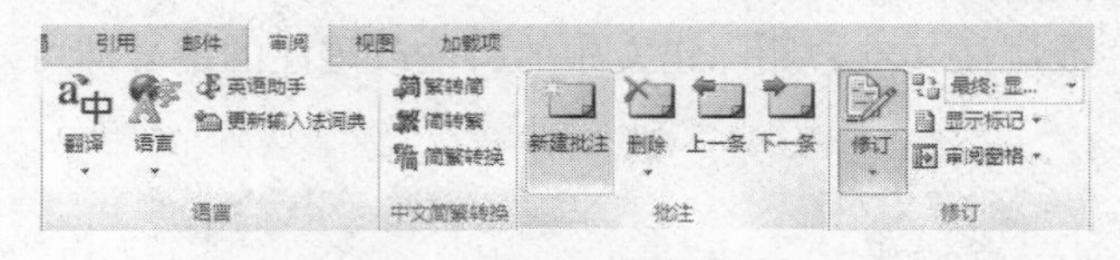

图 3-97 “审阅”选项

（2）选择“审阅”主选项卡的“修订”功能区，此时，文档处于修订状态，在文档中增加新的文本，新的文本变成“红色”并加上“下划线”；删除文本时，被删除的文本变成“红色”并加上“删除线”；修改文本时，原来的文本加上“删除线”，新的文本加上“下划线”。

（3）如果要确定修订的内容，右键单击修订的文本，选择“接受修订”命令；若要取消修订的内容，右键单击修订的文本，选择“拒绝修订”命令。

3.8 其他高级应用

3.8.1 拼写检查与自动更正

当输入文本时，由于很难保证所输入文本的拼写及语法都绝对完全正确，因此也就难免将某些单词拼错或将某些词语搞错。可以利用 Word 的“拼写和语法检查”指出文本输入过程中常见的英文单词或中文成语的输入错误并“自动更正”，以提高办公效率。另外，还可以使用自动更正为一些固定的长词或长句设置缩写输入。

操作步骤如下：

（1）输入文本。

（2）选择“审阅”主选项卡的“校对”功能区，单击“拼写和语法”按钮，打开“拼写和语法”对话框。

（3）在“拼写和语法”对话框中显示出错的拼写或语法，如图 3-98 所示，单击“自动更正”按钮，完成对该错误的修改，Word 随即转向下一条错误。

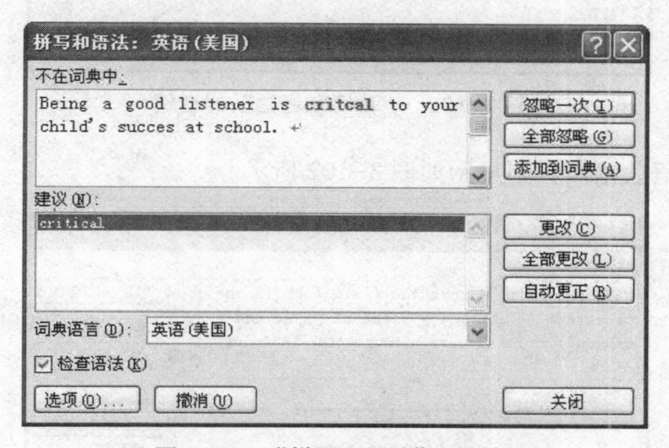

图 3-98 “拼写和语法”对话框

【例 3-25】输入如图 3-99 所示的文档，使用拼写检查和自动更正功能，对文字改错。

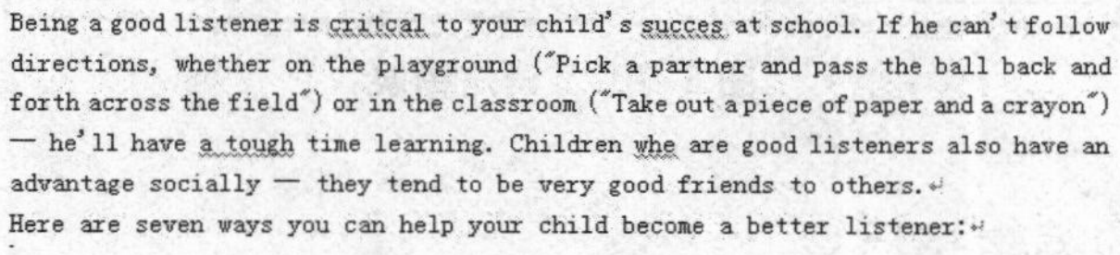

Being a good listener is critcal to your child's succes at school. If he can't follow directions, whether on the playground ("Pick a partner and pass the ball back and forth across the field") or in the classroom ("Take out a piece of paper and a crayon") — he'll have a tough time learning. Children whe are good listeners also have an advantage socially — they tend to be very good friends to others.

Here are seven ways you can help your child become a better listener:

图 3-99 输入英文文字

操作步骤如下：

（1）输入文本，选择“审阅”主选项卡的“校对”功能区，单击“拼写和语法”按钮，如图 3-100 所示。

（2）在“拼写和语法”对话框中，显示出错的拼写或语法，如图 3-101 所示。单击“自动更正”按钮，完成对该错误的修改，然后，Word 随即转向下一条错误。

图 3-100 “拼写和语法”选项

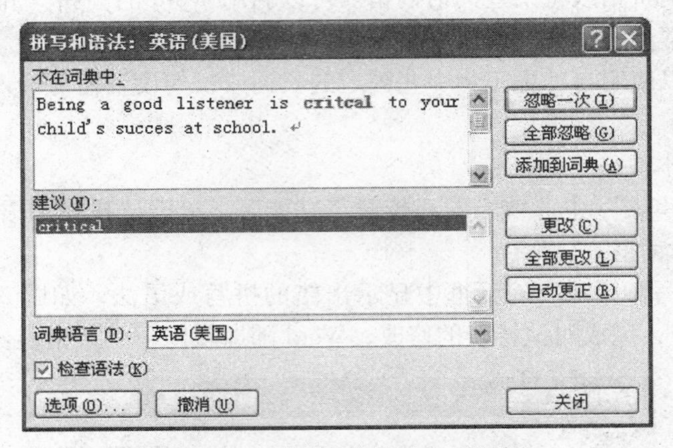

图 3-101 “拼写和语法”对话框

（3）如果是语法错误，则显示如图 3-102 所示。

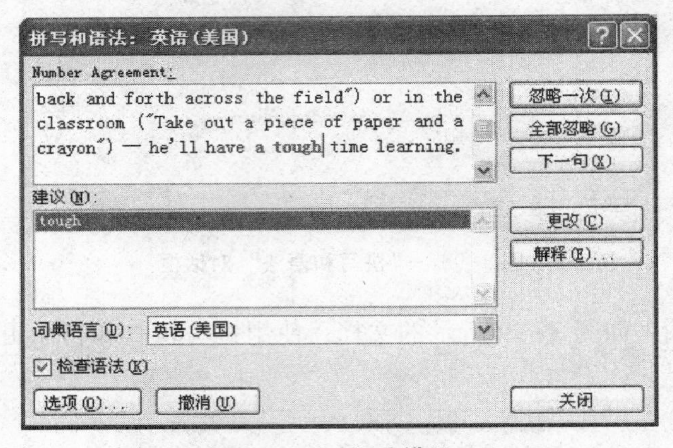

图 3-102 语法错误

3.8.2 长文档的编辑技巧

1. 建立纲目结构

在 Word 2010 中编辑文档时，应用程序为用户提供了能识别文章中各级标题样式的大纲视图，以方便作者对文章的纲目结构进行有效调整，如图 3-103 所示。

选择“视图”主选项卡的“文档视图”功能区，单击“大纲视图”按钮，文档显示为大纲视图。在大纲视图中调整纲目结构，主要通过如图 3-104 所示的大纲视图中的“大纲”命令的功能来实现。

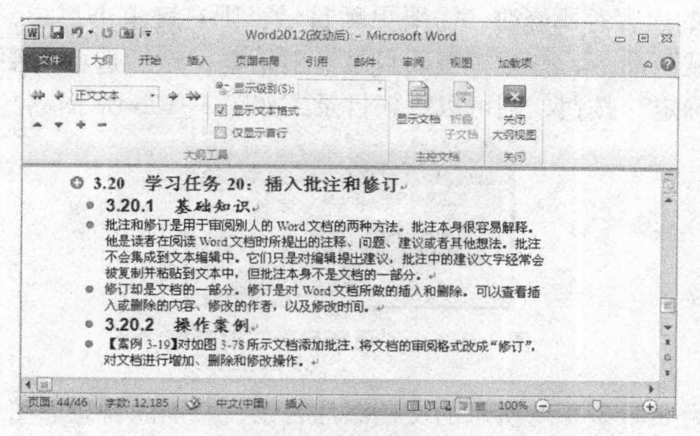

图 3-103 “大纲视图”

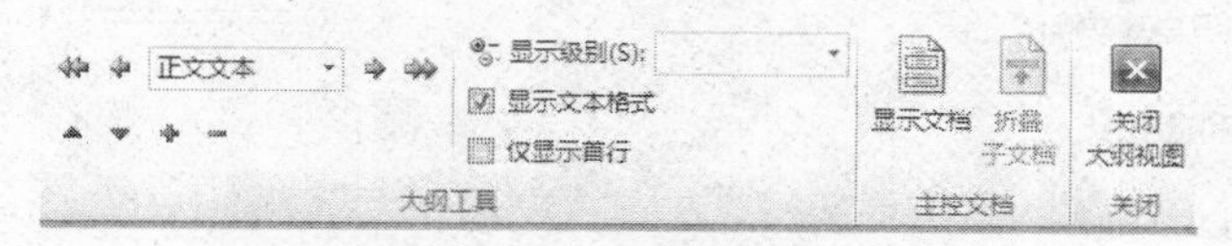

图 3-104 “大纲”命令

2. 生成目录

编制目录最简单的方法是使用内置的标题样式。如果已经使用了内置标题样式，可按下列步骤操作生成目录：

（1）单击需要插入目录的位置。

（2）选择“引用”主选项卡的“目录”功能区，单击“目录”的下拉箭头，在下拉菜单中选择“插入目录”命令，打开“目录”对话框，如图 3-105 所示。

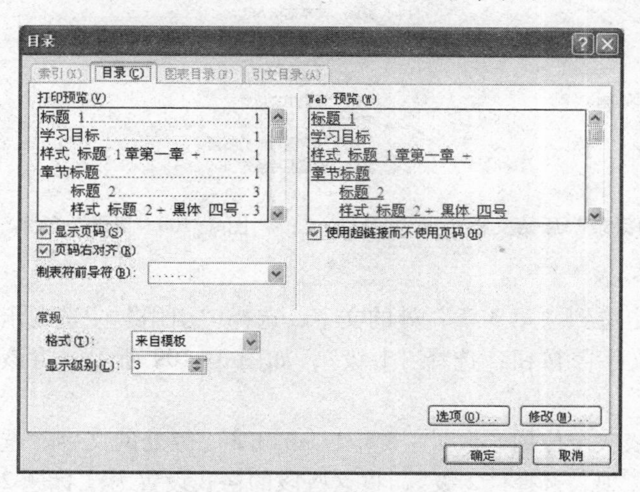

图 3-105 “目录”对话框

（3）单击“目录”选项卡，选中“显示页码”和“页码右对齐”两个复选框，单击“确定”按钮，则系统在光标所在位置插入目录。

对已经生成的目录可以进行以下操作：

① 按住 Ctrl 键的同时，单击目录中的某一行，光标将定位在正文中的相应位置。

② 如果正文的内容有所修改，需要更新目录，则右键单击目录，在弹出的快捷菜单中选择“更新域”命令，打开“更新目录”对话框，然后选中“更新整个目录”单选按钮，单击“确定”按钮，则可以更新目录，如图 3-106 所示。

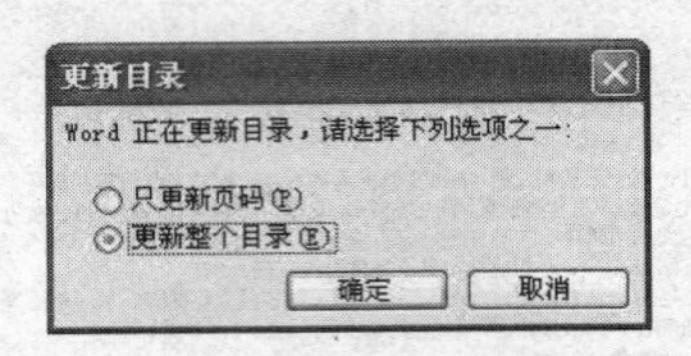

图 3-106　“更新目录”对话框

【例 3-26】为如图 3-107 所示的文档添加目录，添加的目录如图 3-108 所示。

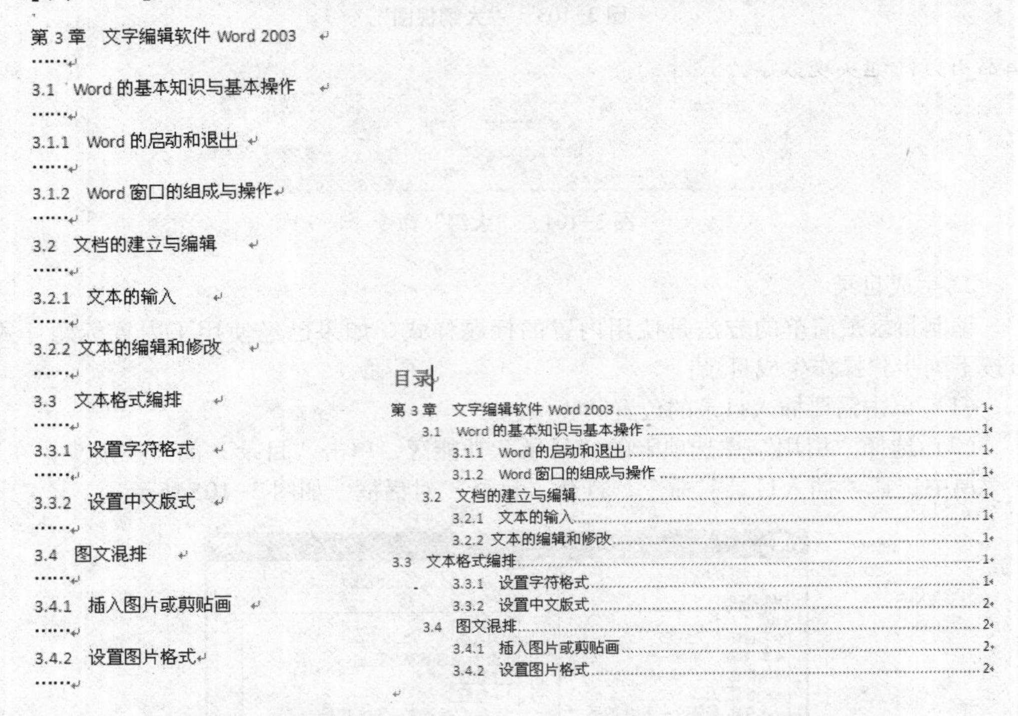

第 3 章　文字编辑软件 Word 2003
……
3.1　Word 的基本知识与基本操作
……
3.1.1　Word 的启动和退出
……
3.1.2　Word 窗口的组成与操作
……
3.2　文档的建立与编辑
……
3.2.1　文本的输入
……
3.2.2 文本的编辑和修改
……
3.3　文本格式编排
……
3.3.1　设置字符格式
……
3.3.2　设置中文版式
……
3.4　图文混排
……
3.4.1　插入图片或剪贴画
……
3.4.2　设置图片格式
……

目录

图 3-107　“添加目录”原始文档　　　　图 3-108“目录”效果

操作步骤如下：

(1) 将光标定位到“第 3 章”处的文字，选择“引用”主选项卡的“目录”功能区，单击“添加文字”按钮，选择“1 级”，如图 3-109 所示，将该段设置为“标题 1”样式。

(2) 将光标依次定位到“3.1”、“3.2”、“3.3”等处的文字，选择“引用”选项卡的“添加文字”项，选择“2 级”，将这些段的格式设置为“标题 2”样式。

(3) 光标依次定位到“3.1.1”、“3.1.2”、“3.2.1”等处的文字，选择“引用”选项卡的“添加文字”项，选择“3 级”，将这些段的格式设置为“标题 3”样式。

(4) 选择“引用”主选项卡的“目录”功能区，选择“自动目录 1”，自动产生文档的目录。

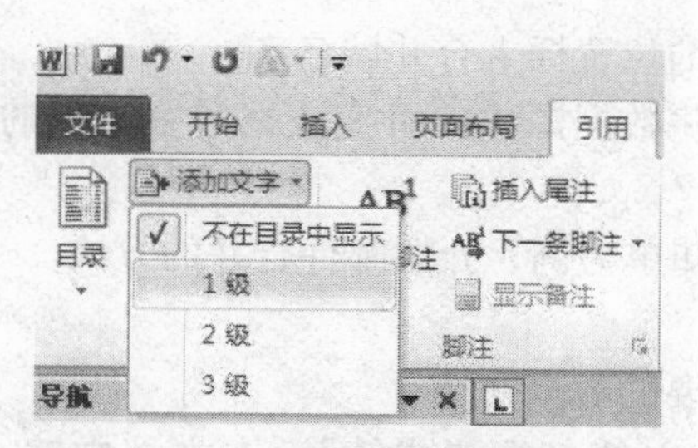

图 3-109　设置目录文字的级别

3.8.3　使用公式编辑器

在书写论文时，经常要用到数学、物理公式或符号，在 Word 2010 中，利用公式编辑器可方便地实现数学公式等的插入，并能自动调整公式中各元素的大小、间距和格式编排等。产生的公式也可以用图形处理方法进行各种图形编辑操作。

【例 3-27】利用公式编辑器输入数学公式，如图 3-110 所示。

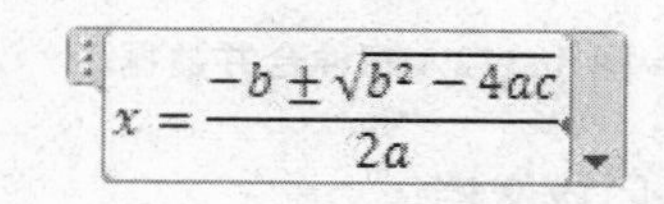

图 3-110　数学公式

操作步骤如下：

（1）将插入点定位于需要加入公式的位置。

（2）选择“插入”主选项卡的“符号”功能区，单击“公式”的下拉箭头，在下拉菜单中选择“插入新公式”命令，打开“设计”菜单，如图 3-111 所示。

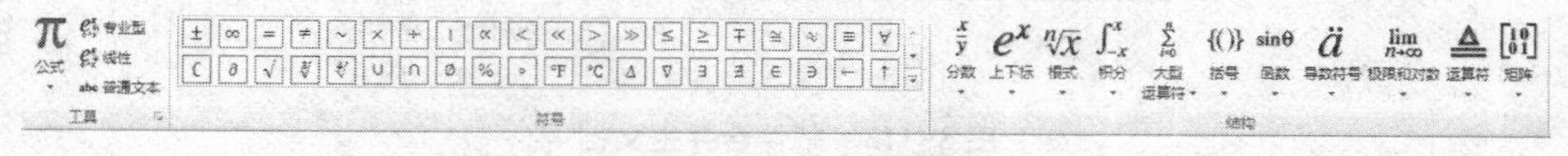

图 3-111　“设计”菜单

（2）进入公式编辑状态，在模板中选择相应的内容。

（3）公式建立结束后，单击工作区以外的区域，返回到 Word 编辑环境。

公式作为“公式编辑器”的一个对象，可以如同处理其他对象一样进行处理，如进行移动、缩放等操作。若要修改公式，双击公式对象，弹出“公式”工具，进入公式编辑状态，即可对公式进行修改。

3.8.4　邮件合并

在实际工作中，常需要处理大量日常报表和信件。这些报表和信件的主要内容基本相同，只是具体数据有变化。为此，Word 2010 提供了非常有用的邮件合并功能。

创建一个邮件合并，通常包含以下步骤：

（1）创建主文档，输入内容不变的共有文本内容。

（2）创建或打开数据源，存放可变的数据。

(3) 在主文档中所需的位置插入合并域名字。

(4) 执行合并操作，将数据源中的可变数据和主文档的共有文本进行合并，生成一个合并文档或打印输出。

【例 3-28】以成绩通知单为例，介绍邮件合并的方法。

操作方法如下：

(1) 建立邮件合并需要的数据文档。

① 新建一个文件，其文件名为“成绩”，在文档中输入如图 3-112 所示的表格数据。

姓名	英语	计算机基础	大学语文	高等数学
张三	89	89	90	78
李四	90	78	67	78
王五	67	90	78	90
赵六	56	67	67	56

图 3-112 邮件合并数据源

② 保存“成绩”文档，关闭该文档。

(2) 创建邮件合并需要的主文档。

① 新建一个文件，文件名为“通知主文档”，在文档中输入如图 3-113 所示的文本。

同学的家长：

你好！现将同学本学期的成绩单发送给你，以便你了解同学的学习进展。

课程	英语	计算机基础	大学语文	高等数学
成绩				

经济信息工程学院

2007 年 1 月 8 日

图 3-113 邮件合并主文档

② 选择“页面布局”主选项卡的“页面设置”功能区，单击“页面设置”按钮，打开“页面设置”对话框。单击“纸张”选项卡，设置“纸张大小”为“自定义”，宽度设置为“21 厘米”，高度设置为“13 厘米”。

③ 保存文档。

(3) 进行邮件合并。

① 选择“邮件”主选项卡的“开始邮件合并”功能区，单击“开始邮件合并”的下拉箭头，在下拉菜单中选择“普通 Word 文档”命令，如图 3-114 所示。

② 在“选择收件人”中，选择“使用现有列表”命令，如图 3-115 所示。

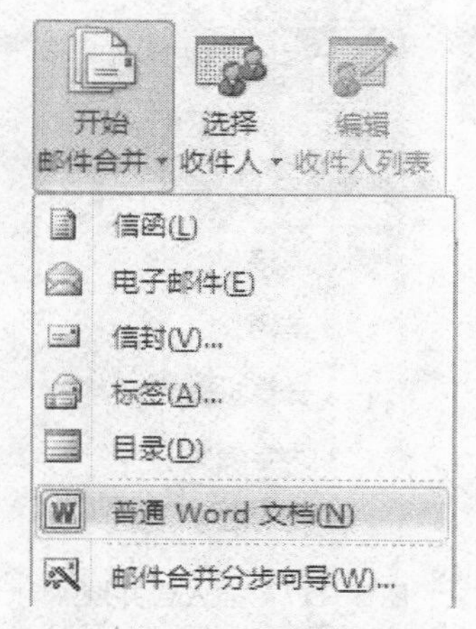

图 3-114　开始邮件合并

图 3-115　开始邮件合并

③ 在“选取数据源”对话框中，选择“成绩 . docx”文档，如图 3-116 所示。

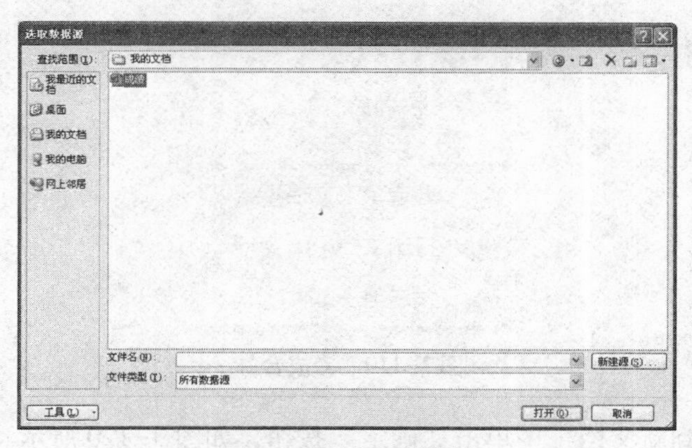

图 3-116　选择数据源

④ 单击“插入合并域”，在“通知主文档”中插入需要合并的数据域，如图3-117所示。

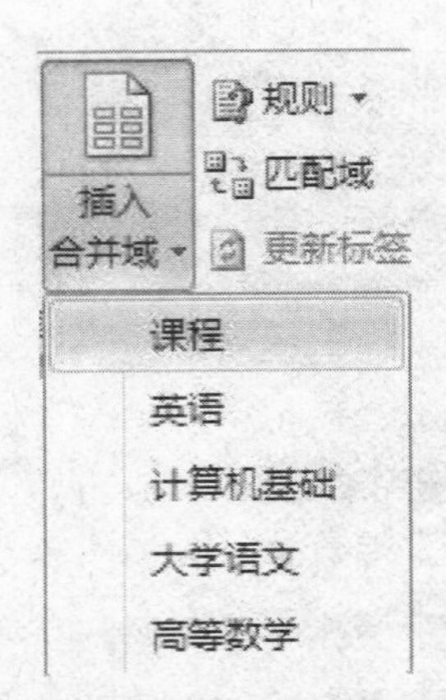

图 3-117　插入合并域

⑤ 插入后，如图 3-118 所示。

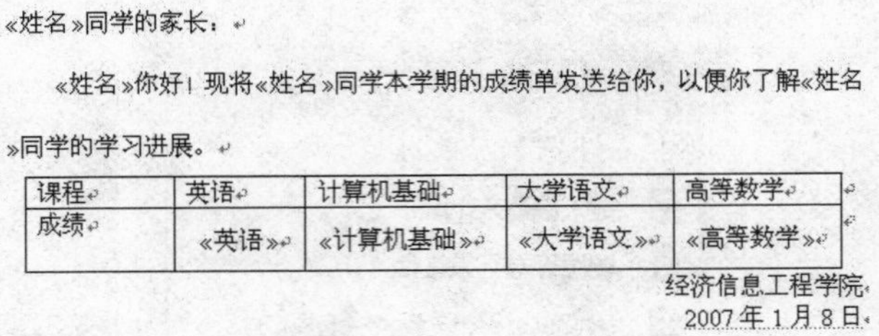

«姓名»同学的家长：

«姓名»你好！现将«姓名»同学本学期的成绩单发送给你，以便你了解«姓名»同学的学习进展。

课程	英语	计算机基础	大学语文	高等数学
成绩	«英语»	«计算机基础»	«大学语文»	«高等数学»

经济信息工程学院
2007 年 1 月 8 日

图 3-118　插入合并域的主文档

⑥ 单击“完成并合并”，选择“编辑单个文档”命令，如图 3-119 所示。

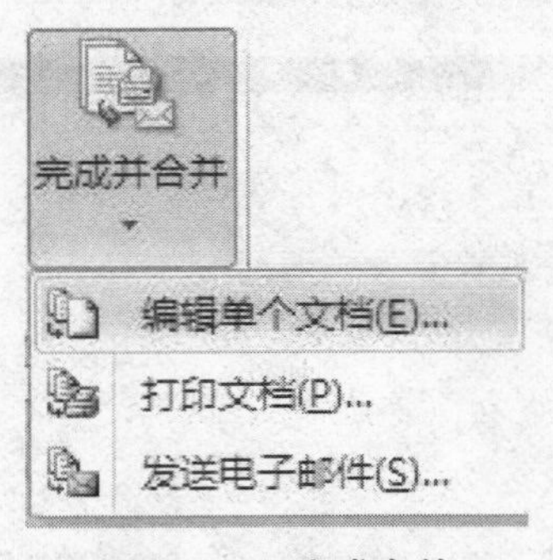

图 3-119　完成合并

⑦ 在“合并到新文档”中单击“确定”按钮，如图 3-120 所示。

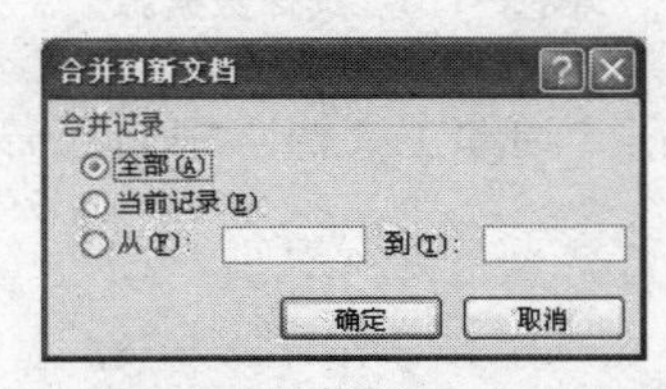

图 3-120　“合并到新文档”对话框

⑧ 在弹出的新标签文档中预览文档，可以看到合并以后的文档效果，如图 3-121 所示，既可以打印输出，也可以保存新的标签文件。

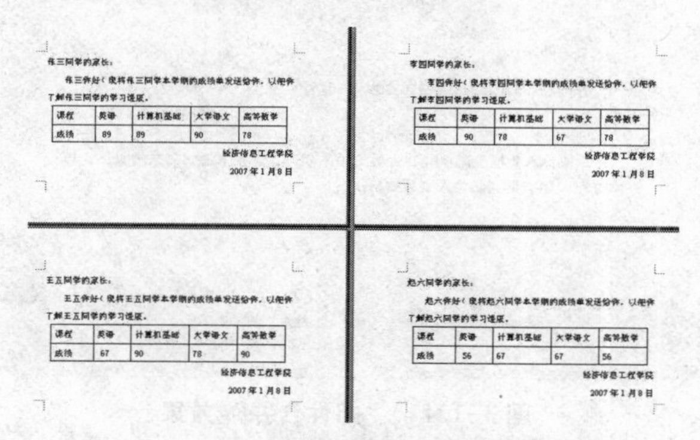

图 3-121　合并到新文档的实际效果

【例 3-29】创建一个主文档，如图 3-122 所示，文件保存为“通知 . docx”，其内容为大学录取通知书。创建一个数据文档，如图 3-123 所示，其内容为录取学生的信息，文件保存为“录取 . docx”。要求使用邮件合并，将数据合并到“通知 . docx”中，合并结果如图 3-124 所示。

姓名	身份证	生源	学院	系	编号
张三	510321199302031108	桃李一中	信管	计算机科学	600002
李四	510123199403101109	芬芳一中	金融	金融工程	600003
王五	510312199504031112	望龙一中	会计	会计 CPA	600004
陈二	510312199204031113	桃李一中	保险	保险精算	600005

图 3-123　“邮件合并”数据文档

操作步骤如下：

（1）创建一个主文档，设置页面背景和页面布局，保存为“通知 . docx”。关闭该文档。

（2）创建一个数据文档，数据文档中只有一个 5 行 6 列的表格，输入文本。该文档保存为“录取 . docx”。关闭该文档。

图 3-124　“邮件合并”效果

（3）打开“通知 . docx”文档。

（4）选择“邮件”主选项卡的“开始邮件合并”功能区，单击“开始邮件合并”的下拉箭头，在下拉菜单中选择“普通 Word 文档”命令，如图 3-125 所示。

（5）选择“选择收件人”的“使用现有列表”，打开“选取数据源”对话框，然后选择“录取 . docx”文档。

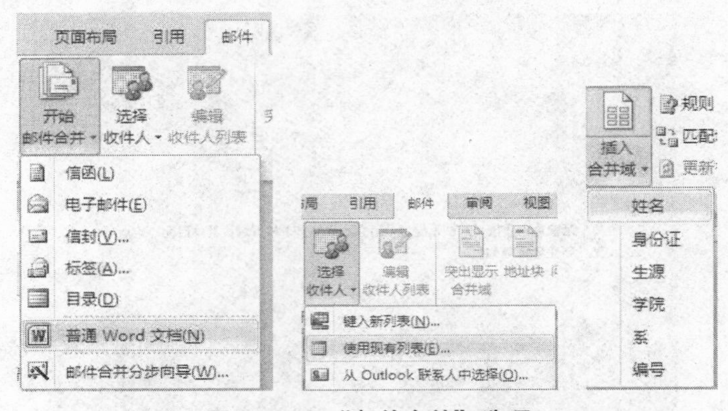

图 3-125　“邮件合并”选项

（6）单击“插入合并域”，在“通知”文档中插入需要合并的数据域，合并效果如图 3-126 所示。

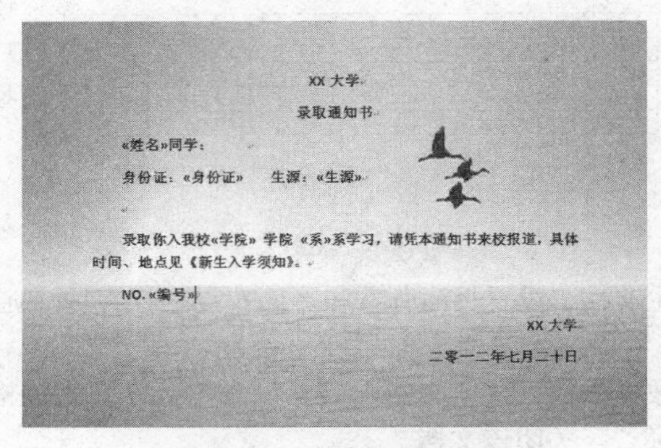

图 3-126　“合并域”效果

（7）单击“完成并合并”，选择“编辑单个文档”，如图 3-127 所示。

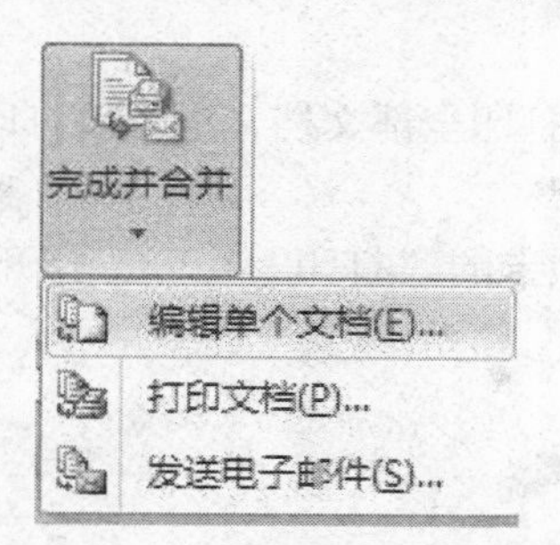

图 3-127 “完成并合并”选项

（8）在“合并到新文档”中单击“确定”按钮，完成邮件合并，合并的文档有 4 页，分别对应于 4 行数据。

3.9 文档打印

当文档编辑完毕，可将所创建的文档打印出来。

3.9.1 打印预览

在打印前，用户可通过打印预览先看看文档将要打印的效果。

操作步骤如下：

（1）选择“文件”主选项卡的“打印”命令，可在右侧看到打印效果，如图 3-128 所示。

（2）滑动滚轮，预览不同页面。

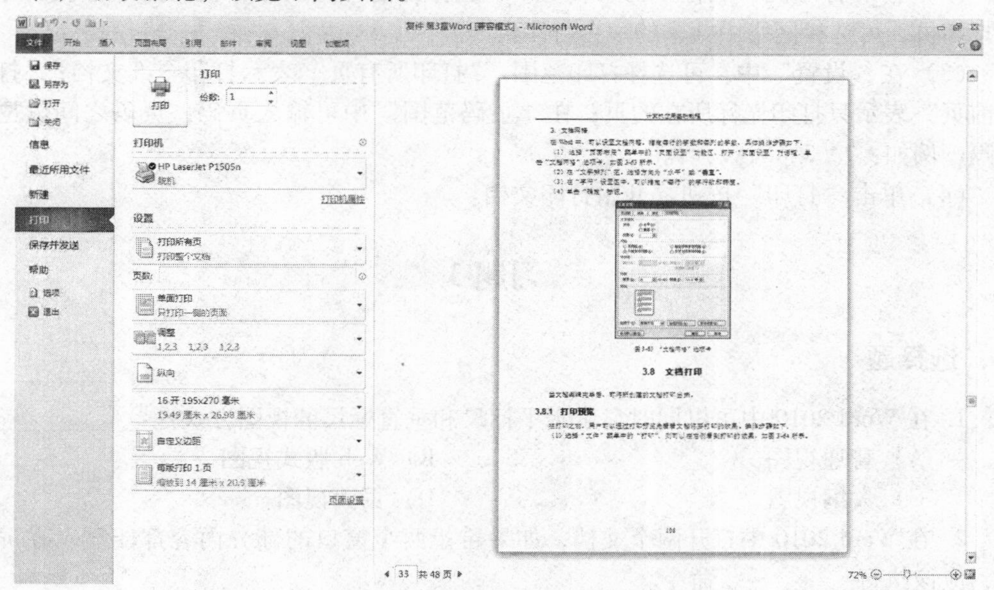

图 3-128 “打印预览”窗口

3.9.2 打印文档

在 Word 2010 中，既可以打印全部文档，还可以打印部分文档和打印多份文档。

打印文件的步骤如下：

（1）选择“文件”主选项卡的“打印”命令，打开“打印”对话框，如图 3-129 所示。

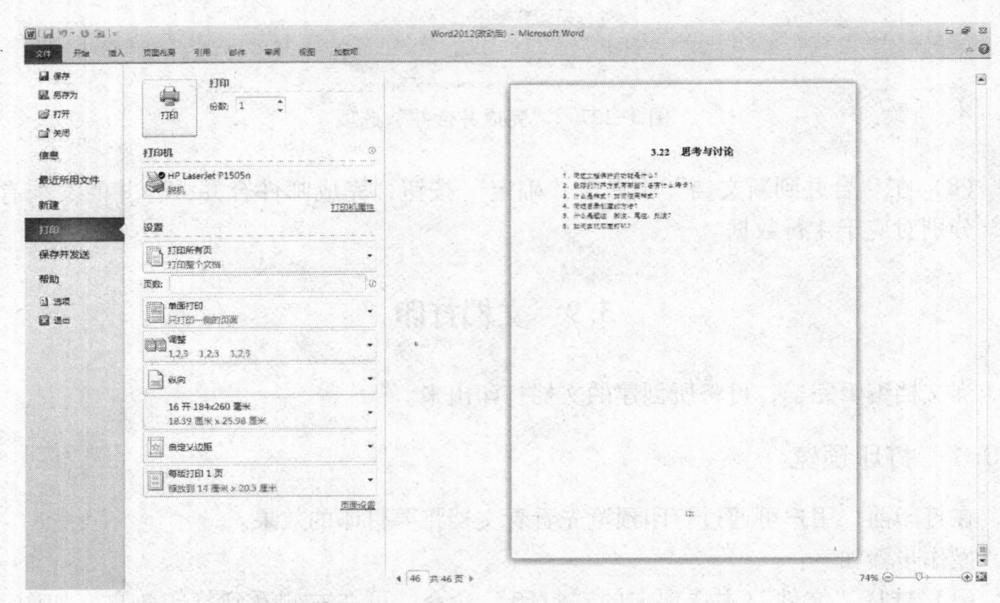

图 3-129 “打印”对话框

（2）在“打印机”名称下拉列表框中，选择当前可用的打印机。如果本机没有连接打印机，可选择网络中共享的一台打印机。

（3）在“设置”中，可选择打印范围。“打印所有页”表示打印全部文档；“打印当前页”表示只打印光标所在的页；在“页码范围”中可输入页码，页码之间以逗号分隔，例如：1，3，5，7，9。

（4）单击“打印”按钮，开始打印文档。

习题 3

一、选择题

1. 在 Word 2010 中可以同时显示水平标尺和垂直标尺的视图方式是__________。

A）普通视图　　B）Web 版式视图

C）大纲视图　　D）页面视图

2. 在 Word 2010 中打开两个文档，如果希望两个窗口的部分内容都能显示在屏幕上，应该执行__________命令。

A）拆分　　B）正文排列　　C）自动更正　　D）全部重排

3. 打开一个 Word 2010 文件，通常是指__________。

A）显示并打印出指定文档的内容

B）为指定文件开设一个空文档窗口

C）把文档的内容从内存中读入并显示出来

D）把文档的内容读入内存，并显示出来

4. 以下各项在 Word 2010 的屏幕显示中不可隐藏的是＿＿＿＿＿＿。

A）菜单栏和状态栏　　B）标尺和滚动条

C）常用工具栏和格式工具栏　　D）符号栏和绘图工具栏

5. 拖动 Word 2010 文档窗口中的水平标尺上面的“首行缩进”滑块，则＿＿＿＿＿＿。

A）文档中各段落的首行起始位置都要重新确定

B）文档中被选择的各段落首行起始位置都要重新确定

C）只有插入点所在行的起始位置被重新确定

D）文档中各行的首行起始位置都要重新确定

6. 在 Word 2010 中，若将一个已打开并被编辑的文档“wj1. doc”以文档名“wj2. doc”为名存盘，应选择“文件”菜单中的命令是＿＿＿＿＿＿。

A）保存　　B）另存为 web 页

C）另存为　　D）关闭并保存

7. 被编辑文档中的文字有“四号”、“五号”、“16 磅”、“18 磅”四种，下列关于所设定字号大小的比较中，正确的是＿＿＿＿＿＿。

A）四号字大于五号字　　B）四号字小于五号字

C）16 磅字大于 18 磅字　　D）字的大小一样，字体不同

8. 在 Word 2010 的编辑状态下，可将插入点快速移到文档首部的组合键是＿＿＿＿＿＿。

A）Ctrl+home　　B）Alt+home　　C）Shift+home　　D）Ctrl+alt+home

9. 在 Word 2010 中，打开了一个文档，进行“保存”操作后，＿＿＿＿＿＿。

A）被保存在原文件夹下　　B）可以保存在新建文件夹下

C）可以保存在已有的其他文件夹下　　D）保存后文档被关闭

10. 若进行“粘贴‘操作，可以单击常用工具栏中的＿＿＿＿＿＿按钮。

A）　　B）　　C）　　D）

11. 若对当前文档中的文字进行替换，应当使用的菜单是＿＿＿＿＿＿。

A）“工具”菜单　　B）“视图”菜单

C）“文件”菜单　　D）“编辑”菜单

12. 在 Word 2010 编辑窗口，使文档窗口显示出水平标尺，则当前的视图方式＿＿＿＿＿＿。

A）一定是普通视图方式

B）一定是页面视图方式

C）一定是普通视图方式或页面视图方式

D）一定是大纲视图方式

13. 当选择了整个表格，选择“表格“菜单中的“删除行”命令，则＿＿＿＿＿＿。

A）表格中的一行被删除　　　　　　B）表格中的一列被删除
C）表格中没有被删除的内容　　　　D）整个表格被删除

14. 在Word 2010编辑状态，为文档设置页码，可以使用________。
A）“工具”菜单中的命令　　　　B）“编辑”菜单中的命令
C）“格式”菜单中的命令　　　　D）“插入”菜单中的命令

15. 在Word 2010中，若要把选定的文字移到其他文档中，首先应选用的按钮是________。
A）　　B）　　C）　　D）

16. 在Word 2010编辑的文档中，对于选定的文字，________。
A）可以设置颜色，不可以设置动态效果
B）可以设置动态效果，不可以设置颜色
C）既可以设置颜色，也可以设置动态效果
D）不可以设置颜色，也不可以设置动态效果

17. 在Word 2010中，对文档进行分栏操作，需要使用的菜单是________。
A）编辑　　B）视图　　C）格式　　D）工具

18. 在Word 2010编辑状态下，选择了文档全文，若在“段落”对话框中设置行距为20榜的格式，则选择“行距”列表框中的________。
A）单倍行距　　B）1.5倍行距　　C）固定值　　D）多倍行距

19. 现有前后两个段落，当删除了前一个段落结束标记后________。
A）两段文字合并为一段，并采用原后一段落的格式
B）两段文字合并为一段，并采用原前一段落的格式
C）仍为两段，且格式不变
D）两段文字合并为一段，并变成无格式

20. 在Word 2010编辑状态下，选择“编辑”菜单中的“复制”命令后________。
A）被选择的内容被复制到插入点处
B）被选择的内容被复制到剪贴板
C）插入点所在段落内容被复制到剪贴板
D）光标所在段落内容被复制到剪贴板

21. 对于编辑文档的错误操作，用户将________。
A）无法挽回
B）单击“撤销”按钮以恢复原内容
C）重新人工编辑
D）单击“工具”菜单中的“修订”命令以恢复原内容

22. 将Word 2010文档中的一部分内容移动到别处，首先要进行的操是________。
A）粘贴　　B）选择　　C）剪切　　D）复制

23. 在Word 2010的编辑状态下，选择了当前文档中的一个段落，进行“清除”操作（或按Del键），则________。

A）该段落被删除且不能恢复

B）该段落被删除，但能恢复

C）能利用“回收站”恢复被删除的该段落

D）该段落被移到“回收站”

24. 若文档中某段与其前后两段之间要求留有较大间隔，最好的解决方法是__________。

A）在每两行之间用按回车键的办法添加空行

B）在每两段之间用按回车键的办法添加空行

C）用段落格式命令增加段距

D）用字符格式命令增加间距

25. 在 Word 2010 中，可以将一段文本转换为表格，对这段文本的要求是__________。

A）必须是一个段落

B）每行的几个部分之间必须用空格分隔

C）必须是一节

D）每行的几个部分必须用统一符号分隔

26. 在 Word 2010 环境下，不可以对文本的字形设置__________。

A）倾斜　　B）加粗　　C）倒立　　D）加粗并倾斜

27. 打印 Word 2010 表格时，下列说法正确的是__________。

A）不打印表格线

B）如果设置了表格边框则打印表格线

C）打印表格线

D）设置了表格边框则打印已设置的表格线

28. 在 Word 2010 中，常用工具栏中的“格式刷”按钮，可用于复制文本或段落的格式，若要选中的文本或段落格式重复应用多次，应__________进行操作。

A）单击格式刷　　B）双击格式刷

C）右击格式刷　　D）拖动格式刷

29. 要打开已有的 Word 2010 文档，下面操作中错误的是__________。

A）在弹出的“打开”文档对话框中，键入 Word 文件名

B）在“文件”菜单的底部选择一个 Word 文件名

C）按 Ctrl+N 键后，再键入 Word 文件名

D）单击 Windows 7 的“开始”按钮，选择“文档”命令后，再键入 Word 文件名

30. 在 Word 2010 编辑状态，进行“打印”操作，可以单击格式工具栏中的__________。

A）按钮　　B）按钮　　C）按钮　　D）按钮

二、填空题

1. 在 Word 2010 中，如果看不到段落标记，可以单击常用格式工具栏上的

________按钮。

2. 用户单击常用工具栏上的绘图按钮，显示________，进入绘图状态。

3. 在 Word 2010 中，若要选择整篇文档，可以按复合键________来实现。

4. 在某种状态下，通过拖动________，可以来回移动 Word 2010 窗口。

5. 在 Word 2010 中，可以设定文本框，在文本框中可以插入文本，也可以插入________。

6. 在 Word 2010 中，页码是作为________的一部分插入到文档中的。

7. 若要将一个段落分成两个段落，需要将光标定位在段落分割处，按________键完成。

8. 在 Word 2010 中，可以进行“拼写和语法”检查的选项在________下拉菜单中。

9. 若要在页面上插入页眉、页脚，应选择________菜单中的“页眉和页脚”命令。

10. 在 Word 2010 的表格中，保存有不同部门的人员数据，现要把全体人员按部门分类集中，选择“表格”菜单中的________命令可以实现。

第 4 章　Excel 2010 高级应用

【学习目标】

☞掌握 Excel 2010 的基础知识。

☞掌握工作簿和工作表的基本操作。

☞掌握工作表数据的输入、编辑和修改。

☞掌握单元格格式化操作与数据格式的设置。

☞掌握单元格的引用、公式和函数的使用。

☞掌握图表的创建、编辑与修饰。

☞掌握数据的排序、筛选、分类汇总、分组显示和合并计算。

☞掌握数据透视表和数据透视图的使用。

☞掌握数据模拟分析、运算及应用。

☞掌握宏功能的简单使用。

☞掌握获取外部数据并分析处理。

4.1　Excel 2010 概述

Excel 2010 提供了强大的表格处理功能和高效率的数据分析工具，可用来执行计算、分析大型数据集以及可视化电子表格中的数据。使用新增的切片器功能，可快速、直观地筛选大量信息，增强了数据透视表和数据透视图的可视化分析。用户可通过比以往更多的方法来分析、管理和共享信息。

利用全新的分析和可视化工具，可帮助用户跟踪和突出显示重要的数据趋势。Excel 2010 成为用户展示数据的主要软件之一。

4.1.1　Excel 2010 主界面

启动 Excel 2010 后，屏幕上显示其主界面如图 4-1 所示。

Excel 2010 的窗口主要包括“标题栏”、“主选项卡”、“工具选项卡”、“编辑栏”、“工作表”、“状态栏”和“任务窗格”等部分。其中，“主选项卡”包括“文件”、“开始”、“插入”、“页面布局”、“公式”、“数据”、“审阅”和“视图”。选择某个“主选项卡”，出现与之相应的功能区。

（1）“开始”主选项卡的功能区包含：“剪贴板”、“字体”、“对齐方式”、“数字”、“样式”、“单元格”和“编辑”。

（2）“插入”主选项卡的功能区包含：“表格”、“插图”、“图表”、“迷你图”、“筛选器”、“链接”、“文本”和“符号”。

（3）“页面布局”主选项卡的功能区包含：“主题”、“页面设置”、“调整为合适大小”、“工作表选项”和“排列”。

（4）“公式”主选项卡的功能区包含：“函数库”、“定义的名称”、“公式审核”和“计算”。

（5）“数据”主选项卡的功能区包含：“获取外部数据”、“连接”、“排序和筛选”、“数据工具”和“分级显示”。

（6）“审阅”主选项卡的功能区包含：“校对”、“中文简繁转换”、“语言”、“批注”和“更改”。

（7）“视图”主选项卡的功能区包含：“工作簿视图”、“显示”、“显示比例”、“窗口”和“宏”。

功能区中排列若干个选项，单击它们，可执行其对应的命令。有的选项还有对应的下拉菜单，可从中选择相应的命令。功能区中各个选项都有一个图标。如果图标的显示呈现灰色，表示此功能暂时不能使用。

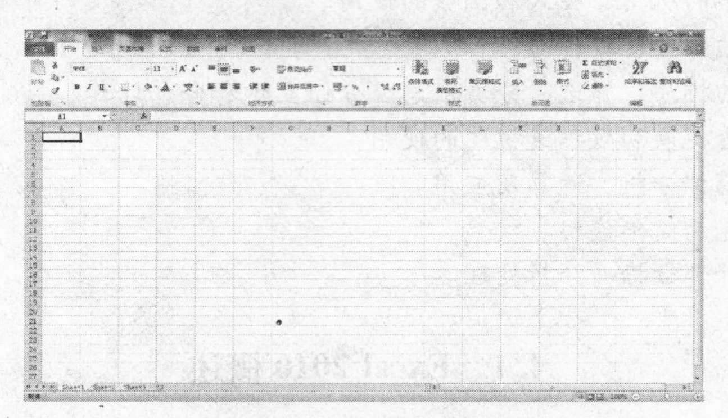

图 4-1　Excel 2010 主界面

4.1.2　Excel 2010 基础知识

1. 工作簿

在 Excel 2010 中创建的文件称为工作簿，其扩展名是 .xlsx。建立 Excel 2010 工作簿时，默认创建三个工作表。

2. 工作表

工作表位于工作簿窗口的中央区域，由行号、列标和网格线组成。位于工作表左侧区域的灰色编号区域为各行的行号，位于工作表上方的灰色字母区域为各列的列标，行和列相交形成单元格。Excel 2010 的一个工作表有 1 048 576 行、16 384 列，比 Excel 2003大幅度增加，单元格的总数量是 Excel 2003 的 1024 倍。Excel 2010 用户界面相比 Excel 2003 也有很大的改变，从过去的菜单栏和工具栏改变为以菜单为标示的功能区，让用户能更快捷方便地使用其功能，可大幅度提高工作和学习效率。

3. 单元格

每一张工作表由若干单元格组成。单元格是存储数据和公式以及进行计算的基本单位。在 Excel 2010 中，用“列标行号”表示某个单元格，称为单元格的地址，例如：B5 表示 5 行 B 列的单元格。光标所在的由粗线包围的一个单元格称为活动单元格或当前单元格。用鼠标单击某个单元格，该单元格称为活动单元格。此时，用户可以在编辑框中输入、修改或显示活动单元格的内容。

4.2 Excel 2010 基本操作

工作簿和工作表的基础操作指的是使用 Excel 2010 进行数据处理的基本操作。工作簿的操作包括新建、打开、关闭、保存、另存为、恢复工作簿等；工作表的操作包括插入、删除、移动、重命名、保护、格式化工作表、行操作、列操作、单元格操作以及冻结窗口等。

4.2.1 编辑单元格

在 Excel 2010 中，可以选定、插入、删除、复制、移动单元格，还可以调整单元格的行高和列宽。

1. 选定单元格

选定单元格的方法如表 4-1 所示。

表 4-1 选定单元格

选定范围	操作步骤
一个单元格	鼠标单击某个单元格
连续的单元格	单击起始单元格，按下鼠标左键，拖动鼠标到需要选定区域的终止单元格
不连续的单元格	选定单元格的同时按下 Ctrl 键
选定整行	单击行首的行号
选定整列	单击列首的列标
选定整个工作表	单击工作表的左上角行号和列号交汇处的“全选”按钮

2. 插入单元格

插入单元格、行或列之前，需要选定单元格。插入单元格的个数、行数或列数与选定单元格的个数、行数或列数一致。

3. 调整行高和列宽

调整行高和列宽的操作如表 4-2 所示。

表 4-2 调整行高和列宽

操作要点	操作步骤
鼠标拖动调整行高	将鼠标放在相邻两个行号之间，变成✥形状，按下左键拖动鼠标
鼠标拖动调整列宽	将鼠标放在相邻两个列标之间，变成✥形状，按下左键拖动鼠标

表4-2(续)

操作要点	操作步骤
菜单方式调整行高	选择“开始”选项卡的“单元格”功能区，单击“格式”菜单的“行高”命令
菜单方式调整列宽	选择“开始”选项卡的“单元格”功能区，单击“格式”菜单的“列宽”命令

4. 复制和移动单元格、行或列

复制单元格就是将选定单元格的内容复制到其他单元格中。移动单元格则是将选定单元格的内容移动到另外的单元格中。复制单元格，可使用“开始”选项卡的“剪贴板”功能区的“复制”命令和“粘贴”命令来完成。移动单元格，可使用“开始”选项卡的“剪贴板”功能区的“剪切”和“粘贴”命令来完成。

4.2.2 工作表数据的录入

在 Excel 2010 中，根据输入的数据性质，可以将数据分为数值型数据、日期型数据、文本型数据、逻辑型数据等。数值型数据可以进行算术运算。日期型数据表示日期，由“年-月-日”组成。文本型数据由可以输入的字符组成，表示文本信息。逻辑型数据用 TRUE 和 FALSE 表示两种状态，其中，TRUE 表示真，FALSE 表示假。

下面录入的数据是“某公司一月份的工资表”，工作簿的名称是“工资 . xlsx”，工作表名称为“Sheet1”，数据如图 4-2 所示。

	A	B	C	D	E	F	G	H	I	J	K
1	某公司一月份的工资表										
2	财务部制										
3	编号	发放时间	姓名	部门	基本工资	奖金	住房补助	应发金额	其他扣款	所得税	实发工资
4	10932	2007-1-2	张珊	管理	1500	4000	230		30		
5	10933	2007-1-2	李思	软件	1200	5000	260		40		
6	10934	2007-1-2	王武	财务	1100	2000	250		50		
7	10935	2007-1-2	赵柳	财务	1050	1000	270		30		
8	10936	2007-1-2	钱棋	人事	1020	2000	240		60		
9	10941	2007-1-2	张明	管理	1360	4000	210		30		
10	10942	2007-1-2	赵敏	人事	1320	2500	230		40		
11	10945	2007-1-2	王红	培训	1360	2600	230		40		
12	10946	2007-1-2	李萧	培训	1250	2800	240		50		
13	10947	2007-1-2	孙科	软件	1200	3500	230		30		
14	10948	2007-1-2	刘利	软件	1420	2500	220		40		

Sheet1 / Sheet2 / Sheet3

图 4-2 工资表的数据

1. 输入数据

输入数据的方法如下：

(1) 选定需要输入数据的单元格。

(2) 从键盘上输入数据，按回车键，或单击“编辑栏”中的“确定”按钮✔，确定输入；如果按 Esc 键，或单击“编辑栏”中的“取消”按钮✖，则取消输入。

输入数据时，应考虑数据的类型。

① 数值型数据。

数值型数据包括数字、正号、负号和小数点。科学记数法的数据表示形式的输入格式是“尾数 E 指数”；分数的输入形式是“分子/分母”。例如：234，12E3，-234，2/3，3/4。

② 文本型数据。

字符文本应逐字输入。数字文本输入方式为：='数字，或输入方式为：= “数字”。例如：输入文本 32，可输入：'32 或输入：= “32”。注意：数值型数据 32 和数字文本 32 是有区别的，前者可以进行算术计算，后者只表示字符 32。

③ 日期型数据。

日期型数据的输入格式为：yy-mm-dd 或 mm-dd，例如，06-12-31，3-8。通过格式化得到其他形式的日期，可减少数据的输入。

④ 逻辑型数据。

逻辑型数据的输入只有 TRUE 和 FALSE，其中，TRUE 表示真，FALSE 表示假。

2. 利用填充柄输入相同的数据

可使用填充柄在一行或一列中输入相同的数据。

【例 4-1】在“工资 . xlsx”的“Sheet1”工作表中，在 B4 单元格到 B14 单元格内输入数据“2007-1-2”。

操作步骤如下：

（1）在一行或一列的开始单元格 B4 中输入数据“2007-1-2”。

（2）将鼠标放在 B4 单元格右下角，鼠标变成实心的“十”字形状（即填充柄）。

（3）按住 Ctrl 键，拖动鼠标到 B14 单元格，即自动在 B4 单元格到 B14 单元格中输入相同的数据“2007-1-2”。

3. 采用自定义序列自动填充数据

使用自定义序列填充数据的操作方法如下：

（1）选择“文件”主选项卡的“选项”命令，打开“Excel 选项”窗口，单击“高级”项，选择“常规”区域，如图 4-3 所示。

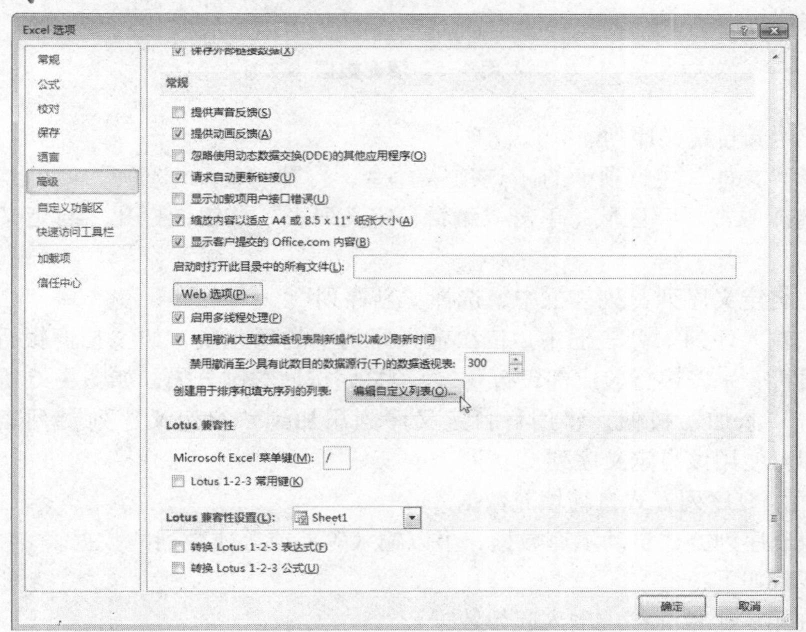

图 4-3　编辑自定义列表选项

（2）单击“编辑自定义列表”按钮，打开“自定义序列”对话框（如图 4-4 所示），左侧的“自定义序列”中列出了 Excel 2010 默认的的自定义序列。

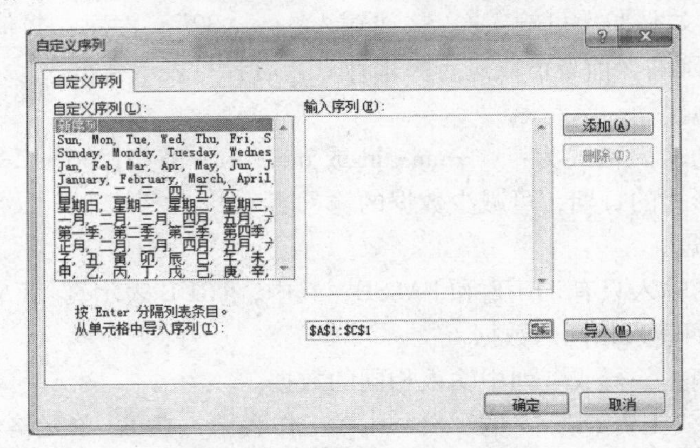

图 4-4 “自定义序列”对话框

①使用默认的自定义序列。

· 在单元格中输入自定义序列中的一项数据，例如“一月”。

· 将鼠标放在单元格右下角，鼠标变成实心的“十”字形状（即填充柄）。

· 拖动鼠标，即可在拖动范围内的单元格中依次输入自定义序列的数据，例如：一月，二月，三月，……如图 4-5 所示。

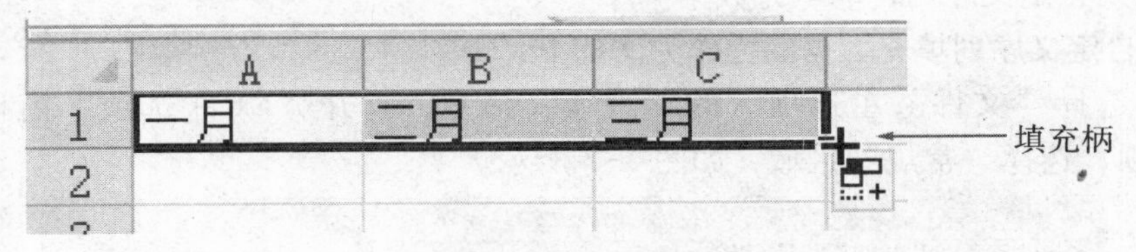

图 4-5 填充数据

②用户定义自定义序列。

· 选择“文件”主选项卡的“选项”命令，打开“Excel 选项”窗口，单击“高级”项，选择“常规”区域，单击“编辑自定义列表”按钮，打开“自定义序列”对话框。

· 在“自定义序列”列表框中，选择“新序列”。

· 在“输入序列”列表框中，依次输入序列中的每一项，如“招商银行、浦发银行、光大银行、平安银行、成都银行”，每项之间按回车键分隔，如图 4-6 所示。

· 单击“添加”按钮，将用户自定义序列添加到“自定义序列”列表框中。然后，用户即可使用该自定义序列。

4. 采用填充序列方式自动填充数据

采用填充序列方式自动填充数据，可以输入等差或等比数列的数据。

操作步骤如下：

（1）在第一个单元格中输入起始数据。

（2）选择“开始”主选项卡的“编辑”功能区，打开“填充”下拉菜单，单击“系列”命令，打开“序列”对话框，如图 4-7 所示。

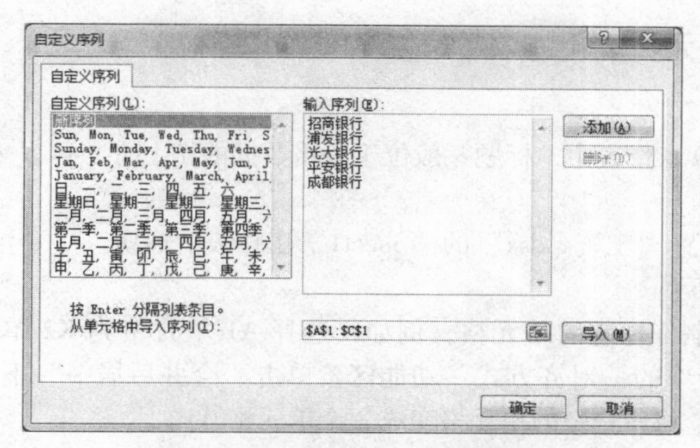

图 4-6　选择“新序列”并输入数据

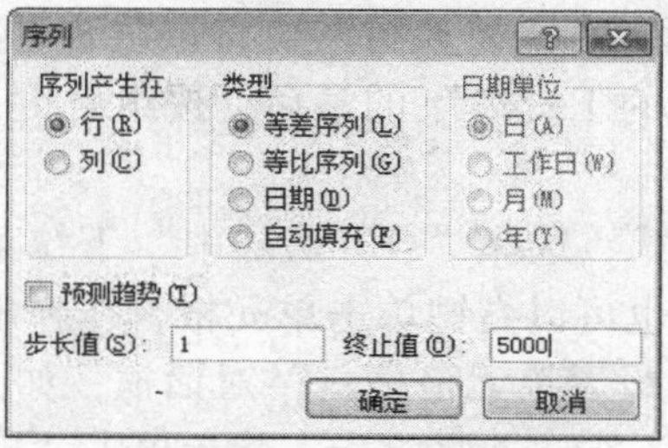

图 4-7　填充数据

（3）在“序列”对话框中，指定“列”或“行”，在“步长值”框中输入数列的步长，在“终止值”框中输入最后一个数据。

（4）单击“确定”按钮，在行上或列上产生定义的数据序列。

还可使用快捷方式来产生步长为 1 的等差数列。

【例 4-2】在“工资 . xlsx”的“Sheet1”工作表中，输入 A4 单元格到 A14 单元格的数据（10 932，10 933，…，10 948）。

操作步骤如下：

① 在单元格 A4 中输入起始数据 10 932。

② 将鼠标定位在单元格 A4 的右下角，鼠标变成填充柄形状，按住 Ctrl 键，同时在行或列的方向（这里在列）拖动鼠标到 A14 单元格，即可产生等差数据序列10 932，10 933，…，10 948。

5. 清除单元格数据

清除单元格数据是指删除选定单元格中的数据。清除数据的方法是：单击“开始”选项卡中的“编辑”功能区，选择“清除”下拉菜单。利用“清除”下拉菜单中的命令，可分别对单元格进行全部清除、清除格式、清除内容、清除批注、清除超链接操作。注意：清除单元格的数据和删除单元格是不同的。

4.2.3 修饰单元格

1. 制作标题

在 Excel 2010 工作表中，标题一般位于表格数据的正上方，可以采用“合并居中”功能来制作标题。

【例 4-3】设置“工资 . xlsx”的“Sheet1”工作表的标题。

操作方法如下：

(1) 选定要制作标题的单元格，例如，选择 A1 单元格到 K2 单元格区域，选择“开始”主选项卡中的“对齐方式”功能区，单击“合并后居中”下拉菜单中的“合并后居中”命令，将所选定的单元格变成一个单元格 A1。

(2) 在合并后的单元格 A1 中，输入标题“某公司一月份的工资表”，设置文本格式。

(3) 如果文本需要换行，在需要换行的位置按组合键：Alt+回车键。本例中，将光标定位到“某公司一月份的工资表”的最后，按组合键：Alt+回车键，则换行，然后输入“财务部制”。

如果要取消合并居中格式，选择“合并后居中”下拉菜单中的“合并后居中”命令，即可取消合并单元格；也可以右键单击单元格，在弹出的快捷菜单中选择“设置单元格格式”命令，打开“设置单元格格式”对话框，如图 4-8 所示。单击“对齐”选项卡，取消“合并单元格”复选框的选定，然后单击“确定”按钮。

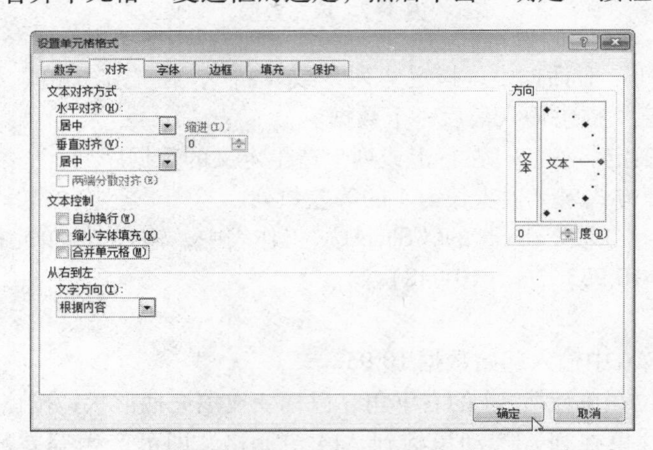

图 4-8 “设置单元格格式”对话框的“对齐”选项卡

2. 单元格数据的格式化

右键单击单元格，在弹出的快捷菜单中选择“设置单元格格式”命令，打开“设置单元格格式”对话框，单击“数字”选项卡，可对单元格进行数据格式化处理。

(1) 在“分类”列表框中，选择“数值”项，可设置数值型数据的小数位数、千位分隔符以及负数的显示格式，如图 4-9 所示。

(2) 在“分类”列表框中，选择“货币”，可以设置货币数据的小数位数、货币符号以及负数的显示格式。

(3) 在“分类”列表框中，选择“日期”，可以设置日期数据的显示类型。

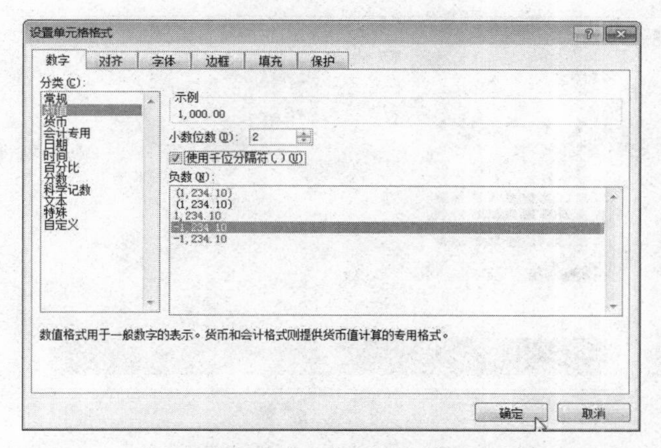

图 4-9　“设置单元格格式”对话框的“数字”选项卡

还可以在“设置单元格格式”对话框的“数字”选项卡中，设置会计专用的数据格式、时间格式、百分比格式以及分数格式等。

3. 设置边框和底纹

（1）在“设置单元格格式”对话框中，选择“边框”选项卡，可设置单元格的边框样式，如图 4-10 所示。

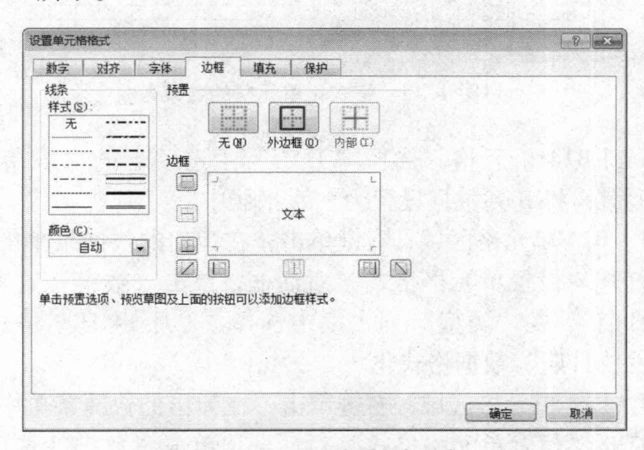

图 4-10　“边框”选项卡

（2）在“设置单元格格式”对话框中，选择“填充”选项卡，可设置单元格的底纹样式，如图 4-11 所示。

【例 4-4】将“工资 . xlsx”的“Sheet1”工作表格式化为如图 4-12 所示的表格。

操作步骤如下：

（1）选择 A3 到 K3 单元格，选择“开始”主选项卡的“段落”功能区，单击“底纹”按钮的下拉箭头，在“颜色”列表框中选择“灰色”，设置第 3 行单元格的底纹为“灰色”。

（2）选择 A3 到 K14 单元格，选择“开始”主选项卡中的“段落”功能区，单击“边框”按钮 的下拉箭头，在“边框”列表框中，选择“所有框线”命令田，设置 A3 到 K14 单元格的边框。

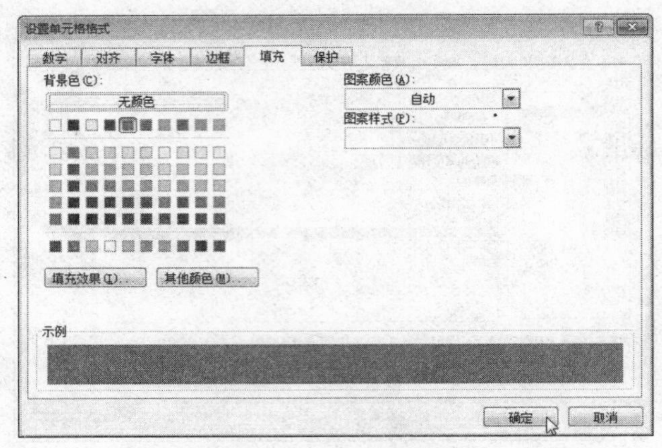

图 4-11 “填充” 选项卡

	A	B	C	D	E	F	G	H	I	J	K
1	某公司一月份的工资表										
2	财务部制										
3	编号	发放时间	姓名	部门	基本工资	奖金	住房补助	应发金额	其他扣款	所得税	实发工资
4	10932	1月2日	张珊	管理	¥1,500.00	4000	230		30		
5	10933	1月2日	李思	软件	¥1,200.00	5000	260		40		
6	10934	1月2日	王武	财务	¥1,100.00	2000	250		50		
7	10935	1月2日	赵柳	财务	¥1,050.00	1000	270		30		
8	10936	1月2日	钱棋	人事	¥1,020.00	2000	240		60		
9	10941	1月2日	张明	管理	¥1,360.00	4000	210		30		
10	10942	1月2日	赵敏	人事	¥1,320.00	2500	230		40		
11	10945	1月2日	王红	培训	¥1,360.00	2600	230		40		
12	10946	1月2日	李萧	培训	¥1,250.00	2800	240		50		
13	10947	1月2日	孙科	软件	¥1,200.00	3500	230		30		
14	10948	1月2日	刘利	软件	¥1,420.00	2500	220		40		

Sheet1 / Sheet2 / Sheet3

图 4-12　格式化单元格的效果

（3）选择 B3 到 B14 单元格，选择“开始”主选项卡的“段落”功能区，单击“水平居中”按钮，将 B 列数据设置为“水平居中”。

（4）选中 B4 : B14 单元格区域，右键单击，在弹出的快捷菜单中选择“设置单元格格式”命令，打开“设置单元格格式”对话框，单击“数字”选项卡，在“分类”列表框中选择“日期”，在“类型”列表框中选择“3 月 14 日”格式，单击“确定”按钮，将所有“发放日期”数据格式化。

（5）选择 E4 : E14 单元格区域，右键单击，在弹出的快捷菜单中选择“设置单元格格式”命令，打开“设置单元格格式”对话框，单击“数字”选项卡，在“分类”列表框中选择“货币”，设置“小数位数”为 2，设置“货币符号”为“¥”，单击“确定”按钮，将所有“基本工资”数据格式化。

4. 条件格式

条件格式是指当指定条件为真时，Excel 2010 自动应用于单元格的格式，例如，单元格底纹或字体颜色等。

【例 4-5】在“工资 . xlsx”的“Sheet1”工作表中，将部门为“管理”的单元格设置为浅红色底纹，如图 4-13 所示。

操作步骤如下：

（1）选中 D4 : D14 单元格区域，选择“开始”主选项卡的“样式”功能区，打开“条件格式”下拉菜单，选择“突出显示单元格规则”菜单中的“等于”命令，打开“等于”对话框，如图 4-13 所示。

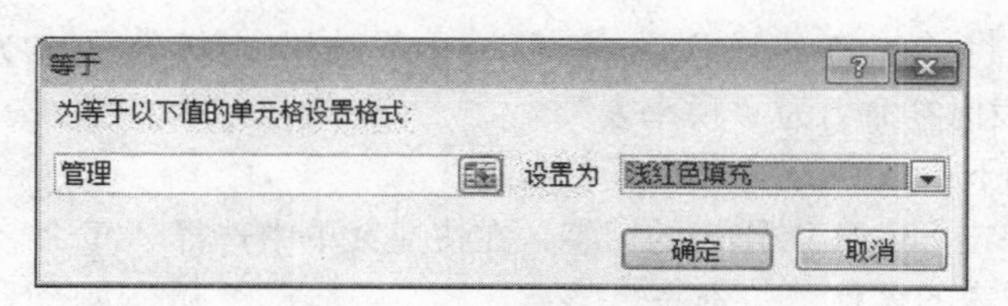

图 4-13 “等于”对话框

（2）在“等于”对话框中，在左侧的文本输入框中，输入文本“管理”。

（3）在“设置为”选项列表中，选中“浅红色填充”，单击“确定”按钮，关闭“等于”对话框。此时，在工作表中可以看到，在 D4：D14 单元格区域，部门为“管理”的单元格加上了浅红色底纹。

4.2.4 编辑工作表

在 Excel 2010 中，可插入、删除、重命名、复制或移动工作表。操作步骤如表 4-3 所示。

表 4-3 编辑工作表的操作

操作要点	操作步骤
插入工作表	右键单击某个工作表的标签，在快捷菜单中选择“插入”命令，在“插入”对话框中单击“工作表”图标，单击“确定”按钮，在选定的工作表之前插入一个新的工作表，如图 4-14 所示
删除工作表	右键单击需要删除的工作表的标签，在快捷菜单中选择“删除”命令，在弹出的对话框中单击“删除”按钮，则删除该工作表
重命名工作表	在“开始”选项卡中的“单元格”功能区，选择“格式”菜单中的“重命名工作表（R）”命令
复制或移动工作表	右键单击需要复制或移动的工作表，在快捷菜单中选择“移动或复制工作表”命令，在弹出的对话框中，选择工作表的目的位置，如图 4-15 所示。如果选择“建立副本”复选框，进行复制，否则进行移动，单击“确定”按钮
删除行	在“开始”选项卡中的“单元格”功能区，选择“删除”菜单中的“删除工作表行（R）”命令
删除列	在“开始”选项卡中的“单元格”功能区，选择“删除”菜单中的“删除工作表列（C）”命令

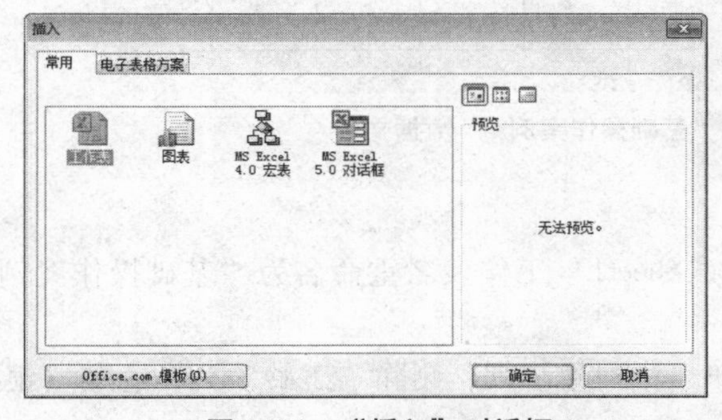

图 4-14 “插入”对话框

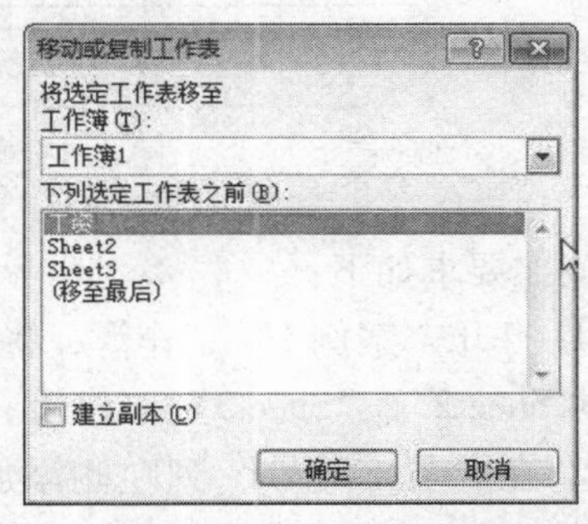

图 4-15“移动或复制”工作表对话框

【例 4-6】将“工资 .xlsx”中的“Sheet1”工作表标签命名为“工资表”，将“Sheet2”工作表标签命名为“税率表”。

操作步骤如下：

（1）右键单击 Sheet1 工作表的标签，在快捷菜单中选择“重命名”命令，在“标签”处输入工作表的名称“工资表”。

（2）右键单击 Sheet2 工作表的标签，在快捷菜单中选择“重命名”命令，在“标签”处输入工作表的名称“税率表”。

【例 4-7】根据如图 4-16 所示的“案例 1”工作簿，制作如图 4-17 所示的“基础操作案例 1”数据文件。

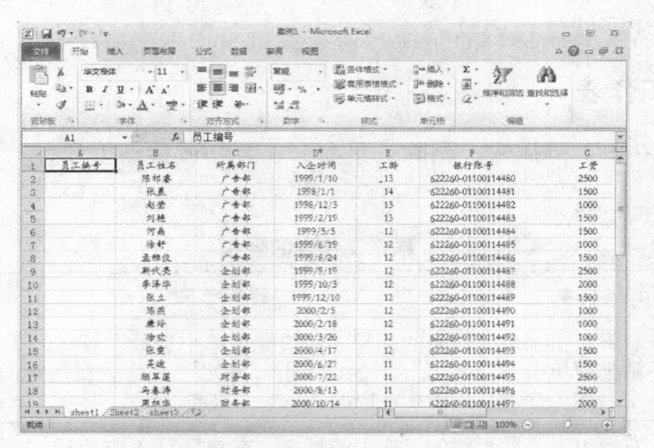

图 4-16　“案例 1”工作簿

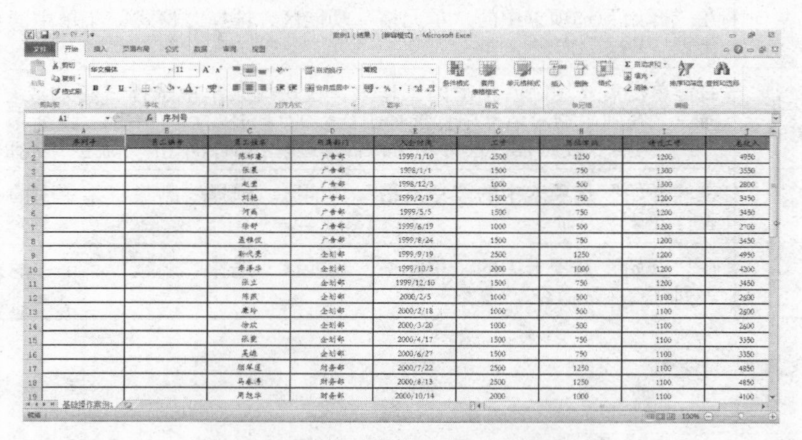

图 4-17　“基础操作案例 1”数据文件

操作要求如下：

① 打开“案例 1”工作簿，将“Sheet1”工作表名重命名为“基础操作案例 1”，删除“Sheet2”、“Sheet3”工作表。

② 在“员工编号”列左侧添加“序列号”列，删除“工龄”列，隐藏“银行账号”列。

③ 设置“基础操作案例 1”的行高和列宽分别为“20”和“18”。

④ 对“基础操作案例1”数据区域添加内、外边框，对首行设置底纹。

⑤ 设置“冻结窗口”，固定显示首行和前三列数据。

⑥ 设置纸张方向为“横向”；设置上、下页边距为“1”；设置左、右页边距为“0.8”。

操作步骤如下：

（1）打开“案例1”工作簿。

（2）右键单击“工作表标签”中的“Sheet1”工作表，选择“重命名（R）”命令，修改工作表名为“基础操作案例1”。

（3）分别右键单击“Sheet2”工作表和“Sheet3”工作表，在弹出的菜单中选择“删除”命令，删除“Sheet2”和“Sheet3”工作表。

（4）右键单击“员工编号”列，在弹出式菜单中选择“插入”命令，选中“A1”单元格，输入“序列号”数据。

（5）右键单击“工龄”数据列，在弹出式菜单中选择“删除”命令。

（6）单击“银行账号”列，选择“开始”主选项卡的“单元格”功能区，打开“格式”下拉菜单，单击“隐藏和取消隐藏”菜单中的“隐藏”命令，对“银行账号”进行隐藏，如图4-18所示。若要取消隐藏行或列，选择“开始”主选项卡的“单元格”功能区，打开“格式”菜单、选择“隐藏和取消隐藏”菜单中的“取消隐藏行”或“取消隐藏列”命令。

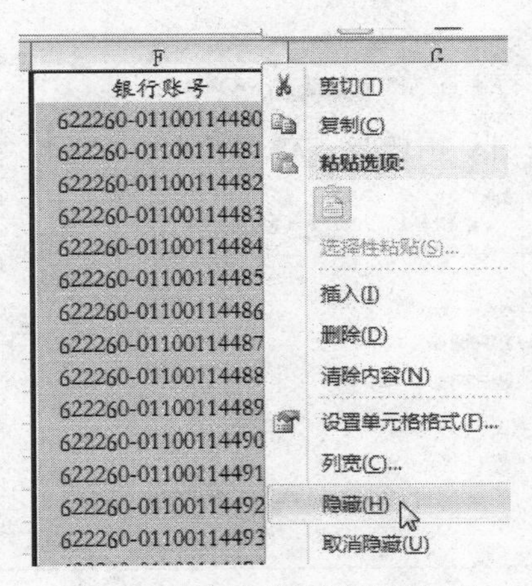

图4-18　隐藏“银行账号”列

（7）选中整个数据区域（A1∶J45），选择“开始”主选项卡的“单元格”功能区，打开“格式”菜单，分别单击“行高”和“列宽”命令。在“行高”和“列宽”对话框中，分别输入“20”和“18”。

（8）选中A1∶J1首行数据区域，选择“开始”主选项卡的“字体”功能区，单击“填充颜色”按钮，选中相应的颜色，对选中区域添加底纹。

（9）选中整个数据区域（A1∶J45），鼠标右键单击数据区域，在弹出的菜单中单击“设置单元格格式”命令，打开“设置单元格格式”对话框。单击“边框”按钮，选择线条样式，单击“外边框”和“内部”按钮，添加内外边框，然后单击“确定”按钮，完成操作，如图4-19所示。

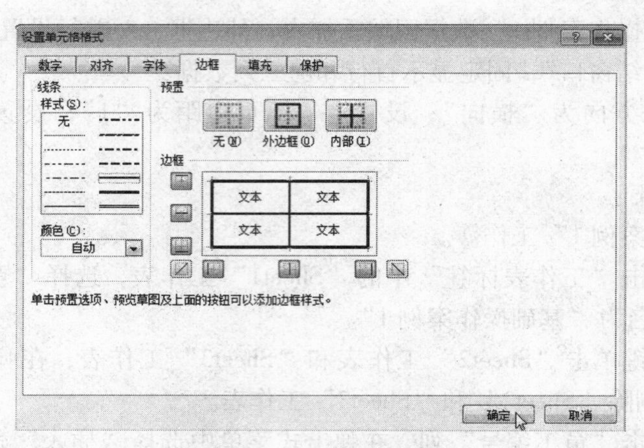

图 4-19　添加边框

（10）选中 D2 单元格，选择“视图”主选项卡的“窗口”功能区，打开“冻结窗格”下拉菜单，单击“冻结拆分窗格”命令，设置后，D2 单元格以上（首行）和左侧列（前三列）将固定显示，不随滚动条的移动而移动。

（11）选择“页面布局”主选项卡的“页面设置”功能区，打开“页面设置”对话框，如图 4-20 所示。在“页面”选项卡，将“方向”设置为“横向”，“纸张大小”设置为“A4”，“起始页码”设置为“自动”。

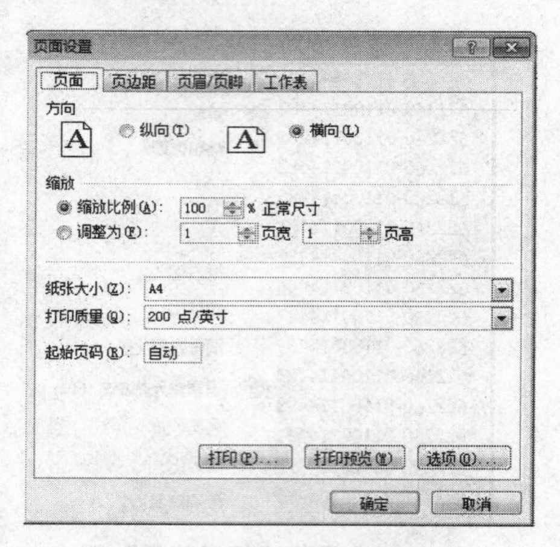

图 4-20　设置“页面”

（12）在“页面设置”对话框的“页边距”选项卡中，设置“上”、“下”边距为“1”；设置“左”、“右”边距为“0.8”，如图 4-21 所示。

（13）设置“页面设置”后，在“页面设置”对话框的“页边距”选项卡中，单击“打印预览”按钮，查看打印效果是否满意，如图 4-22 所示。

（14）选择“文件”主选项卡的“另存为”令名，打开“另存为”窗口，修改文件名、文件类型、保存的路径，然后单击“确定”按钮，保存工作簿。

【例 4-8】在“案例 2”工作簿的“单元格操作和数据输入”工作表中根据要求输入各种数据类型，并对单元格进行设置，如图 4-23 所示。

操作要求如下：

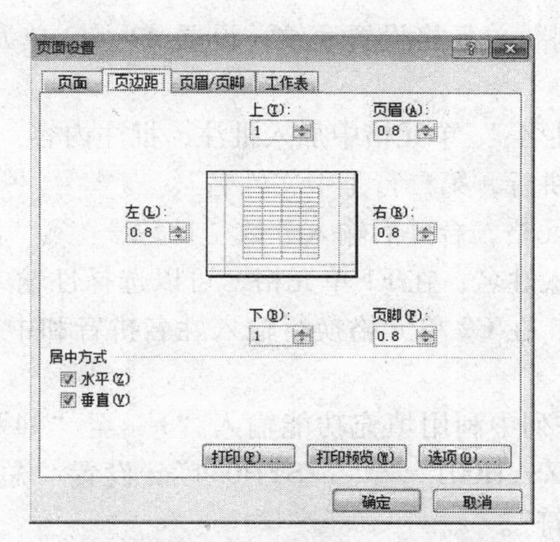

图 4-21　设置“页边距”

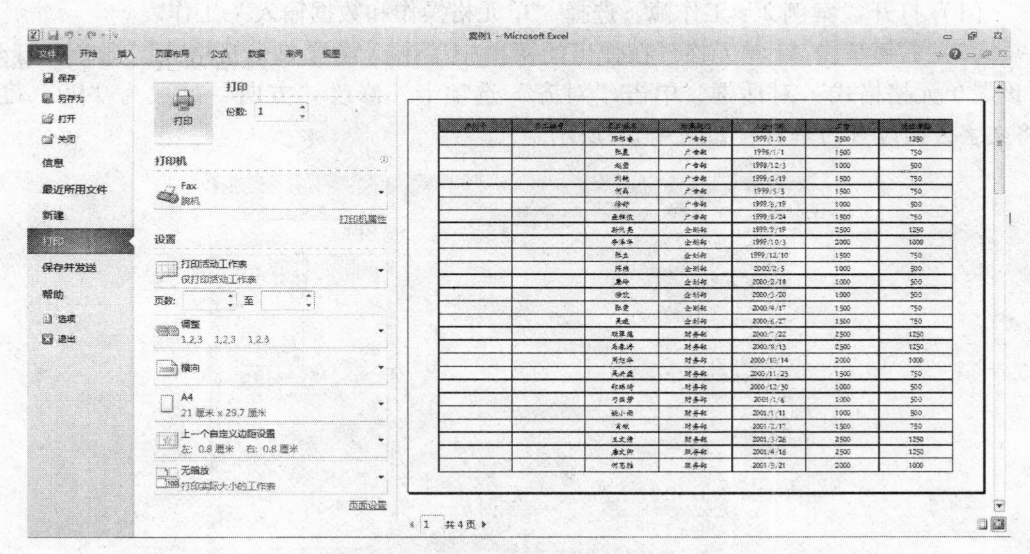

图 4-22　查看打印预览

数据输入	姓名	陈祁睿		性别	男		日期	2012/4/24	
	(中/英) 姓名	chenqirui 陈祁睿		身份证	510104198109281314		[illegible]	1/5	

请在此单元格中跨行输入数据。第一行是姓名拼音，第二行是中文姓名

[illegible]	[illegible]	[illegible]	[illegible]	[illegible]	[illegible]	[illegible]	[illegible]	[illegible]	[illegible]
1	ZSYH001	[illegible]	[illegible]	1999/1/10	622260-01100114480	2500	1250	1200	4950
2	ZSYH002	[illegible]	广告部	1998/1/1	622260-01100114481	1500	750	1300	3550
3	ZSYH003	赵莹	广告部	1998/12/3	622260-01100114482	1000	500	1300	2800
4	ZSYH004	刘艳	广告部	1999/2/19	622260-01100114483	1500	750	1200	3450
5	ZSYH005	何磊	广告部	1999/5/5	622260-01100114484	1500	750	1200	3450
6	ZSYH006	徐舒	广告部	1999/6/19	622260-01100114485	1000	500	1200	2700
7	ZSYH007	孟雅俊	广告部	1999/8/24	622260-01100114486	1500	750	1200	3450
8	ZSYH008	靳代亮	企划部	1999/9/19	622260-01100114487	2500	1250	1200	4950
9	ZSYH009	李泽华	企划部	1999/10/3	622260-01100114488	2000	1000	1200	4200
10	ZSYH010	张立	企划部	1999/12/10	622260-01100114489	1500	750	1200	3450
11	ZSYH011	陈燕	企划部	2000/2/5	622260-01100114490	1000	500	1100	2600

图 4-23　“案例 2”工作簿——“单元格设置和数据输入”效果图

① 设置“A1”单元格文字方向为“垂直”。

② 为“数据输入”、“姓名”、“性别”、“日期”、“(中/英) 姓名”、“身份证”、

“下表数据占总数据比例”单元格设置底纹。设置 A1 : I2 单元格区域中空白单元格字号为“18”。

③ 在“（中/英）姓名:”单元格中加入批注，批注内容:“请在此单元格中跨行输入数据。第一行是姓名拼音，第二行是中文姓名”。

④ 合并 I2 和 J2 单元格，合并后输入分数“1/5”。

⑤ 在 C1 单元格输入姓名；在 F1 单元格，可以选择性输入“男”或“女”；在 I1 单元格输入今天的日期；在 C2 单元格换行输入姓名拼音和中文姓名；在 F2 单元格输入身份证号。

⑥ 在“序号列”一列中利用填充功能输入“1”至“44”，在“员工编号”一列中利用填充功能输入“ZSYH001”至“ZSYH044”。设置“总收入”一列保留 2 位小数，并使用“千位分隔符”。

操作步骤如下:

（1）打开“案例 2”工作簿，选择“单元格操作和数据输入”工作表。

（2）右键单击 A1 单元格。在弹出的菜单中单击“设置单元格格式”命令，打开“设置单元格格式”对话框，单击“对齐”选项卡，修改“方向”度数为“90”度，将文字方向设置为垂直，如图 4-24 所示。

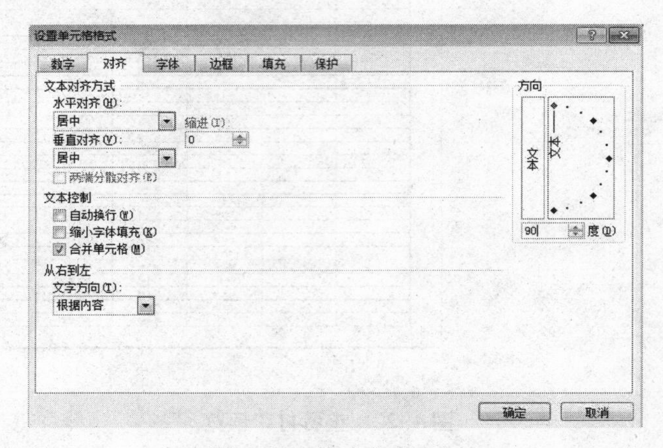

图 4-24　修改文字方向

（3）按住 Ctrl 键，依次单击“A1”、“B1”、“B2”、“E1”、“E2”、“H1”、“H2”不连续单元格后，选择“开始”主选项卡的“字体”功能区，单击“填充颜色”按钮，选中相应的颜色添加底纹。按住 Ctrl 键，依次单击 A1 : I2 单元格区域中空白单元格，修改单元格字体大小为“18”，如图 4-25 所示。

（4）右键单击“B2”单元格，在弹出的快捷菜单中单击“插入批注”命令。在“插入批注”窗口中输入“请在此单元格中跨行输入数据，第一行是姓名拼音，第二行是中文姓名”，如图 4-26 所示。鼠标右键单击 B2 单元格，选择“显示/隐藏批注”，将批注显示在工作表上。

（5）选中“I2 : J2”连续单元格区域，选择“开始”主选项卡的“对齐方式”功能区，单击“合并后居中”按钮，将“I2 : J2”连续单元格合并成一个单元格 I2。右键单击 I2 单元格，在弹出的快捷菜单中单击“设置单元格格式”菜单，打开“设置单

序列号	员工编号	员工姓名	所属部门	入企时间	银行账号	工资	岗位津贴	绩效工资	总收入
		陈祁睿	广告部	1999/1/10	622260-01100114480	2500	1250	1200	4950
		张晨	广告部	1998/1/1	622260-01100114481	1500	750	1300	3550
		赵莹	广告部	1998/12/3	622260-01100114482	1000	500	1300	2800
		刘艳	广告部	1999/2/19	622260-01100114483	1500	750	1200	3450
		何磊	广告部	1999/5/5	622260-01100114484	1500	750	1200	3450
		徐舒	广告部	1999/6/19	622260-01100114485	1000	500	1200	2700
		孟雅欣	广告部	1999/8/24	622260-01100114486	1500	750	1200	3450
		靳代亮	企划部	1999/9/19	622260-01100114487	2500	1250	1200	4950
		李泽华	企划部	1999/10/3	622260-01100114488	2000	1000	1200	4200
		张立	企划部	1999/12/10	622260-01100114489	1500	750	1200	3450
		陈燕	企划部	2000/2/5	622260-01100114490	1000	500	1100	2600

图 4-25　不连续单元格添加底纹

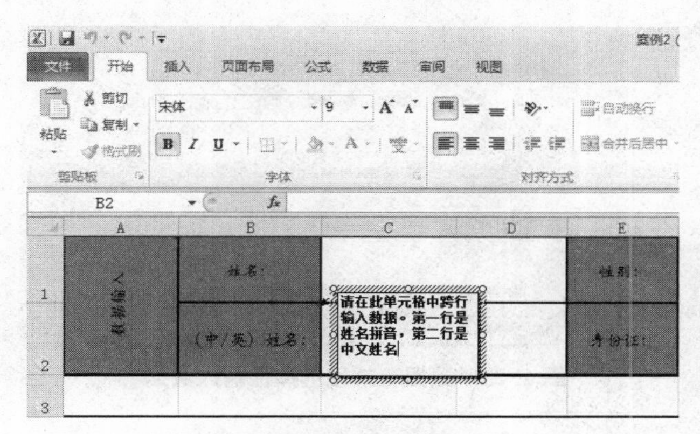

图 4-26　插入批注

元格格式”对话框，选择“数字”选项卡，在“分类”列表中选择“分数”，在“分数”类型中选择“分母为一位数”选项，单击“确定”按钮，如图 4-27 所示。单击 I2 单元格，在编辑栏中输入“1/5”（再次单击 I2 单元格，编辑栏显示 0.2）。

（6）选中 C1 单元格，输入“陈祁睿”。选中 F1 单元格，选择“数据”主选项卡的“数据工具”功能区，打开“数据有效性”下拉菜单，单击“数据有效性（V）”命令，打开“数据有效性”对话框。单击“设置”选项卡。在“允许（A）”选项列表中，选择“序列”选项，在“来源（S）:”编辑栏中输入“男，女”，单击“确定”按钮，完成设置，如图 4-28 所示。

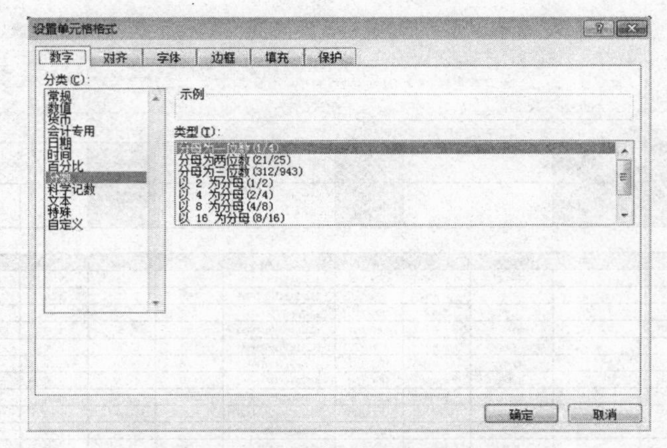

图 4-27　设置单元格格式为分数

单击 F1 单元格，此时，在单元格的右下角有个选择按钮，选择“男”，完成性别输入。

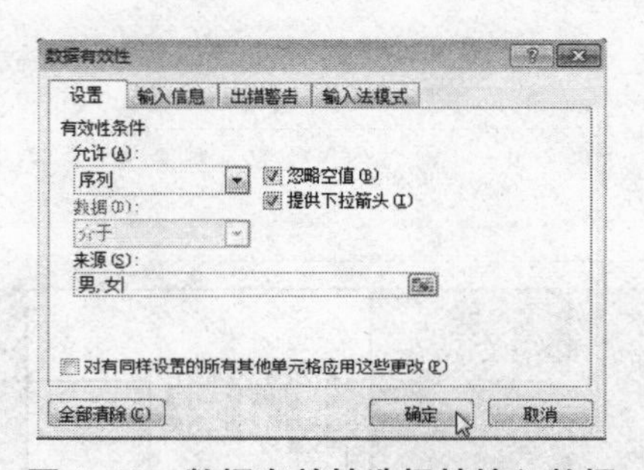

图 4-28　数据有效性选择性输入数据

（7）在 I1 单元格中输入“2012-4-24”日期型数据。在 C2 单元格首先输入“chenqirui”，按组合键“Alt+Enter”，换行输入“陈祁睿”。右键单击 F2 单元格，在弹出菜单中单击“设置单元格格式”命令，打开“设置单元格格式”对话框，选择“数字”选项卡、“分类”列表框、“文本”选项，单击“确定”按钮，将 F2 单元格类型设置为文本。再单击 F2 单元格，在编辑栏中输入“510104198109281314”，前两行效果图如图 4-29 所示。

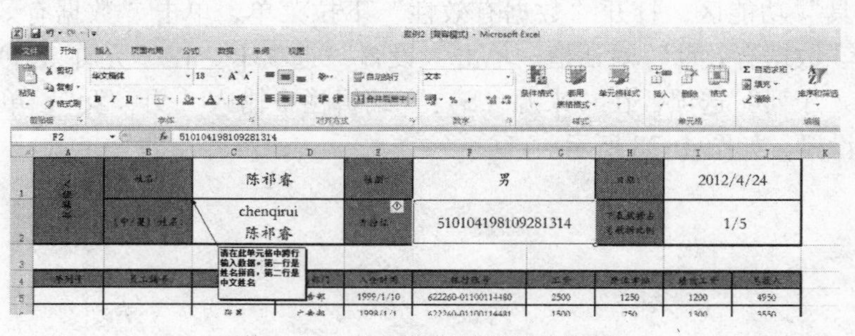

图 4-29　输入各类型数据效果图

（8）单击 A5 单元格，在 A5 单元格中输入“1”。选中“A5：A48”数据区域，选择“开始”主选项卡的“编辑”功能区，打开“填充”下拉菜单，单击“系列”命令，如图 4-30 所示。在“序列”对话框，设置“序列产生在”选项为“列”，“类型”选项为“等差序列”，“步长值”为“1”，如图 4-31 所示。设置完成后，单击“确定”按钮，完成 1~44 的数据输入。

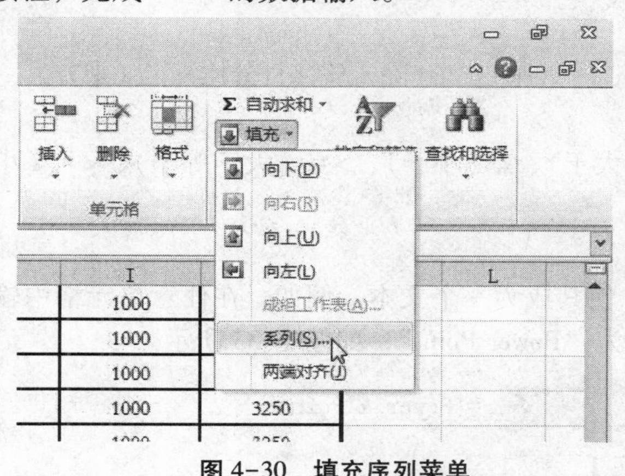

图 4-30　填充序列菜单

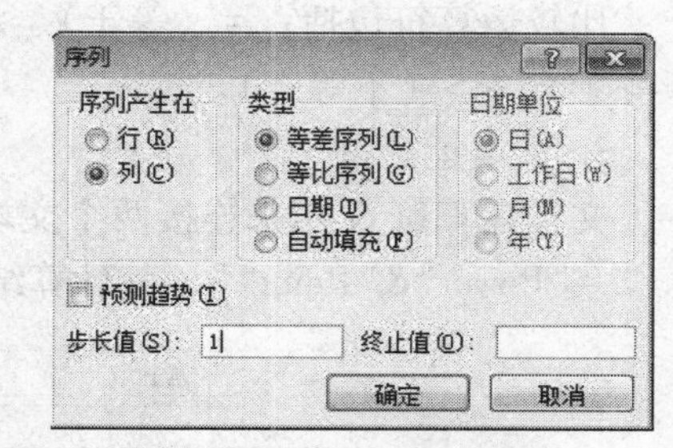

图 4-31　序列选项设置

（9）选中 B5 单元格，在 B5 单元格中输入“ZSYH001”，将鼠标放置在单元格右下角变成黑色实心“十”形状后双击鼠标，B 列数据依次填充为“ZSYH001 ~ ZSYH044”。

（10）选中 J5 : J48 单元格区域，右键单击该区域，在弹出的快捷菜单中单击“设置单元格格式”命令，打开“设置单元格格式”对话框，选择“数字”选项卡，在“分类”列表中选择“数值”，将右侧“小数位数”设置为“2”，勾选“使用千位分隔符”，然后单击“确定”按钮，如图 4-32 所示。

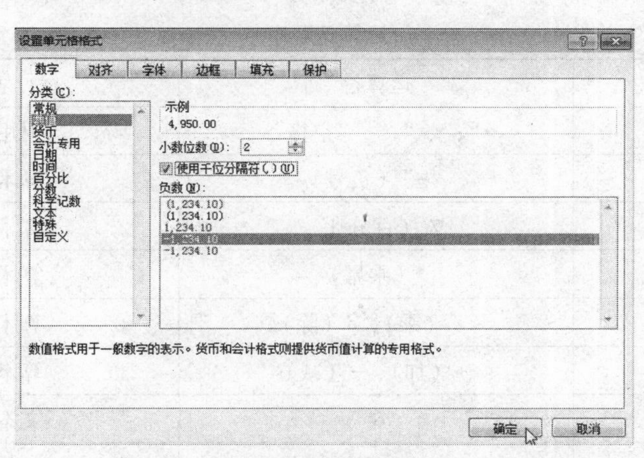

图 4-32　设置小数位数和使用千位分隔符

4.3　公式与单元格地址的引用

在 Excel 2010 中，利用公式可以实现表格的自动计算。Excel 2010 的公式以“=”开头，在“=”后面可以包括五种元素，即：运算符、单元格引用、数值和文本、函数和括号（）。

4.3.1　运算符

Excel 2010 中包含算术运算符、比较运算符、文本运算符和引用运算符四种类型。

1. 算术运算符

算术运算符包括：+（加）、-（减）、*（乘）、/（除）、%（百分比）、^（乘方）。

2. 比较运算符

比较运算符包括：=（等于）、>（大于）、<（小于）、>=（大于等于）、<=（小于等于）、<>（不等于）。

3. 文本运算符

文本运算符 & 用来连接两个文本，使其成为一个文本。例如，在任意单元格中输入“="Power"&"Point"”，其计算结果为“Power Point”，如图 4-33 所示。

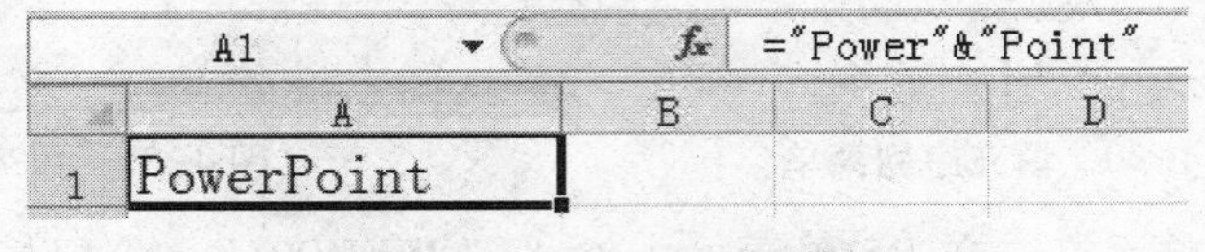

图 4-33　“&”文本运算符

4. 引用运算符

引用运算符用来引用单元格区域，包括：区域引用符（：）和联合引用符（,）。例如，B1：D5 表示 B1 到 D5 所有单元格的引用，B5，B7，D5，D6 表示 B5，B7，D5，D6 这四个单元格的引用。

运算符的优先顺序，如表 4-4 所示。

表 4-4　运算符顺序

顺序	运算符	类型
1	“;”、“,”、“空格”	引用运算符
2	“-”（负号）	算术运算符
3	%（百分比）	算术运算符
4	^（乘幂）	算术运算符
5	*（乘）、/（除）	算术运算符
6	+（加）、-（减）	算术运算符
7	&	文本运算符
8	=、>、<、>=、<=、<>	比较运算符

4.3.2　公式的输入与复制

Excel 2010 的公式以“=”开头，公式中所有的符号都是英文半角的符号。

1. 公式的输入

公式输入的操作方法如下：

首先选中存放计算结果的单元格，用鼠标单击“编辑栏”，按照公式的组成顺序依次输入各个部分，公式输入完毕，按回车键。

公式输入完毕，单元格中显示计算的结果，而公式本身只能在编辑框中看到。

下面通过一个例子来说明公式的输入。

【例 4-9】根据年利率和利息税率计算存款的税后利息的公式是：R=T＊C＊（1-V），其中 T 表示存款额，C 表示存款利率，V 表示利息税率，R 表示税后利息。假如一笔存款的存款额是 13 万元，年利率是 2.79%，利息税率是 20%，试用 Excel 2010 计算该笔存款的利息。

B4 fx =B1*B2*(1-B3)

	A	B	C
1	存款额(元)	130000	
2	年利率	2.79%	
3	利息税率	20%	
4	税后利息	2901.6	
5			

图 4-34　公式的输入

操作步骤如下：

（1）输入存款相关的数据，如图 4-34 所示。分别在 A1、A2、A3、A4 单元格中输入“存款额（元）”、“年利率”、“利息税率”、“税后利息”；分别在 B1、B2、B3 单元格中输入 130 000、2.79%、20%。

（2）在 B4 单元格中输入计算税后利息的公式“=B1＊B2＊（1-B3）”，按回车键，即可计算出该笔存款的税后利息（如图 4-34 所示）。

2. 公式的复制

为了提高输入的效率，可以对单元格中输入的公式进行复制。复制公式的方法有两种：一种是使用“复制”和“粘贴”命令，另一种是使用拖动填充柄的方法。第二种方法的操作方法为：将鼠标放在需要复制的单元格的右下角，待变成填充柄形状，拖动鼠标到同行或同列的其他单元格上。

当复制公式时，若公式中包含单元格地址的引用，则在复制的过程中根据不同的情况使用不同的单元格引用。

4.3.3　单元格地址的引用

单元格地址的引用包括绝对引用、相对引用和混合引用三种。

1. 绝对引用

绝对引用是指在公式复制或移动时，公式中的单元格地址引用相对于目的单元格不发生改变的地址。绝对引用的格式是“＄列标＄行号”，例如，＄A＄1、＄B＄3、＄E＄2。

2. 相对引用

相对引用是指在公式复制或移动时，公式中单元格地址引用相对目的单元格发生相对改变的地址。相对引用的格式是“列标行号”。例如，A1、B3、E2。

下面通过例子来说明相对引用和绝对引用的应用。

【例 4-10】计算工资和薪金所得税率和速算扣除数表，如表 4-5 所示，其中，速算扣除数=本级的最低所得额×（本级税率-前一级的税率）+ 前一级的速算扣除数。

表 4-5　**工资和薪金所得税率和速算扣除数表**

级数	全月应纳税所得额	税率	速算扣除数
1	低于 500 元	5	0
2	500 元~1999 元	10	25
3	2000 元~4999 元	15	125
4	5000 元~19 999 元	20	375
5	20 000 元~39 999 元	25	1375
6	40 000 元~59 999 元	30	3375
7	60 000 元~79 999 元	35	6375
8	80 000 元~99 999 元	40	10 375
9	100 000 元以上	45	15 375

在“工资 . xlsx”的“税率表”工作表中输入如图 4-35 所示的数据。

D4　fx　=B4*(C4-C3)/100+D3

	A	B	C	D
1	**工资和薪金所得税率和速算扣除数表**			
2	级数	全月应纳税所得额	税率	速算扣除数
3	1	0	5	0
4	2	500	10	25
5	3	2000	15	
6	4	5000	20	
7	5	20000	25	
8	6	40000	30	
9	7	60000	35	
10	8	80000	40	
11	9	100000	45	
12				
13	**起征点**	1600		

图 4-35　“税率表”工作表

操作步骤如下：

（1）在“工资 . xlsx”的“税率表”工作表中，选定 A1 到 D1 单元格，在“开始”主选项卡的“对齐方式”功能区，选择“合并后居中”菜单中的“合并后居中”命令，输入“工资和薪金所得税率和速算扣除数表”。

（2）在 A2 到 D2 单元格中依次输入列标题。

（3）在 A3 单元格中输入数字“1”，将鼠标放在 A3 单元格的右下角，待变成填充柄形状，拖动鼠标到 A11 单元格，系统自动在 A2 到 A11 单元格中填充数据。

（4）依次输入 B3 到 C11 单元格中的数据，输入 D3 单元格中的数据 0。

（5）在 D4 单元格中，输入公式“=B4 * （C4-C3）/100+D3”。

（6）将鼠标放在 D4 单元格的右下角，待变成填充柄形状，拖动鼠标到 D11 单元格，复制 D4 的公式至 D5 到 D11 单元格中，即可计算出各级速算扣除数。

说明：为了使得 D4 的公式复制到 D5 单元格中，能够变成“=B5 * （C5-C4）/100+D4”；复制到 D6 单元格中，能够变成“=B6 * （C6-C5）/100+D5”，以此类推，D4 中单元格地址引用需用相对引用。

【例 4-11】根据如图 4-36 所示的数据，计算每笔存款的税后年利息。

	A	B	C	D	E
1	计算税后利息表				
2			利息税率	20%	
3	编号	类型	存款额(万元)	年利率	税后年利息
4	1	一年定期	10000	2.79%	
5	2	一年定期	20000	2.79%	
6	3	两年定期	20000	3.33%	
7	4	三年定期	25000	3.96%	
8	5	五年定期	30000	4.41%	

图 4-36　计算税后利息表的数据

分析：首先计算 E4 单元格的税后年利息，根据前面介绍的计算方法，容易得到 E4 中的公式是“=C4 * D4 * （1-D2）”。对于每一笔存款，存款额和年利率是不同的，而利息税率是不变的，为了使得公式能够正确的复制，因此，公式中的 C4 和 D4 的引用采用相对引用，而 D2 采用绝对引用。

操作步骤如下：

（1）选中 A1 到 E1 单元格，选择“开始”主选项卡的“对齐方式”功能区，单击“合并后居中”菜单中的“合并后居中”命令，输入“计算税后利息表”。

（2）输入各个单元格的数据。

（3）在 E4 单元格中输入公式“=C4 * D4 * （1-$D$2）”，如图 4-37 所示。

E4　　fx　=C4*D4*(1-$D$2)

	A	B	C	D	E
1	计算税后利息表				
2			利息税率	20%	
3	编号	类型	存款额(万元)	年利率	税后年利息
4	1	一年定期	10000	2.79%	223.2
5	2	一年定期	20000	2.79%	446.4
6	3	两年定期	20000	3.33%	532.8
7	4	三年定期	25000	3.96%	792
8	5	五年定期	30000	4.41%	1058.4

图 4-37　输入计算税后利息的公式

（4）将鼠标放在 E4 单元格的右下角，待变成填充柄形状，拖动鼠标到 E8，将公式复制到 E5 到 E8 单元格中，计算出各笔存款的税后年利息。

3. 混合引用

混合引用是指单元格的引用中，一部分是相对引用，一部分是绝对引用。例如，

A $ 1、$ B1、$ E2。

【例 4-12】生成如图 4-38 所示的九九乘法表。

B3	fx =B$2*$A3									
	A	B	C	D	E	F	G	H	I	J	K
1	九九乘法表										
2	*	1	2	3	4	5	6	7	8	9	
3	1	1									
4	2										
5	3										
6	4										
7	5										
8	6										
9	7										
10	8										
11	9										
12											

图 4-38　输入计算九九乘法表的公式

操作步骤如下：

（1）选择 A1 到 J1 单元格，在“开始”主选项卡的“对齐方式”功能区，选择“合并后居中”菜单中的“合并后居中”命令，输入“九九乘法表”。

（2）输入 A2 到 J2，A3 到 A11 单元格的数据。

（3）在 B3 单元格中输入公式“=B $ 2 * $ A3”。

（4）将鼠标放在 B3 单元格的右下角，待变成填充柄形状，拖动鼠标到 J3，将公式复制到 C3 到 J3 单元格中。

（5）选择 B3 到 J3 单元格，将鼠标放在 J3 单元格的右下角，待变成填充柄形状，拖动鼠标到 J11 单元格，将公式复制到 B4 到 J11 单元格，产生如图 4-39 所示的九九乘法表。

	A	B	C	D	E	F	G	H	I	J	K
1	九九乘法表										
2	*	1	2	3	4	5	6	7	8	9	
3	1	1	2	3	4	5	6	7	8	9	
4	2	2	4	6	8	10	12	14	16	18	
5	3	3	6	9	12	15	18	21	24	27	
6	4	4	8	12	16	20	24	28	32	36	
7	5	5	10	15	20	25	30	35	40	45	
8	6	6	12	18	24	30	36	42	48	54	
9	7	7	14	21	28	35	42	49	56	63	
10	8	8	16	24	32	40	48	56	64	72	
11	9	9	18	27	36	45	54	63	72	81	
12											

图 4-39　九九乘法表

4. 三维地址引用

三维地址引用是在一个工作表中引用另一个工作表的单元格地址。引用方法是

"工作表标签名！单元格地址引用"。例如，Sheet1！A1，工资表！$B1，税率表！$E$2。

5. 名称

为了更加直观地引用标识单元格或单元格区域，可以给它们赋予一个名称，从而在公式或函数中直接引用。

例如，"C4：C8"单元格区域存放着每笔存款的存款额年利率，计算总的存款额的公式一般是"=SUM（C4：C8）"。在给C4：C8区域命名为"存款额"以后，该公式就可以变为"=SUM（存款额）"，从而使公式变得更加直观。

给单元格或单元格区域命名的方法是：选择需要命名的单元格或单元格区域，在名称框中输入名称，按回车键即可。

删除单元格或单元格区域名称的方法是：选择"公式"主选项卡的"定义名称"功能区，单击"名称管理器"按钮，打开"名称管理器"对话框，如图4-40所示。选中需要删除的名称，单击"删除"按钮。

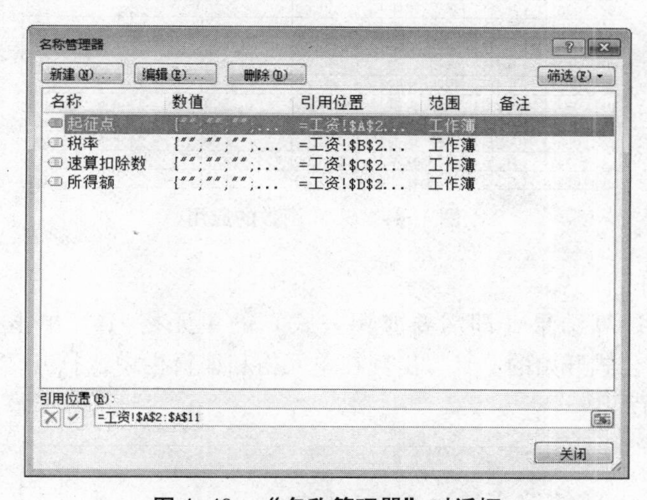

图4-40 "名称管理器"对话框

4.4 函数的使用

Excel 2010提供了大量函数，用户可以直接使用。根据函数的功能，可以将函数分为日期时间函数、文本函数、财务函数、逻辑函数、查找和引用函数、统计函数、信息函数、工程函数、数据库函数、数学和三角函数。Excel 2010提供了数学、日期、查找、统计、财务等多种函数供用户使用。

4.4.1 函数概述

1. 函数的格式

Excel 2010函数的基本格式如下：

函数名（参数1，参数2，…，参数n）

其中，函数名是每一个函数的唯一标识，决定了函数的功能和用途。参数是一些可以变化的量，参数用圆括号括起来，参数和参数之间以逗号进行分隔。函数的参数可以是数字、文本、逻辑值、单元格引用、名称等，也可以是公式或函数。例如，求和函数 SUM 的格式是 SUM（n1，n2，…），其功能是对所有参数的值求和。

2. 函数的输入

输入函数的方法有两种：使用“插入函数”对话框输入函数，或在编辑栏中输入函数。

(1) 使用“插入函数”对话框输入函数

下面通过一个具体的例子来说明使用“插入函数”对话框输入函数的方法。

【例 4-13】在“工资 . xlsx”的“工资表”工作表中，计算应发金额（应发金额=基本工资+奖金+住房补助），如图 4-41 所示。

	A	B	C	D	E	F	G	H
1						某公司一月份的工资表		
2						财务部制		
3	编号	发放时间	姓名	部门	基本工资	奖金	住房补助	应发金额
4	10932	1月2日	张珊	管理	￥1,500.00	4000	230	5730
5	10933	1月2日	李思	软件	￥1,200.00	5000	260	6460
6	10934	1月2日	王武	财务	￥1,100.00	2000	250	3350
7	10935	1月2日	赵柳	财务	￥1,050.00	1000	270	2320
8	10936	1月2日	钱棋	人事	￥1,020.00	2000	240	3260
9	10941	1月2日	张明	管理	￥1,360.00	4000	210	5570
10	10942	1月2日	赵敏	人事	￥1,320.00	2500	230	4050
11	10945	1月2日	王红	培训	￥1,360.00	2600	230	4190
12	10946	1月2日	李萧	培训	￥1,250.00	2800	240	4290
13	10947	1月2日	孙科	软件	￥1,200.00	3500	230	4930
14	10948	1月2日	刘利	软件	￥1,420.00	2500	220	4140

图 4-41　SUM 函数的应用

操作步骤如下：

① 选定存放计算结果（即需要应用公式）的单元格 H4，单击“编辑栏”中的“fx”按钮，表示公式开始的“=”出现在单元格和编辑栏中，打开“插入函数”对话框，如图 4-42 所示。

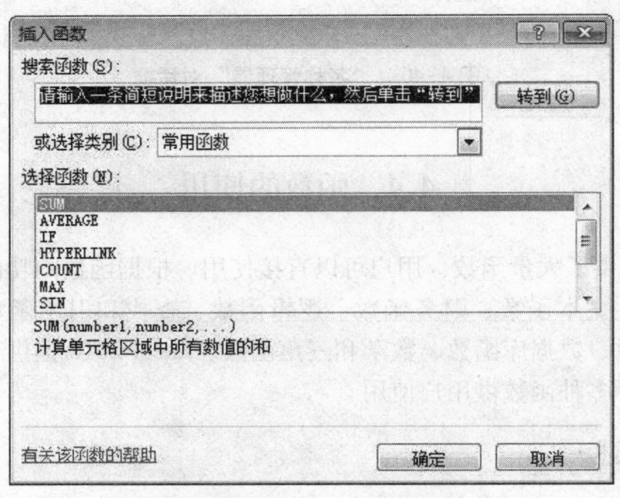

图 4-42　“插入函数”对话框

② 在“或选择类别”下拉列表中，选择“常用函数”；在“选择函数”列表框中，选择“SUM”函数，单击“确定”按钮，打开“函数参数”对话框，如图 4-43 所示。

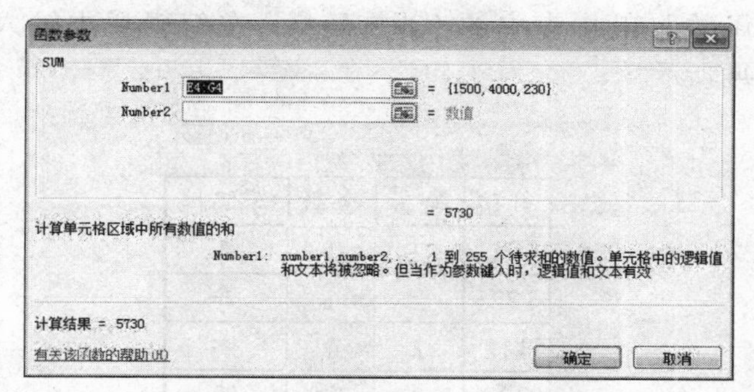

图 4-43 “函数参数”对话框

③ 将光标定位到“Number1”文本框中。在“工资表”工作表中，用鼠标拖动选中要引用的区域（即 E4 到 G4 单元格），此时，在“Number1”文本框中自动输入 E4：G4。单击“确定”按钮，返回工作表，在 H4 中出现计算数据。

④ 将鼠标指向 H4 单元格的右下角，待变成填充柄形状，拖动鼠标到 H14，将公式复制至 H5 到 H14 单元格，在 H5 到 H14 单元格中显示计算数据。

采用此方法的最大优点在于：引用的区域很准确，特别是三维引用时不容易发生工作表或工作簿名称输入错误的问题。

（2）在编辑栏中输入函数

如果用户需要套用某个现成公式，或者输入一些嵌套关系复杂的公式，利用编辑栏输入更加快捷。操作方法如下：

① 选中存放计算结果的单元格。

② 用鼠标单击 Excel 2010 的“编辑栏”，按照公式的组成顺序依次输入各个部分，例如=SUM（E4：G4），公式输入完毕，按回车键。

4.4.2 常用数学函数

1. 数学函数

常用数学函数如表 4-6 所示。

表 4-6 常用数学函数

函数	格式	功能	举例
ABS	ABS（n）	返回给定数 n 的绝对值	ABS（-200） ABS（D4）
MOD	MOD（n，d）	返回 n 和 d 相除的余数	MOD（20，6） MOD（A1，4）
SQRT	SQRT（n）	返回给定数 n 的平方根	SQRT（16） SQRT（A1）

MOD 函数——求余函数

【格式】MOD（number，divisor）

【功能】求余。

【说明】number 为被除数，divisor 为除数。MOD 函数（求余函数）是数学函数中应用频率较高的函数之一。判断奇偶性、隔行取值都需要用到 MOD 函数。

【例 4-14】利用 MOD 求余函数判断奇偶性。

单击“求余函数”工作表中的 C2 单元格，在编辑栏中输入“=MOD（A2，B2）”，如图 4-44 所示。

C2 =MOD(A2,B2)

	A	B	C	D
1	数值	除数	余数	奇偶性
2	91	2	1	奇
3	1221	2	1	奇
4	112	2	0	偶
5	320	2	0	偶
6	928	2	0	偶

图 4-44　MOD 求余数运算

2. 统计函数

常用统计函数如表 4-7 所示。

表 4-7　常用统计函数

函数	格式	功能	举例
SUM	SUM（n1，n2，…）	返回所有参数之和	SUM（A1：A3） SUM（A1：A3，100）
AVERAGE	AVERAGE（n1，n2，…）	返回所有参数的平均值	AVERAGE（A1：A3） AVERAGE（A1，B3，D4）
MAX	MAX（n1，n2，…）	返回所有参数的最大值	MAX（A1：A3） MAX（A1，B3，D4）
MIN	MIN（n1，n2，…）	返回所有参数的最小值	MIN（A1：A3） MIN（A1，B3，D4）
COUNT	COUNT（v1，v2，…）	返回所有参数中数值型数据的个数	COUNT（A1：A10）
COUNTIF	COUNTIF（v1，v2，…）	返回所有参数中满足条件的数值型数据的个数	COUNTIF（A1：A10，“团员”） COUNTIF（B1：B10，>=100）
RANK	RANK（n，r）	返回数字 n 在数字列表 r 中的排位	RANK（A1，A1：A10）

（1）SUM 函数——求和函数

【格式】SUM（number1，[number2]，...]）

【功能】返回所有参数的数值之和。

【说明】number1、number2 等可以是一个数值、一个区域或一个逻辑值。SUM 函数参数不包含文本型数据。

（2）AVERAGE 函数——求平均值函数

【格式】AVERAGE（number1，[number2]，...]）

【功能】返回所有参数的平均值。

【说明】number1、number2 等可以是一个数值、一个区域、一个逻辑值。AVERAGE 函数参数不包含文本型数据。

（3）MAX 函数——求最大值函数

【格式】MAX（number1，[number2]，...］）

【功能】返回所有参数的最大值。

【说明】number1、number2 等可以是一个数值、一个区域、一个逻辑值。MAX 函数参数不包含文本型数据。

（4）MIN 函数——求最小值函数

【格式】MIN（number1，[number2]，...］）

【功能】返回所有参数的最小值。

【说明】number1、number2 等可以是一个数值、一个区域、一个逻辑值。MIN 函数参数不包含文本型数据。

（5）COUNT 函数——统计个数函数

【格式】COUNT（value1，value2…）

【功能】返回所有参数中数值型数据的个数。

【说明】value1、value2 等参数是数值型数据或数据区域。特别注意：COUNT 只统计参数中数值型单元格的个数。

（6）COUNTIF 函数——条件统计函数的使用说明：

【格式】COUNTIF（range，criteria）

【功能】返回统计区域满足条件的单元格个数。

【说明】range（判断区域）必需，表示需要统计的一个或多个单元格区域，其中包括数字或名称、数组或包含数字的引用；空值和文本值将被忽略。criteria（判断条件）必需，用于定义将对哪些单元格进行计数的数字、表达式、单元格引用或文本字符串。

（7）RANK 函数——排位函数

【格式】RANK（number，ref，[order]）

【功能】返回一个数值在列表中的排位。

【说明】第三个参数表示排序的方式，默认为 0（可以省略），表示按从高到低降序排列；若为 1，表示按从低到高升序排列。RANK 函数参数只能是数值型数据。

（8）SUMIF 函数——条件求和函数

【格式】SUMIF（range，criteria，[sum_ range]）

【功能】对区域中符合指定条件的值求和。

【说明】range（判断区域）必需，用于判断条件的单元格区域。criteria（判断条件）必需，用于确定对哪些单元格求和的条件，其形式可以为数字、表达式、单元格引用、文本或函数。sum_ range（求和区域）可选，表示要求和的实际单元格或单元格区域；当且仅当第一个参数（判断区域）和第三个参数（求和区域）完全重合，第三个参数（求和区域）可以省略。

（9）AVERAGEIF 函数——带条件求平均值函数

【格式】AVERAGEIF（range，criteria，[average_ range]）

【功能】对区域中符合指定条件的值求平均值。

【说明】range（判断区域）必需，用于判断条件的单元格区域。criteria（判断条件）必需，用于确定对哪些单元格求和的条件，其形式可以为数字、表达式、单元格引用、文本或函数。average_ range（求平均值区域）可选，表示要求平均值的实际单元格或单元格区域；当且仅当第一个参数（判断区域）和第三个参数（求平均值区域）完全重合，第三个参数（求平均值区域）可以省略。AVERAGEIF 函数在判断条件中任何文本条件或任何含有逻辑或数学符号的条件都必须使用双引号（"）将其括起来。如果条件为数字，则无需使用双引号。AVERAGEIF 条件同样可以使用问号（?）和星号（*）通配符。

3. 函数应用

【例 4-15】在“工资.xlsx”的“工资表”工作表中，完成下列操作：

① 根据应发工资，计算工资的排名。

② 计算基本工资、奖金、住房补助，以及应发金额各项的平均值、最大值和最小值。

③ 计算总的人数。

④ 增加制表时间为当前的日期，如图 4-45 所示。

	A	B	C	D	E	F	G	H	I	J	K	L	M
1	某公司一月份的工资表												
2	财务部制												
3	编号	发放时间	姓名	部门	基本工资	奖金	住房补助	应发金额	其他扣款	所得税	实发工资	排名	备注
4	10932	1月2日	张珊	管理	￥1,500.00	4000	230	5730	30			2	高
5	10933	1月2日	李思	软件	￥1,200.00	5000	260	6460	40			1	高
6	10934	1月2日	王武	财务	￥1,100.00	2000	250	3350	50			9	中
7	10935	1月2日	赵柳	财务	￥1,050.00	1000	270	2320	30			10	低
8	10936	1月2日	钱棋	人事	￥1,020.00	2000	240	3260	60			9	中
9	10941	1月2日	张明	管理	￥1,360.00	4000	210	5570	30			2	高
10	10942	1月2日	赵敏	人事	￥1,320.00	2500	230	4050	40			7	中
11	10945	1月2日	王红	培训	￥1,360.00	2600	230	4190	40			5	中
12	10946	1月2日	李萧	培训	￥1,250.00	2800	240	4290	50			4	中
13	10947	1月2日	孙科	软件	￥1,200.00	3500	230	4930	30			2	中
14	10948	1月2日	刘利	软件	￥1,420.00	2500	220	4140	40			3	中
15			平均值		1252.73	2900.00	237.27	4390.00			总人数		11
16			最大值		1500.00	5000.00	270.00	6460.00			工资高的人数		3
17			最小值		1020.00	1000.00	210.00	2320.00					
18										制表时间	2007-1-2		

图 4-45　工资表的计算数据

操作步骤如下：

（1）计算排名。在 L4 单元格输入公式“=RANK（H4，H4：H14）”，将鼠标指向 L4 单元格的右下角，待变成填充柄形状，拖动鼠标到 L14，将公式复制至 L5 到 L14 单元格。

（2）计算各项平均值。在 E15 单元格输入公式“=AVERAGE（E4：E14）”，采用拖动填充柄的方法将公式复制至 F15 到 H15 单元格。

（3）计算各项最大值。在 E16 单元格输入公式“=MAX（E4：E14）”，采用拖动填充柄的方法将公式复制至 F16 到 H16 单元格。

（4）计算各项最小值。在 E17 单元格输入公式“=MIN（E4：E14）”，采用拖动填充柄的方法将公式复制至 F17 到 H17 单元格。

（5）计算总人数。在 M15 单元格输入公式“=COUNT（E4：E14）”。

（6）输入当前日期。在 K18 单元格输入公式“=TODAY（）”。

【例 4-16】打开“案例 3”工作簿，在“公式基础”工作表中完成相应计算，如图 4-46 所示。

E10 fx {=SUM(C5:C7*D5:D7)}

	A	B	C	D	E
1	某数码公司电脑外设销售表				
2	商品名称	分类	数量（个）	单价(元)	金额（元）
3	鼠标	电脑耗材	320	50	16000
4	键盘	电脑耗材	643	120	77160
5	U盘	移动存储	156	40	6240
6	移动硬盘	移动存储	294	460	135240
7	移动光驱	移动存储	293	180	52740
8	摄像头	电脑耗材	490	60	29400
9	耳麦	电脑耗材	535	120	64200
10			（移动存储）销售总金额		194220
11			（所有商品）销售总金额		

图 4-46 “案例 3”工作簿——“数组公式”的输入

操作要求如下：

① 在 E3 单元格中通过普通公式计算“鼠标”的销售金额。

② 利用公式填充复制完成 E4：E9 对应商品的销售金额。

③ 在 E10 单元格中通过数组公式计算（移动存储）销售总金额。

④ 在 E11 单元格中通过名称公式计算（所有商品）销售总金额。

操作步骤如下：

（1）打开“案例 3”工作簿，选择“公式基础”工作表。

（2）在“公式基础”工作表中单击 E3 单元格，输入“=C3 * D3”按 Enter 键完成普通公式的输入。

（3）单击 E3 单元格，将鼠标放置在单元格右下角，待变成黑色实心“十”形状，向下拖动鼠标至 E9 单元格，完成公式的复制。

（4）单击 E10 单元格，在单元格中输入“=SUM（C5：C7 * D5：D7）”，按组合键 Ctrl+Shift+Enter，完成数组公式输入。

（5）选中 C3：C9 单元格区域，在名称栏中输入“数量”；选中 D3：D9 单元格区域，在名称栏中输入“单价”；在 E11 单元格中输入“=SUM（数量 * 单价）”，按组合键“Ctrl+Shift+Enter”，完成计算，如图 4-47 所示。

E11 fx {=SUM(数量*单价)}

	A	B	C	D	E
1	某数码公司电脑外设销售表				
2	商品名称	分类	数量（个）	单价(元)	金额（元）
3	鼠标	电脑耗材	320	50	16000
4	键盘	电脑耗材	643	120	77160
5	U盘	移动存储	156	40	6240
6	移动硬盘	移动存储	294	460	135240
7	移动光驱	移动存储	293	180	52740
8	摄像头	电脑耗材	490	60	29400
9	耳麦	电脑耗材	535	120	64200
10			（移动存储）销售总金额		194220
11			（所有商品）销售总金额		380980

图 4-47 “名称公式”的应用

【例 4-17】打开“案例 3”工作簿，在“单元格地址引用”工作表中完成相应计算。

操作要求如下：

① 通过 2009 年收入减去 2009 年支出，计算 2009 年每个地区的利润值。

② 通过 2009 年利润值乘以 2010 年预计增长率，估算 2010 年每个地区预计利润值。

③ 通过 2009 年利润分别乘以 2010（2011）年明细增长率，计算出 2010（2011）年实际利润值。

操作步骤如下：

（1）打开“案例 3”工作簿，选择“单元格地址引用”工作表。

（2）在“单元格地址引用”工作表中，单击 B5 单元格。在 B5 单元格中输入“=B3-B4”，向右拖动鼠标填充复制公式，完成 2009 年每个地区利润值计算，如图 4-48 所示。

B5 =B3-B4

	A	B	C	D	E	F	G
1	某公司各地区收支明细表						
2		东北区	西北区	华南区	华东区	西南区	华中区
3	2009年收入	1339	3613	7354	5761	7300	4585
4	2009年支出	118	685	4534	1840	2846	3051
5	2009利润值	1221	2928	2820	3921	4454	1534

图 4-48　“相对地址”计算 2009 年利润值

（3）单击 B6 单元格，在 B6 单元格中输入“=B5 * $B$10”（或输入“=B5 * B10”，选中 B10，按 F4 键，切换为 $B$10），向右拖动鼠标填充复制公式，完成 2010 年每个地区预计利润值计算，如图 4-49 所示。

B6 =B5*$B$10

	A	B	C	D	E	F	G
1	某公司各地区收支明细表						
2		东北区	西北区	华南区	华东区	西南区	华中区
3	2009年收入	1339	3613	7354	5761	7300	4585
4	2009年支出	118	685	4534	1840	2846	3051
5	2009利润值	1221	2928	2820	3921	4454	1534
6	2010预计利润值	1282.05	3074.4	2961	4117.05	4676.7	1610.7

图 4-49　“绝对地址”计算 2010 年预计利润值

（4）单击 B7 单元格，在 B7 单元格中输入“=B$5 * B11”（或输入“=B5 * B11”，选中 B5，连续按 F4 键，直到切换为 B$5），向右拖动鼠标至 G7 单元格，再向下拖动鼠标填充复制公式，完成 2010 年利润值和 2011 年利润值计算，如图 4-50 所示。

B7 =B$5*B11

	A	B	C	D	E	F	G
1	某公司各地区收支明细表						
2		东北区	西北区	华南区	华东区	西南区	华中区
3	2009年收入	1339	3613	7354	5761	7300	4585
4	2009年支出	118	685	4534	1840	2846	3051
5	2009利润值	1221	2928	2820	3921	4454	1534
6	2010预计利润值	1282.05	3074.4	2961	4117.05	4676.7	1610.7
7	2010利润	1330.89	3045.12	2904.6	4234.68	4498.54	1595.36
8	2011利润	1367.52	3191.52	3102	4744.41	5166.64	1718.08

图 4-50　“混合地址”计算 2010 年利润值和 2011 年利润值

【例 4-18】在“案例 4”工作簿的“常用统计和数学函数”工作表中完成相应计算。

操作要求如下：

① 在 G2：G7 单元格区域中，利用求和函数计算每位同学的总成绩。

② 在 B8：F8 单元格区域中，利用求最大值函数找出每科成绩的最高分。

③ 在 B9：F9 单元格区域中，利用求最小值函数找出每科成绩的最低分。

④ 在 B10：F10 单元格区域中，利用求平均值函数计算每科成绩的平均分。

⑤ 在 H2：H7 单元格区域中，利用排名函数统计根据每位同学的总成绩由高到低进行排位的名次。

⑥ 利用统计函数完成“综合统计表”。

操作步骤如下：

（1）打开“案例 4”工作簿，选择“常用统计和数学函数”工作表。

（2）单击 G2 单元格，在编辑栏中输入“=SUM（B2：F2）”，向下填充函数，计算 G2：G7 单元格区域中每位同学的总成绩，如图 4-51 所示。

G2 =SUM(B2:F2)

	A	B	C	D	E	F	G
1	科目 姓名	计算机	高数	英语	金融学	政治	总成绩
2	曹纳	114	98	142	138	116	608
3	李雪	120	89	139	125	141	614
4	王睿	65	98	87	100	98	448
5	刘刚	135	120	149	150	150	704
6	王韵运	78	76	69	78	42	343
7	张发德	126	113	123	109	136	607
8	最大值						

图 4-51　SUM 函数进行求和运算

（3）在 H2 单元格中输入“=RANK（G2，$G$2：$G$7）”，向下拖动鼠标填充函数，统计出根据每位同学的总成绩，由高到低进行排位的名次，如图 4-52 所示。

H2 =RANK(G2,$G$2:$G$7)

	A	B	C	D	E	F	G	H
1	科目 姓名	计算机	高数	英语	金融学	政治	总成绩	排名
2	曹纳	114	98	142	138	116	608	3
3	李雪	120	89	139	125	141	614	2
4	王睿	65	98	87	100	98	448	5
5	刘刚	135	120	149	150	150	704	1
6	王韵运	78	76	69	78	42	343	6
7	张发德	126	113	123	109	136	607	4

图 4-52　Rank 函数进行排名统计

（4）在 B8 单元格中输入“=MAX（B2：B7）”，向右拖动鼠标填充函数，统计每科成绩的最高分，如图 4-53 所示。

B8　=MAX(B2:B7)

	A	B	C	D	E	F	G
1	科目 / 姓名	计算机	高数	英语	金融学	政治	总成绩
2	曹纳	114	98	142	138	116	608
3	李雷	120	89	139	125	141	614
4	王睿	65	98	87	100	98	448
5	刘刚	135	120	149	150	150	704
6	王的运	78	76	69	78	42	343
7	张发德	126	113	123	109	136	607
8	最大值	135	120	149	150	150	

图 4-53　MAX 函数统计最大值

（5）在 B9 单元格中输入“=MIN（B2：B7）”，向右拖动鼠标填充函数，统计每科成绩的最低分，如图 4-54 所示。

B9　=MIN(B2:B7)

	A	B	C	D	E	F
1	科目 / 姓名	计算机	高数	英语	金融学	政治
2	曹纳	114	98	142	138	116
3	李雷	120	89	139	125	141
4	王睿	65	98	87	100	98
5	刘刚	135	120	149	150	150
6	王的运	78	76	69	78	42
7	张发德	126	113	123	109	136
8	最大值	135	120	149	150	150
9	最小值	65	76	69	78	42

图 4-54　MIN 函数统计最小值

（6）在 B10 单元格中输入“=AVERAGE（B2：B7）”，向右拖动鼠标填充函数，统计各科成绩的平均分，如图 4-55 所示。

B10　=AVERAGE(B2:B7)

	A	B	C	D	E	F	G
1	科目 / 姓名	计算机	高数	英语	金融学	政治	总成绩
2	曹纳	114	98	142	138	116	608
3	李雷	120	89	139	125	141	614
4	王睿	65	98	87	100	98	448
5	刘刚	135	120	149	150	150	704
6	王的运	78	76	69	78	42	343
7	张发德	126	113	123	109	136	607
8	最大值	135	120	149	150	150	
9	最小值	65	76	69	78	42	
10	平均值	106.3333	99	118.1667	116.6667	113.8333	

图 4-55　AVERAGE 函数统计最大值

（7）在 N2 单元格中输入“= COUNT（B2：B7）”，统计学生总人数，如图 4-56 所示。

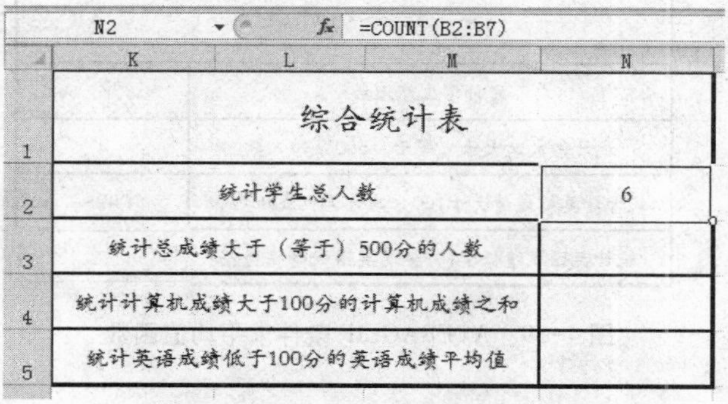

N2　f_x　=COUNT(B2:B7)

	K	L	M	N
1	综合统计表			
2	统计学生总人数			6
3	统计总成绩大于（等于）500分的人数			
4	统计计算机成绩大于100分的计算机成绩之和			
5	统计英语成绩低于100分的英语成绩平均值			

图 4-56　COUNT 统计学生个数

（8）在 N3 单元格中输入“=COUNTIF（G2：G7,">=500"）”，统计总成绩大于（等于）500 分的人数，如图 4-57 所示。

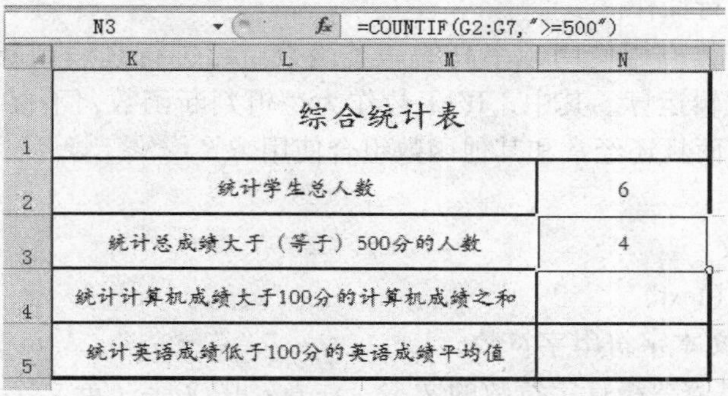

N3　f_x　=COUNTIF(G2:G7,">=500")

	K	L	M	N
1	综合统计表			
2	统计学生总人数			6
3	统计总成绩大于（等于）500分的人数			4
4	统计计算机成绩大于100分的计算机成绩之和			
5	统计英语成绩低于100分的英语成绩平均值			

图 4-57　COUNTIF 条件统计函数

（9）在 N4 单元格中输入“=SUMIF（B2：B7,">100"）”，统计计算机成绩大于 100 分的计算机成绩之和，如图 4-58 所示。

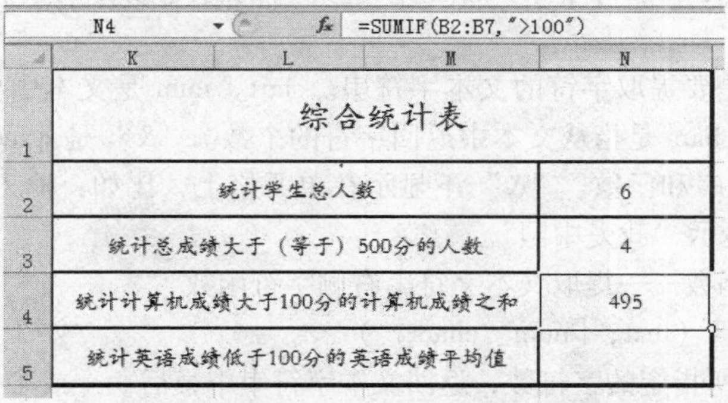

N4　f_x　=SUMIF(B2:B7,">100")

	K	L	M	N
1	综合统计表			
2	统计学生总人数			6
3	统计总成绩大于（等于）500分的人数			4
4	统计计算机成绩大于100分的计算机成绩之和			495
5	统计英语成绩低于100分的英语成绩平均值			

图 4-58　SUMIF 条件求和函数

（10）在 N4 单元格中输入“=AVERAGEIF（D2：D7,"<100"）”，统计英语成绩低于 100 分的英语平均成绩，如图 4-59 所示。

N5 =AVERAGEIF(D2:D7,"<100")

	K	L	M	N
1	综合统计表			
2	统计学生总人数			6
3	统计总成绩大于（等于）500分的人数			4
4	统计计算机成绩大于100分的计算机成绩之和			495
5	统计英语成绩低于100分的英语成绩平均值			78

图 4-59　AVERAGEIF 条件求平均值函数

4.4.3　文本和逻辑函数

Excel 2010 数据中包含大量的文本型数据，对文本型数据的处理也是工作和生活中经常遇到的问题。对字符串的提取、替换，对特殊字符的查找，设置字符串格式都可以通过文本函数进行操作。

逻辑函数是函数应用使用频率高的一类函数。可进行真假判断、逻辑关系（与、或、非）判断等逻辑运算。其中，IF 函数作为逻辑判断函数，不仅在工作、生活中的实际案例中使用，而且还经常和其他函数组合使用。

1. 文本函数

（1）LEN 函数

【格式】LEN（text）

【功能】返回文本字符串字符数。

【说明】text 是需要统计字符数的文本。注意：中文字、英文字母、数字、空格都是一个字符。比如，“=LEN（"西南财经大学"）”返回的值是 6。

（2）MID 函数——取字符串函数

【格式】MID（text，start_ num，num_ chars）

【功能】返回文本字符串中从指定位置开始的特定数目的字符，该数目由用户指定。

【说明】text 是要提取字符的文本字符串。start_ num 是文本中要提取的第一个字符的位置。num_ chars 是指从文本中返回字符的个数。“&”是 Excel 常用的字符连接符，可以连接字符串和函数。“&”不显示在单元格上，比如：输入“="我爱"&"中国"”，在屏幕上显示“我爱中国”。

（3）RIGHT 函数——提取文本字符串右侧字符函数

【格式】RIGHT（text，[num_ chars]）

【功能】根据所指定的字符数，返回文本字符串中最后一个或多个字符。

【说明】text 是要提取字符的文本字符串。num_ chars（可选）是要从文本字符串右侧提取的字符数量；如果省略 num_ chars，默认提取 1 个字符。

（4）LEFT 函数——提取文本字符串左侧字符函数

【格式】LEFT（text，[num_ chars]）

【功能】从文本字符串左侧开始提取字符。

【说明】text 是要提取字符的文本字符串。num_ chars（可选）是要从文本字符串左侧提取的字符数量；如果省略 num_ chars，默认提取 1 个字符。

（5）REPLACE 函数——替换文本字符串函数

【格式】REPLACE（old_ text，start_ num，num_ chars，new_ text）

【功能】用其他文本字符串根据所指定的字符数替换文本字符串中的部分文本。

【说明】old_ text 是要替换其部分字符的文本。start_ num 是要替换 old_ text 文本字符的开始位置。num_ chars 是要替换 old_ text 文本字符的个数。new_ text 是要替换 old_ text 中字符的文本。

（6）FIND 函数

【格式】FIND（find_ text，within_ text，[start_ num]）

【功能】用于在第二个文本串中定位第一个文本串，并返回第一个文本串的起始位置的值，该值从第二个文本串的第一个字符算起。

【说明】find_ text 是要查找的文本。within_ text 是要查找文本的文本。start_ num 是要从第几个字符开始搜索；此参数可以省略，省略后默认值为 1，比如，“=FIND（"f","swufe"）”返回的值是 4;“=FIND（"C","CONCATENATE"，3）”返回的值是 4。注意：FIND 函数区分大小写并不允许使用通配符。

2. 逻辑函数

（1）IF 函数——判断函数

【格式】IF（logical_ test，[value_ if_ true]，[value_ if_ false]）

【功能】根据指定条件进行判断，如果条件为真（结果值为 TRUE），返回某个值；如果条件为假（结果值为 FALSE），返回另外一个值。

【说明】logical_ test 是判断条件，其计算结果是 TRUE 或 FALSE。value_ if_ true 是条件为真时返回的值；此参数如果省略具体的值，默认返回 0 值。value_ if_ false 是条件为假时返回的值；如果省略这个参数，默认返回 FALSE；如果省略具体的值（参数不省略），默认返回 0 值。

（2）AND 函数

【格式】AND（logical1，[logical2]，…）

【功能】所有参数返回的逻辑值都为真（TRUE）时，其返回真（TRUE）值；只要有一个参数返回的逻辑结果值是假（FALSE）值，就返回假（FALSE）值。

【说明】logical1、logical2 等是逻辑值或要检验的条件，检验的条件返回的值是 TURE 或 FALSE。比如，“=AND（TRUE,"M"="L"）”返回的值为 FALSE。

（3）OR 函数

【格式】OR（logical1，[logical2]，…）

【功能】任意一个参数返回的逻辑值为真（TRUE）时，返回真（TRUE）值；否则，返回假（FALSE）值。

【说明】logical1、logical2 等是逻辑值或要检验的条件，检验的条件返回的值是 TURE 或 FALSE。比如，“=OR（TRUE,"M"="L"）”返回的值为 TRUE。

(4) NOT 函数

【格式】NOT (logical)

【功能】对参数值求反。当要确保一个值不等于某一特定值时，可以使用 NOT 函数。如果参数返回的逻辑值是 TRUE (FALSE)，则 NOT 函数返回的值是 FALSE (TRUE)。

【说明】logical 是逻辑值或要检验的条件，检验的条件返回的值是 TURE 或 FALSE。比如："=NOT ("M"="L")" 返回的值是 TRUE。

3. 函数应用

【例 4-19】在"工资 .xlsx"的"工资表"工作表中，增加备注列以反映工资的高低水平，计算方法为：如果工资大于等于 5000，显示"高"；如果工资大于等于 3000 且小于 5000，显示"中"；如果工资小于 3000，则显示"低"。然后计算工资高的人数。

操作步骤如下：

(1) 计算工资的高低水平。在 M4 单元格中输入公式"=IF (H4>=5000,"高", IF (H4>=3000,"中","低"))"后，采用拖动填充柄的方法将公式复制至 M5 到 M14 单元格。

(2) 计算工资高的人数。在 M16 单元格中输入公式"=COUNTIF (M4 : M14, "高")"。

【例 4-20】在"文本和逻辑函数"工作表中根据要求完成工作表操作。

操作要求如下：

① 从"身份证号码"列中提取出生日期，并以中文习惯（年月日）显示在 E 列。

② 将对应的 C 列的身份证号码最后 4 位替换为"*"，并显示在 F 列。

③ 从 D 列（电话号码）提取"-"右侧的数值，显示在 G 列（8 位电话号码）。

④ 根据 C 列（身份证号码）判别性别，显示在 H 列（性别）。

操作步骤如下：

(1) 打开"文本和逻辑函数"工作表，单击 E2 单元格，在编辑栏中输入"=MID (C2, 7, 4) &"年"&MID (C2, 11, 2) &"月"&MID (C2, 13, 2) &"日""，向下填充函数，完成从身份证提取出生日期，并以中文日期格式显示，如图 4-60 所示。

E2 fx =MID(C2,7,4)&"年"&MID(C2,11,2)&"月"&MID(C2,13,2)&"日"

	A	B	C	D	E
1	档案编号	姓名	身份证号码	电话号码	出生日期
2	XC112	项金海	520125197907167551	028-91683734	1979年07月16日

图 4-60　MID 取字符串函数应用

(2) 单击 F2 单元格，在编辑栏中输入"=REPLACE (C2, 15, 4,"****")"，向下填充函数，完成将身份证号码最后 4 位替换为"*"操作，如图 4-61 所示。

F2 fx =REPLACE(C2,15,4,"****")

	A	B	C	F
1	档案编号	姓名	身份证号码	替换身份证最后4位为"*"
2	XC112	项金海	520125197907167551	52012519790716****

图 4-61　REPLACE 替换文本字符串函数应用

（3）单击 G2 单元格，在编辑栏中输入“=RIGHT（D2，8）”，向下填充函数，完成从 D 列（电话号码）中提取右侧 8 位电话号码操作，如图 4-62 所示。

G2   fx =RIGHT(D2, 8)

	D	F	G
1	电话号码	替换身份证最后4位为"*"	8位电话号码
2	028-91683734	52012519790716****	91683734

图 4-62 RIGHT 在文本字符串右侧提取字符函数应用

（4）单击 H2 单元格，在编辑栏中输入“=IF（MOD（MID（C2，17，1），2）=1,"男","女"）”，向下填充函数，完成性别判断，如图 4-63 所示。

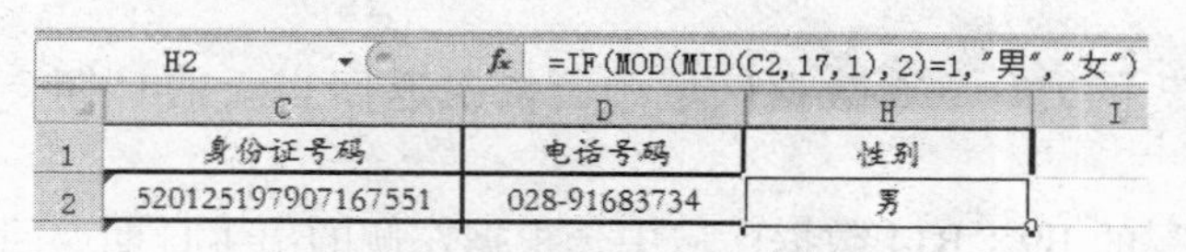

H2   fx =IF(MOD(MID(C2,17,1),2)=1,"男","女")

	C	D	H	I
1	身份证号码	电话号码	性别	
2	520125197907167551	028-91683734	男	

图 4-63 IF 函数判断应用

4.4.4 日期时间函数

常用日期时间函数如表 4-8 所示。

表 4-8 常用日期函数

函数	格式	功能	举例
TODAY	TODAY（）	返回当前日期	TODAY（）
NOW	NOW（）	返回当前日期时间	NOW（）
YEAR	YEAR（d）	返回日期 d 的年份	YEAR（TODAY（））
MONTH	MONTH（d）	返回日期 d 的月份	MONTH（TODAY（））
DAY	DAY（d）	返回日期 d 的天数	DAY（TODAY（））
DATE	DATE（y，m，d）	返回由年份 y、月份 m、天数 d 设置的日期	DATE（2007，4，3）

1. 函数介绍

（1）DATE 函数

【格式】DATE（year，month，day）

【功能】返回指定日期（年月日）的连续序列编号。

【说明】三个参数分别是表示年、月、日的数字。

（2）DATEDIF 函数

【格式】DATEDIF（start_ date，end_ date，type）

【功能】返回两日期之间的天数、月份或年份值。

【说明】第一个参数是开始日期；第二个参数是结束日期；第三个参数是需要返回的时间类型（天数、月份或年份值等）。第三个参数常用的包括：“Y”，返回年份；“M”，返回月份；“D”，返回天数。

（3）NETWORKDAYS 函数

【格式】NETWORKDAYS（start_ date，end_ date，[holidays]）

【功能】返回指定两日期之间的工作日天数。

【说明】start_ date 是开始日期；end_ date 是结束日期；[holidays] 是可选参数，是不在工作日历中的一个或多个日期所构成的可选区域。

2. 函数应用

【例 4-21】在"常用日期函数应用"工作表中通过日期函数完成相应计算。

操作要求如下：

① 在"常用日期函数应用"工作表的"表 1"数据区域中，利用 DATE 函数显示日期。

② 在"表 2"的 G2：G5 数据区域中，依次返回当天的日期、时间、年份和星期值。

③ 在"表 3"的 B9：B14 数据区域中，根据左侧的出生日期返回对应的年龄。

④ 在 F9 单元格中，返回 D9 和 E9 日期之间的工作日天数（周一到周五的工作日期间的特殊节假日列在 G9：G10 单元格区域中）。

操作步骤如下：

（1）打开"案例 7"工作簿，选择"常用日期函数应用"工作表。

（2）单击 D3 单元格，输入"=DATE（A3，B3，C3）"函数，完成在 D3：D5 区域中根据左侧数据显示日期，如图 4-64 所示。

D3　=DATE(A3,B3,C3)

	A	B	C	D
1	表1			
2	年	月	日	日期
3	2010	3	10	2010/3/10
4	2011	5	9	2011/5/9
5	2009	6	6	2009/6/6

图 4-64　DATE 函数根据年月日显示日期

（3）在 G2 单元格中输入"=TODAY（）"函数，显示当天的日期；在 G3 单元格中输入"=NOW（）"，显示当时的时间；在 G4 单元格中输入"=YEAR（TODAY（））"，返回当天的年份值；在 G5 单元格中输入"=WEEKDAY（"2012-5-22"，2）"，返回日期 2012 年 5 月 22 日的中文星期几。"表 2"的效果图如图 4-65 所示。

表2	
返回今天的日期	2012/6/1
返回现在的时间	2012/6/1 22:44
返回今天的年份	2012
返回今天的星期几	2

图 4-65　返回日期、时间、年份、星期函数

（4）在 B9 单元格中输入"=DATEDIF（A9，TODAY（），"y"）"，向下填充函数，完成"表 3"年龄区域的计算，如图 4-66 所示。

B9 f_x =DATEDIF(A9,TODAY(),"y")

	A	B	C	D
7	表3			表4
8	出生时间	年龄		起始时间
9	1999/11/10	12		2011/3/28
10	1998/1/1	14		
11	1998/12/3	13		
12	2000/9/19	11		
13	2005/5/5	7		
14	2009/8/19	2		

图 4-66　DATEDIF 函数返回两个日期的天数、月份或年份

（5）在 F9 单元格中输入“=NETWORKDAYS（D9，E9，G9：G10）”，完成两日期之间工作日的计算，如图 4-67 所示。

F9 f_x =NETWORKDAYS(D9,E9,G9:G10)

	D	E	F	G
7	表4			
8	起始时间	结束时间	天数	特殊假期日期
9	2011/3/28	2011/5/6	28	2011/4/5
10				2011/5/2
11				

图 4-67　NETWORDDAYS 函数计算两日期之间的工作日天数

4.4.5　查找和引用函数

在工作和生活中，我们常常需要在某数据区域中查找某具体的数据值，也经常引用满足指定条件的单元格或单元格区域，这就必须要用到查找和引用函数完成。常用的查找和引用函数包含：LOOKUP 函数、HLOOKUP 函数、VLOOKUP 函数、ROW 函数、COLUMN 函数、MATCH 函数、OFFSET 函数、INDEX 函数、CHOOSE 函数。

查找和引用函数是非常重要的函数类型，其在实际案例的应用的概率也是非常高的，学习查找和引用函数必须牢记查找和引用函数的功能、参数的组成、参数（或函数）的限制使用条件等。查找和引用函数也经常和其他类型的函数、数组函数组合使用完成单条件或多条件查找和引用的运算。

1. 函数介绍

（1）ROW 函数

【格式】ROW（R）

【功能】返回单元格引用 R 的行号。例如，公式“=ROW（D3）”的值是 3。

（2）COLUMN 函数

【格式】COLUMN（R）

【功能】返回单元格引用 R 的列标。例如，公式“=COLUMN（D3）”的值是 4。

（3）LOOKUP 函数

【格式】LOOKUP（lookup_ value，lookup_ vector，[result_ vector]）

【功能】根据查找值在查找区域内进行查找，返回查找区域对应位置的结果值。

【说明】lookup_ value 是查找的值（或单元格的引用）；lookup_ vector 为查找值所

在的查找区域；［result_ vector］为可选参数，是查找值对应位置值所在的结果区域。lookup_ vector查找区域必须升序排列。LOOKUP数组形式：LOOKUP（lookup_ value，array）。lookup_ value是查找的值（或单元格的引用）；array是包含lookup_ value进行比较的文本、数字或逻辑值的单元格区域。

注意：查找区域与结果区域可以同为单行区域（或者同为单列区域），二者的大小要相等。查找区域的数据是升序的。

（4）HLOOKUP函数

【格式】HLOOKUP（lookup_ value，table_ array，row_ index_ num，［range_ lookup］）

【功能】在表格或数值数组的首行查找指定的数值，并在表格或数组中指定行的同一列中返回一个数值。

【说明】lookup_ value是需要在表的第一行中进行查找的值（或单元格引用）。table_ array是以需要查找的数值作为第一行且包含结果值在内的整个区域或工作表。row_ index_ num是待返回的值的行序号。［range_ lookup］为可选参数，是一个逻辑值TRUE或FALSE；如果为TRUE，返回精确值或近似匹配值；如果为FALSE，返回精确匹配值，否则返回错误值#N/A。HLOOKUP函数中如果第四个参数省略或是TRUE，查找值从左到右必须是升序；如果第四个参数是FALSE，查找值区域不需要进行排序。

（5）VLOOKUP函数

【格式】VLOOKUP（lookup_ value，table_ array，col_ index_ num，［range_ lookup］）

【功能】搜索某个单元格区域的第一列，然后返回该区域相同行上根据第几列的序列号对应的值。

【说明】lookup_ value为需要在表的第一列中进行查找的值（或单元格引用）。table_ array为以需要查找的数值作为第一列且包含结果值在内的整个区域或工作表。row_ index_ num为待返回的值的列序号。［range_ lookup］为可选参数，是一个逻辑值TRUE或FALSE；如果为TRUE，返回精确值或近似匹配值；如果为FALSE，只能返回精确匹配值；否则，返回错误值#N/A。VLOOKUP函数中如果第四个参数省略或为TRUE，查找值从上到下必须是升序；如果第四个参数为FALSE，查找值区域不需要进行排序。

HLOOKUP和VLOOKUP的区别：前者按行进行查找，后者按列进行查找。

HLOOKUP和VLOOKUP在查找时不区分大小写，可支持通配符查找。

（6）MATCH函数

【格式】MATCH（lookup_ value，lookup_ array，［match_ type］）

【功能】可在单元格区域中搜索指定项，然后返回该项在单元格区域中的相对位置。

【说明】lookup_ value为需要在lookup_ array中查找的值。lookup_ array为要搜索的单元格区域。［match_ type］为可选参数，是数字-1、0或1；省略此参数，默认为1。

MATCH函数的第三个参数决定了查找区域的顺序和查找的方式。为1时，查找区域必须升序排列，可以近似查找（小于或等于查找值的最大值）；为 0 时，查找区域不需要任何顺序，只能精确查找；为-1 时，查找区域必须降序排列，可以近似查找（大于或等于查找值的最小值）。

MATCH 函数只是返回查找值在单元格区域中的相对位置值，与它在这个区域的大小、顺序无关。

MATCH 函数不区分大小写，第三个参数为 0 并且查找区域为文本型数据时可以使用通配符。

（7）OFFSET 函数

【格式】OFFSET（reference，rows，cols，[height]，[width]）

【功能】以指定的引用为参照系，通过移动行和列产生新的单元格引用或单元格区域。

【说明】reference 为参照系的引用单元格或单元格区域。rows 为参照系移动的行数；正数向下移动，负数向上移动。cols 为参照系移动的列数。正数向左移动，负数向右移动。[height] 为可选参数，即所要返回的引用区域的行数；Height 值必须为正数。[width] 为可选参数，即所要返回的引用区域的列数；Width 值必须为正数。

比如，"=OFFSET（B3，8，6）"表示参照系是 B3，根据 B3 的位置向下移动 8 行，向右移动 6 列，返回新的引用单元格 H11 的值。

（8）INDEX 函数

【格式】INDEX（reference，row_ num，column_ num，[area_ num]）

【功能】返回指定的行与列交叉处的单元格引用。如果引用由不连续的选定区域组成，可以选择某一选定区域。

【说明】reference 是引用的一个或多个单元格区域；如果引用的是一个不连续区域，需要用括号括起来，区域之间用逗号隔开。row_ num 是引用某行的行号。column_ num 是引用某列的列号（第几列）。[area_ num] 是第一个参数中引用的第几个区域。

比如，"=INDEX（B3：H11，9，7）"。Reference 就是引用的第一个参数 B3：H11，引用的行和列分别是 9 和 7，所以返回 B3：H11 第 9 行和第 7 列的交叉单元格 H11 的值。

① INDEX（数组形式）函数功能：返回表格或数组中的元素值，此元素由行号和列号的索引值给定，当函数 INDEX 的第一个参数为数组常量时，使用数组形式。

② INDEX（数组形式）函数语法：INDEX（array，row_ num，[column_ num]）

array 是单元格区域或数组常量。row_ num 是选择数组中的某行，函数从该行返回数值。column_ num 是选择数组中的某列，函数从该列返回数值。数组形式中，第二个参数和第三个参数至少要有一个。比如，"=Index（{1，12；3，20}，2，2）"返回的值为 20。

2. 函数应用

【例 4-22】使用 LOOKUP 函数根据"工资.xlsx"的"工资表"工作表的数据和"税率表"工作表的数据（如图 4-68 所示），计算"工资表"中的所得税额和实发工资，计算公式是：每月应纳税所得税额=每月应纳税所得额*适用税率-速算扣除数；每月应纳税所得额=实发工资-起征点；实发工资=应发工资-所得税-其他扣款。

所得额 ▾ fx 0

	A	B	C	D
1	工资和薪金所得税率和速算扣除数表			
2	级数	全月应纳税所得额	税率	速算扣除数
3	1	0	5	0
4	2	500	10	25
5	3	2000	15	125
6	4	5000	20	375
7	5	20000	25	1375
8	6	40000	30	3375
9	7	60000	35	6375
10	8	80000	40	10375
11	9	100000	45	15375
12				
13	**起征点**	1600		

图 4-68　命名税率表中单元格区域

操作步骤如下：

（1）修改“税率表”工作表中的单元格引用名称。在“税率表”工作表中，选择 B3 到 B11 单元格，在名称框中输入“所得额”，按回车键。选择 C3 到 C11 单元格，在名称框中输入“税率”，按回车键。选择 D3 到 D11 单元格，在名称框中输入“速算扣除”，按回车键。选择 B13 单元格，在名称框中输入“起征点”，按回车键。

（2）在“工资表”工作表的 J4 单元格中，输入公式“=（H4-起征点）* LOOKUP（H4-起征点，所得额，税率）/100-LOOKUP（H4-起征点，所得额，速算扣除）”。

（3）采在“工资表”工作表中，采用拖动填充柄的方法将 J4 单元格的公式复制至 J5 到 J14 单元格，计算出所得税数据。

（4）在“工资表”工作表的 K4 单元格中，输入公式“=H4-I4-J4”。

（5）在“工资表”工作表中，采用拖动填充柄的方法将 K4 单元格的公式复制至 K5 到 K14 单元格，计算出实发工资数据。

（6）计算出的数据如图 4-69 所示。

	A	B	C	D	E	F	G	H	I	J	K	L	M
1	某公司一月份的工资表												
2	财务部制												
3	编号	发放时间	姓名	部门	基本工资	奖金	住房补助	应发金额	其他扣款	所得税	实发工资	排名	备注
4	10932	1月2日	张珊	管理	¥1,500.00	4000	230	5730	30	494.50	5205.50	2	高
5	10933	1月2日	李思	软件	¥1,200.00	5000	260	6460	40	604.00	5816.00	1	高
6	10934	1月2日	王武	财务	¥1,100.00	2000	250	3350	50	150.00	3150.00	9	中
7	10935	1月2日	赵柳	财务	¥1,050.00	1000	270	2320	30	47.00	2243.00	10	低
8	10936	1月2日	钱棋	人事	¥1,020.00	2000	240	3260	60	141.00	3059.00	9	中
9	10941	1月2日	张明	管理	¥1,360.00	4000	210	5570	30	470.50	5069.50	2	高
10	10942	1月2日	赵敏	人事	¥1,320.00	2500	230	4050	40	242.50	3767.50	7	中
11	10945	1月2日	王红	培训	¥1,360.00	2600	230	4190	40	263.50	3886.50	5	中
12	10946	1月2日	李萧	培训	¥1,250.00	2800	240	4290	50	278.50	3961.50	4	中
13	10947	1月2日	孙科	软件	¥1,200.00	3500	230	4930	30	374.50	4525.50	2	中
14	10948	1月2日	刘利	软件	¥1,420.00	2500	220	4140	40	256.00	3844.00	3	中
15			**平均值**		1252.73	2900.00	237.27	4390.00			**总人数**		11
16			**最大值**		1500.00	5000.00	270.00	6460.00			**工资高的人数**		3
17			**最小值**		1020.00	1000.00	210.00	2320.00					
18										**制表时间**	2007-1-2		

图 4-69　工资表的计算结果

说明：本例中，注意 LOOKUP 函数和单元格名称的作用。

【例 4-23】在“案例 6”工作簿中，根据“销售总金额”、“提成比率”、“年终奖金”完成“一月总收入”工作表。

操作要求：

① 根据“销售总金额”表查询“1月销售总金额”，将结果根据“序号”对应返回到“一月总收入”表的“1月销售总金额”一列中。

② 根据“提成比率”表中的数据，查找“1月销售总金额”对应的“奖金比率”，返回到“一月总收入”表的“提成比率”一列中。

③ 根据“年终奖金”表中的数据，查找“销售人员编号”对应的“年终奖金”，返回到“一月总收入”表的“年终奖金”一列中。

④ 在“一月总收入”表的“一月总收入”一列中，计算每位销售人员的一月份总收入。

操作步骤如下：

（1）打开“案例6”工作簿。

（2）单击“一月总收入”工作表中的D2单元格，在编辑栏中输入“=LOOKUP（A2，销售总金额！$A$2：$A$24，销售总金额！$B$2：$B$24）”，向下填充函数，完成在“销售总金额”表中根据“序号”返回其对应的“1月销售总金额”，如图4-70所示。

D2 fx =LOOKUP(A2,销售总金额!$A$2:$A$24,销售总金额!$B$2:$B$24)

	A	B	C	D
1	序号	产品类型	销售人员编号	1月销售总金额
2	2011081201	DELL服务器	SC0919	50000
3	2011081202	IBM服务器	SC0916	200000
4	2011081203	DELL服务器	SC0904	60000
5	2011081204	其他服务器	SC0910	320000
6	2011081205	DELL服务器	SC0921	20000
7	2011081206	IBM服务器	SC0917	120000
8	2011081207	其他服务器	SC0907	240000
9	2011081208	IBM服务器	SC0902	120000

图4-70 利用LOOKUP查找1月销售总金额

（3）单击E2单元格，在编辑栏中输入“=HLOOKUP（D2，提成比率！$B$3：$F$4，2）”，向下填充函数，完成根据“1月销售总金额”在“提成比率”表中进行查找并返回其相应的“提成比率”，如图4-71所示。

E2 fx =HLOOKUP(D2,提成比率!$B$3:$F$4,2)

	A	B	C	D	E
1	序号	产品类型	销售人员编号	1月销售总金额	提成比率
2	2011081201	DELL服务器	SC0919	50000	10%
3	2011081202	IBM服务器	SC0916	200000	25%
4	2011081203	DELL服务器	SC0904	60000	10%
5	2011081204	其他服务器	SC0910	320000	25%
6	2011081205	DELL服务器	SC0921	20000	5%
7	2011081206	IBM服务器	SC0917	120000	15%
8	2011081207	其他服务器	SC0907	240000	25%
9	2011081208	IBM服务器	SC0902	120000	15%
10	2011081209	DELL服务器	SC0911	100000	15%
11	2011081210	其他服务器	SC0906	300000	25%

图4-71 利用HLOOKUP查找提成比率

（4）单击F2单元格，在编辑栏中输入“=VLOOKUP（C2，年终奖金！$A$2：$B$24，2,）”。向下填充函数，完成根据“销售人员编号”在“年终奖金”表中进行查找并返回其相应的“年终奖金”，如图 4-72 所示。

F2 =VLOOKUP(C2,年终奖金!$A$2:$B$24,2,)

	A	B	C	D	E	F
1	序号	产品类型	销售人员编号	1月销售总金额	提成比率	年终奖金
2	2011081201	DELL服务器	SC0919	50000	10%	22539
3	2011081202	IBM服务器	SC0916	200000	25%	7097
4	2011081203	DELL服务器	SC0904	60000	10%	13506
5	2011081204	其他服务器	SC0910	320000	25%	3158
6	2011081205	DELL服务器	SC0921	20000	5%	12244
7	2011081206	IBM服务器	SC0917	120000	15%	21807
8	2011081207	其他服务器	SC0907	240000	25%	14792
9	2011081208	IBM服务器	SC0902	120000	15%	20939
10	2011081209	DELL服务器	SC0911	100000	15%	10381
11	2011081210	其他服务器	SC0906	300000	25%	15620

图 4-72　利用 VLOOKUP 查找年终奖金

（5）单击 G2 单元格，在编辑栏中输入“=D2＊E2+F2”，向下填充函数，完成“1 月份总收入”计算。

【例 4-24】在“动态引用函数应用”工作表中完成相应的引用查找。

操作要求：

① 根据“银行奖励制度明细表”，利用 MATCH 函数查询“12 000”在金额一行中属于第几个级别。

② 在“银行奖励制度明细表”中以最小值“30”为参照系，利用 OFFSET 函数在 B3：H11 数据区域中查找最大值，并将结果返回至 D14 单元格。

③ 利用 OFFSET 函数，引用“类别 E”一行奖励金额，并通过 SUM 函数计算整行数据之和。

④ 分别在 H13 和 H14 单元格中选择输入“类别”和“金额”。设置 H15 单元格自动根据 H13 和 H14 的值在“银行奖励制度明细表”中交叉查找对应的奖励金额。

操作步骤如下：

（1）打开“案例 6”工作簿，选择“动态引用函数应用”工作表。

（2）选择 D13 单元格，在编辑栏中输入“=MATCH（F2，B2：H2）”，完成查询“12 000”在金额一行中属于第 5 个级别，如图 4-73 所示。

D13 =MATCH(F2,B2:H2)

	A	B	C	D	E	F	G	H
1	银行奖励制度明细表							
2	金额 类别	8000	9000	10000	11000	12000	13000	14000
3	A	30	100	150	200	250	300	350
4	B	50	100	150	200	200	200	250
5	C	50	100	150	200	200	200	250
6	D	50	100	150	200	250	300	350
7	E	50	100	150	200	250	300	350
8	F	50	100	150	200	250	300	350
9	G	50	150	150	150	450	450	450
10	H	50	150	150	150	450	450	450
11	I	100	200	400	400	400	800	1600
12								
13	12000在金额一行中属于第几个级别			5	（选择）类别			

图 4-73　MATCH 函数返回级别位置

（3）在 D14 单元格中，输入“=OFFSET（B3，8，6）”，完成通过 B3 单元格向下移动 8 行，向右移动 6 列，在 D14 单元格中返回 B3：B11 区域中的最大值，如图 4-74所示。

D14 　fx =OFFSET(B3,8,6)

	A	B	C	D	E	F	G	H
1	银行奖励制度明细表							
2	金额 类别	8000	9000	10000	11000	12000	13000	14000
3	A	30	100	150	200	250	300	350
4	B	50	100	150	200	200	200	250
5	C	50	100	150	200	200	200	250
6	D	50	100	150	200	250	300	350
7	E	50	100	150	200	250	300	350
8	F	50	100	150	200	250	300	350
9	G	50	150	150	150	450	450	450
10	H	50	150	150	150	450	450	450
11	I	100	200	400	400	400	800	1600
12								
13	12000在金额一行中属于第几个级别			5	（选择）类别			
14	以最小值为参照系移动行和列返回最大值			1600	（选择）金额			

图 4-74　OFFSET 动态引用函数返回最大值

（4）在 D15 单元格中，输入“=SUM（OFFSET（B3：H3，4，））”，完成引用类别“E”整行的数据区域，并计算该行数据之和，如图 4-75 所示。

D15 　fx =SUM(OFFSET(B3:H3,4,))

	A	B	C	D	E	F	G	H
1	银行奖励制度明细表							
2	金额 类别	8000	9000	10000	11000	12000	13000	14000
3	A	30	100	150	200	250	300	350
4	B	50	100	150	200	200	200	250
5	C	50	100	150	200	200	200	250
6	D	50	100	150	200	250	300	350
7	E	50	100	150	200	250	300	350
8	F	50	100	150	200	250	300	350
9	G	50	150	150	150	450	450	450
10	H	50	150	150	150	450	450	450
11	I	100	200	400	400	400	800	1600
12								
13	12000在金额一行中属于第几个级别			5	（选择）类别			
14	以最小值为参照系移动行和列返回最大值			1600	（选择）金额			
15	类别E奖励金额之和（每个类别每个金额只奖励一次）			1400	自动显示奖励金额			

图 4-75　OFFSET 引用整行/整列数据

（5）在 H13 和 H14 单元格分别选择输入“D”类别和“12 000”金额数值。在 H15 单元格中输入“=INDEX（B3：H11，MATCH（H13，A3：A11，0），MATCH（H14，B2：H2，0））”完成根据 H13 和 H14 单元格值变化而自动返回在“银行奖励制度明细表”中交叉查找对应的奖励金额，如图 4-76 所示。

H15 =INDEX(B3:H11,MATCH(H13,A3:A11,0),MATCH(H14,B2:H2,0))

	A	B	C	D	E	F	G	H
2	金额 类别	8000	9000	10000	11000	12000	13000	14000
3	A	30	100	150	200	250	300	350
4	B	50	100	150	200	200	200	250
5	C	50	100	150	200	200	200	250
6	D	50	100	150	200	250	300	350
7	E	50	100	150	200	250	300	350
8	F	50	100	150	200	250	300	350
9	G	50	150	150	150	450	450	450
10	H	50	150	150	150	450	450	450
11	I	100	200	400	400	400	800	1600
12								
13	12000在金额一行中属于第几个级别			5	（选择）类别			D
14	以最小值为参照系移动行和列返回最大值			1600	（选择）金额			12000
15	类别E奖励金额之和（每个类别每个金额只奖励一次）			1400	自动显示奖励金额			250

图 4-76　INDEX 和 MATCH 函数混合查找对应值

4.4.6　财务函数

Excel 2010 在财务、会计和审计工作中有着广泛的应用。Excel 提供的函数能够满足大部分的财务、会计和审计工作的需求。

下面通过例子来说明 Excel 在这方面的应用。

1. 投资理财

利用 Excel 2010 函数 FV 进行计算，可以进行一些有计划、有目的、有效益的投资。

【格式】FV（rate，nper，pmt，pv，type）

【功能】计算基于固定利率及等额分期付款方式，返回某项投资的未来值。

【说明】rate 为各期利率。nper 为总投资期，即该项投资的付款期总数。pmt 为各期所应支付的金额，其数值在整个年金期间保持不变。通常 pmt 包括本金和利息，但不包括其他费用及税款。如果忽略 pmt，则必须包括 pv 参数。pv 为现值，即从该项投资开始计算时已经入帐的款项，或一系列未来付款的当前值的累积和，也称为本金。如果省略 pv，则假设其值为 0，并且必须包括 pmt 参数。Type 为 0 或 1，用以指定各期的付款时间是在期初或期末；如果为 0，表示期末；如果为 1，表示期初；如果省略 type，则假设其值为 0。

以上参数中，若现金流入，以正数表示；若现金流出，以负数表示。

【例 4-25】假如某人两年后需要一笔学习费用支出，计划从现在起每月初存入 2000 元，如果按年利 1.98%，按月计息（月利为 1.98%/12），计算两年以后该账户的存款额。

操作步骤如下：

（1）在工作表中输入标题和数据，如图 4-77 所示，在 B2、B3、B4 和 B5 单元格中分别输入 1.98%（年利率）、24（存款期限，即 2 年的月份数）、-2000（每月存款金额），1（月初存入）。

（2）在 B6 单元格中输入公式“=FV（B2/12，B3，B4,，B5）”，计算出该项投资的未来值。

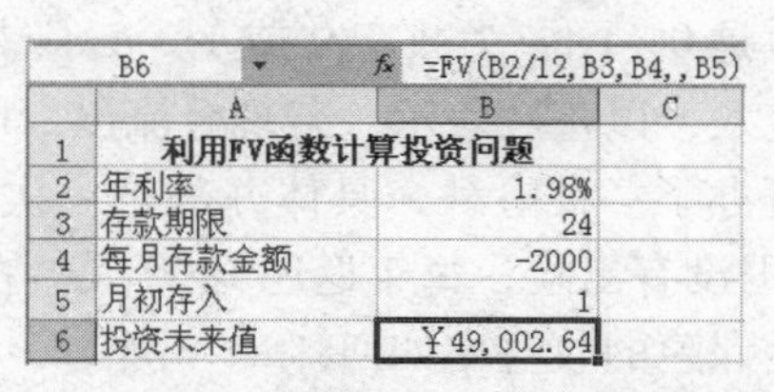

B6 =FV(B2/12,B3,B4,,B5)

	A	B	C
1	利用FV函数计算投资问题		
2	年利率	1.98%	
3	存款期限	24	
4	每月存款金额	-2000	
5	月初存入	1	
6	投资未来值	￥49,002.64	

图 4-77　FV 函数的应用

2. 还贷金额

PMT 函数可以计算为偿还一笔贷款，要求在一定周期内支付完时，每次需要支付的偿还额，即通常所说的“分期付款”。

【格式】PMT（rate，nper，pv，fv，type）

【功能】用来计算基于固定利率及等额分期付款方式，返回投资或贷款的每期付款额。

【说明】rate 为各期利率，是一固定值。nper 为总投资（或贷款）期，即该项投资（或贷款）的付款期总数。pv 为现值，或一系列未来付款当前值的累积和，也称为本金。fv 为未来值，或在最后一次付款后希望得到的现金余额；如果省略 fv，则假设其值为 0；type 为 0 或 1，用以指定各期的付款时间是在期初或期末；如果为 0，表示期末；如果为 1，表示期初；如果省略 type，则假设其值为 0。

以上参数中，若现金流入，以正数表示；若现金流出，以负数表示。

【例 4-26】某人计划分期付款买房，预计贷款 10 万元，按 10 年分期付款，银行贷款年利率为 6.12%，若每月月末还款，试计算他的每月还款额。

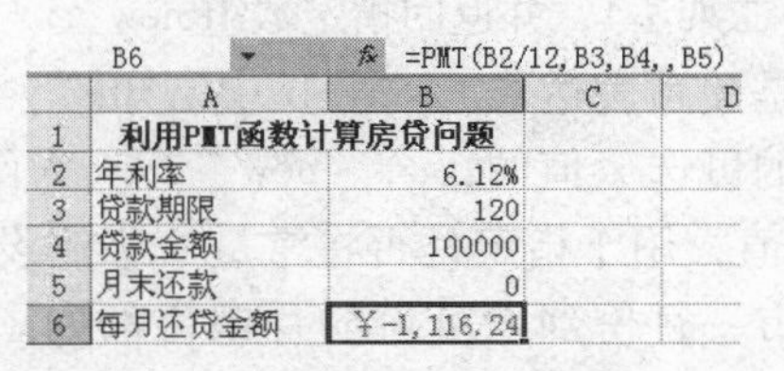

B6 =PMT(B2/12,B3,B4,,B5)

	A	B	C	D
1	利用PMT函数计算房贷问题			
2	年利率	6.12%		
3	贷款期限	120		
4	贷款金额	100000		
5	月末还款	0		
6	每月还贷金额	￥-1,116.24		

图 4-78　PMT 函数的应用

操作步骤如下：

（1）在工作表中输入标题和数据，如图 4-78 所示，在 B2、B3、B4 和 B5 单元格中分别输入 6.12%（年利率）、120（贷款期限，即 10 年的月份数）、100 000（贷款金额）和 0（月末还款）。

（2）在 B6 单元格中输入公式“=PMT（B2/12，B3，B4，，B5）”，计算出该笔贷款的每月还款额。

3. 保险收益

在 Excel 2010 中，RATE 函数返回投资的各期利率。

【格式】RATE（nper，pmt，pv，fv，type，guess）

【功能】计算某项投资的收益。

【说明】nper 为总投资期，即该项投资的付款期总数。pmt 为各期付款额，其数值在整个投资期内保持不变。pv 为现值，即从该项投资开始计算时已经入帐的款项，或一系列未来付款当前值的累积和，也称为本金。fv 为未来值，或在最后一次付款后希望得到的现金余额，默认值是 0。type 为数字 0 或 1。guess 是预期利率，默认为 10%。

以上参数中，若现金流入，以正数表示；若现金流出，以负数表示。

【例 4-27】保险公司开办了一种险种，具体办法是一次性缴费 12 000 元，保险期限为 20 年。如果保险期限内没有出险，每年返还 1000 元。在没有出险的情况下，它与现在的银行利率相比，这种保险的收益率如何。

B6 =RATE(B2,B3,B4,,B5)

	A	B	C	D
1	保险收益计算			
2	保险年限	20		
3	年返还金额	1000		
4	保险金额	-12000		
5	年底返还	1		
6	保险收益率	6.18%		

图 4-79　RATE 函数的应用

操作步骤如下：

（1）在工作表中输入数据，如图 4-79 所示，在 B2、B3、B4、B5 单元格分别输 20（保险年限）、1000（年返还金额）、-12 000（保险金额）、1（表示年底返还）。

（2）在 B6 单元格输入公式“=RATE（B2，B3，B4，，B5）”后，计算出该保险的年收益率为“6.18%”。

（3）计算说明该保险收益要高于现行的银行存款利率，所以还是有利可图的。

4. 经济预测

【格式】TREND（known_ y's，known_ x's，new_ x's，const）

【功能】返回一条线性回归拟合线的值，即找到适合已知数组 known_ y's 和 known_ x's的直线（用最小二乘法），并返回指定数组 new_ x's 在直线上对应的 y 值。

【说明】known_ y's 是关系表达式 y=mx+b 中已知的 y 值集合。known_ x's 是关系表达式 y=mx+b 中已知的可选 x 值的集合。new_ x's 为函数 TREND 返回对应 y 值的新 x 值。const 为一逻辑值，用于指定是否将常量 b 强制设为 0。

【例 4-28】假设某超市一月份到六月份的月销售额如图 4-80 所示，试用 TREND 函数预测七月份的销售额。

H3 =TREND(B3:G3)

	A	B	C	D	E	F	G	H
1	历史数据							预测月份
2	月份	一月	二月	三月	四月	五月	六月	七月
3	销售额	21200	22300	19890	23000	35000	28000	19526.19

图 4-80　TREND 函数的应用

操作步骤如下：

（1）在工作表中输入数据，在 B3 到 G3 单元格中输入一月份到六月份的销售额。

（2）在 H3 单元格中输入公式“=TREND（B3：G3）”，系统计算出七月份的预测销售额。

4.5　图表操作

Excel 2010 提供了丰富的图表功能，为用户提供更直观和全面的图形数据显示效果。Excel 2010 的图表类型包括：柱形图、条形图、折线图、饼图、XY 散点图、面积图、圆形图、雷达图、曲面图、气泡图、股价图、圆柱图、圆锥图、凌锥图等。

4.5.1　创建簇状柱形图

Excel 2010 提供了嵌入式图表和图表工作表两种图表。嵌入式图表是将图表直接绘制在原始数据所在的工作表中。图表工作表是将图表独立绘制在一张新的工作表中。图表类型示例如图 4-81 所示。

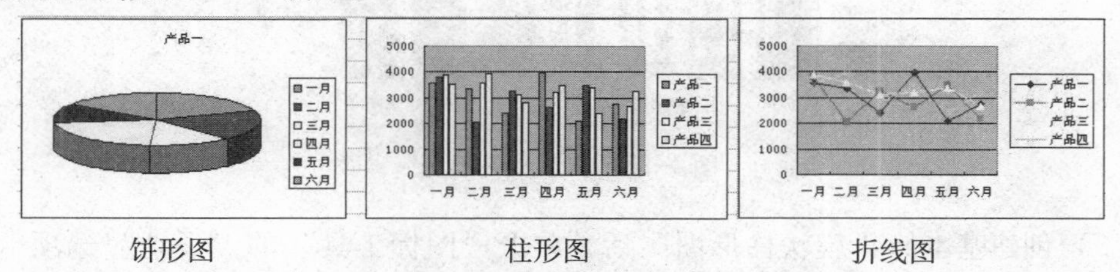

饼形图　　　　柱形图　　　　折线图

图 4-81　图表类型示例

下面以一个具体的例子来说明簇状柱形图的创建。

【例 4-29】根据“创建簇状柱形图”工作表数据创建柱形图表。

操作要求如下：

① 打开“创建簇状柱形图”工作簿，根据“创建簇状柱形图”工作表数据创建“簇状柱形图”图表。

② 在图表中使用“切换行/列”，使其“地区”为数据图表的水平轴标签。

③ 为图表添加标题，修改图表主要坐标轴刻度为“300”。

④ 更改“平均值”数据系列图表类型为“折线图”，添加“趋势线”。

操作步骤如下：

(1) 打开“创建簇状柱形图”工作表，选中 A2 : G9 数据区域，选择“插入”主选项卡的“图表”功能区，单击“柱形图”中的“二维柱形图”图表类型，创建“簇状柱形图”，如图 4-82 所示。

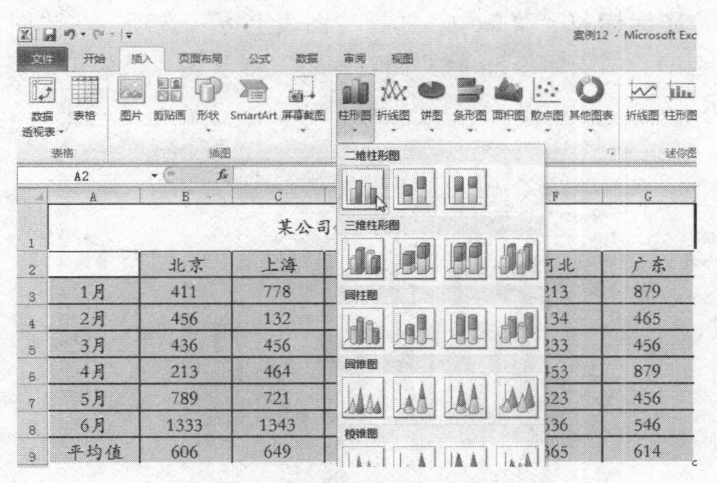

图 4-82　创建“簇状柱形图”

（2）单击“簇状柱形图”选项，出现如图 4-83 所示的图表。

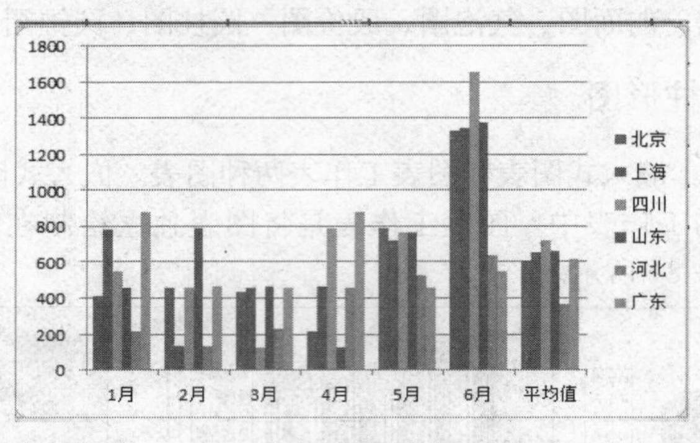

图 4-83　“簇状柱形图”

（3）创建基本的“簇状柱形图”后，单击“图标工具”的“设计”选项卡，在“数据”功能区，选择“切换行/列”选项，交换图表中的“行”和“列”位置，如图 4-84 所示。

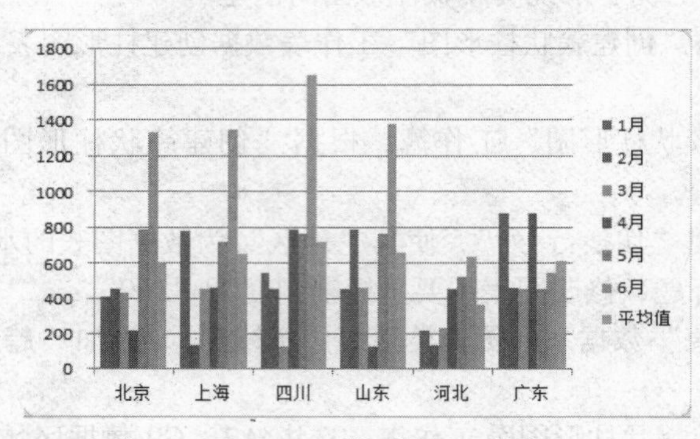

图 4-84　“切换行/列”

（4）单击“图标工具”的“布局”选项卡，在“标签”功能区，选择“图标标题”选项。在“图标标题”菜单中，选择“图表上方”选项，在“图表”上方出现“图表标题”。选中“图表标题”，将“图表标题”修改为“某公司销售金额统计表”，如图 4-85 所示。

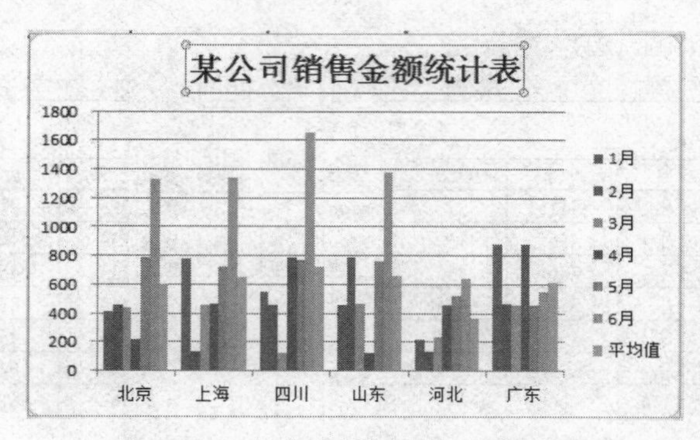

图 4-85　为“图表”添加、设置标题

（5）双击图表区域中左侧刻度，打开“设置坐标轴格式”对话框，设置“坐标轴选项”选项内的“主要刻度单位”为“固定”，刻度单位设置为“300”，如图 4-86 所示。

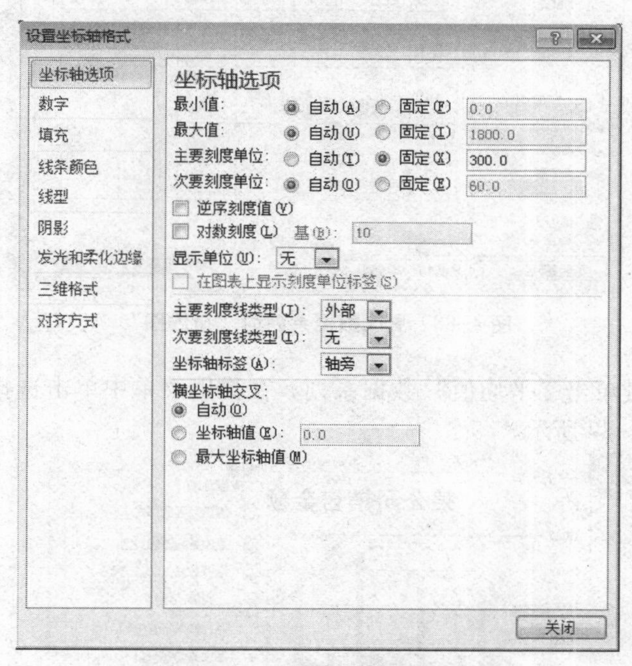

图 4-86　设置坐标轴格式

（6）鼠标单击任意“平均值”数据系列（此时所有“平均值”数据序列为选中状态），鼠标右键单击“平均值”数据系列，在弹出菜单中选择“更改系列图表类型”命令，如图 4-87 所示。

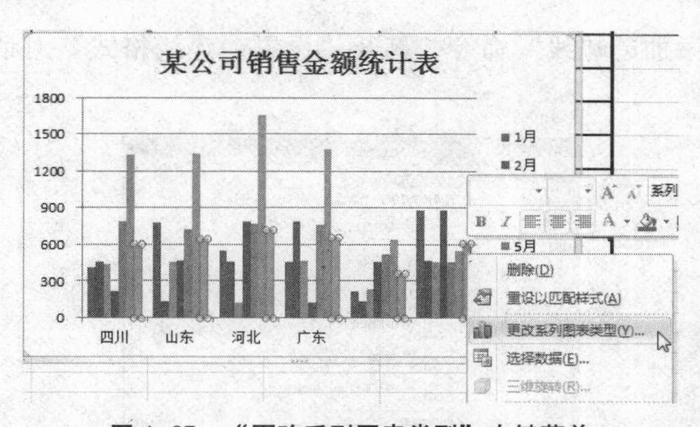

图 4-87　“更改系列图表类型”右键菜单

（7）在“更改图表类型”对话框中，选择“折线图”图表类型，单击“确定”按钮，完成“平均值”系列图表类型的更改操作，如图 4-88 所示。

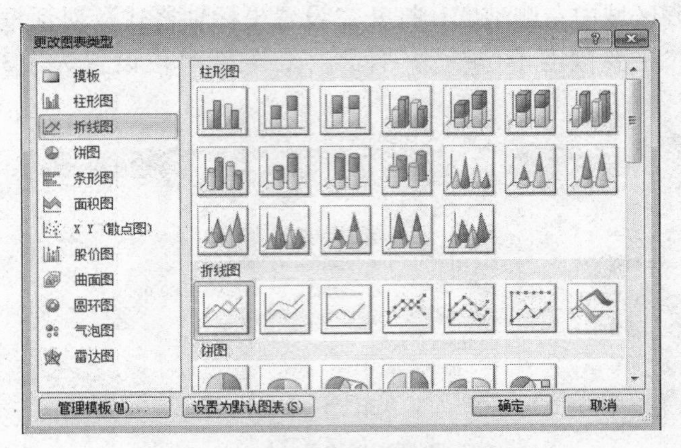

图 4-88　更改数据系列为“折线图”

（8）鼠标右键单击“平均值”数据系列，在弹出菜单中单击选择“添加趋势线”菜单选项，如图 4-89 所示。

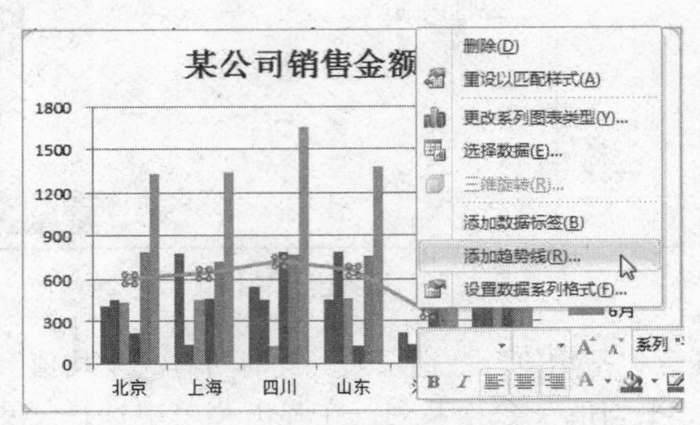

图 4-89　“添加趋势线”右键菜单

（9）单击“添加趋势线”命令，打开“设置趋势线格式”对话框，如图 4-90 所示。

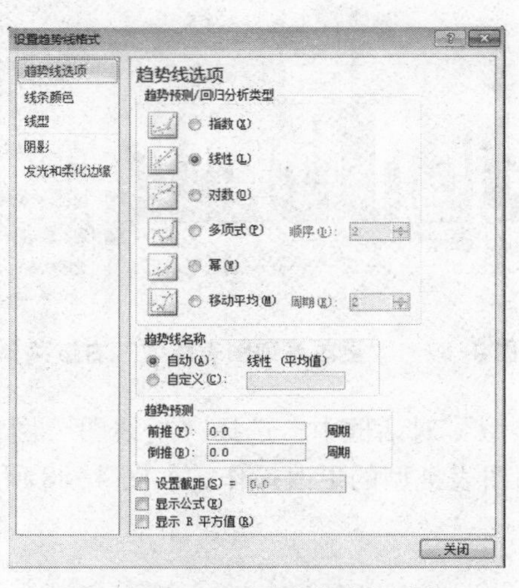

图 4-90　设置“趋势线格式”

（10）在“趋势线选项”选项卡中设置“趋势线预测/回归分析类型”为“线性”；在“线条颜色”选项卡中设置线条为“实线”，颜色为“红色”；在“线型”选项卡中设置线型宽度为“2 磅”，单击“关闭”按钮，完成趋势线格式设置，效果图如图4-91所示。

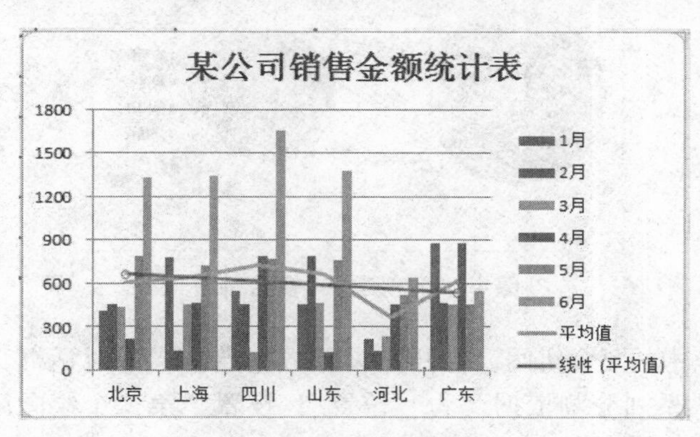

图 4-91　效果图

4. 5. 2　创建复合饼图

Excel 2010 提供了复合饼图的图表类型，当单一饼图中项目过多时，可将若干项合并为一项或其他类，并在另一个饼图中表现这些项目的构成。

【例 4-30】根据“创建复合饼图”表数据创建复合饼图。

操作要求如下：

① 打开“创建复合饼图”工作表数据，创建复合饼图。

② 设置复合饼图中“标签”包括：“类别名称”和“值”标签。

③ 将“毛绒玩具”数据系列从复合饼图第一个区域分离，独立型比例设置为 20%。

④ 修改复合饼图背景、形状效果。

操作步骤如下：

（1）打开“创建复合饼图”工作表，选中 A3：B4 单元格区域，按住 Ctrl 键，选中 A7：B10 单元格区域，选择“插入”主选项卡的“图表”功能区，单击“饼图”下拉按钮，选择“复合饼图”图表类型，如图 4-92 所示。

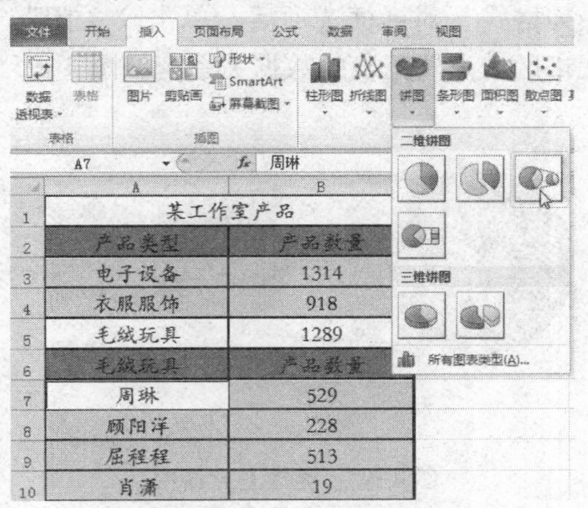

图 4-92　创建复合饼图菜单

（2）单击“复合饼图”图表类型，自动创建一个复合饼图，如图 4-93 所示。

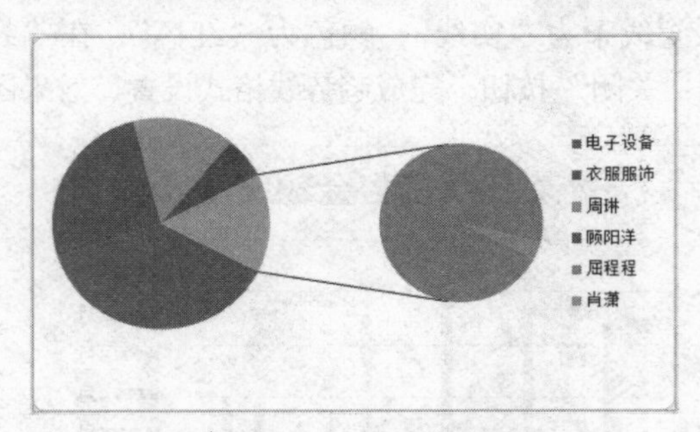

图 4-93　创建一个复合饼图

（3）双击图表中的复合饼图，打开“设置数据点格式”对话框，在“系列选项”选项区域中设置“系列分割依据”为“位置”；设置“第二个绘图区包含最后一个”为“4”值，如图 4-94 所示。

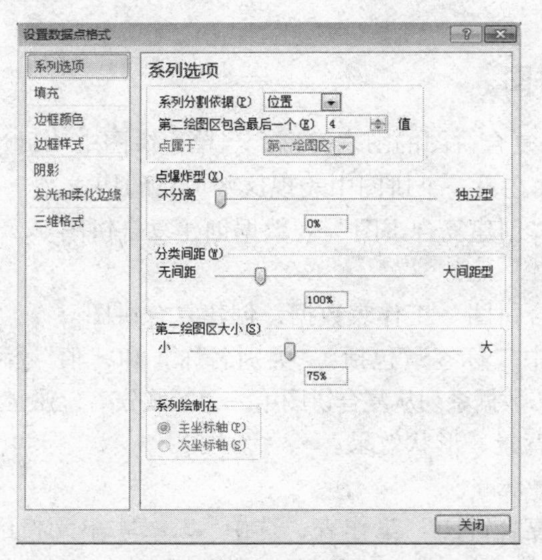

图 4-94　“设置数据点格式”对话框

（4）设置“数据系列格式”对话框选项后，单击“关闭”按钮，将 A3：B4 单元格区域和 A7：B10 单元格区域设置正确的数据关系，如图 4-95 所示。

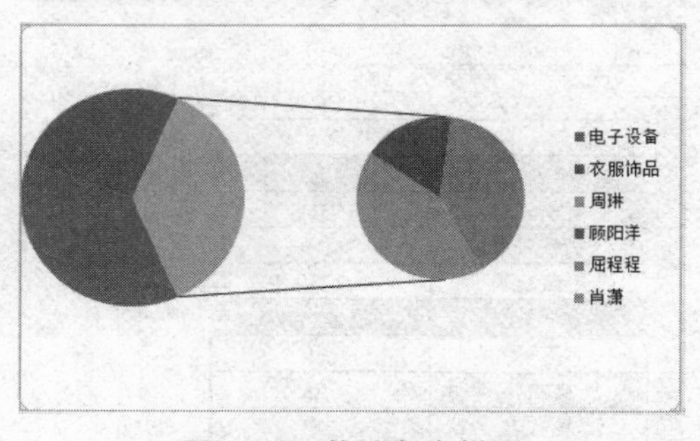

图 4-95　修改复合饼图

（5）单击图表中的复合饼图，单击“图标工具”的“布局”选项，在“标签”功能区，单击“图表标题”、“图表上方”选项，此时，在图表上方自动创建“图标标题”的标题，将其修改为“某工作室产品结构图”，如图 4-96 所示。

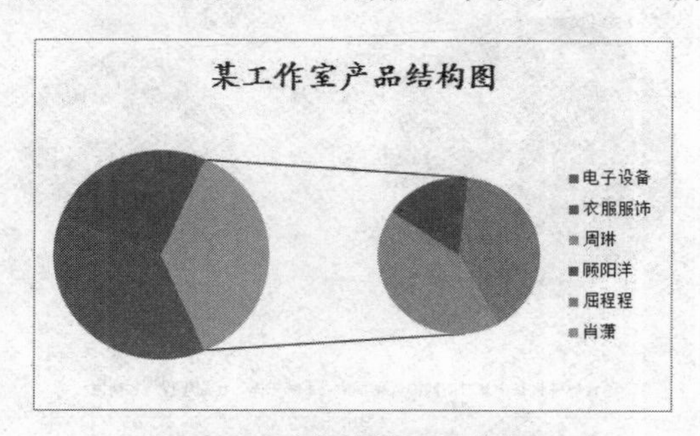

图 4-96　为复合饼图添加标题

（6）在“布局”菜单中，单击“标签”功能区的“图例”、“在底部显示图例”选项，将图例放在复合饼图下方；单击“标签”功能区的“数据标签”、“其他数据标签”选项，打开“设置数据标签格式”对话框。在“标签选项”选项卡中，勾选“类别名称”和“值”标签，单击“关闭”按钮，完成数据标签格式设置，如图 4-97 所示。

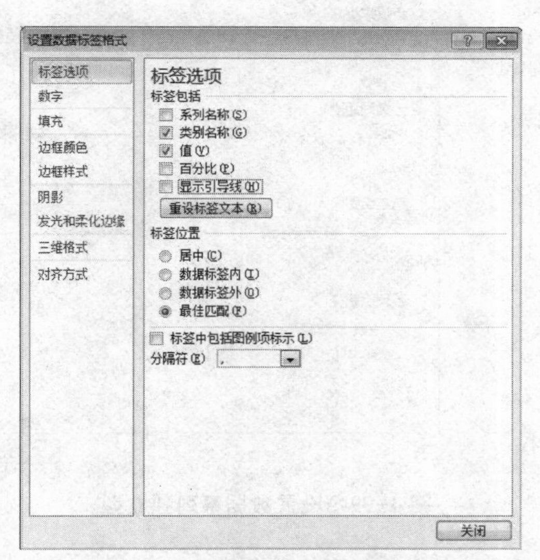

图 4-97　“设置数据标签格式”对话框

（7）将数据标签中“其他”标签名称修改为“毛绒玩具”标签名称，如图 4-98 所示。

（8）在复合饼图中单击鼠标，选中整个数据系列，间隔两秒后，单击鼠标选中“毛绒玩具”数据系列。选中“毛绒玩具”数据系列，双击鼠标，打开“设置数据点格式”对话框，设置“点爆炸型”选项为“20%”，如图 4-99 所示。

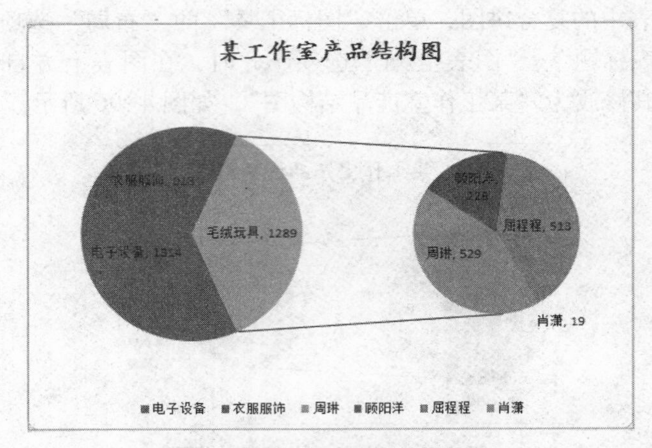

图 4-98　添加、修改数据标签

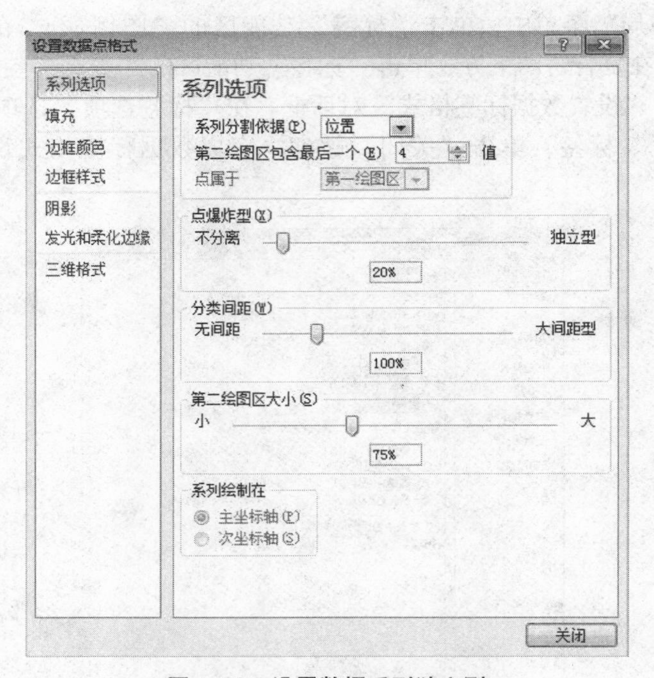

图 4-99　设置数据系列独立型

(9) 设置“数据点格式”选项后，单击“关闭”按钮，出现 4-100 所示的效果图。

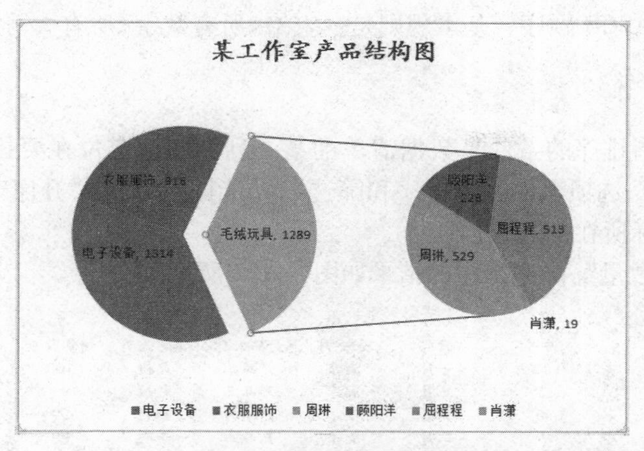

图 4-100 复合数据区域分离效果图

（10）单击图表区域空白处，选择“图表工具”的“格式”选项，单击“形状样式”功能区的“形状填充”按钮、“紫色强调文字颜色 4 淡色 40%”，为图表设置背景颜色；单击图表区域复合饼图任意系列，选中复合饼图所有数据系列，选择“图表工具”的“格式”选项，单击“形状效果”功能区的“预设”按钮、“预设 3”选项，为复合饼图设置形状效果，最终复合饼图效果图如 4-101 所示。

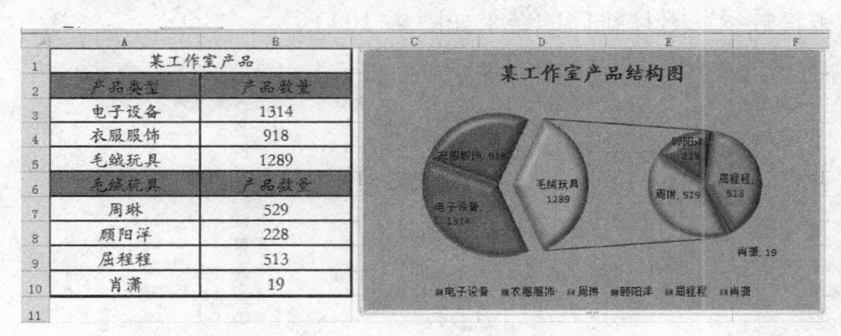

某工作室产品	
产品类型	产品数量
电子设备	1314
衣服服饰	918
毛绒玩具	1289
毛绒玩具	产品数量
周琳	529
顾阳洋	228
屈程程	513
肖潇	19

图 4-101 复合饼图效果图

4.6 数据分析

Excel 2010 具有强大的数据分析功能，用户可以通过排序、筛选、分类汇总、数据透视表和数据透视图、数据分列和删除重复项等操作完成数据分析处理。

4.6.1 排序

排序是指将数据按照某一特定的方式排列顺序（升序或降序）。在 Excel 2010 中，可以使用工具栏上的排序按钮进行单一条件的简单的排序，也可以使用“排序”菜单进行多重条件排序，还可以按照单元格背景颜色或字体颜色进行排序。

排序的规则是：数字型数据按照数字大小顺序；日期型数据按照日期的先后顺序。文本型数据排序的规则是将文本数据从左向右依次进行比较，比较到第一个不相等的字符为止，此时字符大的文本的顺序大，字符小的文本的顺序小。对于单个字符的比较，按照字符的 ASCII 顺序，基本规则是：空格<所有数字<所有大写字母<所有小写字母<所有汉字。

1. 简单排序

简单排序是指排序的条件是数据清单的某一列。光标定位在要排序列的某个单元格上，在“数据”选项卡中的“排序和筛选”功能区，单击“升序”按钮或“降序”按钮，可以对光标所在列进行排序。

按照“销售数量”降序排序的结果如图 4-102 所示。

	A	B	C	D	E	F
1	序号	时间	分公司	产品名称	销售人员	销售数量
2	12	一月	南京	产品二	赵柳	100
3	1	三月	天津	产品三	赵敏	99
4	6	二月	南京	产品四	孙科	99
5	9	二月	北京	产品四	李思	98
6	11	三月	北京	产品三	王武	97
7	7	一月	北京	产品一	李萧	90
8	10	一月	北京	产品一	张珊	87
9	2	一月	天津	产品一	钱祺	74
10	3	三月	南京	产品二	王红	64
11	5	三月	天津	产品二	刘利	59
12	8	二月	南京	产品三	罗娟	56
13	4	二月	天津	产品四	张明	53

图 4-102　按照“销售数量”降序排序的结果

按照“销售数量”升序排序的结果如图 4-103 所示。

	A	B	C	D	E	F
1	序号	时间	分公司	产品名称	销售人员	销售数量
2	4	二月	天津	产品四	张明	53
3	8	二月	南京	产品三	罗娟	56
4	5	三月	天津	产品二	刘利	59
5	3	三月	南京	产品二	王红	64
6	2	一月	天津	产品一	钱祺	74
7	10	一月	北京	产品一	张珊	87
8	7	一月	北京	产品一	李萧	90
9	11	三月	北京	产品三	王武	97
10	9	二月	北京	产品四	李思	98
11	1	三月	天津	产品三	赵敏	99
12	6	二月	南京	产品四	孙科	99
13	12	一月	南京	产品二	赵柳	100

图 4-103　按照“销售数量”升序排序的结果

2. 多重条件排序

在排序时，可以指定多个排序条件，即多个排序的关键字。首先按照“主要关键字”排序；对主要关键字相同的记录，再按照“次要关键字”排序；对主要关键字和次要关键字相同的记录，还可以按第三关键字排序。

【例 4-31】将图 4-104 所示的“销售表”工作表按照“销售地区”升序排序，对“销售地区”相同的记录，再按照“总金额”降序排序。

操作步骤如下：

（1）将光标定位在数据清单中的某个单元格上。

（2）选择“数据”主选项卡的“排序和筛选“功能区，单击“排序”按钮，打开“排序”对话框，如图 4-105 所示。

（3）在“排序”对话框中，在“主要关键字”下拉列表中选择“销售地区”，选

	A	B	C	D	E	F	G	H
1	月份	产品代号	产品种类	销售地区	业务人员编号	单价	数量	总金额
2	1	F0901	绘图软件	阿根廷	A0906	5000	500	2500000
3	1	G0350	计算机游戏	巴西	A0906	1000	500	500000
4	1	G0350	计算机游戏	德国	A0907	5000	12000	60000000
5	1	F0901	绘图软件	德国	A0907	9000	700	6300000
6	1	A0302	应用软件	东南亚	A0908	5000	6000	30000000
7	1	F0901	绘图软件	东南亚	A0908	4000	3000	12000000
8	1	G0350	计算机游戏	东南亚	A0908	2000	5000	10000000
9	1	A0302	应用软件	法国	A0907	13000	2000	26000000
10	1	G0350	计算机游戏	法国	A0907	5000	2000	10000000
11	1	A0302	应用软件	韩国	A0903	8000	4000	32000000
12	1	G0350	计算机游戏	韩国	A0902	3000	2000	6000000
13	1	F0901	绘图软件	美东	A0906	8000	2000	16000000
14	1	G0350	计算机游戏	美东	A0906	4000	1000	4000000
15	1	A0302	应用软件	美西	A0905	12000	2000	24000000
16	1	F0901	绘图软件	美西	A0905	8000	1500	12000000
17	1	G0350	计算机游戏	美西	A0905	4000	500	2000000

图 4-104 “多重条件”排序结果

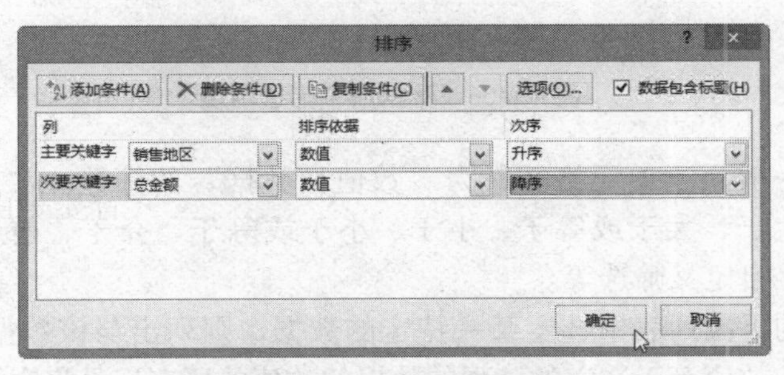

图 4-105 “排序”对话框

定其右边的“升序”单选按钮。设置一个条件后，单击“添加条件”按钮，设置次要条件。在“次要关键字”下拉列表中选择“总金额”，选定其右边的“降序”单选按钮。

（4）选定“数据包含标题”单选按钮，单击“确定”按钮返回，完成排序。

4.6.3 筛选数据

筛选是指按一定的条件从数据清单中提取满足条件的数据，暂时隐藏不满足条件的数据。在 Excel 2010 中，可以采用自动筛选和高级筛选两种方式筛选数据。

1. 自动筛选

自动筛选的操作步骤如下：

（1）进入筛选清单环境。光标定位在数据清单的某个单元格上，选择“数据”主选项卡的“排序和筛选”功能区，单击“筛选”命令，进入筛选清单环境。此时，数据清单的列标题上出现下拉箭头▾，如图 4-106 所示。

（2）筛选选项。单击该箭头，出现筛选条件列表，选择筛选条件（按颜色筛选、文本筛选、数字筛选）。各个筛选条件的含义如下：

颜色筛选：数据清单按单元格颜色特征进行筛选。

文本筛选：一般用于单元格区域为“文本型数据”的筛选。常用文本筛选包含：等于、不等于、开头是、结尾是、包含、不包含、自定义筛选等。

图 4-106　数据清单筛选环境

数字筛选：一般用于单元格区域为“数值型数据”的筛选。常用数字筛选包含：等于、不等于、大于、大于或等于、小于、小于或等于、介于、前 10 项、高于平均值、低于平均值、自定义筛选等。

如果在某列的下拉列表中选定某一特定的数据，则列出与该数据相符的记录，也就是说其列数据的数值等于选定的该列的数据的数值的所有记录将会被列出来。

【例 4-32】采用自动筛选，显示如图 4-107 所示的“销售表”工作表中业务人员编号为“A0906”，“总金额”大于 1 000 000 的销售记录。

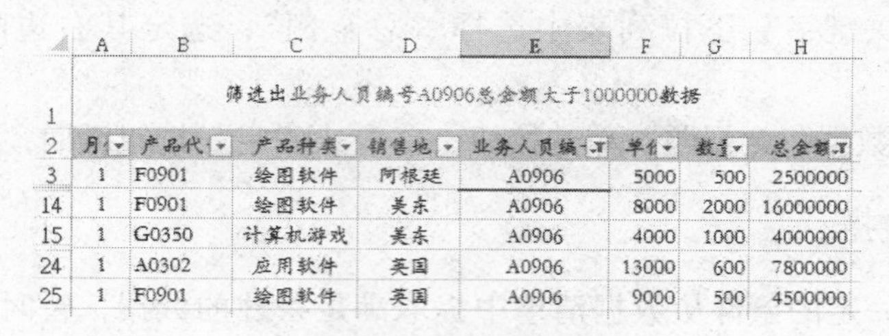

筛选出业务人员编号A0906总金额大于1000000数据

	A	B	C	D	E	F	G	H
2	月	产品代	产品种类	销售地	业务人员编	单价	数量	总金额
3	1	F0901	绘图软件	阿根廷	A0906	5000	500	2500000
14	1	F0901	绘图软件	美东	A0906	8000	2000	16000000
15	1	G0350	计算机游戏	美东	A0906	4000	1000	4000000
24	1	A0302	应用软件	英国	A0906	13000	600	7800000
25	1	F0901	绘图软件	英国	A0906	9000	500	4500000

图 4-107　筛选后的数据

操作步骤如下：

（1）打开“销售表”工作表，选中数据区域任意单元格（如 D6），选择“数据”主选项卡的“排序和筛选”功能区，单击“筛选”按钮，数据区域所有字段的标题单元格出现下拉箭头。

（2）单击 E2 单元格下拉箭头，在弹出的下拉菜单中，选择“A0906”选项，单击“确定”按钮，完成对业务人员为“A0906”所有数据的筛选操作。

（3）单击“总金额”下拉箭头，依次单击“数字筛选”、“大于”下拉菜单选项，打开“自定义自动筛选方式”对话框，在“大于”金额选项框中输入“1 000 000”条件，单击“确定”按钮，完成筛选出业务人员编号为“A0906”、“总金额”大于

1 000 000的销售记录数据清单。

2. 高级筛选

在使用电子表格数据时，经常需要查询/显示满足多重条件的信息，使用高级筛选功能通过“筛选条件”区域进行组合查询以弥补自动筛选功能的不足。

“筛选条件”区域其实是工作表中一部分单元格形成的表格。表格中的第一行输入数据清单的标题行中的列名，其余行上输入条件。同一行列出的条件是“与”的关系，不同行列出的条件是“或”的关系。例如，如图 4-108 所示的筛选条件的含义是：“销售地区”为“阿根廷”或“巴西”；如图 4-109 所示的筛选条件的含义是：“销售地区”为“阿根廷”且“业务人员编号”为“A0906”。

销售地区
阿根廷
巴西

图 4-108　“或”筛选条件

销售地区	业务人员编号
阿根廷	A0906

图 4-109　“与”筛选条件

输入筛选条件后，可利用“高级筛选”功能来筛选满足条件的记录。

下面通过一个具体的例子来说明高级筛选的使用。

【例 4-33】利用高级筛选，显示“销售表”工作表中业务人员编号为“A0906”、“总金额”大于 1 000 000 的销售记录。

操作步骤如下：

（1）在工作表的 K2 到 L3 单元格区域输入筛选条件，如图 4-110 所示。

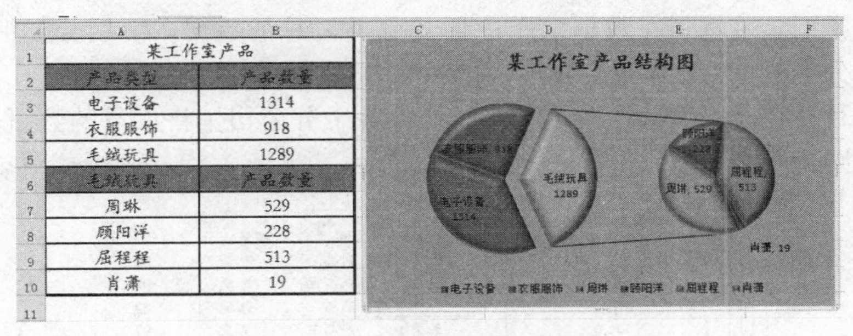

某工作室产品	
产品类型	产品数量
电子设备	1314
衣服服饰	918
毛绒玩具	1289
毛绒玩具	产品数量
周琳	529
顾阳洋	228
屈程程	513
肖潇	19

图 4-110　高级筛选的条件输入

（2）选择“数据”主选项卡的“排序和筛选”功能区，单击“高级”按钮，打开“高级筛选”对话框。选中“列表区域”为“$A$2：$H$25”和“条件区域”为“$K$2：$L$3”，如图 4-111 所示。

（3）单击“确定“按钮，筛选工作表的数据。

3. 撤消筛选

对工作表数据清单的数据进行筛选后，为了显示所有的记录，需撤消筛选。

操作方法是：选择“数据”选项卡中的“排序和筛选”功能区，单击“清除”按钮。

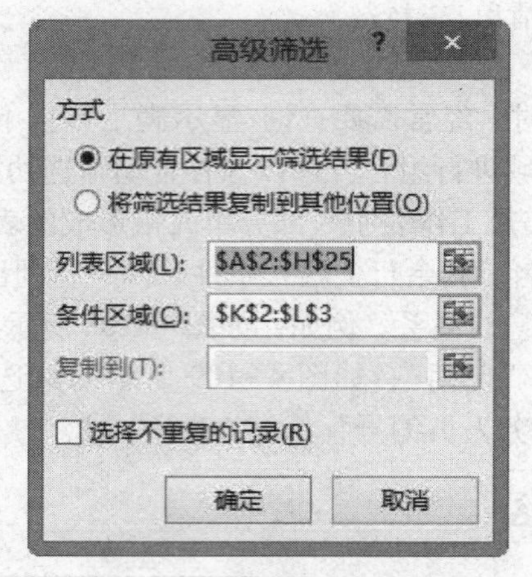

图 4-111　高级筛选的区域选择

4.6.4　数据分类汇总

分类汇总是将数据清单的数据按某列（分类字段）排序后分类，再对相同类别的记录的某些列（汇总项）进行汇总统计（求和、求平均、计数、求最大值、求最小值）。

使用分类汇总功能前，必须首先对分类汇总的字段进行排序，排序的方式没有限制。

1. 创建分类汇总

创建分类汇总，就是在数据清单中插入分类汇总的数据。使用分类汇总功能前，必须首先对分类汇总的字段进行排序，排序的方式没有限制。

【例 4-34】在“销售表”工作表中，统计各个分公司销售人员的数目和产品销售的总量，如图 4-112 所示。

	A	B	C	D	E	F
1	序号	时间	分公司	产品名称	销售人员	销售数量
2	7	一月	北京	产品一	李萧	90
3	9	二月	北京	产品四	李思	98
4	10	一月	北京	产品一	张珊	87
5	11	三月	北京	产品三	王武	97
6			北京 汇总			372
7			北京 计数		4	
8	3	三月	南京	产品二	王红	64
9	6	二月	南京	产品四	孙科	99
10	8	二月	南京	产品三	罗娟	56
11	12	一月	南京	产品二	赵柳	100
12			南京 汇总			319
13			南京 计数		4	
14	1	三月	天津	产品三	赵敏	99
15	2	一月	天津	产品一	钱祺	74
16	4	二月	天津	产品四	张明	53
17	5	三月	天津	产品二	刘利	59

图 4-112　“分类汇总”结果

操作步骤如下：

（1）打开“分类汇总”工作表，选中 C1 单元格，选择“数据”主选项卡的“排序和筛选”功能区，单击“升序”或“降序”快捷按钮，将数据区域 A1∶F13 按主关键字“分公司”进行排序，如图 4-113 所示。

	A	B	C	D	E	F
1	序号	时间	分公司	产品名称	销售人员	销售数量
2	7	一月	北京	产品一	李萧	90
3	9	二月	北京	产品四	李思	98
4	10	一月	北京	产品一	张珊	87
5	11	三月	北京	产品三	王武	97
6	3	三月	南京	产品二	王红	64
7	6	二月	南京	产品四	孙科	99
8	8	二月	南京	产品三	罗娟	56
9	12	一月	南京	产品二	赵柳	100
10	1	三月	天津	产品三	赵敏	99
11	2	一月	天津	产品一	钱棋	74
12	4	二月	天津	产品四	张明	53
13	5	三月	天津	产品二	刘利	59

图 4-113　分类汇总前对分类字段进行排序

（2）选中数据区域 A1：F13 内任意单元格，选择“数据”主选项卡的“分级显示”功能区，单击“分类汇总”按钮，打开“分类汇总”对话框，如图 4-114 所示。

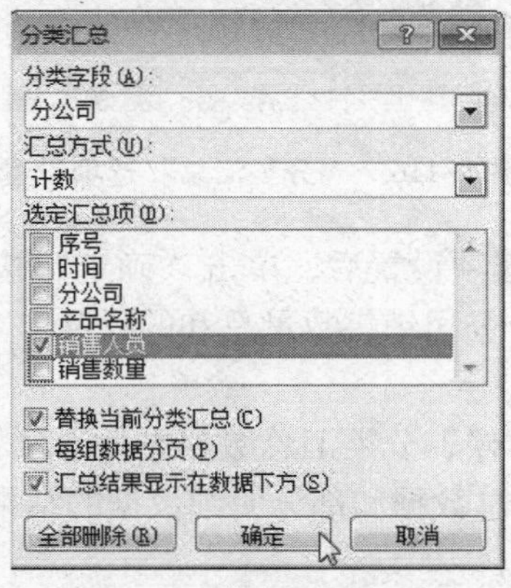

图 4-114　“分类汇总”对话框

（3）在“分类汇总”对话中，分别设置“分类字段”为“分公司”，“汇总方式”为“计数”，“选定汇总项”为“销售人员”，单击“确定”按钮，完成对各分公司销售人员人数计数操作，如图 4-115 所示。

	A	B	C	D	E	F
1	序号	时间	分公司	产品名称	销售人员	销售数量
2	7	一月	北京	产品一	李萧	90
3	9	二月	北京	产品四	李思	98
4	10	一月	北京	产品一	张珊	87
5	11	三月	北京	产品三	王武	97
6			北京 计数		4	
7	3	三月	南京	产品二	王红	64
8	6	二月	南京	产品四	孙科	99
9	8	二月	南京	产品三	罗娟	56
10	12	一月	南京	产品二	赵柳	100
11			南京 计数		4	
12	1	三月	天津	产品三	赵敏	99
13	2	一月	天津	产品一	钱棋	74
14	4	二月	天津	产品四	张明	53
15	5	三月	天津	产品二	刘利	59
16			天津 计数		4	
17			总计数		12	

图 4-115　“分类汇总”统计销售人员计数

（4）选中数据区域任意单元格，选择“数据”主选项卡的“分级显示”功能区，单击“分类汇总”按钮，打开“分类汇总”对话框。

（5）在“分类汇总”对话框中，分别设置“分类字段”为“分公司”，“汇总方式”为“求和”，“选定汇总项”为“销售数量”，取消“替换当前分类汇总”复选框的勾选，如图 4-116 所示。

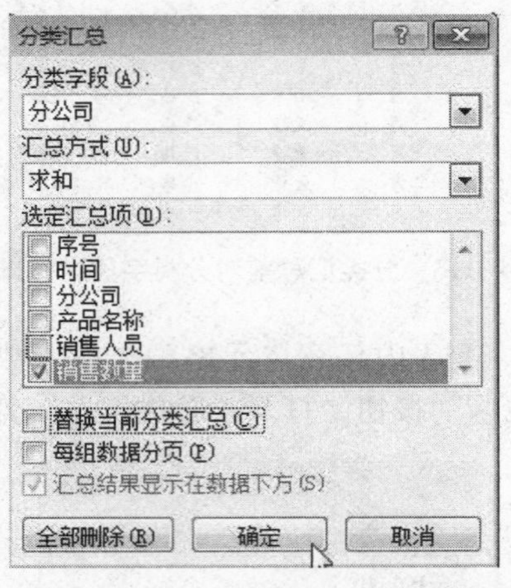

图 4-116　“分类汇总”选项设置

（6）设置“分类汇总”选项设置后，单击“确定”按钮，完成在统计各分公司销售人员个数的基础上统计各分公司销售数量总和的任务。

2. 查看分类汇总

在显示分类汇总数据的时候，分类汇总数据左侧自动显示一些级别按钮。如图 4-117 所示是查看分类汇总的汇总数据和部分明细数据的结果。

	A	B	C	D	E	F
1	序号	时间	分公司	产品名称	销售人员	销售数量
6			北京 汇总			372
7			北京 计数		4	
12			南京 汇总			319
13			南京 计数		4	
18			天津 汇总			285
19			天津 计数		4	
20			总计			976
21			总计数		12	

图 4-117　“分类汇总”分级显示

3. 删除分类汇总

在“分类汇总”对话框中，单击“全部删除”按钮，删除分类汇总，显示数据清单原有的数据。

4.6.5　数据透视表

数据透视通过重新组合表格数据并添加算法，能快速提取与管理目标相应的数据信息并进行深入分析。

1. 建立数据透视表

数据透视表是交互式报表，可快速合并和比较大量数据。用户可修改其行和列以看到源数据的不同汇总，数据透视表可显示用户感兴趣的区域的明细数据。

【例 4-35】通过“数据透视表”功能，统计各分公司销售人员的个数和销售数量总和，如图 4-118 所示。

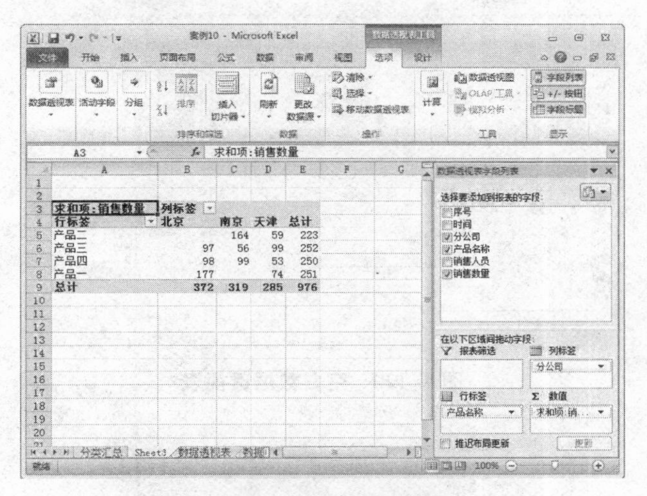

图 4-118　数据透视表结果图

操作步骤如下：

(1) 打开“数据透视表”工作表，选中 A1 : F13 数据区域任意单元格，选择“插入”主选项卡的“表格”功能区，单击“数据透视表”下拉菜单中的“数据透视表”命令，打开“创建数据透视表”对话框，如图 4-119 所示。

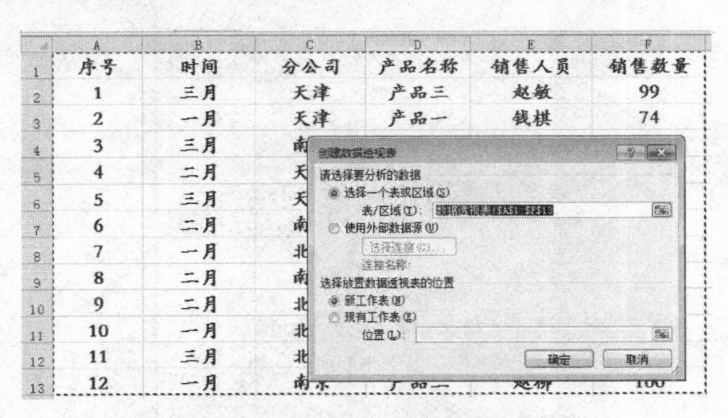

图 4-119　“创建数据透视表”对话框

(2) 在“创建数据透视表”对话框中，选择“表/区域”为“数据透视表!$A$1 : $F$13”，设定数据透视表位置“新工作表”后，单击“确定”按钮，在 Sheet3 工作表上创建空白数据透视表，如图 4-120 所示。

(3) 分别将“数据透视表字段列表”中的“分公司”、“产品名称”、“销售数量”字段拖动到“列标签”、“行标签”、“数值”区域内，如图 4-121 所示。拖动完毕，字段名出现在对应的区域内，同时数据也被添加到左侧的数据透视表中。

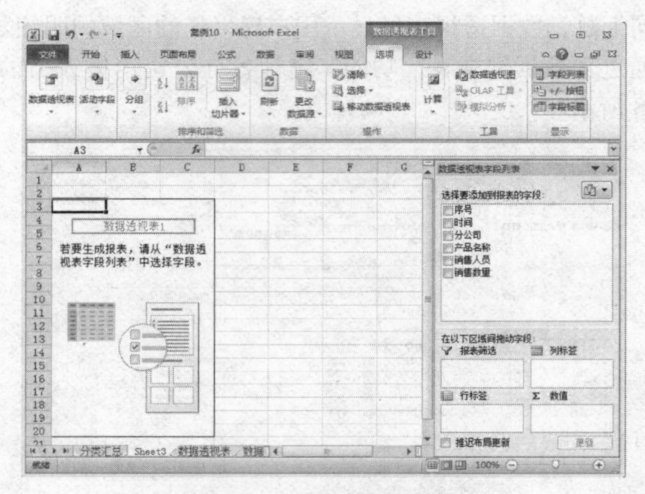

图 4-120　空白数据透视表

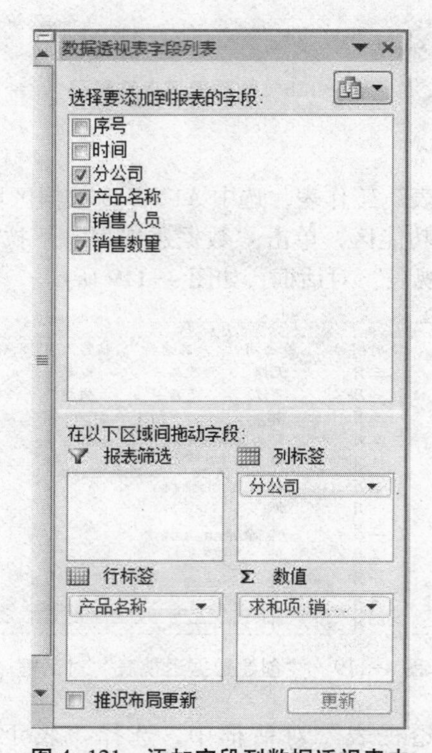

图 4-121　添加字段到数据透视表中

2. 查看数据透视表

生成数据透视表后，可以在表中选择部分数据显示。例如，在如图 4-122 所示的数据透视表中，单击 时间 (全部) 中的下拉箭头，在下拉列表中选择“一月”，单击“确定”按钮，只查看“一月”的数据。同样，可以选择行或列的下拉箭头，进行部分数据的查看。

	A	B	C	D	E
1	时间	(全部)			
2					
3	**求和项:销售数量**	**列标签**			
4	**行标签**	**北京**	**南京**	**天津**	**总计**
5	产品二		164	59	223
6	产品三	97	56	99	252
7	产品四	98	99	53	250
8	产品一	177		74	251
9	**总计**	**372**	**319**	**285**	**976**

图 4-122 “数据透视表”的数据

3. 编辑数据透视表

单击如图 4-123 所示的“数据透视表字段列表”任意字段，弹出快捷菜单，选择“值字段设置”按钮，可以编辑任意字段。

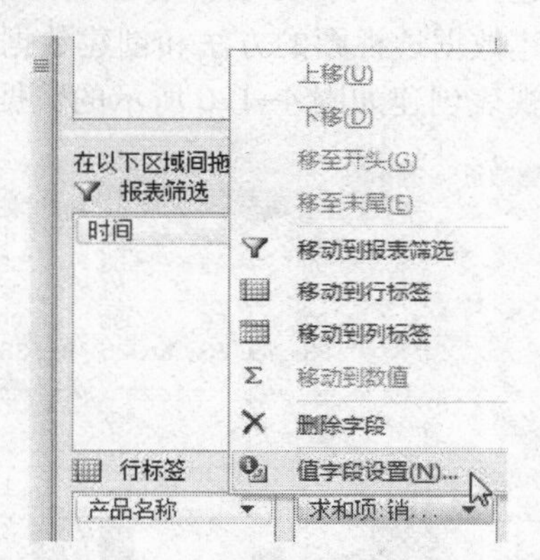

图 4-123 “数据透视表”工具栏

【例 4-36】在数据透视表中修改“数值”字段显示销售数量的平均值。

操作步骤如下：

（1）单击“数据透视表字段”列表中“数值”区域的“求和项：销售数量”，在弹出的快捷菜单中选择“值字段设置”命令，打开“值字段设置”对话框，如图 4-124所示。修改“值汇总方式”的计算类型为“平均值”，单击“确定”按钮，完成计算销售数量平均值。

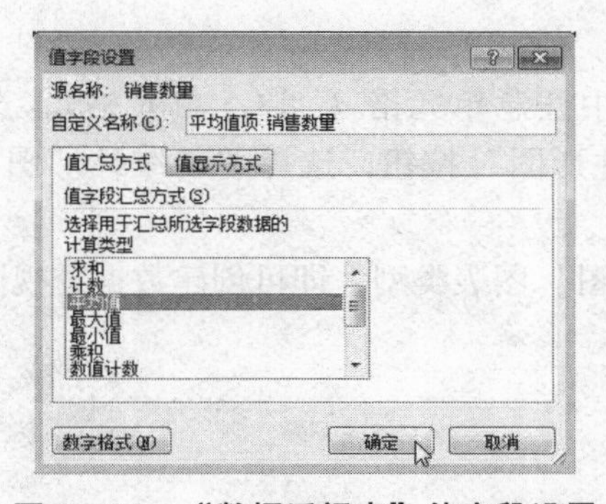

图 4-124 “数据透视表”值字段设置

（2）选中数据透视表中 E5：E9 数据区域，右键单击此区域，在弹出菜单中选择“设置单元格格式”命令，打开“设置单元格格式”对话框，设置销售数量平均值保留 2 位小数位，如图 4-125 所示。

3	平均值项：销售数量	列标签			
4	行标签	北京	南京	天津	总计
5	产品二		82	59	74.33
6	产品三	97	56	99	84.00
7	产品四	98	99	53	83.33
8	产品一	88.5		74	83.67
9	总计	93	79.75	71.25	81.33

图 4-125　“数据透视表”值字段格式设置

4. 生成数据透视图

数据透视图是以图形的形式表示数据透视表中的数据，能够更生动直观地表示数据透视表。数据透视图的创建大致有两种方法：直接创建数据透视图和通过数据透视表创建数据透视图。直接创建数据透视图的方法和创建数据透视表方法一致。

【例 4-37】根据数据透视表创建如图 4-126 所示的数据透视图。

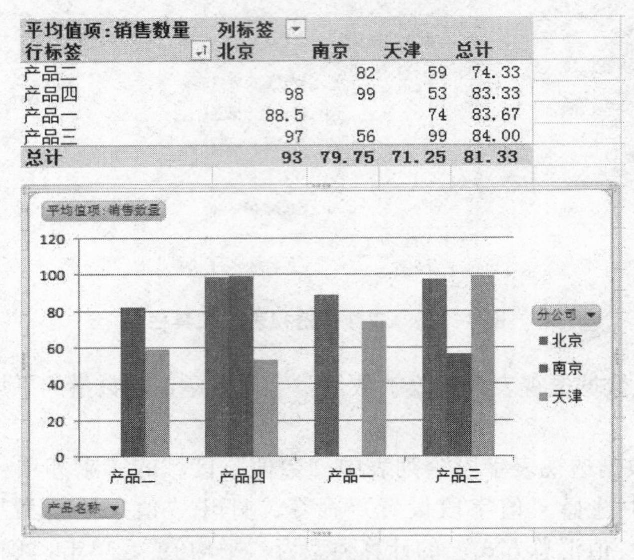

平均值项：销售数量	列标签			
行标签	北京	南京	天津	总计
产品二		82	59	74.33
产品四	98	99	53	83.33
产品一	88.5		74	83.67
产品三	97	56	99	84.00
总计	93	79.75	71.25	81.33

图 4-126　数据透视图效果图

操作步骤如下：

（1）选中数据透视表中任意单元格（如 C5 单元格），选择“插入”主选项卡的“图表”功能区，单击“柱形图”按钮，选择“二维柱形图”图表类型，如图 4-127 所示。

（2）单击“二维柱形图”图表类型，即可创建数据透视图。

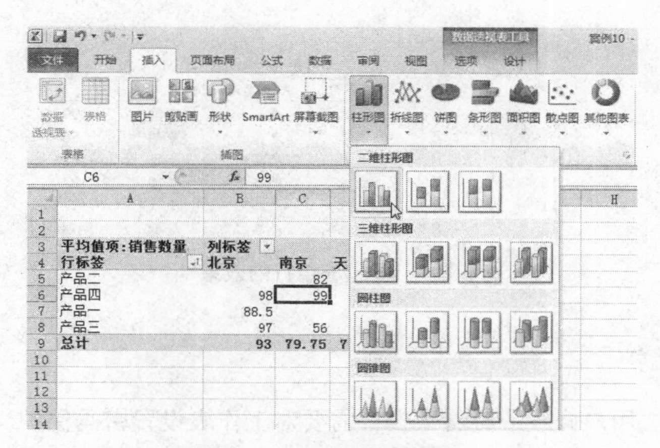

图 4-127 创建数据透视图

4.7 冻结窗格与表格保护

4.7.1 冻结窗格

冻结窗格使用户在滚动工作表时可始终保持可见的数据，即工作表在滚动时，可以保持冻结窗格中的行和列的数据始终可见。

操作步骤如下：

（1）若要冻结顶部水平窗格，选择待拆分处的下一行；若要冻结左侧垂直窗格，选择待拆分处的右边一列；若要同时冻结顶部和左侧窗格，则单击待拆分处右下方的单元格。

（2）选择“窗口”菜单中的“冻结窗格”命令，冻结指定的数据区域。

如图 4-128 所示的是冻结 A 列以后，拖动右水平滚动按钮的效果。

	A	D	E	F
1	序号	产品名称	销售人员	销售数量
2	1	产品三	赵敏	99
3	2	产品一	钱棋	74
4	3	产品二	王红	64
5	4	产品四	张明	53
6	5	产品二	刘利	59
7	6	产品四	孙科	99
8	7	产品一	李萧	90
9	8	产品三	罗娟	56
10	9	产品四	李思	98
11	10	产品一	张珊	87
12	11	产品三	王武	97
13	12	产品二	赵柳	100

图 4-128 冻结列的效果

如图 4-129 所示的是冻结 1 行和 2 行以后，拖动垂直向下滚动按钮的效果。

	A	B	C	D	E	F
1	某企业销售表					
2	序号	时间	分公司	产品名称	销售人员	销售数量
9	7	一月	北京	产品一	李萧	90
10	8	二月	南京	产品三	罗娟	56
11	9	二月	北京	产品四	李思	98
12	10	一月	北京	产品一	张珊	87
13	11	三月	北京	产品三	王武	97
14	12	一月	南京	产品二	赵柳	100

图 4-129　冻结行的效果

4.7.2　表格保护

为了防止非法用户修改或查看数据，需要对工作表设置密码保护。

操作步骤如下：

（1）选择“审阅”主选项卡的“更改”功能区，单击“保护工作表”按钮，打开“保护工作表”对话框，如图 4-130 所示。在“密码”文本框中输入密码，单击“确定”按钮。

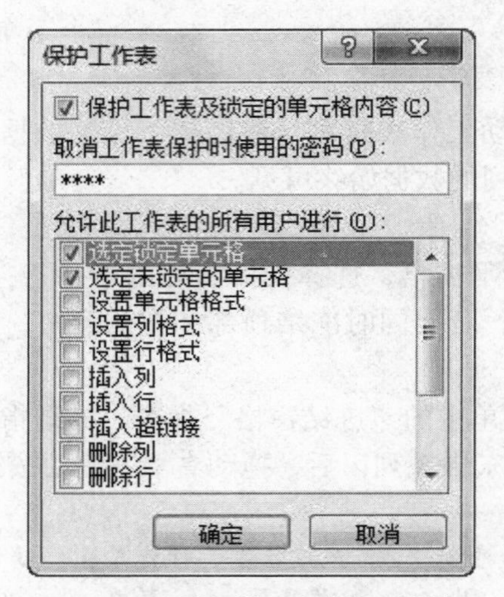

图 4-130　“保护工作表”对话框

（2）在“确认密码”对话框中输入确认密码，单击“确定”按钮，如图 4-131 所示。

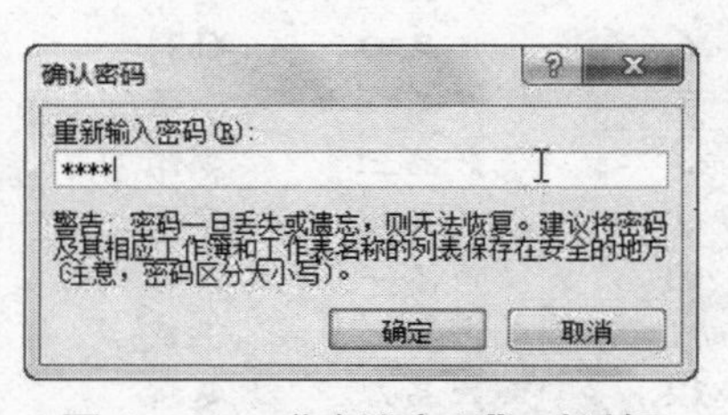

图 4-131　“确认密码”对话框

这样，在对工作表编辑前，需要取消工作表的保护，才能进行编辑，操作方法是：选择“审阅”主选项卡中的“更改”功能区，单击“撤消工作表的保护”按钮，在出现的对话框中输入密码，即可编辑工作表。

习题4

一、选择题

1. 若在单元格中出现一连串的“####”符号，则需要________。

A）删除该单元格　　B）重新输入数据

C）删除这些符号　　D）调整单元格的宽度

2. 设B1为文字“10”，B2为数字“3”，则COUNT（B1：B2）等于________。

A）13　　B）1　　C）4　　D）26

3. 要区分不同工作表的单元格，应在地址前面增加________。

A）公式　　B）工作簿名称

C）单元格地址　　D）工作表名称

4. 绝对地址被复制到其他单元格时，其单元格地址________。

A）不变　　B）部分变化　　C）发生改变　　D）不能复制

5. 在Excel 2010工作表中，如果要在同一行/列的连续单元格使用计算公式，可以先在第一单元格中输入公式，然后用鼠标拖动单元格的________来实现公式复制。

A）行标　　B）列标　　C）填充柄　　D）框

6. 在Excel 2010工作表中，若要使单元格A1成为活动单元格，可按________键。

A）Ctrl+Home　　B）Shift+Home　　C）Home　　D）Alt+Home

7. 在Excel 2010中，利用“自动填充“功能，可以________。

A）对若干连续单元格自动求和

B）对若干连续单元格制作图表

C）对若干连续单元格进行复制

D）对若干连续单元格快速输入有规律的数据

8. 在Excel 2010中，若将某单元格的数据“100”显示为100.00，应将该单元格的数据格式设置为________。

A）常规　　B）数值　　C）日期　　D）文本

9. 在Excel 2010中，不能进行的操作是________。

A）插入和删除工作表　　B）移动和复制工作表

C）修改工作表的名称　　D）恢复被删除的工作表

10. 在Excel 2010中，如果一个单元格中的信息是以“=”开头，则说明该单元格中的信息是________。

A）常数　　B）公式　　C）提示信息　　D）无效数据

11. 在Excel 2010中，数据库管理功能包括________。

A）筛选数据　　B）排序数据

C）分类数据　　D）前面三项都是

12. 在Excel 2010中，要求制作一个饼图，以便直观地显示各个工作人员“总计”

数据的比较关系，并要求图表中显示“姓名”，应选择的数据区域是__________。其中B1：B6为姓名区域，G1：G6为总计数据区域。

A）B1：G6　　B）B1：B6

C）G1：G6　　D）B1：B6和G1：G6

13. 需要将一表格中的所有小于0的数全部用斜体加粗的格式表示，则__________。

A）不能进行此操作

B）选择菜单“格式”中的“单元格”项

C）选择菜单“编辑”中的“清除”项

D）选择菜单“编辑”中的“加粗”项

14. 在单元格中输入公式时，公式中可含数字及各种运算符号，但不能包含__________。

A）*　　B）¥　　C)%　　D）以上全都不是

15. 筛选后的数据清单仅显示那些包含了某一特定值或符合一组条件的行，__________。

A）暂时隐藏其他行

B）其他行被删除

C）其他行被改变

D）暂时将其他行放在剪贴板上，以便恢复

16. 在Excel 2010中，删除工作表中对图表链接的数据时，图表中将__________。

A）自动删除相应的数据点

B）必须用“编辑”中的“删除”来删除相应的数据点

C）不会发生变化

D）被复制

17. 在Excel 2010中，不正确的单元格地址是__________。

A）C$66　　B）$c66　　C）C6$6　　D）$C$66

18. 在Excel 2010中，设某单元格数据为日期型“二零零四年三月三日”，打开“编辑”菜单，选择“清除”项，然后选择“格式”命令，则单元格的内容为__________。

A）33　　B）3　　C）2004-3-3　　D）以上都不对

19. 在Excel 2010中，单元格D5中有公式“=$B$2+C4”，删除第A列后C5单元格中的公式为__________。

A）=$A$2+B4　　B）=b2+B4

C）=$A$2+C4　　D）=$B$2+C4

20. 在Excel 2010中，对指定区域（C2：C4）求平均值的函数是__________。

A）sum（C2：C4）　　B）average（C2：C4）

C）max（C2：C4）　　D）min（C2：C4）

21. 在Excel 2010中，可以使用的运算符号有__________。

A）+、<>　　B）*、:　　C）^、&　　D）以上都是

22. Excel 2010 工作簿存为磁盘文件，其默认扩展名为__________。

A）SLX　　B）XLSX　　C）. DOC　　D）. GZB

23. 以下哪一个不是 Excel 2010 中合法的数值型数据__________。

A）￥12 000　　B）78%　　C）1. 20E+03　　D）lg3

24. 若要将 610031 作为文本型数据输入单元格，应输入__________。

A）/610031　　B）'610031　　C）'610031'　　D）+610031

25. 在 Excel 2010 的工作簿中，选择当前工作表的下一个工作表作为当前工作表的按键操作为__________。

A）Ctrl+PageUp　　B）Ctrl+PageDown

C）Shift+PageUp　　D）Shift+pageDown

26. 以下单元格引用中，属于相对引用的有__________。

A）B2　　B）V＄2　　C）＄A2　　D）＄A＄2

27. 当前单元格中输入公式后，若公式正确，则显示公式计算结果。若再次双击此单元格，单元格内__________。

A）显示公式　　B）公式错误则显示错误信息

C）显示计算结果　　D）既显示公式又显示计算结果

28. 设 D7 单元格内输入公式"=A7+＄B＄4"，若在第三行插入一行后，则 D8 单元格的公式为__________。

A）=A8+＄B＄4　　B）=A8+＄B＄5

C）=A7+＄B＄4　　D）=A7+＄B＄5

29. 如果 A1：A5 单元的值依次为 89，76，'632100，TRUE，98-9-8，而 A6 单元格为空白单元格，则 COUNT（A1：A6）的值为__________。

A）6　　B）5　　C）4　　D）3

30. 已知工作表中，A1=23.456，B1=56，在 C1 中输入公式"=IF（B1>A1，"A","B"）"，结果 C1 的内容是__________。

A）A　　B）B　　C）AB　　D）79.456

31. "学生成绩"工作表中的数据如图 4-132 所示，公式"=SUM（C2：C4，-2＊3^2＊2）"的返回值是__________。

	A	B	C	D	E	F	G	H	I
1	姓名	性别	高数	英语	普物	语文	排名		
2	张强	男	86	75	53	90			
3	杨峰	男	65	85	77	68			
4	孙妙	女	54	77	82	80			
5	周山	男	88	76	78	80			
6	吴娇	女	77	58	69	88			
7	钟宏	男	87	68	71	67			
8	何川	男	73	80	72	50			
9									
10									

Sheet1 / Sheet2 / Sheet3

图 4-132　"学生成绩"工作表

A）169　　B）43　　C）241　　D）以上都不对

32. 在第 31 题中，统计普通物理（普物）及格的同学的高等数学的总成绩，则公式应是__________。

A）SUM（E2：E8）-B4

B）SUMIF（E2：E8,">=60"，E2：E8

C）SUMIF（C2：C8,">=60"，E2：E8）

D）SUMIF（E2：E8,">=60"，C2：C8）

33. 在第31题中，在H2单元格中输入“=SUM（C2：F2）”，下列说法正确的是__________。

A）如果用户修改C2单元格的内容为96，则H2的值不会变化

B）如果用户把单元格H2移动到H3，那么H3的公式是“=SUM（C3：F3）”

C）如果用户清除了单元格C2的内容，则单元格H2将显示错误

D）如果用户把单元格H2复制到H3，那么H3的公式是“=SUM（C3：F3）”

34. 在第31题中，在H2中输入公式“=SUM（C2+E2+F2）”，然后删除单元格C2（删除时，在删除对话框中选择“下方的单元格上移”），此时H2中显示的内容是__________。

A）218　　B）305　　C）#REF!　　D）0

35. 在第31题中，计算杨峰同学的语文成绩在所列同学中的名次，并用填充方式计算其他同学的名次的公式是__________。

A）RANK（F2，$F2：$F8）　　B）RANK（F2，F2：F8）

C）RANK（F3，F$2：F$8）　　D）RANK（$F3，F2：F8）

二、填空题

1. 表示从B3到F7单元格的一个连续区域的表达式是__________。

2. 若要在一个单元格输入两行内容，可使用复合键__________。

3. 在Excel 2010中，运算共有__________类。

4. 一个Excel 2010文件就是一个__________。

5. 在Excel 2010中，新产生的工作簿窗口默认有__________张工作表。

6. 在执行高级筛选时，“与”关系的条件必须__________。

7. 在Excel 2010中，每一个单元格有对应的参考坐标，称为__________。

8. 每一个单元格都处于某一行和某一列的交叉位置，这个位置称为它的__________。

9. 输入公式时，公式与普通常数之间的区别就在于公式首先是由__________来引导的。

10. 在Excel 2010中，数据筛选功能是把符合条件的数据显示在工作表内，而把不符合条件的数据__________起来。

11. 单元格的名称（或相对引用）由列标号和__________确定。

12. 在Excel 2010中输入当前系统系统时间，可按组合键__________完成。

13. 设工作表单元格中有公式“=A1+$B1+$DS1”，将F2复制到G3，则G3单元格中的公式为__________。

14. “Sheet2！$A$2：$C$5”表示引用表__________中的A2~C5的数据。

第 5 章　PowerPoint 2010 高级应用

【学习目标】

☞掌握 PowerPoint 2010 的基础知识与基本操作。

☞掌握 PowerPoint 2010 演示文稿的制作、编辑与格式化。

☞掌握演示文稿的视图模式和使用。

☞掌握演示文稿中幻灯片的主题设置、背景设置、母版制作和使用。

☞掌握在幻灯片中对文本、图形、图像（片）、图表、音频、视频、艺术字等对象的编辑和应用。

☞掌握在幻灯片中对象动画、幻灯片切换效果、链接操作等的交互设置。

☞掌握幻灯片放映设置、演示文稿的打包和输出。

5.1　PowerPoint 2010 基本操作

PowerPoint 2010 中文版是办公套件 Office 2010 中的一个重要组成部分，主要用于制作具有多媒体效果的幻灯片，应用于演讲、作报告、教学、产品展示等各方面。利用 PowerPoint 可以轻松制作包含文字、图形、声音以及视频图像等多媒体的演示文稿。

5.1.1　PowerPoint 2010 的启动与退出

1. 启动 PowerPoint 2010

单击“任务栏”中的“开始”按钮，依次选择“所有程序”、“Microsoft Office”、“Microsoft PowerPoint 2010”命令，即可启动 PowerPoint 2010。

用户可在 Windows 7 桌面上创建 PowerPoint 2010 应用程序的快捷图标。双击该快捷图标，可快速启动 PowerPoint 2010。

2. 退出 PowerPoint 2010

可用下列操作方法退出 PowerPoint 2010：

（1）单击“文件”主选项卡中的“退出”命令。

（2）双击 PowerPoint 2010 窗口标题栏左端的程序名图标。

（3）单击 PowerPoint 2010 窗口标题栏右端的“关闭”按钮。

退出 PowerPoint 2010 时，如果当前有正在操作且尚未存盘的演示文稿，系统会提示保存文件，如图 5-1 所示，用户根据需要决定是否保存。

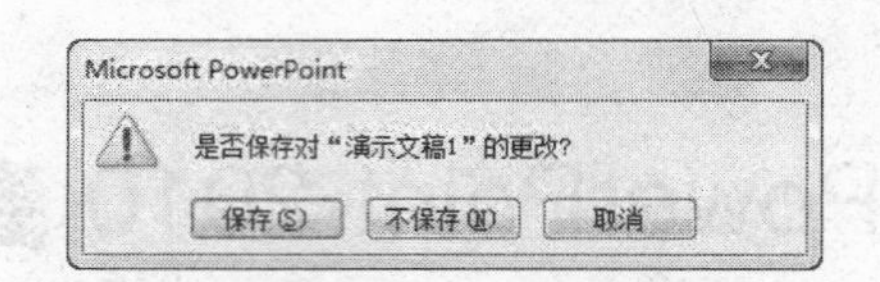

图 5-1 系统退出提示对话框

5.1.2 PowerPoint 2010 主窗口的组成

启动 PowerPoint 2010 后，屏幕上显示 PowerPoint 2010 主窗口，如图 5-2 所示。

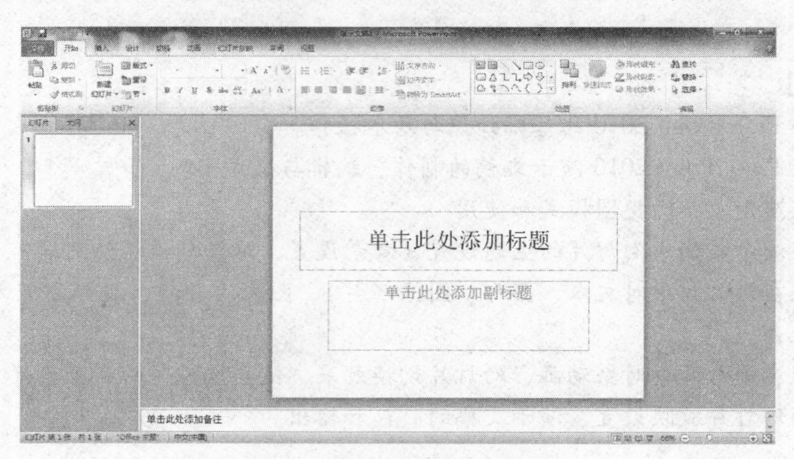

图 5-2 PowerPoint 2010 主窗口

PowerPoint 2010 主窗口由“快速访问工具栏”、“主选项卡”、“功能区”、“幻灯片缩略图”、“备注窗格”、“状态栏”、“幻灯片主窗格”、“显示比例”、“视图选项”等部分组成。

（1）快速访问工具栏——在快速访问工具栏最左端是控制菜单图标，双击此图标可以关闭 PowerPoint。剩下的从左到右依次为“保存”、“撤销”、“恢复“按钮，在“恢复”按钮的右边还有一个下拉箭头，单击后，可以选择常用的操作按钮置于快速访问栏。在下拉箭头的右侧是标题，即“Microsoft PowerPoint”。如果正在编辑一演示文稿，标题栏还显示当前编辑文稿的文件名。

（2）主选项卡——横向排列若干个主选项卡的名称，包括“文件”、“开始”、“插入”、“设计”、“切换”、“动画”、“幻灯片放映”、“审阅”和“视图”。选择某个主选项卡，出现与之相应的功能区。

①“开始”主选项卡的功能区包含：“剪贴板”、“幻灯片”、“字体”、“段落”、“绘图”和“编辑”。

②“插入”主选项卡的功能区包含：“表格”、“图像”、“插图”、“链接”、“文本”、“符号”和“媒体”。

③“设计”主选项卡的功能区包含：“页面设置”、“主题”和“背景”。

④“切换”主选项卡的功能区包含：“预览”、“切换到此幻灯片”和“计时”。

⑤“动画”主选项卡的功能区包含：“预览”、“动画”、“高级动画”和“计时”。

⑥“幻灯片放映”主选项卡的功能区包含：“开始放映幻灯片”、“设置”和“监

视器”。

⑦“审阅”主选项卡的功能区包含：“校对”、“语言”、“中文简繁转换”、“批注”和“比较”。

⑧“视图”主选项卡的功能区包含：“演示文稿视图”、“母版视图”、“显示”、“显示比例”、“颜色/灰度”、“窗口”和“宏”。

（3）功能区——功能区中排列若干个选项，单击它们，可执行其对应的命令。有的选项还有对应的下拉菜单，可从中选择相应的命令。功能区中各个选项都有一个图标。如果图标显示呈现灰色，表示此功能暂时不能使用。

（4）幻灯片缩略图——有大纲和幻灯片两个选项卡。大纲选项卡可显示幻灯片中的文本大纲。幻灯片选项卡可显示幻灯片的缩略图。

（5）幻灯片主窗格——在该窗口中，可对幻灯片进行编辑。在幻灯片主窗格下面是备注窗格，可对幻灯片进一步说明。

（6）状态栏——位于应用程序窗口的最下方，用于显示 PowerPoint 2010 在不同运行阶段的不同信息。在幻灯片视图中，状态栏左侧显示当前的幻灯片编号和总幻灯片数（幻灯片 1/2），状态栏中间显示当前幻灯片所用的模板名字。

（7）视图选项——单击各个按钮，可以改变幻灯片的查看方式。

5.1.3 PowerPoint 基础知识

1. 演示文稿与幻灯片

用 PowerPoint 2010 创建的文件就是演示文稿，其扩展名为 . ppt。一个演示文稿通常由若个张幻灯片组成，制作一个演示文稿的过程，实际上就是制作一张张幻灯片的过程。

2. 幻灯片的对象与布局

一张幻灯片由若干对象组成。所谓对象，是指插入幻灯片中的文字、图表、组织结构图以及图形、声音、动态视频图像等元素。制作一张幻灯片的过程，实际上就是制作、编排其中每一个被插入的对象的过程。

幻灯片布局是指其包含对象的种类以及对象之间相互的位置，PowerPoint 提供了许多种幻灯片参考布局（又称自动版式）。一个演示文稿的每一张幻灯片可以根据需要选择不同的版式。PowerPoint 也允许用户自己定义、调整这些对象的布局。

3. 模板

模板是指一个演示文稿整体上的外观设计方案，它包含预定义的文字格式、颜色以及幻灯片背景图案。PowerPoint 提供了多种模板。一个演示文稿的所有幻灯片同一时刻只能采用一种模板，但可以在不同的演讲场合为同一演示文稿选择不同的模板。

4. 视图

视图是指用于查看幻灯片的方式。在 PowerPoint 窗口的最下方有四个功能按钮，分别是：“（普通视图）”、“（幻灯片浏览视图）”、“（阅读视图）”和“（幻灯片放映视图）”。单击这些视图按钮，可在各视图之间进行切换。

按钮：单击此按钮，屏幕上显示普通视图。普通视图包含 Esc 窗格、大纲窗格、幻灯片窗格和备注窗格。这些窗格使用户可以在同一位置使用文稿的各种特征。移动窗格边框可调整其大小。

田按钮：单击该按钮，所有幻灯片按比例被缩小，并按顺序排列在窗口中。用户可以在此设置幻灯片切换效果、预览幻灯片切换、动画和排练时间的效果，同时可对幻灯片进行移动、复制、删除等操作，如图 5-3 所示。

图 5-3　PowerPoint 2010 的幻灯片窗口

阅按钮：单击此按钮，屏幕上显示阅读视图。阅读视图用于使用自己的计算机来查看您的演示文稿，而不是通过大屏幕放映演示文稿。如果您希望在一个设有简单控件以方便审阅的窗口中查看演示文稿，而不想使用全屏的幻灯片放映视图，则也可以在自己的计算机上使用阅读视图。

豆按钮：单击窗口右下角的“幻灯片放映”按钮，幻灯片放映以最大化方式按顺序在全屏幕上显示每张幻灯片，单击鼠标左键或按回车键将显示下一张幻灯片，也可以用上下左右光标键来回显示各张幻灯片。

单击鼠标右键并选择“结束放映”命令，结束幻灯片的放映。

5.1.4　PowerPoint 2010 快速访问工具项的显示与隐藏

PowerPoint 2010 提供了“保存”、“撤销”、“打开”等多个不同的快速访问项。用户可根据需要增加显示或隐藏快速访问项。

1. 显示“打开”快速访问项

（1）单击“快速访问工具栏”中的下拉箭头，打开“自定义快速访问工具栏”下拉菜单。

（2）选择下拉菜单中的“打开”命令，在“打开”命令的前面出现一个带“√”的小方框☑，表示“打开”命令已显示在“快速访问工具栏”中。

2. 隐藏“保存”快速访问项

（1）单击“快速访问工具栏”的下拉箭头，打开“自定义快速访问工具栏”下拉菜单。

（2）选择下拉菜单中的“保存”命令，其前面带“√”的小方框消失，则“保存”选项从“快速访问工具栏”中消失。

若要添加的选项不在下拉菜单中，在下拉菜单中选择其他命令，在出现的选项框中将所需的常用命令添加到“快速访问工具栏”中。若要隐藏，在工具栏框中选中该选项后单击删除。

5.2 创建与保存 PowerPoint 2010 演示文稿

5.2.1 PowerPoint 2010 演示文稿的创建

在 PowerPoint 2010 中，可选用以下方式创建演示文稿：

（1）启动 PowerPoint 2010 后，系统自动创建一个空演示文稿。

（2）按组合键 Ctrl+N。

（3）单击“文件”主选项卡的“新建”命令，窗口显示如图 5-4 所示，然后根据需要新建演示文稿。

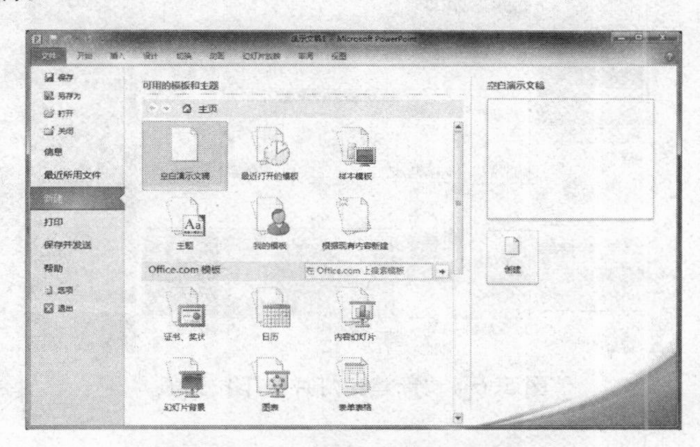

图 5-4 “新建”演示文稿菜单

1. 使用模板创建演示文稿

PowerPoint 2010 提供了各种类型的演示文稿模板，用户可利用这些模板来设计演示文稿。操作步骤如下：

（1）选择“文件”主选项卡的“新建”命令。

（2）在窗口中，单击“样本模板”命令，出现“样本模板”列表框，如图 5-5 所示。单击选择某种模板，演示文稿中所有幻灯片都将应用该模板的样式。

（3）选择“开始”主选项卡的“幻灯片”功能区，打开“新建幻灯片”下拉列表，单击某幻灯片类型，亦可添加一张幻灯片，如图 5-6 所示。

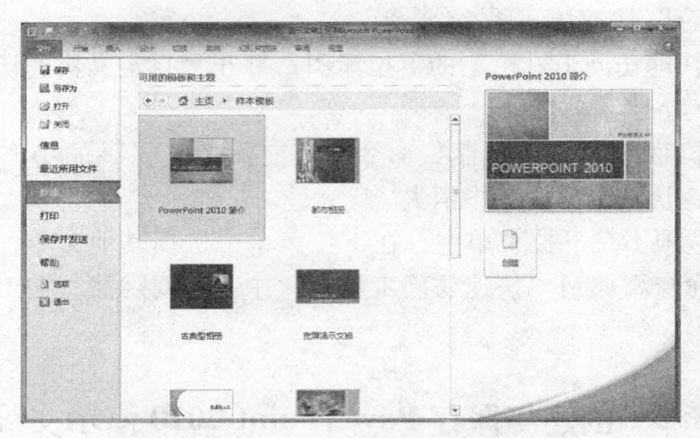

图 5-5　“新建”样本模板

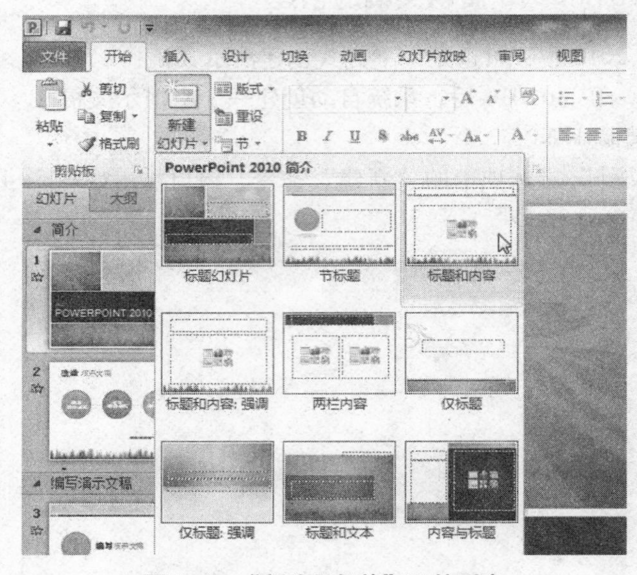

图 5-6　“新建幻灯片”下拉列表

2. 使用“空白演示文稿”创建演示文稿

选择“文件”主选项卡的“新建”命令，双击“空白演示文稿”图标，系统自动创建一空白演示文稿，如图 5-7 所示。

用户也可直接按组合键 Ctrl+N，或单击快速访问工具栏上的下拉箭头▾，勾选“新建”，使其出现在工具栏上，单击新出现的按钮🗋，即可创建一个新空白演示文稿。

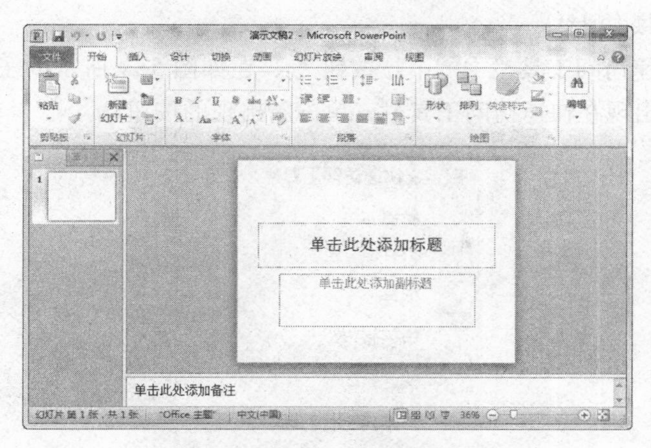

图 5-7 创建一空白演示文稿

5.2.2 保存、打开与关闭演示文稿

1. 保存演示文稿

在 PowerPoint 2010 中，若要保存演示文稿，其操作方法与 Office 其他组件中保存文件的方法类似，主要方法有：

（1）选择“文件”主选项卡的“保存”命令。

（2）单击快速访问工具栏上的“保存”按钮。

（3）按组合键 Ctrl+S。

对于新建的演示文稿，上述几种方法都将打开“另存为”对话框，用户可根据“另存为”对话框的提示，将制作的演示文稿以指定的文件名保存到指定的文件夹中。

2. 打开演示文稿

若要编辑修改一个演示文稿，首先要打开它。打开演示文稿的方法有：

（1）启动 PowerPoint 2010，选择“文件”主选项卡的“打开”命令，出现如图 5-8所示的窗口。

图 5-8 “打开”对话框

（2）按组合键 Ctrl+O。

（3）单击快速访问工具栏中的下拉按钮，在如图 5-9 所示的子菜单中勾选“打开”命令，使其出现在快速访问工具栏，单击新出现的按钮。

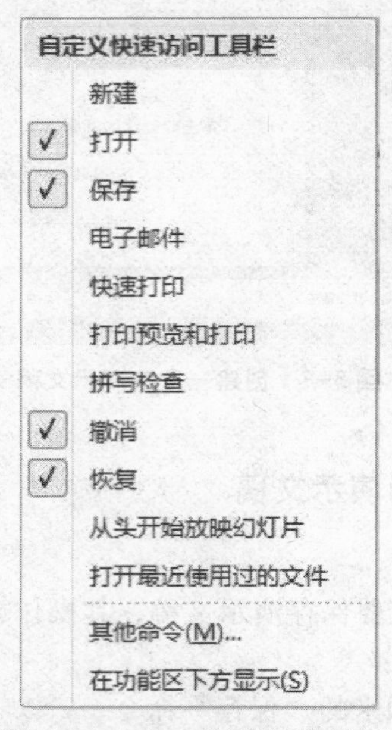

图 5-9　自定义快速访问工具栏

无论使用何种方法打开文件，屏幕将出现“打开”对话框。接着，确定要打开的文件所在的驱动器和文件夹，选中要打开的演示文稿文件名。单击“打开”按钮，打开指定的演示文稿文件。

3. 关闭演示文稿

关闭演示文稿的方法如下：

选择“文件”主选项卡的“关闭”命令。若对演示文稿进行了修改，在使用“关闭”命令前没有进行过保存，PowerPoint 2010 将询问“是否保存对演示文稿的修改?”，单击“是”按钮，保存；否则，放弃所做修改后关闭。

5.3　制作和编辑幻灯片

5.3.1　制作幻灯片

1. 插入新幻灯片

演示文稿由一张张幻灯片组成，若要在已建立的演示文稿中插入新的幻灯片，其操作步骤如下：

（1）打开需要插入新幻灯片的演示文稿。

（2）在普通视图（包括幻灯片视图和大纲视图）或在幻灯片浏览视图窗口中选定要插入新幻灯片的位置。

（3）选择“开始”主选项卡的“幻灯片”功能区，单击“新建幻灯片”按钮，或按组合键 Ctrl+M，插入一张新幻灯片。

（4）插入的幻灯片版式沿用文稿中其他幻灯片的版式，若需要重设，选择该幻灯片后，选择“开始”主选项卡中“幻灯片”功能区，单击“版式”选项的下拉箭头，出现“Office 主题”列表，单击所需版式，如图 5-10 所示。

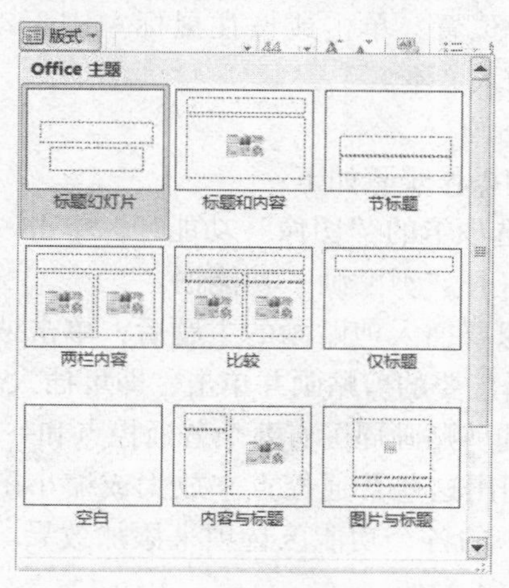

图 5-10 版式列表

新建的幻灯片中有多个虚线方框。在虚线方框中有诸如“单击此处添加标题”、“单击此处添加文本”、“双击此处添加剪贴画”等文字提示信息。单击这些区域，其中的文字提示信息就会消失，用户即可添加标题、文本、图标、表格、组织结构图和剪贴画等对象。

2. 在幻灯片中添加文本

在新建的幻灯片中添加文本的操作步骤如下：

（1）单击幻灯片中的“单击此处添加标题”位置，出现一个空白文本框，进入编辑模式，在文本框内输入标题内容，例如“冯·诺依曼型计算机的工作原理”。

（2）单击幻灯片中的“单击此处添加文本”位置，输入正文内容。

（3）单击标题或文本位置以外的地方，表示标题和文本输入完毕，如图 5-11 所示。

图 5-11 新建一张幻灯片

文本的添加也可以通过文本框来实现。使用文本框添加文本的操作方法如下：

选择“插入”主选项卡中的“文本”功能区，单击“文本框”按钮的下拉箭头，在出现的下拉菜单中选择“横排文本框”或“竖排文本框”命令；或选择“开始”主选项卡中的“绘图”功能区，单击“横排”按钮或“竖排”按钮，鼠标箭头变为“↓”或“←”，在所需要的位置，单击或按住鼠标左键不动拖动一个虚框，松开后，插入一文本框，用户即可输入文本。

3. 在幻灯片中插入剪贴画

在幻灯片插入剪贴画的操作步骤如下：

（1）选择“插入”主选项卡的“图像”功能区，单击“剪贴画”按钮，或单击幻灯片中的“剪贴画”处，打开“剪贴画”功能框。

（2）在搜索框中键入想要插入剪贴画的主题后，单击搜索键，即可在下面的显示框中出现搜索的结果，选择想要的剪贴画并单击，即可插入。

（3）插入到幻灯片中的剪贴画周围有 8 个普通控点和一个旋转控点，同时“格式”菜单栏也一同出现。可以利用这些普通控点来放大或缩小图片，利用旋转控点来旋转图片，利用“格式”菜单中的各个功能区选项来添加效果。最后，单击选中图形外的任意区域，完成剪贴画的插入操作。

4. 在幻灯片中插入一个表格或一个图表

（1）在幻灯片中插入一张表格

① 选择“插入”主选项卡的“表格”功能区，单击“表格”按钮的下拉箭头，出现“插入表格”列表，如图 5-12 所示。

图 5-12　“插入表格”列表

② 在列表中，根据需要选择相应的命令，插入符合要求的表格。

（2）在幻灯片中插入一个图表

① 选择“插入”主选项卡的“插图”功能区，单击“图表”按钮，出现“插入图表”窗口，如图 5-13 所示。

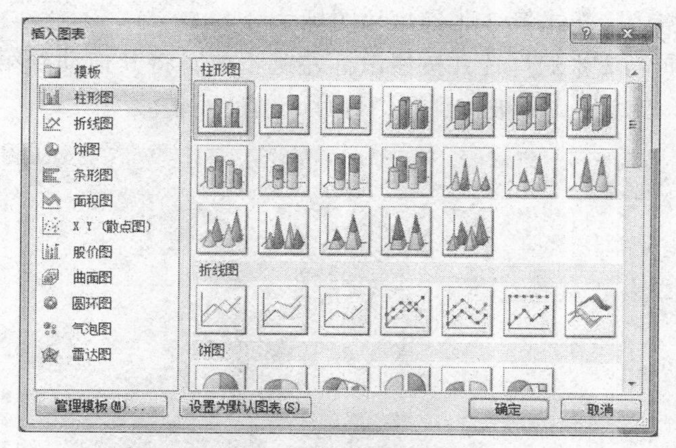

图 5-13 “插入图表”窗口

② 选择需要的图表格式并双击，PowerPoint 2010 自动显示一个图表和相关的数据表，如图 5-14 所示。

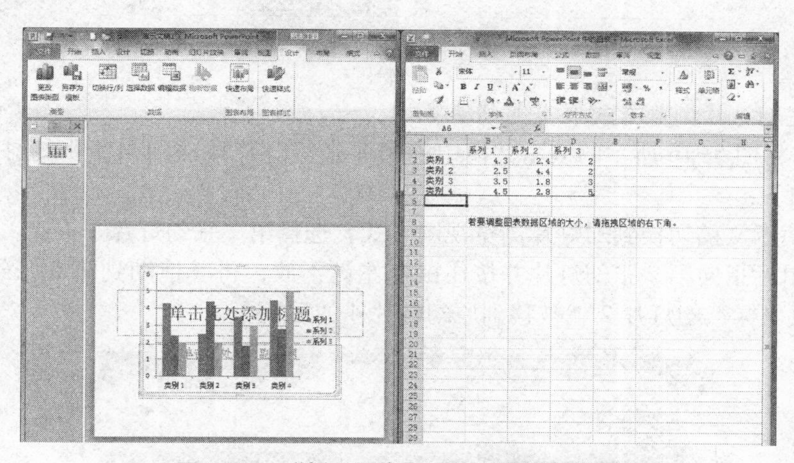

图 5-14 “插入图表”时出现的窗口界面

这些数据放在称为“数据表”的表格中。数据表内提供了输入行与列选项卡和数据的示范信息。创建图表后，可以在数据表中输入数据，也可根据需要选择“数据”菜单“获取外部数据”工具栏中的选项来插入所需数据。

如果对插入的图表不满意，可选中图表后，在新出现的“图表工具”菜单中的“设计”、“布局”、“格式”的各个功能区选项中进行编辑和修改等。

5.3.2 幻灯片的移动、复制、删除

1. 移动幻灯片

在 PowerPoint 2010 中，可方便地在不同的视图方式下实现幻灯片的移动，主要方法有：

（1）在大纲窗格中实现移动

例如，将图 5-15 所示的演示文稿中的第 2 张幻灯片移动到第 5 张幻灯片的前面，操作步骤如下：

① 在大纲窗格中，单击第 2 张幻灯片图标。

② 将鼠标指向第 2 张幻灯片并按住鼠标左键不放，将其拖动到第 5 张幻灯片的前面，再释放鼠标，幻灯片 2 就被移到原幻灯片 5 的前面了。

图 5-15　“大纲视图”下幻灯片的移动

（2）在幻灯片浏览方式下实现移动

例如，将图 5-16 所示的演示文稿中的第 2 张幻灯片移动到第 5 张幻灯片的前面，操作步骤如下：

① 将演示文稿切换到幻灯片浏览视图方式，选择第 2 张幻灯片。

② 将鼠标指向第 2 张幻灯片并按住鼠标左键不放，将其拖动到第 5 张幻灯片的前面，再释放鼠标，幻灯片 2 就被移到原幻灯片 4 的后面了。

图 5-16　“幻灯片浏览视图”下幻灯片的移动

（3）在幻灯片窗格中实现移动

将第 2 张幻灯片移动到第 5 张幻灯片的前面，操作步骤如下：

① 将演示文稿切换到普通视图的幻灯片视图方式，选择第 2 张幻灯片。

② 将鼠标指向第 2 张幻灯片并按住鼠标左键不放，将其拖动到第 5 张幻灯片的前面，再释放鼠标，幻灯片 2 就被移到原幻灯片 4 的后面了。

2. 复制幻灯片

例如，将如图 5-15 图中的幻灯片 2 复制到第 5 张幻灯片的位置上，操作步骤如下：

（1）将演示文稿切换至幻灯片浏览视图方式，单击第 2 张幻灯片。

（2）按住鼠标左键，同时按下 Ctrl 键，将鼠标指针拖动到第 5 张幻灯片前面的位置上，这时光标旁边出现一条竖线，同时鼠标指针旁有一个“+”号。

（3）释放鼠标，幻灯片复制成功。

单击选定一张幻灯片后，按住 Shift 键，单击其他位置的幻灯片，可一次选择多张连续的幻灯片；按下 Ctrl 键，依次单击其他幻灯片，可选择不连续的幻灯片。

3. 删除幻灯片

若要删除一张幻灯片，可在多种视图方式下进行。删除幻灯片的几种方法如下：

（1）在大纲窗格中删除幻灯片

在大纲窗格中，单击需要删除的幻灯片，然后按一下 Del 键，在弹出的对话框中单击“是”按钮，删除该幻灯片。

（2）在幻灯片浏览视图方式下删除幻灯片

将演示文稿切换到幻灯片浏览视图方式，单击需要删除的幻灯片，然后按一下 Del 键，删除该幻灯片。

（3）在普通视图的幻灯片视图方式下删除幻灯片

将演示文稿切换到幻灯片视图方式，单击需要删除的幻灯片，然后按一下 Del 键，删除该幻灯片。

5.4 演示文稿的格式化

制作好的幻灯片可以使用文字格式、段落格式来对文本进行修饰美化；也能通过合理地使用母板和模板，在最短的时间内制作出风格统一、画面精美的幻灯片。

5.4.1 幻灯片的格式化

1. 设置文本字体和字号

设置文本字体和字号的操作步骤如下：

选定需要设置字体和字号的文本，如果要对某个占位符整体进行修饰，选择该占位符，选择“开始”主选项卡的“字体”功能区，单击“字体”和“字号” 宋体 (正文) 32 的下拉箭头，选择所需字体和字号。

2. 设置文本颜色

设置文本颜色的操作步骤如下：

（1）选定需要设置颜色的文本。

（2）选择“开始”主选项卡的“字体”功能区，单击“字体颜色” A 的下拉箭头，打开“主题颜色”列表，如图 5-17 所示。

（3）选择需要的颜色，所选文本即采用该颜色。

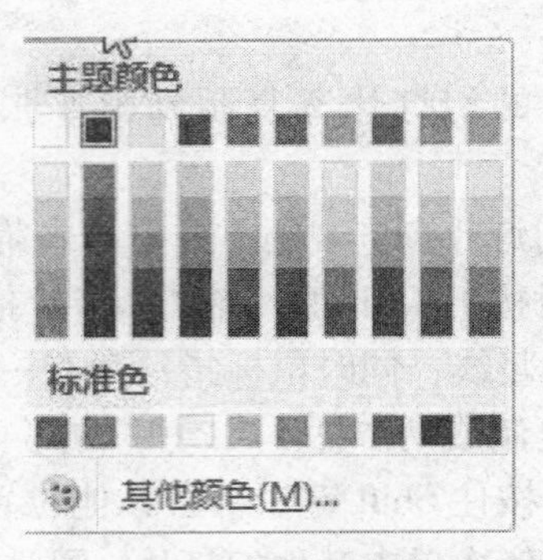

图 5-17 "主题颜色"列表

3. 段落格式化

段落的格式化包括段落的对齐方式、设置行间距及使用项目。

（1）设置文本段落的对齐方式

先选择文本框或文本框中的某段文字。选择"开始"主选项卡的"段落"功能区，单击"左对齐"按钮、"居中对齐"按钮、"右对齐"按钮、"两端对齐"或"分散对齐"按钮，即可设置。

（2）行距和段落间距的设置

选择"开始"主选项卡的"段落"功能区，单击"行和段落间距"的下拉箭头，可对选中的文字或段落设置行距或段后的间距。

（3）项目符号的设置

在默认情况下，选择"开始"主选项卡中的"段落"功能区，单击"项目符号"的下拉箭头，插入一个符号作为项目符号。

4. 对象格式的复制

在文本处理过程中，有时对某个对象进行上述格式化后，希望其他对象有相同的格式，这时并不需要做重复的工作，只要用"开始"主选项卡中的"剪贴板"功能区的"格式刷"按钮即可复制。

5. 更改幻灯片版式

如果要对现有的幻灯片版式进行更改，按下列步骤操作：

（1）在"普通视图"的"大纲"或"幻灯片"窗格或"幻灯片浏览"视图中，选定需要更改版式的幻灯片。

（2）选择"开始"主选项卡的"幻灯片"功能区，单击"幻灯片版式"的下拉箭头，单击选择一种版式，然后对标题、文本和图片的位置及大小作适当调整。

6. 更改幻灯片的背景颜色

为了使幻灯片更美观，可适当改变幻灯片的背景颜色。

更改幻灯片背景颜色的操作步骤如下：

（1）在"普通视图"显示方式下，选择"设计"主选项卡的"背景"功能区，单击"背景样式"的下拉箭头，打开"背景样式"选择框，如图 5-18 所示。

（2）选择"设置背景格式"命令，打开"设置背景格式"对话框，如图 5-19 所示。

图 5-18　“背景样式”选择框

图 5-19　“设置背景格式”对话框

（3）选中“纯色填充”单选按钮，单击“颜色”的下拉箭头，打开“颜色”对话框，如图 5-20 所示。

（3）在“颜色”对话框中，选择某种颜色，单击“确定”按钮。

（4）返回到“设置背景格式”对话框中，单击“全部应用”按钮。

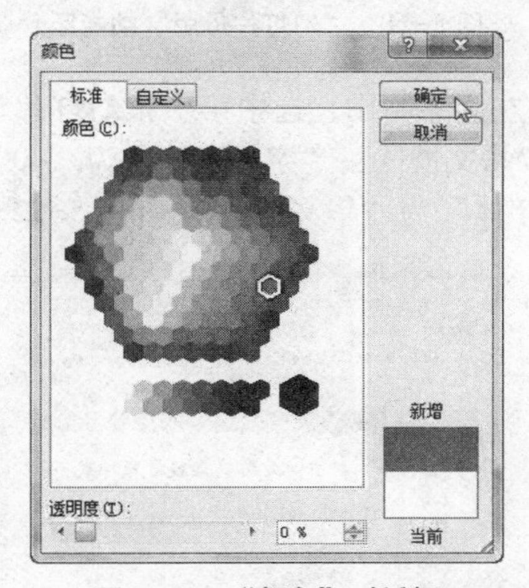

图 5-20　“颜色”对话框

7. 更改幻灯片填充效果

更改幻灯片背景填充效果的操作步骤如下：

（1）在“普通视图”显示方式下，选择“设计”主选项卡的“背景”功能区，单击“背景样式”的下拉箭头，打开“背景样式”选择框。

（2）选择“设置背景格式”命令，打开“设置背景格式”对话框，选择所需要的填充方式，根据需要进行选择操作。

（3）填充完毕，单击“全部应用”按钮。

5.4.2 格式化幻灯片中的对象

幻灯片是由标题、正文、表格、图像、剪贴画等对象组成的，对这些对象的格式化主要包括大小、填充颜色、边框线等。先选中要格式化的对象，再选择新出现的“绘图工具”的“格式”菜单中的各个功能区选项，对对象进行各种格式化。

5.4.3 设置幻灯片外观

在 PowerPoint 2010 中，利用母版、主题和模板等能使演示文稿的所有幻灯片具有一致的外观。

1. 幻灯片母板

“幻灯片母板”命令用于设置幻灯片母板，幻灯片母板控制的是除标题幻灯片以外的所有幻灯片的格式。在设计幻灯片演示文稿设计，需要考虑演示文稿的整体风格，比如，外观是否一致，特别是在商业宣讲、教学课件等演示文稿中，常常通过幻灯片母版设计保持演示文稿风格的一致性和协调性。

（1）选择“视图”主选项卡的“母版视图”功能区，单击“幻灯片母版”选项，切换到“幻灯片母版”功能区，如图 5-21 所示。

图 5-21 “幻灯片母版”功能区

（2）单击幻灯片母版左侧缩略图，选中第一张幻灯片母版，选中“母版标题样式”，修改其“字体”为“华文楷体”；“字号”修改为“40”。接着选中标题样式外的所有文本样式，修改其“字体”为“华文楷体”，如图 5-22 所示。

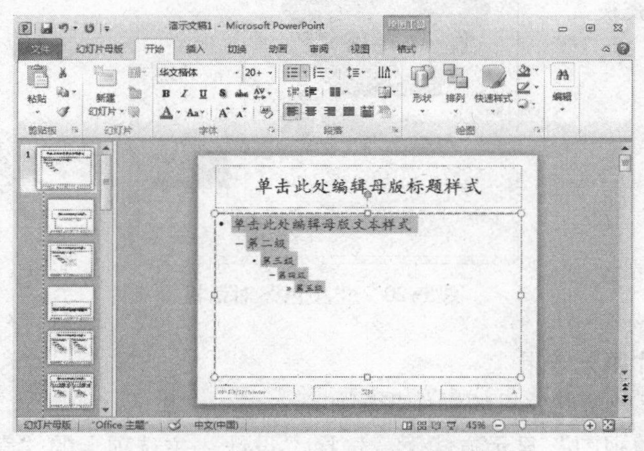

图 5-22 “幻灯片母版”修改文本样式

（3）选择“背景”功能区，单击“背景样式”的下拉箭头，出现“设置背景样式”选择框。选择“设置背景格式”命令，打开“设置背景格式”对话框，插入图片文件（母版背景 . PNG），设置背景格式如图 5-23 所示。

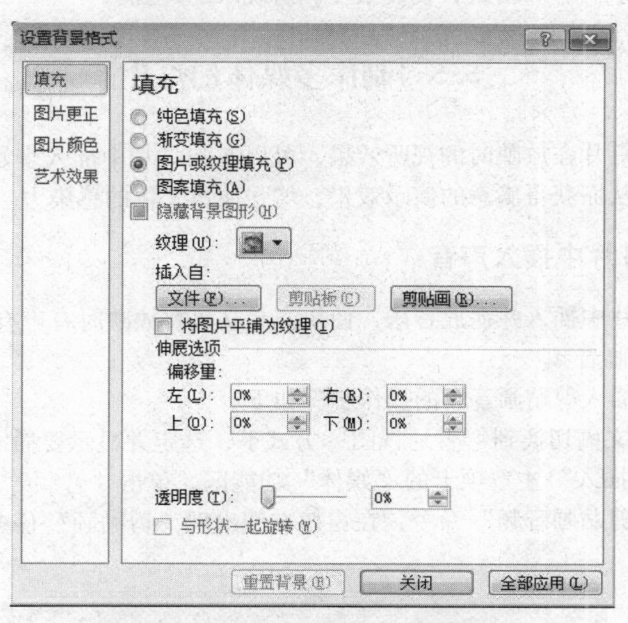

图 5-23　“幻灯片母版”设置背景格式

（4）设置母版中各项参数后，在“关闭”功能区，单击“关闭母版视图”按钮，完成母版样式设计，效果图如图 5-24 所示。

图 5-24　“幻灯片母版”效果图

2. 讲义母板

讲义母板用于控制幻灯片以讲义形式打印的格式，如增加页码、页眉和页脚等，也可利用“讲义母版”菜单的功能区选项设置每页纸中打印幻灯片的张数等。

3. 备注母板

PowerPoint 2010 为每张幻灯片设置了一个备注页，供用户添加备注。备注母板用于控制注释的显示内容和格式，使多数注释有统一的外观。

5.5 制作多媒体幻灯片

为了改善幻灯片在放映时的视听效果，可以在幻灯片中加入多媒体对象，如音乐、电影、动画等，从而获得满意的演示效果，增强演示文稿的感染力。

5.5.1 在幻灯片中插入声音

可以在幻灯片中插入并播放音乐，使得演示文稿在放映时有声有色。

1. 插入剪贴画音频

在幻灯片中插入剪贴画音频的操作步骤如下：

（1）将演示文稿切换到“普通视图”方式下，选定并显示要插入声音的幻灯片。

（2）选择“插入”主选项卡的“媒体”功能区，单击“音频”的下拉箭头，在下拉菜单中选择“剪贴画音频”命令，在窗口右侧出现“剪贴画”任务窗格，如图 5-25 所示。

图 5-25 “剪贴画”任务窗格

（3）在出现的声音列表框中，单击选中需要插入的声音文件图标，将其插入到当前幻灯片，这时在幻灯片中可以看到“声音图标”，单击该按钮，出现播放窗格，如图 5-26 所示。

图 5-26 声音播放

（4）选择“音频工具”的“播放”命令，在“音频选项”功能区中设置音频的播放。

2. 插入文件中的声音

若要在幻灯片中插入一个文件中的声音，操作步骤如下：

（1）选定要插入声音的幻灯片。

（2）选择“插入”主选项卡的“媒体”功能区，单击“音频”的下拉箭头，选择下拉菜单中的“文件中的音频”命令，打开“插入音频”列表窗口，如图 5-27 所示。

图 5-27　“插入音频”列表窗口

（3）在“插入音频”对话框中，找到并选中要插入的声音文件。

（4）单击“插入”按钮，后续步骤同插入剪贴画音频。

3. 插入录制音频

在幻灯片中插入录制音频的操作步骤如下：

（1）在普通视图中，选定要插入声音的幻灯片。

（2）选择“插入”主选项卡的“媒体”功能区，单击“音频”的下拉箭头，选择下拉菜单中的“录制音频”命令，打开“录音”对话框，如图 5-28 所示。

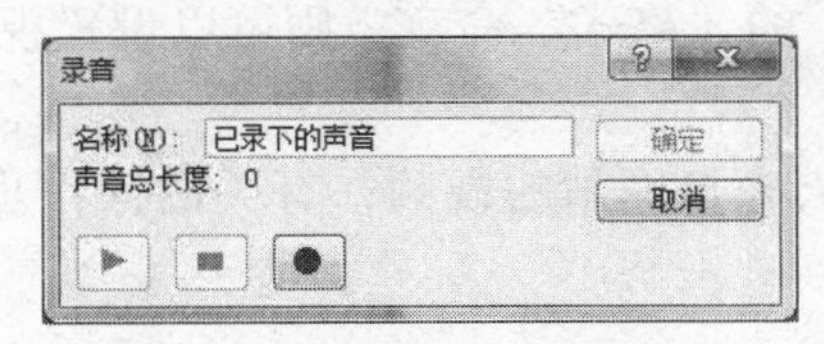

图 5-28　“录音”对话框

（3）单击红色的录音按钮，开始录音。录音完成后，单击“结束”按钮■。

（4）单击“确定”按钮，插入录音。后续步骤同插入剪贴画音频。

5.5.2　在幻灯片中插入影片

不仅可以在幻灯片中加入图片、图表和组织结构图等静止的图像，还可以在幻灯片中添加视频对象。

1. 插入剪贴画视频

在幻灯片中插入剪贴画视频的操作步骤如下：

（1）在普通视图中，选定要插入视频的幻灯片。

（2）选择“插入”主选项卡的“媒体”功能区，单击“视频”的下拉箭头，选择下拉菜单中的“剪贴画视频”命令，窗口右侧出现“剪贴画”任务窗格。

（3）选择需要的视频，单击“插入”按钮。

2. 插入文件中的视频

在幻灯片中插入现有视频文件的操作步骤如下：

（1）在普通视图中，选定要插入视频的幻灯片。

（2）选择“插入”主选项卡的“媒体”功能区，单击“视频”的下拉箭头，选择下拉菜单中的“文件中的视频”命令，打开“插入视频文件”列表框，如图 5-29 所示。

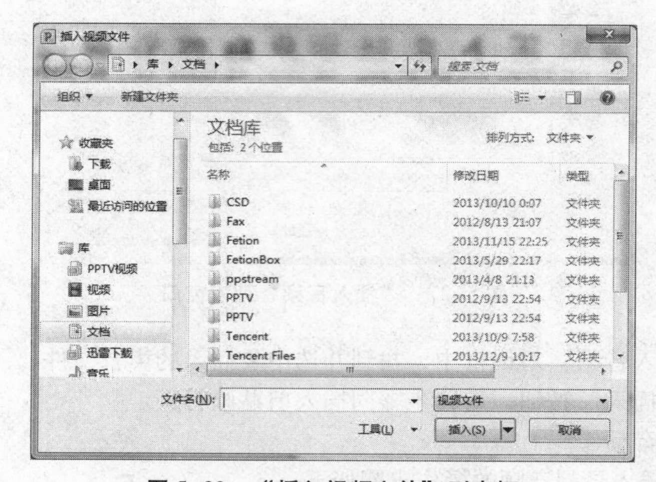

图 5-29　“插入视频文件”列表框

（3）在列表框中找到并选中要插入的视频文件，单击“插入”按钮。

（4）选择“视频工具”的“播放”命令，出现“视频选项”功能区，可设置视频的播放。利用“视频工具”的“格式”命令，则可以设置视频的样式及大小等，以达到更好的观看效果。

3. 用户也可以选择插入来自网站的视频，有关的操作步骤这里将不再详细说明，若是感兴趣可以自己尝试。

5.6　设置幻灯片的动画与超链接

5.6.1　设置动画效果

动画效果是演示文稿的灵魂，各式各样的动画效果不仅能增加演示文稿的观赏性，让制作的演示文稿栩栩如生，还能有震撼的效果，吸引观众的目光。

动画是演示文稿之非常重要的技术，尤其在娱乐、婚庆、商业多媒体展示应用领域更是对动画效果的要求非常之高。

PowerPoint 2010 动画按效果特征来分，可分为“进入动画”、“强调效果”、“退出动画”、“自定义动画”四种基本动画效果。

设置动画效果操作步骤（此处举例说明）如下：

（1）启动 PowerPoint 2010，自动创建一张幻灯片。

（2）选择“插入”主选项卡的“插图”功能区，单击“形状”的下拉箭头，打开“形状”列表框。

（3）选择“星与旗帜”类别中的“横卷形”形状类型，调整其插入位置。

（4）选择“绘图工具”中的“格式”命令，在其“形状样式”功能区，单击“形状填充”的下拉箭头，打开“主题颜色”列表框，选择“浅蓝”颜色，效果如图 5-30 所示。

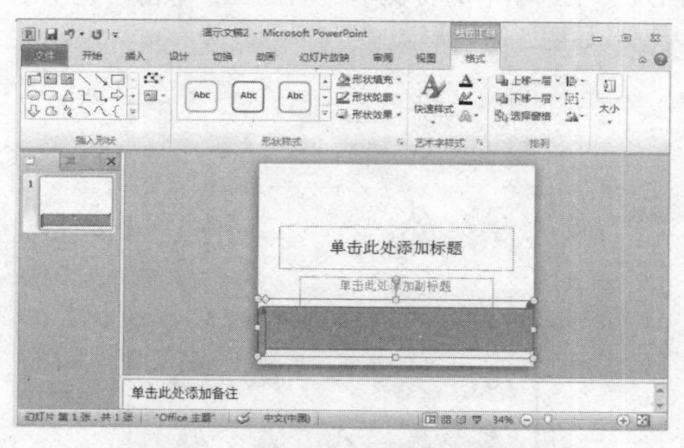

图 5-30 “横卷形”形状位置与颜色设置

（5）选择“插入”主选项卡的“插图”功能区，单击“形状”的下拉箭头，选择“线条”类别中的“直线”形状类型，调整其插入位置。

（6）选择“绘图工具”的“格式”命令，在其“形状样式”功能区，单击“形状轮廓”的下拉箭头，在“主题颜色”列表框中，选择“直线”的颜色为“红色”；设置“直线”的粗细为“8 磅”，如图 5-31 所示。

图 5-31 插入“直线”形状，设置其颜色和粗细

（7）在“形状”下拉列表框中，选择“椭圆”形状类型，按 Shift 键，插入一个“圆形”形状。

（8）选择“绘图工具”的“格式”命令，接着设置其颜色为“红色”，再复制 2

个“圆形”形状，调整其位置。用同样的方法插入一个“五角星”形状，设置其颜色为“黄色”，效果如图 5-32 所示。

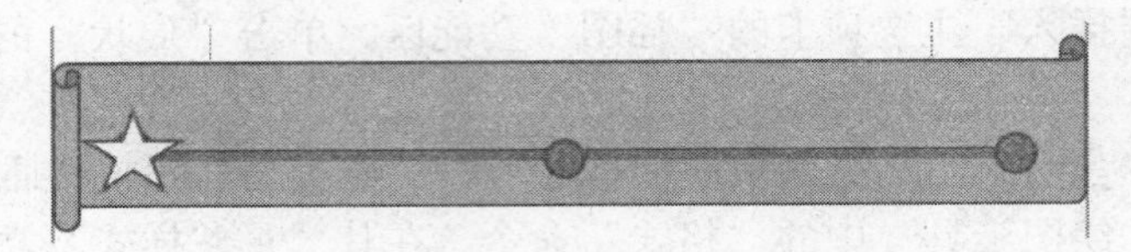

图 5-32　插入“圆形”形状和“五角星”形状

（9）选择“插入”主选项卡的“文本”功能区，单击“艺术字”的下拉箭头，出现“艺术字”列表框，如图 5-33 所示。

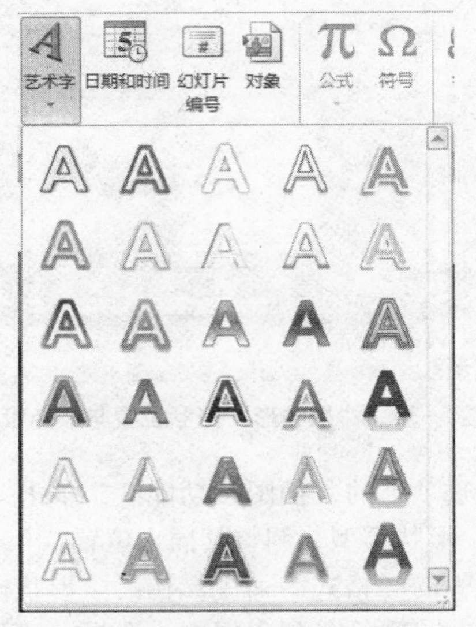

图 5-33　“艺术字”列表框

（10）在“艺术字”列表框，选择“填充-白色，投影”艺术字类别，修改艺术字内容为“1949”，调整其位置在第一个“圆形”形状的上方。利用复制粘贴功能，复制两个同样的艺术字，分别修改其内容为“1979”和“2009”，调整位置分别放在第二个和第三个“圆形”形状上方，如图 5-34 所示。

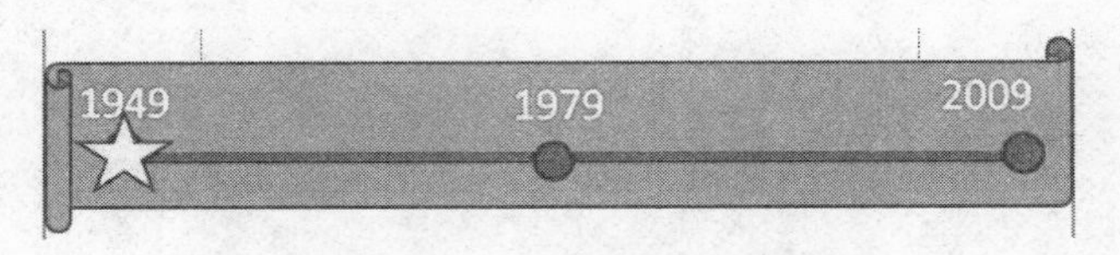

图 5-34　插入“艺术字”形成时间轴

（11）选择“插入”主选项卡的“图像”功能区，单击“图片”按钮，打开“插入图片”窗口，如图 5-35 所示。

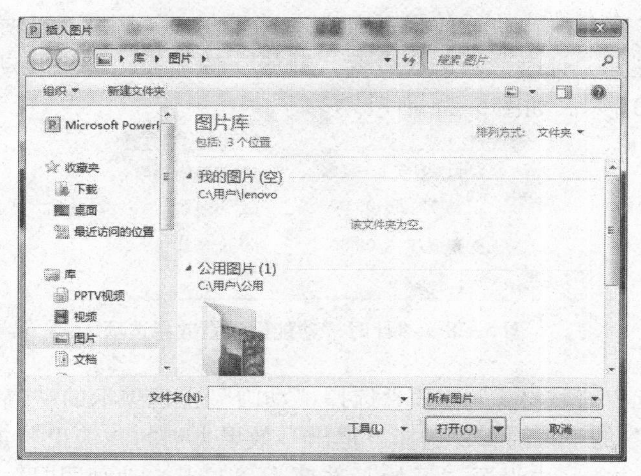

图 5-35 “插入图片”窗口

（12）分别插入“素材 1”和“素材 2”图片。选中“素材 1”和“素材 2”两张图片，选择“图片工具”的“格式”命令，在其“排列”功能区，单击“下移一层”的下拉箭头，选择“置于底层”命令，将两幅图片置于主窗格最底层，并调整其位置，如图 5-36 所示。

图 5-36 插入两图片调整位置并置于底层

（13）选中“素材 1”图片，选择“动画”主选项卡的“动画”功能区，单击“添加动画”的下拉箭头，在其列表中选择“进入”效果类别的“缩放”动画效果，如图 5-37 所示。

图 5-37 添加“缩放”动画效果

（14）设置“素材 1”动画效果后，选中“素材 1”图片，选择“绘图工具”的“格式”命令，在其“计时”功能区设置“开始”选项为“与上一动画同时”；“持续时间”设置为“3 秒”，如图 5-38 所示。

图 5-38 “计时“功能区设置效果选项

（15）再次选中“素材 1”图片，选择“动画”主选项卡的“高级动画”功能区，单击“添加动画”的下拉箭头，选择“退出”效果类别的“淡出”退出效果。在“动画”的“计时”功能区中设置“开始”选项为“与上一动画同时”；“持续时间”为“1 秒”；“延迟”时间为“3 秒”，如图 5-39 所示。

图 5-39 “淡出”退出效果选项设置

（16）选中“素材 2”图片，单击“缩放”按钮，进入动画效果和“淡出”退出动画效果，分别设置“缩放”和“淡出”动画效果选项，如表 5-1 所示。

表 5-1 “素材 2”图片动画效果设置表

素材 2	“缩放”进入效果	“淡出”退出效果
开始选项	与上一个动画同时	与上一个动画同时
持续时间	3 秒	1 秒
延迟	2 秒	5 秒

（17）插入“素材 3”和“素材 4”两张图片，选中两张图片，选择“绘图工具”的“格式”命令，在其“排列”功能区，单击“下移一层”的下拉箭头，数次单击下拉菜单中的“下移一层”命令，将“素材 3”和“素材 4”放置在“素材 1”和“素材 2”图层的上方。

（18）选中“素材 3”图片，单击“缩放”按钮，进入动画效果和“淡出”退出动画效果，分别设置“缩放”和“淡出”动画效果，如表 5-2 所示。

表 5-2 “素材 3”图片动画效果设置表

素材 3	“缩放”进入效果	“淡出”退出效果
开始选项	与上一个动画同时	与上一个动画同时
持续时间	3 秒	1 秒
延迟	4 秒	7 秒

（19）选中“素材 4”图片，单击“缩放”按钮，进入动画效果和“淡出”退出动画效果，分别设置“缩放”和“淡出”动画效果，如表 5-3 所示。

表 5-3　“素材 4”图片动画效果设置表

素材 4	“缩放”进入效果	“淡出”退出效果
开始选项	与上一个动画同时	与上一个动画同时
持续时间	3 秒	1 秒
延迟	6 秒	9 秒

（20）插入“素材 5”和“素材 6”两张图片，选中两张图片，选择“绘图工具”的“格式”命令，在“排列”功能区，单击“下移一层”的下拉箭头，在下拉菜单中，数次单击“下移一层”命令，将“素材 5”和“素材 6”放置在“素材 3”和“素材 4”图层的上方，如图 5-40 所示。

图 5-40　插入“素材 5”和“素材 6”两张图片

（21）分别选中“素材 5”和“素材 6”图片，添加“缩放”，进入动画效果，缩放”进入动画效果具体选项如表 5-4 所示。

表 5-4　“素材 5”和“素材 6”图片动画效果设置表

选项	素材 5	素材 6
开始选项	与上一个动画同时	与上一个动画同时
持续时间	3 秒	3 秒
延迟	8 秒	10 秒

（22）单击选中“五角星”形状，选择“动画”主选项卡的“高级动画”功能区，单击“添加动画”的下拉箭头，选择“动作路径”类别中的“直线”动画效果，如图 5-41 所示。

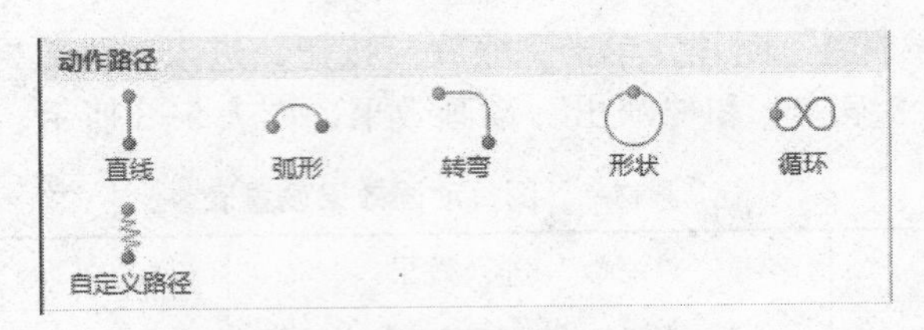

图 5-41　“动作路径”列表框

（23）拖动“直线”动画效果的结束点（红色三角形图标）和动画效果的开始点（绿色三角形图标）和“红色直线”重合，如图 5-42 所示。

图 5-42　“直线”动作路径

（24）在“动画”的“计时”功能区中，设置“开始”选项为“与上一动画同时”、“持续时间”为“14 秒”、“延迟时间”为“0 秒”。设置最后一个动画效果选项后，在“动画”的“高级动画”功能区，单击“动画窗格”按钮，在幻灯片主窗格右侧出现“动画窗格”列表框，如图 5-43 所示。

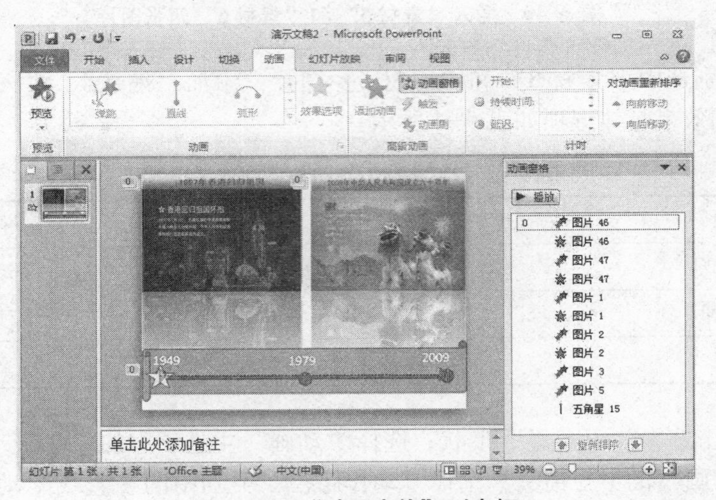

图 5-43　“动画窗格”列表框

5.6.2 设置演示文稿中的超链接

在演示文稿中添加超链接，然后利用它可跳转到不同的位置。例如，跳转到演示文稿的某一张幻灯片，如其他演示文稿、Word 文档、Excel 电子表格、公司 Intranet 地址等。

如图 5-44 所示，在幻灯片中设置了指向一个文件的超链接，在幻灯片放映时，当鼠标移到下划线显示处，就会出现一个超链接标志“👆”（鼠标为小手形状），单击鼠标，跳转到超链接设置的相应位置。

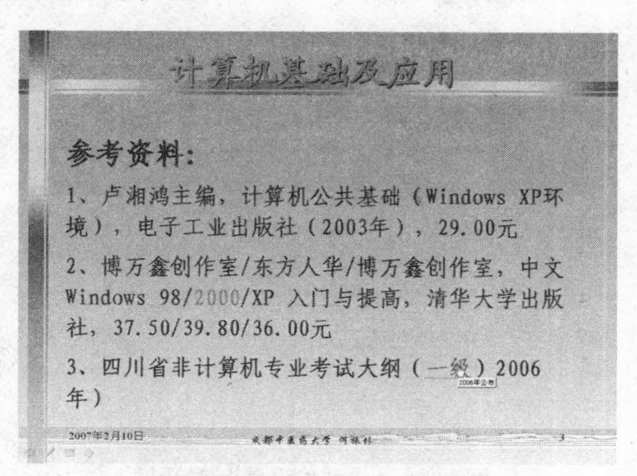

图 5-44　插入超链接的幻灯片

1. 创建超链接

创建超链接起点可以是任何文本或对象，代表超链接起点的文本会添加下划线，并显示成系统配色方案指定的颜色。

激活超链接最好用鼠标单击的方法，单击鼠标，即可跳转到链接设置的相应位置。

有两种方法创建超链接：一是使用“超链接”命令；二是使用“动作按钮”。

（1）使用创建“超链接”命令

① 在幻灯片视图中选择代表超链接起点的文本对象。

② 选择“插入”主选项卡的“链接”功能区，单击“超链接”按钮，或按组合键 Ctrl+K，打开“编辑超链接”对话框，如图 5-45 所示。

图 5-45　“编辑超链接”对话框

在“编辑超链接”对话框中的左侧有 4 个按钮：“现有文件或网页”、“本文档中的位置”、“新建文档”和“电子邮件地址”，可链接到不同位置的对象；在右侧，按下不同按钮时，会出现不同的内容。

③ 根据需要选定链接后，单击“确定”按钮，超链接设置完毕。

（2）使用动作按钮建立超链接

利用动作按钮，也可以创建超链接，操作步骤如下：

① 在幻灯片视图中选择代表超链接起点的文本对象。

② 单击“插入”主选项卡的“链接”功能区，单击“动作”按钮，打开“动作设置”对话框，如图 5-46 所示。

图 5-46 “动作设置”对话框

③ 选择“单击鼠标”选项卡，选择鼠标启动跳转；单击“鼠标移过”选项卡，移过鼠标启动跳转。“超链接到”选项：在列表框中选择跳转的位置。单击“确定”按钮，超链接设置完毕。

2. 编辑和删除超链接

若要更改超链接的内容，可对超链接进行编辑与更改。

编辑超链接的方法如下：

（1）指向或选定需要编辑超链接的对象，按组合键 Ctrl+K；或单击鼠标右键，在快捷菜单中选择“编辑超链接”命令，打开“编辑超链接”对话框。

（2）改变超链接的位置或内容，也可以重复设置超链接的操作（“超链接”或“动作”），重新设置一个新的超链接。

删除超链接操作方法同上，只要在“编辑超链接”对话框中选择“删除链接”命令按钮；或在“动作设置”对话框中选择“无动作”选项；或单击右键，在快捷菜单中选择“取消超链接”命令。

5.7 演示文稿的放映

演示文稿制作完成后，通常都需要对演示文稿进行播放预览。在 PowerPoint 2010 中，用户可以通过四种方式对制作完成的幻灯片进行放映操作。

幻灯片制作完成，当放映效果满意后，可以对演示文稿进行存档保存，也可以以各种方式对演示文稿进行输出操作，比如将幻灯片制作成 CD 或视频、创建成 PDF 文档、打印成文稿等。

5.7.1　设置放映方式

设置放映方式的操作步骤如下：

（1）制作完演示文稿后，选择“幻灯片放映”主选项卡的“开始放映幻灯片”功能区，单击“从头开始”按钮，如图 5-47 所示，将已制作好的演示文稿从演示文稿的第一张幻灯片开始进行播放。

图 5-47　“从头开始”放映幻灯片

（2）在 PowerPoint 2010 中，除了可以选择四种不同的放映方式，还可以具体设置放映的参数，比如放映幻灯片时禁止显示幻灯片的切换效果。

选择“幻灯片放映”主选项卡的“设置”功能区，单击“设置幻灯片放映”按钮，打开“设置放映方式”对话框。在“设置放映方式”对话框中，勾选“放映选项”选择区中的“放映时不加旁白”复选框，单击“确定”按钮，完成放映的参数设置，如图 5-48 所示。

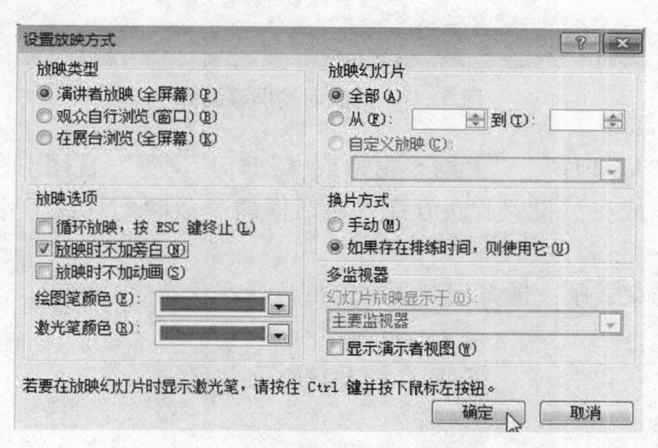

图 5-48　“设置放映方式”对话框

“放映类型”有三个选项：“演讲者放映”、“观众自行浏览”和“在展台浏览”。

① 演讲者放映：全屏播放演示文稿的内容，播放完演示文稿后，自动退出播放模式。

② 观众自行浏览：以窗口模式播放演示文稿的内容，支持用户单击鼠标继续演示文稿的播放。

③ 在展台浏览：全屏播放演示文稿的内容，播放完后自动循环播放。

5.7.2　幻灯片的放映

使 PowerPoint 2010 进入幻灯片放映演示的方法如下：

（1）按 F5 键，从头开始放映。

（2）选择“幻灯放映”主选项卡的“开始放映幻灯片”功能区，根据需要选择放映方式。

（3）单击屏幕左下角的“放映 ”按钮，从当前幻灯片播放。放映时，演讲者可以通过为观众指出幻灯片重点内容的方法，也可通过在屏幕上画线或加入文字的方法，增强表达效果，如图 5-49 所示。

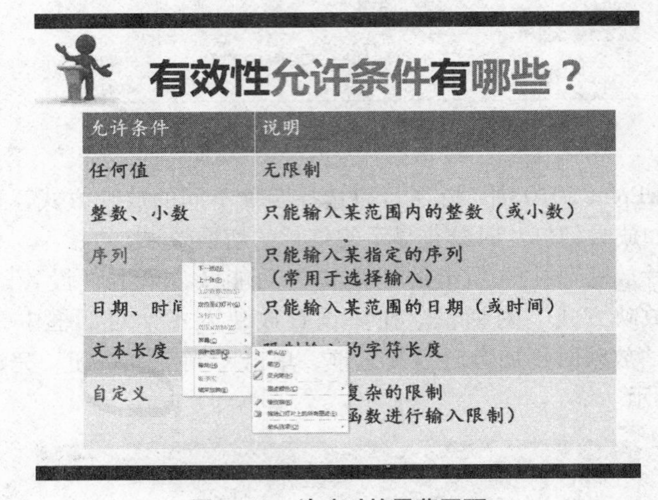

图 5-49　放映时的屏幕画面

用户可以在“幻灯片”、“大纲”窗格或“幻灯片浏览”视图下，选定要开始演示的第一张幻灯片，或在“设置放映方式”对话框的“放映幻灯片”中选择放映的范围或自定义播放的一组幻灯片。

按 Esc 键，结束放映，屏幕回到原来幻灯片所在状态。

5.8　打印演示文稿

如果不方便在计算机上进行演示，用户可通过打印设备输出幻灯片、大纲、演讲者备注及观众讲义等多种形式的演示文稿。这时的文稿不能包含丰富的多媒体信息和交互控制，只能以图形和文字的形式表现演示内容。

打印工作可在普通视图、大纲视图、幻灯片视图、幻灯片浏览视图等方式下进行。

如果要打印演示文稿中的幻灯片、讲义或大纲，可按下列步骤操作：

（1）选择“设计”主选项卡的“页面设计”功能区，单击“页面设置”按钮，打开“页面设置”对话框，如图 5-50 所示。

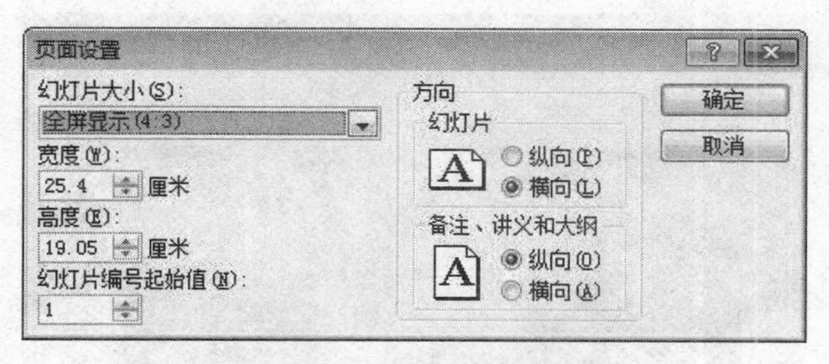

图 5-50　“页面设置”对话框

（2）在“页面设置”对话框中，对幻灯片的大小、宽度、高度、幻灯片编号起始值、方向等参数进行设置。设置这些参数后，单击“确定”按钮。

（3）选择“文件”主选项卡的“打印”命令，出现打印设置区，如图 5-51 所示。

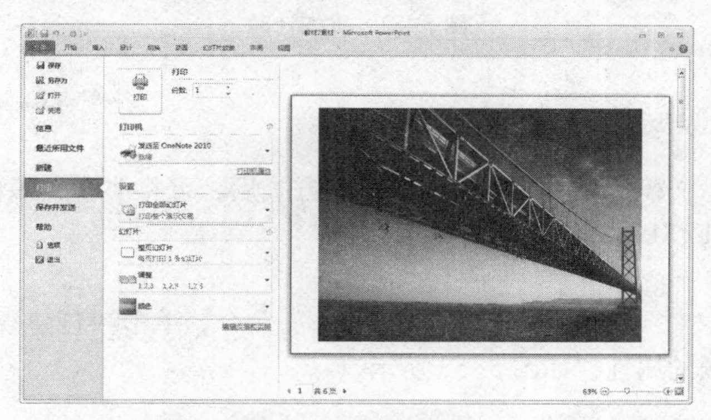

图 5-51　打印设置

（4）设置当前要使用的打印机名、打印范围、打印份数、打印内容以及打印方式等参数。

（5）当完成必要的设置后，单击“打印”按钮，在所选定的打印机上打印幻灯片。

5.9　演示文稿创建视频文件

5.9.1　排练计时

利用 PowerPoint 2010 播放演示文稿进行演讲时，用户可以通过“排练计时”功能对演讲时间进行预先演练，还可以录制演示文稿的播放流程、添加旁白等操作。

选择“幻灯片放映”主选项卡的“设置”功能区，单击“排练计时”按钮，自动切换到设置的放映方式进行演示文稿的播放。在播放演示文稿时，在屏幕左上角出现“录制”面板，记录演示文稿的播放时间，如图 5-52 所示。

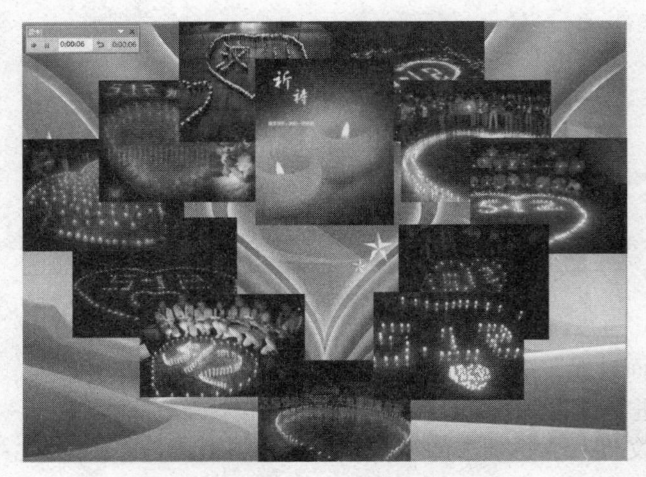

图 5-52　排练计时

5.9.2　创建视频文件

制作完成演示文稿并设置演示文稿的放映方式后，可将演示文稿保存为演示文稿，也可以保存为 PDF/XPS 文档或视频文件。

操作步骤如下：

（1）选择“文件”选项卡的“保存并发送”命令，单击“创建视频”按钮，在右侧中设置创建视频的属性，如图 5-53 所示。

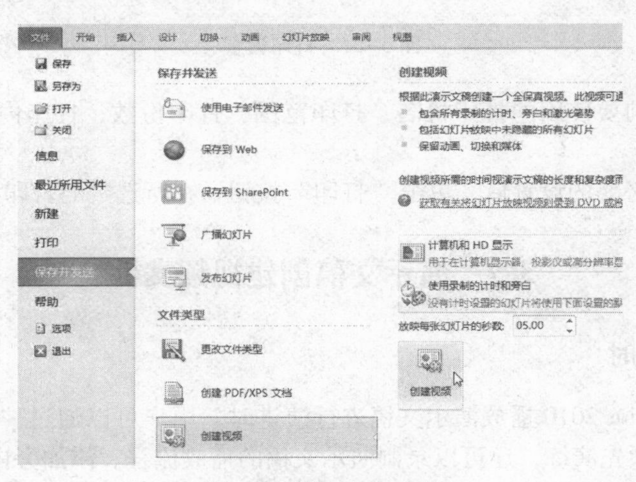

图 5-53　创建视频文件

（2）单击“创建视频”按钮，打开“另存为”对话框，保存视频的位置。设置视频位置后，PowerPoint 2010 自动将演示文稿保存为 Windows Media Video 格式的视频文件。

习题 5

一、选择题

1. 从幻灯片上插入的图片，__________。

A）只能从 PowerPoint 2010 的剪贴图片库中选取

B）PowerPoint 2010 不带图片库，只能从其他软件中选取

C）除了从 PowerPoint 2010 的剪贴图片库中选取外，还可从其他软件中选取

D）自画的图片不能插入到 PowerPoint 2010 的图片库中

2. 在幻灯片放映时，要实现幻灯片之间的跳转，可采用的的方法是__________。

A）设置预置动画　　B）设置自定义动画

C）设置幻灯片切换方式　　D）设置动作按钮

3. 关于幻灯片页面版式的叙述，不正确的是__________。

A）幻灯片的大小可以改变

B）幻灯片应用模板一旦选定，以后不可改变

C）同一演示文稿中允许使用多种母板格式

D）同一演示文稿中不同幻灯片的配色方案可以不同

4. 对于演示文稿中不准备放映的幻灯片，可以选择__________菜单中的“隐藏幻灯片”命令实现隐藏。

A）工具　　B）视图

C）幻灯片放映　　D）编辑

5. 若要使幻灯片在放映时能够自动播放，需要为其设置__________。

A）超链接　　B）动作按钮　　C）录制旁白　　D）排练计时

6. 若要选定多个图形，需__________，然后用鼠标单击要选定的图形对象。

A）先按住 Ctrl 键　　B）先按住 Tab 键

C）先按住 Shift 键　　D）先按住 Alt 键

7. 若要观看全部幻灯片的播放效果，可采用的方法是__________。

A）切换到幻灯片放映视图　　B）打印预览

C）切换到幻灯片浏览　　D）分页预览

8. 安排幻灯片对象的布局可通过__________来设置。

A）应用设计模板　　B）幻灯片版式

C）背景　　D）配色方案

9. 不能对个别幻灯片内容进行编辑修改的视图方式是__________。

A）大纲视图　　B）幻灯片浏览视图

C）幻灯片视图　　D）以上三项均不能够

10. 在幻灯片的“动作设置”对话框中设置的超链接对象不允许链接到__________。

A）下一张幻灯片　　B）一个应用程序

C）其他演示文稿　　D）幻灯片中的某一对象

11. 可以编辑幻灯片中文本、图像、声音等对象的视图一定是__________。

A）幻灯片视图方式　B）幻灯片浏览视图方式

C）大纲视图方式　D）幻灯片放映视图方式

12. 在幻灯片浏览视图中，可进行的操作是__________。

A）添加、删除、移动、复制幻灯片　B）添加说明或注释

C）添加文本、声音、图像及其他对象　D）演示指定幻灯片

13. 在备注页视图方式下，双击幻灯片可以__________。

A）直接进入幻灯片视图　B）弹出快捷菜单

C）删除该幻灯片　D）插入备注或说明

14. 具有交互功能的演示文稿，可以__________。

A）可以播放声音、乐曲　B）可以播放动态视频图像

C）具有"超链接"功能　D）具有自动循环放映功能

15. 设置放映方式、控制演示文稿的播放过程是指__________。

A）设置幻灯片的切换效果

B）设置演示文稿播放过程中幻灯片进入和离开屏幕时产生的视觉效果

C）设置幻灯片中文本、声音、图像及其他对象的进入方式和顺序

D）设置放映类型、换片方式、指定要演示的幻灯片

16. PowerPoint 提供了多种模板，主要解决幻灯片上的__________。

A）文字格式　B）文字颜色　C）背景图案　D）以上全是

17. 在空白幻灯片中不可以直接插入__________。

A）文本框　B）文字　C）艺术字　D）表格

18. 下面几种说法中，正确的是__________。

A）在 PowerPoint 中，用户可自定义句首字母大写

B）用鼠标双击文本，可以选择一行

C）行距单位必须是磅

D）字体对齐方式有：左对齐、居中、右对齐、两端对齐、分散对齐

19. 如果要播放演示文稿，可以使用__________。

A）幻灯片视图　B）大纲视图

C）幻灯片浏览视图　D）幻灯片放映视图

20. 关于超链接的说法错误的是__________。

A）使用超链接，用户可以改变演示文稿播放的顺序

B）使用超链接，用户可以链接到其他演示文稿或公司 Internet 地址

C）单击超链接对象的同时，可以带有声音

D）创建超链接的方法是给选定对象插入超链接，不是设置动作

二、填空题

1. 在放映幻灯片时，若中途要退出播放状态，应按的功能键是__________。

2. 在处理幻灯片中的图形图像时，透明色效果只能应用于__________图像。

3. 使用 PowerPoint 打印文稿时，如在"打印内容"列表框中选择"讲义"，则每

页打印纸上最多能输出__________张幻灯片。

4. 演示文稿中每张幻灯片都是基于某种__________创建的，它预定义了新建幻灯片的各种占位符的布局情况。

5. 在 PowerPoint 演示文稿中，如果在幻灯片浏览视图中选定若干张幻灯片，那么应先按住__________键，再分别单击各幻灯片。

6. 切换到幻灯片浏览视图下，若按住鼠标左键不放，拖动某幻灯片，将完成该幻灯片的__________操作，并更改幻灯片的播放顺序。

7. 在幻灯片上插入的艺术字，具有__________属性，可以像图片那样缩放、旋转等，但它不具有文本属性，不能用格式工具栏改变其格式。

8. PowerPoint 2010 演示文稿中的每一张幻灯片由若干__________组成。

9. 通过“自定义动画”对话框的__________选项卡，可为幻灯片对象设置动画和声音。

10. 在绘制椭圆或长方形时，按住__________键，可以得到圆形或正方形。

第6章 多媒体技术基础

【学习目标】

☞了解多媒体技术的基本概念及特征。

☞掌握多媒体计算机系统的构成。

☞熟悉多媒体素材及数字化方法。

☞掌握 Photoshop 进行图像处理的基本操作。

☞掌握 Flash 进行动画设计的基本操作。

6.1 多媒体技术概述

多媒体技术的发展使得计算机应用领域及功能得到了极大的扩展，改变了人们获取信息的传统方法，使计算机系统的人机交互界面和手段更加友好和方便，从而使计算机变成了信息社会的普通工具，广泛应用于工业生产管理、学校教育、公共信息咨询、商业广告、军事指挥与训练，甚至家庭生活与娱乐等领域。

6.1.1 媒体和多媒体的概念

1. 媒体

媒体在计算机中有两种含义：其一是指传播信息的载体，如文本、图像、动画、声音、视频影像等；其二是指存贮信息的载体，如 ROM、RAM、磁带、磁盘、光盘等，目前，主要的载体有 CD-ROM、VCD、网页等。

这里所说的多媒体技术中的媒体主要是指信息的载体，即：信息的表现形式，就是利用计算机把文本、图形、动画、声音、视频影像等媒体信息进行数位化，并将其整合在一定的交互式界面上，使计算机具有交互展示不同媒体形态的能力。

2. 多媒体

多媒体指的是组合两种或两种以上媒体的一种人机交互式信息交流和传播媒体，可以理解为直接作用于人感官的文字、图形、图像、动画、声音和视频等各种媒体的统称，即多种信息载体的表现形式和传递方式。

目前，无论是台式计算机、笔记本电脑，还是智能手机等都具备存储、处理、展现多媒体信息的能力。多媒体计算机已经是计算机的主流形式，而不具备多媒体信息处理能力的计算机反而成了特殊的计算机的形式。

3. 媒体的种类

在计算机领域，媒体分为感觉媒体、表示媒体、表现媒体、存储媒体和传输媒体。

（1）感觉媒体

感觉媒体是能直接作用于人的感官，使人产生直接感觉的媒体，包括人类的语言、文字、音乐、自然界的声音、静止的或活动的图像、图形以及动画等。

（2）表示媒体

表示媒体是用于传输感觉媒体的中间手段，借助于此种媒体，能有效地存储感觉媒体或将感觉媒体从一个地方传送到另一个地方。在内容上指的是编制感觉媒体的各种编码，如语言编码、文本编码、条形码和图像编码等。

（3）表现媒体

表现媒体指的是感觉媒体与计算机之间的界面。表现媒体又分为输入表现媒体和输出表现媒体，其中，输入表现媒体如键盘、鼠标器、光笔、数字化仪、扫描仪、麦克风、摄像机等；输出表现媒体如显示器、打印机、扬声器、投影仪等。

（4）存储媒体

存储媒体是用于存储表示媒体的介质，包括内存、硬盘、软盘、磁带和光盘等。

（5）传输媒体

传输媒体是用于传输某种媒体的物理载体，包括双绞线、电缆、光纤等。

4. 常见的媒体

（1）文本

文本通常指书面语言的表现形式，即：以文字和各种专用符号表达的信息形式，是现实生活中使用最常见的信息存储和传递方式。文本是计算机的一种文档类型，主要用于记载和储存文字信息。

（2）图像

图像是指所有具有视觉效果的画面，包括纸介质上的、底片或照片上的、电视、投影仪或计算机屏幕上的。图像根据图像记录方式的不同可分为模拟图像和数字图像两类。其中，数字图像是由扫描仪、摄像机等输入设备捕捉实际的画面产生的图像。图像用数字任意描述像素点、强度和颜色。计算机中的图像从处理方式上可以分为位图和矢量图。

（3）动画

动画是利用人的视觉暂留特性，快速播放一系列连续运动变化的图形图像。计算机动画使用图形与图像的处理技术，是借助于编程或动画制作软件生成一系列的景物画面，采用连续播放静止图像的方法产生物体运动的效果，使一幅图像“活”起来的过程。计算机动画分二维动画和三维动画。

（4）声音

声音是人们用来传递信息、交流感情最方便、最熟悉的方式之一。声音由物体振动产生，以声波的形式传播。声音作为波的一种，频率和振幅就成了描述波的重要属性。声音在不同的介质中传播的速度是不同的。

（5）视频影像

视频指将一系列静态影像以电信号方式加以捕捉、记录、处理、储存、传送与重现的各种技术。视频的纪录片段以串流媒体的形式存在于 Internet 上并可被计算机接收和播放。

6.1.2　多媒体技术的概念及特征

多媒体技术是指通过计算机对文本、图形、图像、动画、声音、视频影像等多种媒体信息进行综合处理和管理，使用户可以通过多种感官与计算机进行实时信息交互作用的技术，又称为计算机多媒体技术。

多媒体技术具有以下主要特征：

（1）多样性——集文字、文本、图形、图像、视频、语音等多种媒体信息于一体，体现了信息媒体的多样性。

（2）交互性——用户可以与计算机的多种信息媒体进行交互操作，使参与各方都可以进行编辑、控制和传递，实现人对信息的主动选择和更有效的控制。而传统信息交流媒体只能单向地、被动地传播信息。

（3）集成性——以计算机为中心综合处理多种信息媒体，能够对信息进行多通道统一获取、存储、组织与合成。

（4）实时性——声音、动态图像（视频）随时间变化。在人的感官系统允许的情况下，可进行多媒体交互。当用户发出操作命令，相应的多媒体信息都能够得到实时控制。

（5）控制性——以计算机为中心，综合处理和控制多媒体信息，并按人的要求以多种媒体形式表现出来，同时作用于人的多种感官。

6.1.3　多媒体计算机及组成

多媒体计算机指的是能够对声音、图像、视频等多媒体信息进行综合处理的计算机，简言之，就是具有多媒体处理功能的计算机。多媒体计算机一般由多媒体硬件平台、多媒体操作系统、图形用户接口和支持多媒体数据开发的应用工具软件等组成。多媒体计算机的基本配置包括功能强大且运算速度快的 CPU、大容量的存储空间、高分辨率显示接口及设备、可处理音响的接口及设备、可处理图像的接口设备，同时还可配置光盘驱动器、音频卡、图形加速卡、视频卡、扫描卡、打印机接口、网络接口以及用来连接触摸屏、鼠标、光笔等人机交互设备的交互控制接口等。随着多媒体计算机的广泛普及，它已经在办公自动化、计算机辅助工程与教学、多媒体开发和教育宣传等领域发挥出重要作用。

6.1.4　多媒体信息的数据压缩

多媒体系统需要将不同的媒体数据表示成统一的信息流，然后对其进行变换、重组和分析处理，以便进行进一步的存储、传送、输出和交互控制。多媒体的关键技术主要集中在数据压缩/解压缩技术、多媒体专用芯片技术、制造大容量的多媒体存储设备技术、多媒体系统软件技术、多媒体通信技术、虚拟现实技术等方面。其中，使用最为广泛的是数据压缩/解压缩技术。

信息的表示主要分为模拟方式和数字方式。在多媒体技术中，信息均采用数字方式。多媒体系统的重要任务是：将信息在模拟量和数字量之间进行自由转换、存储和传输。当前硬件技术所能提供的计算机存储资源和网络带宽之间有很大差距。例如，数字电视图像 ICCR 格式、PAL 制：每帧数据量大约 1.24MB；每秒数据量 1.24×25 = 31.3MB/s。换句话说，一张 650M 的光盘只能存储大约 21s 的影视数据，并且不包括其中的音频数据。

随着多媒体与计算机技术的发展，多媒体数据量越来越大，对数据传输和存储要求越来越高；另外，多媒体数据中存在着很大的冗余，包括空间冗余、时间冗余、结构冗余等。因此，在保证图像和声音质量的前提下，必须广泛利用数据压缩技术，解决多媒体海量数据的存储、传输及处理。

6.2 多媒体素材及数字化

6.2.1 文字素材的采集、制作和保存

文本指的是在计算机上常见的各种文字。例如字母、数字、符号、文字等，它们是计算机进行文字处理的基础，也是多媒体应用的基础。通过对文本显示方式的组织，多媒体应用系统可以使显示的信息更容易理解。

文本通常可以在文本编辑软件中制作，如在 Word 等编辑工具中所编辑的文本文件大都可输入到多媒体应用系统中。利用扫描仪并经过文字识别，也可获得文本文件。但许多媒体文本也可直接在制作图形的软件或多媒体编辑软件中制作，如 Photoshop、CorelDRAW 等。

文本素材是一种简单、方便的媒体信息，从输入、编辑处理到最后的输出等过程，都要经过专门的文字处理软件进行处理。根据文字处理软件的不同，所生成的文本素材文件的格式也不同。通常使用的文本文件格式有 .RTF、.DOC、.TXT 等。

6.2.2 音频素材及数字化

音频是指在 20~20kHz 频率范围的声音，包括波形声音、语音和音乐。在多媒体作品中，可以通过声音直接表达信息，进行音乐演奏，以制造和烘托某种效果和气氛。音频信息可增强对其他类型媒体所表达信息的理解。

1. 数字音频

现实世界中的音频信息是典型的时间连续、幅度连续的模拟信号，而在信息世界则是数字信号。声音信息要能在计算机中处理并表示，首先要实现模拟信号和数字信号相互转换的功能。声卡正是实现声波/数字信号相互转换的一种硬件，其基本功能是：把来自话筒、磁带、光盘的原始声音信号加以转换，输出到耳机、扬声器、扩音机、录音机等声响设备，或通过音乐设备数字接口使乐器发出美妙的声音。

2. 音频格式

模拟波形声音被数字化后以音频文件的形式存储到计算机中。音频格式是指在计算机内播放或处理音频文件，是对声音文件进行数、模转换的过程。音频格式包括 CD、WAVE（*.WAV）、AIFF、AU、MPEG、MP3、MPEG-4、MIDI、WMA、RealAudio、VQF、OggVorbis、AAC、APE 等。

（1）CD 格式

CD 格式的音质是比较高的音频格式。在大多数播放软件的“打开文件类型”中，都可以看到“ *. cda”格式，这就是 CD 音轨了。标准 CD 格式为 44.1K 的采样频率，速率 88K/秒，16 位量化位数，CD 音轨可以说近似无损，其声音基本上忠于原声。

（2）WAVE 格式

WAVE（ *. WAV）是微软公司开发的一种声音文件格式，用于保存 Windows 平台的音频信息资源。“ *. WAV”格式支持 MSADPCM、CCITT A LAW 等多种压缩算法，支持多种音频位数、采样频率和声道，标准格式的 WAV 文件和 CD 格式一样，为 44.1K 的采样频率，速率 88K/秒，16 位量化位数。WAV 格式的声音文件质量和 CD 相差无几，是目前 PC 机上广为流行的声音文件格式，几乎所有的音频编辑软件都“认识”WAV 格式。

（3）AIFF 格式

AIFF 即音频交换文件格式，是 Apple 公司开发的一种音频文件格式，属于 QuickTime 技术的一部分。由于 AIFF 主要用于 Apple 电脑，因而在 PC 平台上并没有得到很大的流行。但 AIFF 具有很好的包容特性，支持许多压缩技术。

（4）AU

AUDIO 文件是 SUN 公司推出的一种数字音频格式。AU 文件是原用于 Unix 操作系统下的数字声音文件。早期 Internet 上的 Web 服务器主要基于 Unix，所以，AU 格式的文件也成为目前 Internet 中的常用声音文件格式。

（5）MPEG 格式

MPEG 即动态图象专家组，该专家组专门负责为 CD 建立视频和音频压缩标准。MPEG 音频文件指的是 MPEG 标准中的声音部分，即 MPEG 音频层。MPEG 格式包括 MPEG-1、MPEG-2、MPEG-Layer3 和 MPEG-4。

（6）MP3 格式

MP3 指的是 MPEG 标准中的音频部分，即：MPEG 音频层。MP3 格式压缩音乐的采样频率有很多种。MP3 主要采用 MPEG Layer 3 标准对 WAV 音频文件进行压缩而成，根据压缩质量和编码处理的不同分为三层，分别对应“ *. mp1”、“ *. mp2”、“ *. mp3”这三种声音文件。目前，Internet 上的音乐格式以 MP3 最为常见，是现在最流行的声音文件格式之一。尽管 MP3 是一种有损压缩数字音频格式，但是它的最大优势是以极小的声音失真换来了较高的压缩比。

（7）MIDI 格式

MIDI（Musical Instrument Digital Interface）是一种很常用的音乐文件格式，也是数字音乐的国际标准，成为一套乐器和电子设备之间声音信息交换的规范。MIDI 允许数字合成器和其他设备交换数据。MID 文件格式由 MIDI 继承而来。MID 文件并不是一段录制好的声音，而是记录声音的信息，然后告诉声卡如何再现音乐的一组指令。MID 文件主要用于原始乐器作品、流行歌曲的业余表演、游戏音轨以及电子贺卡等。MIDI 的制作在硬件上需要有具备 MIDI 接口的乐器。“ *. mid”文件的重放效果完全依赖声卡的档次。“ *. mid”格式多用于计算机作曲领域。“ *. mid 文件”既可以用作曲软件写出来，也可以通过声卡的 MIDI 口，把外接音序器演奏的乐曲输入计算机，从而制成

"＊. mid"文件。

3. 音频信息的采集与制作

音频素材的种类很多，采集与制作方法多种多样。采集和制作音频素材中使用的硬件很多，使用的专业软件更是丰富。

（1）利用声卡进行录音采集

音频素材最常见的方法就是利用声卡进行录音采集。若使用麦克风录制语音，需要把麦克风首先和声卡连接，即将麦克风连线插头插入声卡的 MIC 插孔。如果要录制其他音源的声音，如磁带、广播等，需要将其他音源的声音输出接口和声卡的 Line In 插孔连接。

（2）从光盘中采集

除通过录制声音的方式采集音频素材外，还可以从 VCD/DVD 光盘或者 CD 音乐盘中采集需要的音频素材。因为 CD 音乐盘中的音乐以音轨的形式存放，不能直接拷贝至计算机中，所以需要利用特殊的抓音轨软件从 CD 音乐盘中获取音乐。

（3）连接 MIDI 键盘采集

MIDI 是计算机和 MIDI 设备之间进行信息交换的一整套规则，其基本组成包括 MIDI 接口、MIDI 键盘、音序器、合成器，如图 6-1 所示。对于 MIDI 音频素材的采集，可以通过 MIDI 输入设备弹奏音乐，然后让音序器软件自动记录，最后在计算机中形成 . MID 音频文件，完成数字化的采集。

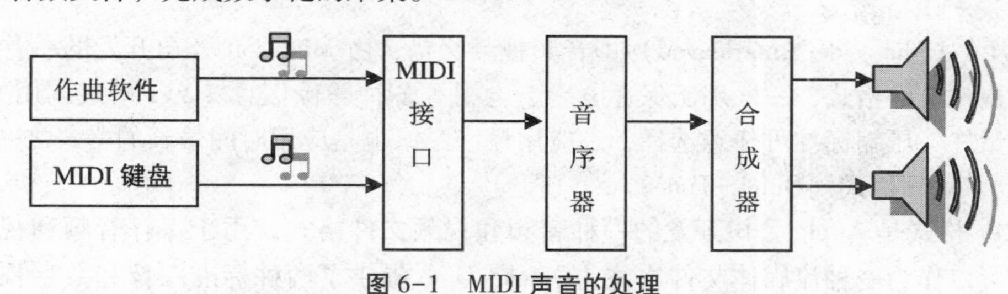

图 6-1　MIDI 声音的处理

6.2.3　视频素材及数字化

视频是图像数据的一种，若干有联系的图像数据连续播放便形成了视频。视频容易让人联想到电视，但电视视频是模拟信号，而计算机视频是数字信号。

计算机视频可来自录像带、摄像机等视频信号源的影像，但这些视频信号的输出大多是标准的彩色电视信号。要将其输入计算机，不仅要实现由模拟向数字信号的转换，还要有压缩、快速解压缩及播放的相应硬软件处理设备。将模拟视频信号经模数转换和彩色空间变换转换成数字计算机可以显示和处理的数字信号，称为视频模拟信息的数字化。

1. 视频素材的数字化

视频模拟信号的数字化一般包括以下几个步骤：

（1）取样，将连续的视频波形信号变为离散量。

（2）量化，将图像幅度信号变为离散值。

（3）编码，视频编码就是将数字化的视频信号经过编码成为电视信号，从而可以录制到电视上或录像带中播放。

2. 视频格式

视频格式分为适合本地播放的本地影像视频和适合在网络中播放的网络流媒体影像视频两大类。网络流媒体影像视频的广泛传播性，使其广泛应用于视频点播、网络演示、远程教育、网络视频广告等互联网信息服务领域。

视频格式主要包括 MPEG、AVI、MOV、ASF、WMV、NAVI、3GP、REAL VIDEO、MKV、FLV、F4V、RMVB、WebM 等。

（1）MPEG 格式

MPEG（Motion Picture Experts Group）即运动图像专家组。MPEG 系列标准已成为国际上有影响的多媒体技术标准，包括 MPEG-1、MPEG-2 和 MPEG-4 在内的多种视频格式。它采用有损压缩算法来减少运动图像中的冗余信息，从而达到高压缩比的目的。大部分 VCD 采用 MPEG-1 格式压缩。使用 MPEG-1 压缩算法，可把一部 120 分钟长的电影压缩到 1.2GB 左右大小。MPEG-2 则应用于 DVD 的制作，使用 MPEG-2 压缩算法，可将一部 120 分钟长的电影压缩到 5~8GB 的大小。MPEG-1 和 MPEG-2 均为采用以相同原理为基础的预测编码、变换编码以及运动补偿等第一代数据压缩编码技术。MPEG-4 则是基于第二代压缩编码技术制定的国际标准，以视听媒体对象为基本单元，采用基于内容的压缩编码，以实现数字视音频、图形合成应用及交互式多媒体的集成。

（2）AVI 格式

AVI（Audio Video Interleaved）即音频视频交错，由 Microsoft 公司开发的一种数字音频和视频文件格式，一般用于保存电影、电视等各种影像信息。AVI 格式调用方便、图像质量好、压缩标准可任意选择，是应用最广泛，也是应用时间最长的格式之一。

（3）MOV 格式（Quick-Time）

MOV 格式是 Apple 公司开发的一种音频和视频文件格式，用于保存音频和视频信息，也可以作为一种流媒体文件格式。Quick-Time 提供了两种标准图像和数字视频格式，即可以支持静态的“*.PIC”和“*.JPG”图像格式，动态的则是基于 Indeo 压缩法的“*.MOV”和基于 MPEG 压缩法的“*.MPG”视频格式。

（4）ASF 格式

ASF（Advanced Streaming format）即高级流格式。ASF 采用了 MPEG-4 的压缩算法，其压缩率和图像的质量都很不错。

（5）WMV 格式

WMV 格式是一种独立于编码方式的、在 Internet 上实时传播多媒体的技术标准。Microsoft 公司希望用其取代 Quick-Time 之类的技术标准以及 WAV、AVI 等的文件扩展名。WMV 的主要优点在于：可扩充的媒体类型、本地或网络回放、可伸缩的媒体类型、流的优先级化、多语言支持以及扩展性等。

（6）3GP 格式

3GP 是一种 3G 流媒体的视频编码格式，主要是为了配合 3G 网络的高传输速度而开发的，也是目前手机中最为常见的一种视频格式。该格式是“第三代合作伙伴项目”（3GPP）制定的一种多媒体标准，使用户在手机上就能享受高质量的视频、音频等多媒体内容，其核心由高级音频编码（AAC）、自适应多速率（AMR）和 MPEG-4 以及

H. 263 视频编码解码器等组成，目前大部分支持视频拍摄的手机都支持 3GPP 格式的视频播放。

6.2.4 图形、图像素材及数字化

多媒体应用需要综合处理声音、文字和图像等媒体信息。比较而言，人的眼睛与计算机的交流最为广泛，因而，图形、图像更加直观。它们在多媒体中是具有丰富表现力和感染力的媒体元素。相应地，多媒体计算机中图形图像素材的采集与制作就显得非常重要。

1. 位图和矢量图

一般地讲，凡是能为人类视觉系统所感知的信息形式或人们心目中的有形想象都称为图像。无论是图形还是文字、影像视频等，最终都是以图像形式出现的。在多媒体中，静态的图像在计算机中可以分为位图和矢量图。

（1）位图（Bitmap）

位图是用点阵来表示图像的。其处理方法是将一幅图像分割成若干个小的栅格，每一格的色彩信息都被保存下来。采用这种方式处理图像，可以使画面很细腻，颜色也比较丰富。但文件的尺寸一般较大，而且图像的清晰度和图像的分辨率有关。将图像放大以后，容易出现模糊的情况，如图 6-2 所示。常用的位图文件格式如 .bmp 等。

图 6-2　放大后的位图效果

（2）矢量图（Vector）

矢量图是根据图形的几何特征和色块来描述和存储图形的。比如，要用矢量的方法来处理一个圆，那么需要描述的就应该有圆心的坐标、半径、边线和内部的颜色。矢量图编辑的都是对象或形状，它与分辨率无关，易于实现图形的放大、缩小、翻转等操作，比较适合于计算机辅助设计制图等方面。如图 6-3 所示，矢量图在经过放大以后图形的效果没有变差。

图 6-3　放大后的矢量图

矢量图形是以指令的形式存在的。在计算机上显示一幅图形时，首先要解释这些指令，然后将它们转变成屏幕上显示的形状和颜色。矢量图形需要的存储量很小，但计算机在图形的还原显示过程中，需要对指令进行解释，因此需要大量的运算时间。

常用的矢量图形文件格式有 . fla（flash）、. swf（flash）、. cdr（CorelDRAW）等。

2. 图形、图像在计算机中的显示

图形、图像在计算机中的显示效果与显示设备、显卡的性能相关，与屏幕和图像分辨率、图像深度也是分不开的。

（1）像素

像素（Pixel）是图像处理中的基本单位。在位图中，每一个栅格为一个像素。计算机的显示器通过很多这样横向和纵向的栅格来显示图像。在单位面积内的像素越多，图像的显示效果就越好。所谓像素大小，是指位图图像在水平和垂直两个方向的像素数。

（2）分辨率

分辨率是单位长度内包含的像素数。常见的分辨率有图像分辨率、显示器分辨率等。图像分辨率是每英寸（1 英寸=2. 54 厘米）里包含的像素数，单位是 ppi。图像的像素越高，图像的质量就越好，但计算机处理的速度却相对较慢。

（3）图像深度

图像深度（也称图像灰度、颜色深度）是指一幅位图图像中最多能使用的颜色数。由于每个像素上的颜色被量化后将用颜色值来表示，所以在位图图像中每个像素所占位数就被称为图像深度。若每个像素只有一位颜色位，则该像素只能表示亮或暗，这就是二值图像。若每个像素有 8 位颜色位，则在一副图像中可以有 256 种不同的颜色。若每个像素具有 16 位颜色位，则可使用的颜色数达 2^{16}=65 536 种，也就是通常指的“增强色”。

（4）显示深度

显示深度表示显示器上每个像素用于显示颜色的 2 进制数字位数。若显示器的显示深度小于数字图像的深度，会使数字图像颜色的显示失真。

2. 图形、图像在计算机中的存储

在图像处理中，可用于图像文件存储的存储格式有多种，较为常见的有：

（1）BMP 格式

BMP 格式是标准的 Windows 和 OS/2 的基本位图图像格式。该格式可表现 2~24 位的色彩，分辨率也可从 480×320 至 1024×768。BMP 支持黑白图像、16 色和 256 色的伪彩色图像以及 RGB 真彩色图像。BMP 格式采用无损压缩方式，因此这种格式的图像几乎不失真，但图像文件的尺寸较大。多种图形图像处理软件都支持这种格式的文件，它已成为 PC 机上最常用的位图格式。

（2）GIF 格式

GIF 文件格式是压缩图像存储格式，最多只能处理 256 色。但由于压缩比较高，因而 GIF 文件较小。GIF 文件支持透明背景，特别适合作为网页图像来使用。

（3）JPEG 格式

JPEG 格式是图像的一种压缩存储格式，压缩效率较高。JPEG 格式是一种带有破坏性的压缩方式，图像转换成 JPEG 格式后会丢失部分数据，现在多用于网页图像和一些不包含文字的图像。对于同一幅画面，JPEG 格式存储的文件是其他类型图形文件大小的1/10到1/20，而且色彩数最高可达到24位。这种格式的最大特点是文件非常小。

(4) TIFF格式

TIFF文件格式是一种应用非常广泛的位图图像模式，支持所有图像类型。它能以不失真的形式压缩图像，最高支持的色彩数可达16M。TIFF文件体积庞大，但存储信息量巨大，细微层次的信息较多，有利于原稿编辑与色彩的复制。它可能是目前最复杂的一种图像格式，但同时也是工业标准的图像存储格式。

(5) PSD格式

PSD格式是Photoshop自身专用的文件格式。该格式是唯一支持全部颜色模式的图像格式，它保存了图像数据中有关图层、通道和参考线等属性的信息。PSD格式还是一种非压缩的文件格式，占用的硬盘空间较大。

3. 图形、图像数据的采集

图像的数字化过程是指计算机通过图像数字化设备（扫描仪、数字照相机）把图像输入到计算机中，经过采样、量化，把图像转变成计算机能接受的存储格式。图形、图像数据的获取即图形、图像的输入处理，是指对所要处理的画面的每一个像素进行采样，并且按颜色和灰度进行量化，就可以得到图形、图像的数字化结果。

图像数据的获取方法主要有以下几种：

(1) 使用扫描仪扫入图像。

(2) 使用数字照相机拍摄图像。

(3) 使用摄像机捕捉图像。

(4) 用荧光屏抓取程序从荧光屏上直接抓取。

(5) 利用绘图软件创建图像以及通过计算机语言编程生成图像。

使用扫描仪时，必须在PC上安装相关的软件，把扫描的内容转换成需要的文字和图片。这种软件一般称为OCR软件。清华TH-OCR MF7.50自动识别输入系统就是这种类型的软件。它的中英文识别率高，可以处理复杂的版面和表格。

使用扫描仪一般分为三个步骤：

① 使用扫描仪和OCR软件扫描图像。

② 在OCR软件中，矫正图像，包括矫正图像的方向、顺序大小等。

③ 使用软件识别文本、图片、表格，并对识别出的文本内容进行修改、保存。

整个过程使用扫描仪和OCR软件来完成。

数码照相机也是目前流行的图形、图像的输入设备。首先将数码照相机通过USB接口和计算机相连，然后启动随数码照相机配送的图像获取和编辑软件，即可轻松地把数码照相机中的图像文件下载到计算机中。

6.2.5 动画素材及数字化

无论看电影、电视，还是上网，总能看到许多制作精美、引人入胜的动画，领略到计算机动画的魅力。动画以其独特魅力影响着人们生活的方方面面。

什么是计算机动画？简单地说，计算机动画是计算机图形学和艺术相结合的产物。它综合利用计算机科学、艺术、数学、物理学以及其他相关学科的知识和技术，在计算机上生成绚丽多彩的连续的虚幻画面，给人们提供一个充分展示个人想像和艺术才能的新天地。计算机动画不仅可应用于商业广告、电影、电视、娱乐，还可应用于计算机辅助教学、军事、飞行模拟等方面。

1. 动画的原理

动画是因为人们视觉上的错觉而产生的。这种错觉让人感觉图像在动，导致这种错觉的物理现象叫做“视觉残像”。做一个简单的实验，在教科书或作业本的边角上画一些连续的图像，然后快速翻动书页时，就会看到原来静止的图像仿佛动起来了。这是因为视觉残像而产生的动画错觉。动画的原理与其相同。

那么，这种视觉残像是怎样产生的呢？图像经过人的眼睛传送到大脑中大约需要1/16秒的时间，因而只要两幅图像的时间差距在1/16秒以内，人眼就感觉不到停顿，而感觉图像是连续的。例如，摄像机拍摄的速度是每1/24秒拍摄一帧，也就是一秒钟拍摄24帧图像，放映时，再按每秒24帧的速度播放，就可以看到动画了。

动画正是利用人的视觉暂留特性而产生的一门技术，通过快速地播放一系列的静态画面，让人在视觉上产生动态的效果。比如在制作电影的时候，需要这样的一些场面：大桥被炸毁、小行星撞地球、一个少年在渐渐地变老等，直接拍摄是很难想象的。用创作的办法，制作出动画是一个很好的办法。

组成动画的每一个静态画面称为一“帧”（frame）。动画的播放速度通常称为“帧速率”，以每秒钟播放的帧数表示，简记为f/s。动画具有良好的表现力，比如在多媒体教学中合理地使用动画，可大大增强教学效果，生动形象地描述讲解的内容，增强知识的消化和理解。

2. 计算机动画的种类及其特点

（1）二维动画与三维动画

动画实质是活动的画面，是一幅幅静态图像的连续播放。动画的连续播放既指时间上的连续，也指图像内容上的连续。根据计算机动画的表现方式，通常可以分为二维动画和三维动画两种形式。

二维动画显示平面图像，其制作过程就像在纸上作画一样，通过移动、变形、变色等手法可以产生图像运动的效果。常见的动画大多数都属于二维动画。在常见的二维动画中也可以模拟三维的立体空间，但其图像的精确程度远不及三维动画。

三维动画则显示立体图像，如在3ds MAX中制作三维动画。首先建立三维的物体模型，设置模型的颜色、位置、材质、灯光。在不同的视图中布置被摄对象的位置、规定运动的轨迹、安排好各种灯光，然后在特定位置架设好“摄影机”，也可设定摄影机的推拉摇移，最后通过软件计算出在这一立体空间下“摄影机所见的”动态图像效果。

（2）逐帧动画和渐变动画

对二维动画而言，按照不同的标准存在不同的分类。按照制作方式，可以分为逐帧动画和渐变动画。

逐帧动画方式就是一张张地画出图像，最后连贯播放，形成动画的方式。这种方式与传统的动画制作方式相同，但是由于每秒动画都需要16帧以上的画面，因而制作动画的工作量巨大。只有在少数情况下才使用这种方式，比如动画本身比较简单、时间较短或者渐变动画无法完成的特别动画。

渐变动画在制作过程中只需制作构成动画的几张关键的帧，而关键帧之间的帧则是由计算机根据预先设定的运作方式及两端的关键帧自动计算生成的。其中，关键帧用以描述一个对象的位移情况、旋转方式、缩放比例、变形变换等信息的关键画面。比如要制作一个篮球下落的动画，只需在第一帧和最后一帧分别画出开始状态和最后状态的篮球位置和状态。有了这两个关键帧，计算机通过软件可以自动生成一个篮球下落的动画。渐变动画充分地利用计算机的计算能力，大大地降低了动画的工作量和制作难度，是制作计算机动画的主要方式。

（3）位图动画和矢量动画

计算机动画的存储也存在不同的方式。按照计算机动画的存储方式，计算机动画还可分为位图动画和矢量动画。这两种动画的制作工具也有不同。位图图像的制作工具有 Adobe 公司的 Photoshop 等；矢量图常用的制作软件有 CorelDRAW。

在动画制作中，Flash 是一个非常强大的动画制作软件。GIF 动画是多媒体网页动画最早最简单的制作格式，文件大小在 20~50KB。除此之外，还可以用 JAVA 的小应用程序 Applet 制作有动画效果的图形或网页。对个人而言，最常用的动画形式是 GIF 动画和 Flash 动画，它们同样也是在互联网上使用最为广泛的动画形式。

3. 计算机动画的制作

在多媒体应用中，可以选择两种方式创建动画。一种是使用专门的动画制作软件生成独立的动画文件。利用动画制作软件制作出来的动画，有基于帧的动画、基于角色的动画和基于对象的动画。另外一种是利用多媒体创作工具中提供的动画功能，制作简单的对象动画。例如，可以使屏幕上的某一对象（可以是图像，也可以文字）沿着指定的轨迹移动，产生简单的动画效果。

计算机动画是在传统手工动画的基础上发展起来的，它们的制作过程有很多相似之处。下面是基于帧的动画制作中的主要步骤：

（1）编写稿本。

（2）绘制关键帧（包括着色）。

（3）生成中间帧（利用动画软件自动生成）。

（4）生成动画文件。

（5）编辑（将若干动画文件合成）。

在动画制作中，一般帧速可选择为 30 帧/秒。在实际制作中，使用动画制作软件 FlashMX，结合上面的基本步骤可实现多媒体动画。

4. 计算机动画的文件存储

常见的动画格式有 GIF、FLI、FLC、AVI、SWF 等，每种格式具有各自的特点。

（1）GIF 格式

GIF（Graphics Interchange Format）即图形交换格式，采用无损数据压缩方法中压缩率较高的 LZW 算法，可以同时存储若干幅静止图像并形成连续的动画。目前，Internet 大量采用的彩色动画文件多为这种格式的 GIF 文件，很多图像浏览器都可以直接观看此类动画文件。

（2）FLIC 与 FLI/FLC 格式

FLIC 是 Autodesk 公司在动画制作软件中采用的彩色动画文件格式，FLIC 是 FLC 和

FLI 的统称，其中，FLI 是基于 320×200 像素的动画文件格式；FLC 则是 FLI 的扩展格式，采用更高效的数据压缩技术，其分辨率不再局限于 320×200 像素，改进了 FLI 格式尺寸固定与颜色分辨率低的不足，是一种可使用各种画面尺寸及颜色分辨率的动画格式。

FLIC 文件采用行程编码（RLE）算法和 Delta 算法进行无损数据压缩，首先压缩并保存整个动画序列中的第一幅图像，然后逐帧计算前后两幅相邻图像的差异或改变部分，并对这部分数据进行 RLE 压缩。FLIC 被广泛应用于动画图形中的动画序列、计算机辅助设计和计算机游戏应用程序。

（3）AVI 格式

严格地说，AVI 格式并非动画格式，而是视频格式，是对视频、音频文件采用的一种有损压缩方式，该方式的压缩率较高，可将音频和视频混合到一起。AVI 格式不但包含画面信息，亦包含有声音。包含声音时会遇到声、画同步的问题。这种动画格式以时间为播放单位，在播放时不能控制其播放速度。

（4）SWF 格式

SWF 是 Flash 的矢量动画格式，采用曲线方程描述其内容，而非由点阵组成，这种格式的动画在缩放时不会失真，非常适合描述由几何图形组成的动画，如教学演示等。

Flash 动画的文字、图像能跟随鼠标的移动而变化，可制作出交互性很强的效果。Flash 动画广泛应用于网页中，用它制作的 SWF 动画文件可以嵌入 HTML 文件，并能添加 MP3 音乐，成为一种流式媒体文件。SWF 文件的存储量很小，却可以在几百至几千字节的动画文件中包含几十秒钟的动画和声音，使整个页面充满生机。

（5）MOV 与 QT 格式

MOV 和 QT 均为 Quick-Time 的文件格式，支持 256 位色彩，支持 RLE、JPEG 等集成压缩技术，提供了 150 多种视频效果和 200 多种 MIDI 兼容音响和设备的声音效果，能够通过 Internet 提供实时的数字化信息流、工作流与文件回放。

6.3 Photoshop 图像处理初步

Adobe Photoshop 是各种图像特效制作产品的典范。Photoshop 汇集了绘图编辑工具、色彩调整工具和特殊效果工具，并且可以外挂不同的滤镜，功能非常丰富。Photoshop 主要具有以下功能：

（1）绘图功能：提供许多绘图及色彩编辑工具。

（2）图像编辑功能：包括对已有图像或扫描图像进行编辑，例如放大和裁剪等。

（3）创意功能：许多原来要使用特殊镜头或滤光镜才能得到的特技效果用 Photoshop 软件就能完成，也可产生美学艺术绘画效果。

（4）扫描功能：可将 Photoshop 与扫描仪相连，从而得到高品质的图像。

6.3.1 Photoshop 基础

1. Photoshop 工作窗口

启动 Photoshop，Photoshop 的工作窗口如图 6-4 所示。这里使用的是 Photoshop 7.0（以下简称 Photoshop）。其他版本在菜单结构上可能会有所不同，但大体相当。

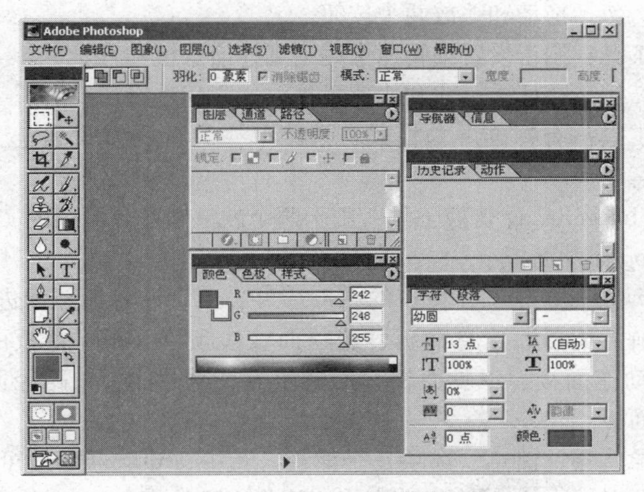

图 6-4　PhotoShop 工作窗口

Photoshop 工作窗口由标题栏、菜单栏、图像窗口、工具箱、控制面板和状态栏等部分组成。

（1）Photoshop 菜单

Photoshop 的主要功能可通过菜单栏中各命令来实现。菜单包括“文件”、“编辑”、“图像”、“图层”、“选择”、“滤镜”、“视图”、“窗口”和“帮助”。

①“文件”菜单：用于文件的新建、打开、保存、输入输出以及文件设置、打印和颜色属性的设置、退出程序等。

②“编辑”菜单：用于图像的复制、剪切、粘贴、填充图像和实施图像变换等。

③“图像”菜单：用于改变图像模式、调整图像以及画布的尺寸、旋转画布等。

④“图层”菜单：用于新建和删除图层、调整图层选项、图层蒙板以及合并图层等。

⑤“选择”菜单：用于调整、储存和加载选择区域。

⑥“滤镜”菜单：用于添加各种各样的特殊效果。

⑦“视图”菜单：用于缩放图像、显示标尺、显示和隐藏网格等。

⑧“窗口”菜单：用于控制工具箱和控制面板的显示和隐藏。

⑨“帮助”菜单：用于获取有关 Photoshop 的帮助信息。

（2）Photoshop 工具箱

Photoshop 提供了 50 多种工具，这些工具被整合在工具箱中，按其功能划分为选区工具、绘图工具、渲染工具和颜色设置工具等。工具箱中的某些图标右下角有“►”标志，表明它是一个工具组，其中还有其他类型相近的工具可供选择。

Photoshop 工具箱位于工作窗口的左侧，其常用工具从上到下分别是：

①选框工具：最上方的 4 个按钮，4 种不同的选择工具，用于选取图像中的特定部分。

②图像绘制工具：有 8 个按钮，分别是喷枪、画笔、橡皮图章、历史画笔、橡皮、铅笔、模糊和减淡工具，用来绘制或修改图像。

③其他辅助工具：包括钢笔、文字、度量、渐变、油漆桶、吸管 6 个按钮。

④视图工具：包括拖动和缩放两个按钮。

⑤颜色控制工具：用于设置编辑图像时用到的前景色和背景色。

⑥模式工具：用于在标准模式和快速蒙板模式之间进行切换。

⑦屏幕显示工具：有标准屏幕模式、带菜单栏的全屏模式和全屏模式三个图标，可在它们之间任意切换。

⑧Photoshop/ImageReady 切换工具：用于两个软件工作界面间的实时切换。

（3）Photoshop 浮动面板

Photoshop 浮动面板位于工作窗口的右侧，可方便设计者对图像进行编辑。这些浮动面板分别是导航器面板、信息面板、选项面板、颜色面板、色板面板、样式面板、历史记录面板、动作面板、工具面板、图层面板、通道面板、路径面板、画笔面板、字符面板和段落面板。

第 1 组包括导航器、信息、选项三个面板。其中，导航器面板可使用户按不同比例查看图像的不同区域；信息面板显示光标所在位置的颜色值；选项面板可提供当前可用的各种选项。

第 2 组包括颜色、色板和样式三个面板。三个部分配合使用，可以确定画笔的形状、大小和颜色。

第 3 组包括图层、通道和路径三个面板，用来对图层、通道和路径进行控制和操作。

第 4 组包括历史记录和动作两个面板。其中，历史记录面板可用来恢复图像编辑过程中的任何状态；动作面板可将一系列编辑步骤设定为一个动作，以提高图像编辑效率。

2. Photoshop 的基本操作

（1）文件操作

① 新建图像文件。选择“文件”菜单中的“新建”命令，打开“新建”对话框，如图 6-5 所示。在对话框中，可设定新建文件的名称、宽度、高度、分辨率、颜色模式和背景模式。当设定各项内容后，单击“确定”按钮。

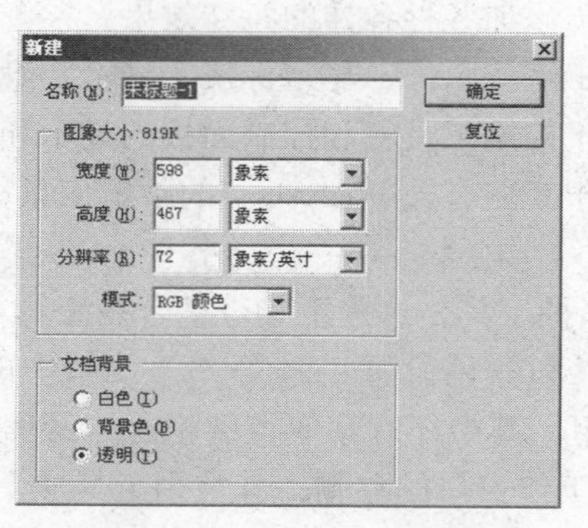

图 6-5 “新建”对话框

② 打开文件。选择“文件”菜单中的“打开”命令，出现“打开”对话框。在对话框中，选取正确的路径和文件类型，然后单击“打开”按钮。

③ 保存当前图像效果。选择“保存”或“另存为”命令，或“另存为网页格式”

命令。若选择“保存”命令，使用现有的文件名和文件格式保存，原文件被覆盖；若选择“另存为”命令，将图像保存为一个新文件，但文件格式不变；若选择“另存为网页格式”命令，使图像保存为网络上经常使用的格式文件，如 GIF。

④ 关闭文件。选择“文件”菜单中的“关闭”命令，或单击图像窗口右上角的“关闭”按钮。若要保存修改过的文件，则打开警示对话框，询问是否将图像保存。

（2）调整图像和画布的大小

① 改变图像的大小。选择“图像”菜单中的“图像大小”命令，打开“图像大小”对话框，如图 6-6 所示。

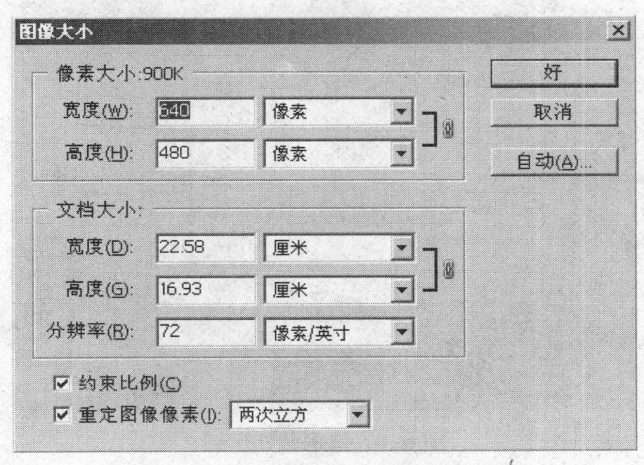

图 6-6 “图像大小”对话框

② 在“像素大小”栏中可以修改图像的宽度和高度，其修改结果将影响图像在屏幕上的显示大小。在“文档大小”栏中可以修改图像的宽度和高度，其修改结果将影响图像的打印尺寸。若要增加图像的空白区域，需要对画布的大小进行修改。

③ 选择“图像”菜单中的“画布大小”命令，打开“画布大小”对话框，如图 6-7所示。在“宽度”和“高度”栏中调整画布的大小。若新设置的尺寸小于原图像的大小，则从四周向中心裁切图像；若新设置的尺寸大于原图像的大小，由中心向四周增加空白区域。空白区域的颜色为当前设置的背景色。

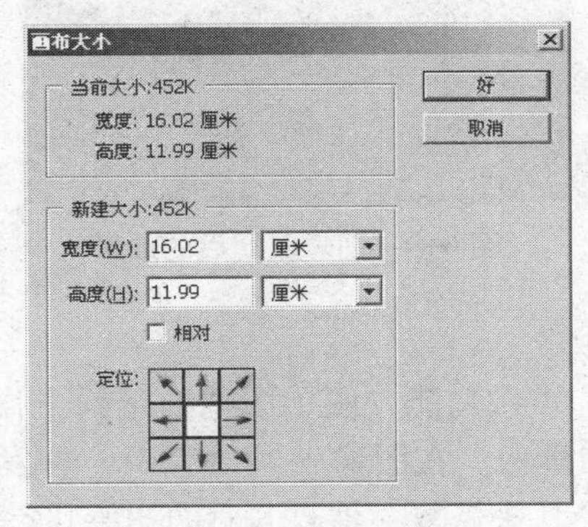

图 6-7 “画布大小”对话框

(3) 图像的裁切

图像的裁切是指只选取图像中有用的部分，而不是删除图像内容。裁切后的图像尺寸将变小。用户可自由地选取裁切区域，并对该区域进行旋转、变形和修改分辨率等操作。

① 在工具栏中选择裁切工具。在图像窗口，按住鼠标左键不放并拖动，选择一个区域，放开鼠标左键，出现一个裁切区域。这就是要保留的图像内容，其余部分的图像将被遮蔽，如图 6-8 所示。

图 6-8 选取裁切区域

② 若对已选定的裁切区域满意，按回车键，图像被裁切；若取消已选定的裁切区域，按 Esc 键。图像被裁切后的效果如图 6-9 所示。选择裁切区域后，还可以通过其四周的 8 个控制点对裁切范围进行调整。

图 6-9 图像裁切后的效果

(4) 操作的撤销和重做

Photoshop 提供的撤销和重做功能方便了图像的编辑工作。只要没有保存和关闭图像，就能快速地进行撤销和重做。在图像编辑过程中，若发生错误操作，可选择“文件”菜单中的“恢复”命令，来恢复文件打开时的初始状态。

使用“历史记录”面板，可方便地实现图像操作的撤销和重做。“历史记录”面板中记录了对图像的所有操作，如图 6-10 所示。

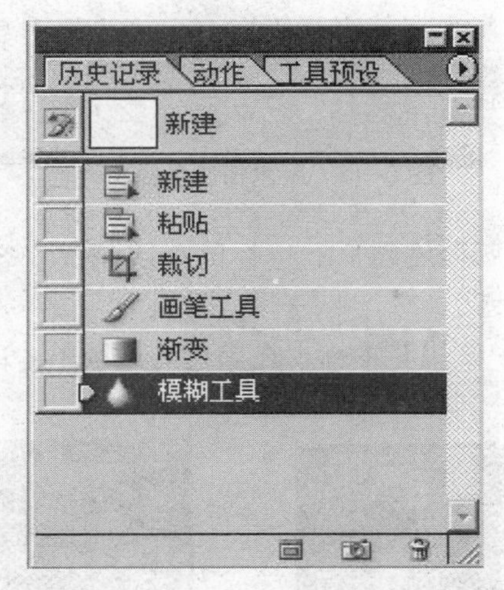

图 6-10 “历史记录”面板

若要清除某项操作以后的历史记录，可先选中该操作，单击鼠标右键，在弹出的快捷菜单中选择“清除历史记录”命令，如图 6-11 所示。也可以通过单击“历史记录”面板下方的“删除当前状态”按钮，清除指定的操作步骤。

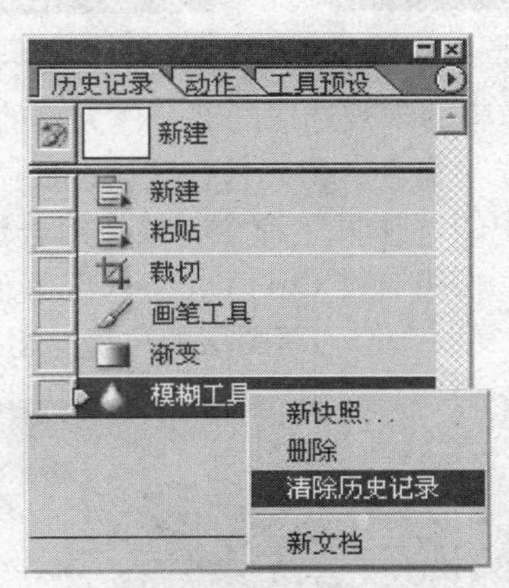

图 6-11 清除历史记录

6.3.2 图像制作

1. 图像的选区

在 Photoshop 中，对图像的处理通常是局部的、非整体性的处理。若要处理图像的某一部分，需精确地选定处理区域。这个要进行操作的像素区域称为选区。有了选区，就可对图像的局部进行移动、复制、羽化、填充颜色和变形等特殊效果处理。

Photoshop 提供了一系列工具来进行选区操作，对选定的区域还可进行编辑和运算。

【例 6-1】使用魔术棒选取图像。

（1）打开两幅需要编辑的图像，图像分别为 car. jpg 和 girl. jpg。

（2）在工具箱中，选择魔术棒工具。使用魔术棒工具，可选择颜色相似的区域，而不必跟踪其轮廓。

（3）在属性栏中修改魔术棒的容差值为 40。魔术棒工具的属性栏如图 6-12 所示。

容差: 32 消除锯齿 连续的 用于所有图层

图 6-12　魔术棒工具的属性栏

容差值越大，表示近似程度越低，选择的范围越大；容差值越小，表示近似的程度越高，选择的范围也就越小。

（4）在 girl. jpg 图像中使用魔术棒，在黑色的区域单击鼠标，当前所有黑色部分被选择，如图 6-13 所示。

图 6-13　选中黑色背景

图 6-14　反选效果

（5）反选操作，即把图像中的未被选取的部分作为新的选区，而原选区不被选中。选择“选择”菜单中的“反选”命令，得到选择区域，如图 6-14 所示。

（6）选择“编辑”菜单中的“拷贝”命令，或按组合键 Ctrl+C，拷贝当前选择的区域。接着选择 car. jpg 图像，按组合键 Ctrl+V，将选区图像拷贝到新的图像中。该选区图像位于新的图层中。调整复制图像到新图层的位置，得到如图 6-15 所示的效果。

图 6-15　合成后的效果

2. 图像的复制

利用 Photoshop 的图章工具，可将图像中的部分或全部内容复制到同一幅图像或其他图像中。

【例 6-2】仿制图章工具的应用实例。

（1）打开一幅图像，如图 6-16 所示。

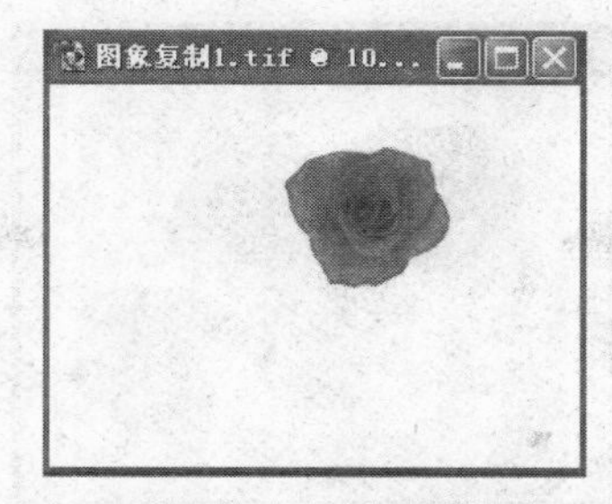

图 6-16　打开图像

（2）在工具箱中选择仿制图章工具，在工具属性栏中设置画笔的形状和直径、模式、不透明度和流量等属性，如图 6-17 所示。

画笔: 21　模式: 正常　不透明度: 100%　流量: 100%　☑对齐的　☑用于所有图层

图 6-17　仿制图章工具属性栏

（3）设置取样点。按住 Alt 键不放，光标的形状变成⊕，在图像中选择需要复制的地方，然后单击鼠标左键，如图 6-18 所示。

图 6-18　设置取样点

（4）将光标移动到图像的另一位置，按住鼠标左键反复拖动，即可完成图像的复制。在复制过程中，取样点附近出现一个十字光标，表明复制的图像内容。复制的效果如图 6-19 所示。

图 6-19　复制的效果

（5）若不选中“对齐的”复选框，每次松开鼠标左键，都将重新对取样点的图像进行复制，效果如图 6-20 所示。

图 6-20　不"对齐的"复制的效果

3. 图像的修饰

Photoshop 提供了图像修饰和渲染工具，利用这些工具可以对图像进行模糊、锐化、加深和减淡等效果处理。

【例 6-3】使用模糊工具、锐化工具和涂抹工具渲染图像。

（1）打开一幅图像，如图 6-21 所示。

图 6-21　打开图像

（2）在工具箱中选择模糊工具，在工具属性栏中设置画笔的形状和直径、模式等属性，如图 6-22 所示。模糊工具会降低图像中相邻像素之间的反差，使图像边界区域变得柔和，从而产生模糊效果。模糊工具属性栏上的"强度"选项用来设置模糊程度，数值越大，模糊的效果越明显。

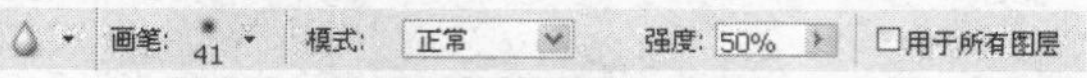

画笔: 41　模式: 正常　强度: 50%　□用于所有图层

图 6-22　模糊工具属性栏

（3）在图像中，使用模糊工具在玫瑰花的轮廓处反复单击鼠标，效果如图 6-23 所示。

图 6-23　模糊效果

（4）重新打开图像，在工具箱中选择锐化工具。在工具属性栏中设置画笔的形状和直径、模式等属性，如图 6-24 所示。锐化工具和模糊工具的工作原理正好相反，它能够使图像产生清晰的效果。

画笔: 56 模式: 正常 强度: 50% 用于所有图层

图 6-24 锐化工具属性栏

（5）在图像中，使用锐化工具在玫瑰花的轮廓处反复单击鼠标，效果如图 6-25 所示。

图 6-25 打开图像

（6）涂抹工具模拟用手指涂抹绘制的效果。重新打开图像，在工具箱中选择锐化工具。用鼠标沿玫瑰花的轮廓反复拖动，涂抹工具则将取样颜色与鼠标拖动区域的颜色进行混合，形成如图 6-26 所示的效果。

图 6-26 模糊效果

4. 图层的运用

图层是 Photoshop 中一个很重要的概念，任何特效都是在多个图层上进行处理的。利用图层，可以方便地处理和编辑图像，一幅好的作品通常要运用图层来进行处理。图层就像是一张透明的纸，设计者可以对每张纸进行单独的编辑，而不影响到其他的纸，最后把所有的这些纸按一定次序叠放起来，从而构成一幅完整的图像。

【例 6-4】增添图层，为图像添加背景。

（1）新建一个图像，在“新建”对话框中，设定新建文件的名称、宽度、高度、分辨率等。

（2）使用工具箱中的前景色和背景色工具，将前景色设置成蓝色。用鼠标单击工具箱中的渐变工具，然后在图像上拖动鼠标，形成渐变颜色的背景，如图6-27 所示。

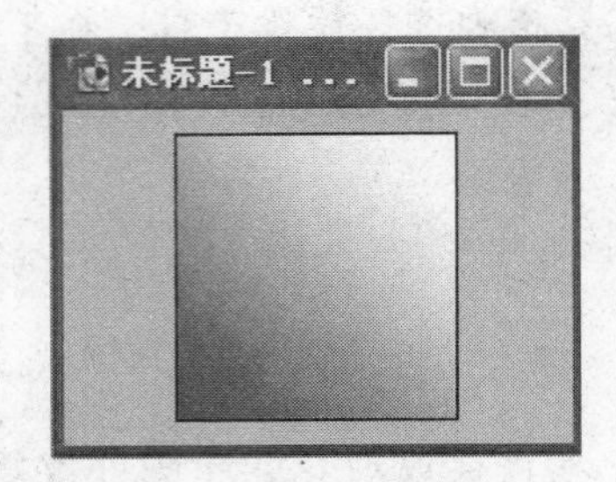

图 6-27　制作背景

（3）选择“图层”菜单中的“新建图层”命令，在背景图层上新建一图层，图层面板如图 6-28 所示。其中，图标用来设置图层的可见性，图标表示该图层为当前图层。

图 6-28　新建图层

（4）打开一幅图像，如图 6-29 所示。

图 6-29　打开图像

（5）运用魔术棒工具选择玫瑰花部分，然后按组合键 Ctrl+C。用鼠标单击图层面板中的图层 1，然后按组合键 Ctrl+V，将选区图像拷贝到图层中。处理后的效果如图 6-30所示，图层面板如图 6-31 所示。

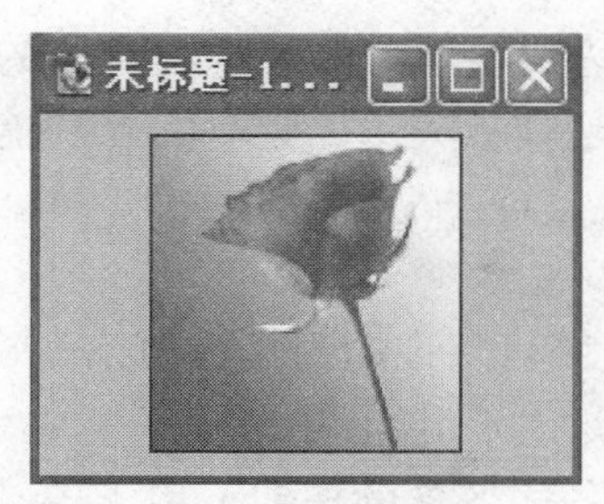

图 6-30　处理后的效果

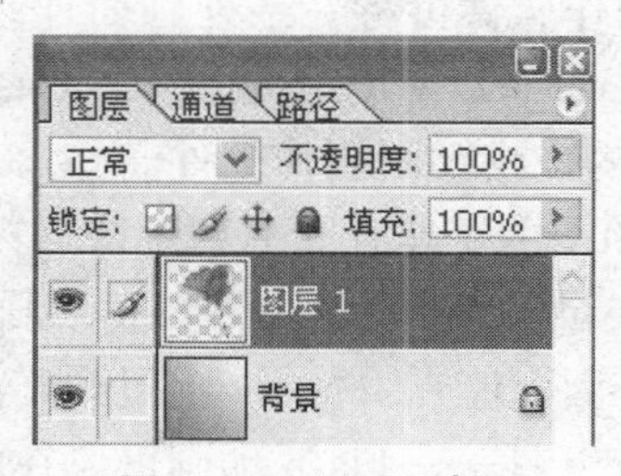

图 6-31　图层面板

5. 滤镜的运用

Photoshop 的滤镜专门用于对图像进行各种特殊效果处理。滤镜可以方便快速地实现图像的纹理、像素化、扭曲等特效处理。充分而适度地利用滤镜，不仅可以改善图像效果，掩盖缺陷，还可以在原有图像的基础上产生许多特殊炫目的效果。

Adobe Photoshop 自带的滤镜效果有 14 组，每组又有多种类型。

【例 6-5】使用“旋转扭曲”滤镜，对图像进行扭曲效果处理。

(1) 打开一幅图像，如图 6-32 所示。

图 6-32　原图

(2) 打开“滤镜”菜单，先后选择“扭曲”、“旋转扭曲”命令，打开“旋转扭曲”滤镜的“参数设置”对话框。“参数设置”对话框中的“角度”参数用来设置扭曲的程度。将“角度”参数设置为 50 时的扭曲效果如图 6-33 所示。

图 6-33　旋转扭曲后的效果

6.4　Flash 动画设计初步

动画是多媒体产品中最具吸引力的素材，能使信息表现更生动、直观，具有吸引注意力、风趣幽默等特点。

动画制作软件可将一系列画面连续显示，以达到动画的效果。在众多的动画制作软件中，Flash MX 使用最为广泛。Flash MX 软件是基于矢量、具有交互功能、专门用于 Internet 的二维动画制作软件。

Flash MX 主要具有如下功能特点：

（1）矢量动画——由于 Flash 动画是矢量的，既可保证动画显示的完美效果，又因为体积小，因而能在 Internet 上得到广泛应用。

（2）交互性——Flash 动画可以在画面中创建各式各样的按钮，用于控制信息的显示、动画或声音的播放以及对不同鼠标事件的响应等，丰富了网页的表现手段。

（3）采用流技术播放——Flash 动画采用流（Stream）技术，在通过网络播放动画时，边下载边播放。

6.4.1 Flash MX 基础

1. Flash MX 工作窗口

安装 Flash MX 后，双击其快捷图标，打开 Flash MX，其工作窗口如图 6-34 所示。Flash MX 工作窗口主要由标题栏、菜单栏、工具箱、时间线、场景等部分组成。

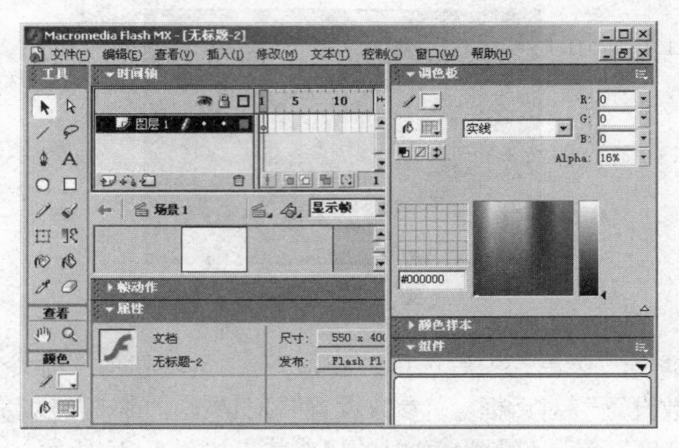

图 6-34　Flash MX 工作窗口

Flash MX 的菜单栏位于整个工作窗口的上部，主要包括以下选项和命令：

①“文件”菜单：包括文件的新建、打开、保存和影片的导入导出、设置文件、打印以及动画的发布、程序退出等。

②“编辑”菜单：用于图像的复制、剪切、粘贴等操作以及填充图像和实施图像变换等。

③“查看”菜单：用于显示时间轴、工作区，清除锯齿以及放大、缩小画布的尺寸等。

④“插入”菜单：包括插入图层、元件、帧以及场景等。

⑤“修改”菜单：用于调整、储存和加载选择区域。

⑥“文本”菜单：用于设置动画中文本的字体、样式、大小、对齐方式、间距等。

⑦“控制”菜单：用于动画的测试、播放等控制。

⑧“窗口”菜单：用于控制工具箱、控制面板的显示和隐藏。

⑨“帮助”菜单：用于获取有关 Flash MX 的帮助信息。

2. Flash MX 工具箱

位于整个工作环境的左侧的按钮组就是“工具箱”。工具箱中设置了许多常用的工具，主要用于绘制图形和制作文字。这些工具从上到下依次是：

箭头工具：用于选取和操作对象。

选取工具：用于调整图形节点，改变图形的形状。

线条工具：用于绘制直线。

套索工具：用于选择对象的编辑区域。

钢笔工具：用于创建路径。

文本工具：用于文字的输入与编辑。

椭圆工具：用于绘制椭圆和正圆。

矩形工具：用于绘制矩形，矩形可带有圆角。

铅笔工具：用于绘制各种曲线。

笔刷工具：用于绘制各种图形。笔刷的宽窄和形状可调。

自由变换工具：用于对选定的对象进行旋转、缩放等变换。

填充变换工具：用于调整渐变填充的中心位置、渐变角度和渐变范围。

墨水瓶工具：用于创建和修改图形轮廓线的颜色、宽度和样式。

颜料桶工具：用于填充图形内部的颜色，可选取各种单色及渐变色。

吸管工具：用于对已有颜色进行取样。

橡皮工具：用于擦除对象的线条与颜色。擦除的模式和形状可调。

3. Flash MX 的基本概念

（1）Flash 动画中的帧

Flash 采用时间轴的方式设计和安排每一个对象的出场顺序和表现方式。时间轴以“帧”（Frame）为单位，生成的动画以每秒钟 N 帧的速度进行播放。

动画中的帧主要分为关键帧和普通帧。关键帧表现了运动过程的关键信息，建立对象的主要形态。Flash 以一个实心的黑点表示关键帧。若关键帧没有内容，则以空心圆圈表示。关键帧之间的过渡帧称为中间帧（普通帧）。

在 Flash 中，对于帧的操作主要有：插入帧、移除帧、插入关键帧、插入空白关键帧、清除关键帧等。

（2）Flash 动画中的元件

在 Flash 中，元件是一种特殊的对象。Flash 元件分为图形、按钮和电影剪辑。元件一旦被创建，可无数次地在 Flash 动画中使用。

一个 Flash 动画中可包含多个不同类型的元件。设置元件的作用在于将动画中常用到的图片、视频等对象建立成元件并放置在元件库中，可随时从库中取出使用。

4. Flash 动画的制作

Flash 可以制作逐帧动画、运动渐变动画和形状渐变动画。逐帧动画的特点在于每一帧都是关键帧，制作的工作量很大。

Flash 提供一种生成图形运动动画的方法，称为运动渐变。运动渐变动画可产生位置的移动、大小的缩放、图形的旋转以及颜色的深浅等多种变化。只需要制作出图形的起始帧和结束帧，所有起始帧和结束帧之间的运动渐变过程的帧由计算机自动生成。

Flash 还提供了一种生成形状渐变的动画方法，称为形状渐变。形状渐变实现的是某个对象从一种形状变成另一种形状的变化。和运动渐变一样，只需要制作出图形的起始帧和结束帧，所有起始帧和结束帧之间的形状渐变过程的帧由计算机自动生成。

6.4.2 动画制作

1. 制作逐帧动画

【例 6-6】制作逐帧动画。随着动画的播放，屏幕上逐字显示一行文本，同时文字下面从左往右画出一条下划线，如同正在打印一样，如图 6-35 所示。

Happy New year !

图 6-35 逐帧动画效果

操作步骤如下：

(1) 新建 Flash 文件，选择“修改”菜单中的“文档”命令，打开“文档属性”对话框，将影片尺寸设为“500px×150px（宽 X 高）”，背景色设为浅蓝色，其他设置如图 6-36 所示。

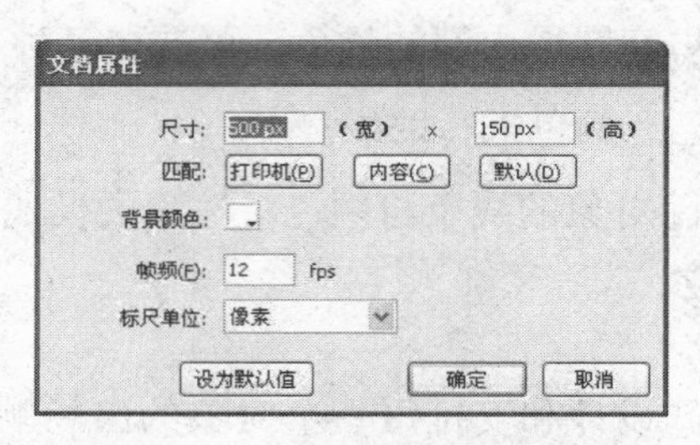

图 6-36 “文档属性”对话框

(2) 在工具箱中选择文本工具 A，设置文本工具属性面板中的字体为“Times New Roman”，字号为“40”磅，颜色为“红色”。用鼠标单击编辑区，在出现的文本输入框中输入文本的第一个字母“H”，如图 6-37 所示。

图 6-37 制作第一帧

(3) 在时间轴上单击第 2 帧，选择“插入”菜单中的“时间轴”命令，接着选择“关键帧”命令，插入一个关键帧。第 1 帧中的内容自动复制到第 2 帧。

（4）在第 3 帧处插入关键帧，在“H”的后面输入第二个字母“a”，如图 6-38 所示。在第 4 帧插入关键帧。第 3 帧中的内容自动复制到第 4 帧。

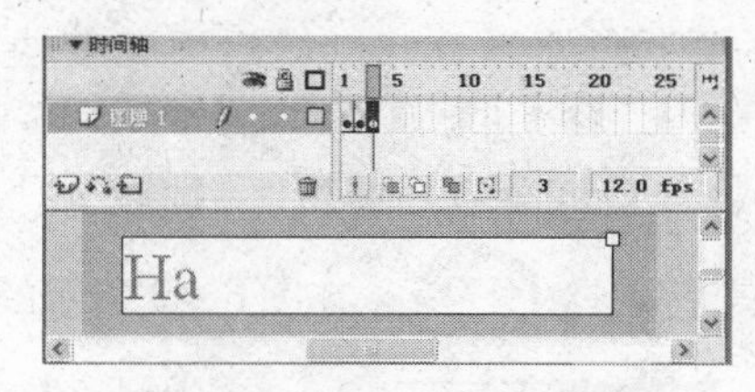

图 6-38　插入第二个字母

（5）重复上述操作，每两帧加入一个字母，每一帧都是关键帧，完成文本输入的时间轴，如图 6-39 所示。

图 6-39　完成字母输入

（6）按回车键，在编辑区中可看到文本逐个跳出来，非常富有动感。

（7）单击图层区域中的“添加图层”按钮，添加一个新的层，如图 6-40 所示。

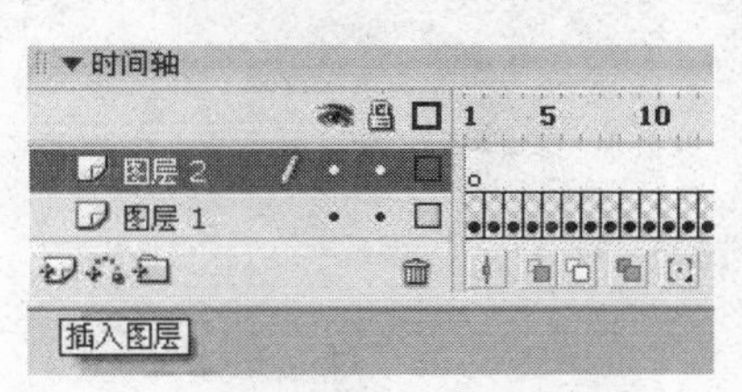

图 6-40　插入其他的字母

（8）在图层 2 的第 1 帧处第一个字母的下方画一条短黑线，在第 2 帧插入关键帧，在第 3 帧插入关键帧，用箭头工具把黑线稍微拉长，并在第 4 帧插入关键帧。重复同样的操作，在最后一帧处，黑线长度与文本长度一致，如图 6-41 所示。

图 6-41　新增图层加入黑色横线

（9）选择“控制”菜单中的“测试影片”命令，或按组合键 Ctrl+Enter，在新的浏览窗口中预览到逐字显示的一行文本，同时文字下面从左往右画出一条下划线。

（10）关闭预览窗口，回到主场景中，保存动画影片文件。

2. 制作移动渐变动画

【例 6-7】制作移动渐变动画。其动画的效果为：随着动画的播放，在蓝色背景中一个颜色渐变的圆球从屏幕左下角慢慢升起，然后逐渐变快移动到右上角，并按一定的方向自转。

（1）新建 Flash 文件，将背景色设为“蓝色”，帧频为“6”，尺寸为“400×300”。

（2）单击工具箱中的填充色工具，在图 6-42 所示的调色板中选择渐变颜色。

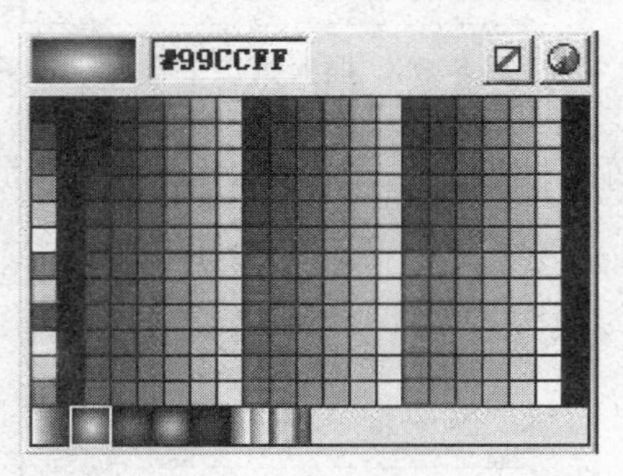

图 6-42　填充色定义

（3）在舞台的左下角绘制出用此颜色填充的圆。选中此圆，打开“插入”菜单，先后选择“时间轴”、“创建补间动画”命令，Flash 自动将其转换成图形元件。此时，圆的周围出现蓝色的边框，如图 6-43 所示。

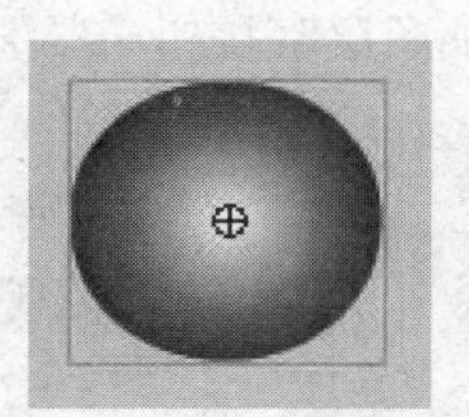

图 6-43　球形元件

（4）在第 30 帧处插入关键帧，第 1 帧中的元件将被原样复制过来。用鼠标将元件移动到舞台的右上角。单击时间轴上两关键帧之间任意一帧，在帧属性面板上设置“补间”类型为“动作”，“简易”值设为“-90”，其他各选项设置如图 6-44 所示。此时，两关键帧之间出现背景为浅灰色的黑色箭头，表示所设动画是一个“移动渐变”动画，旋转为“顺时针”。

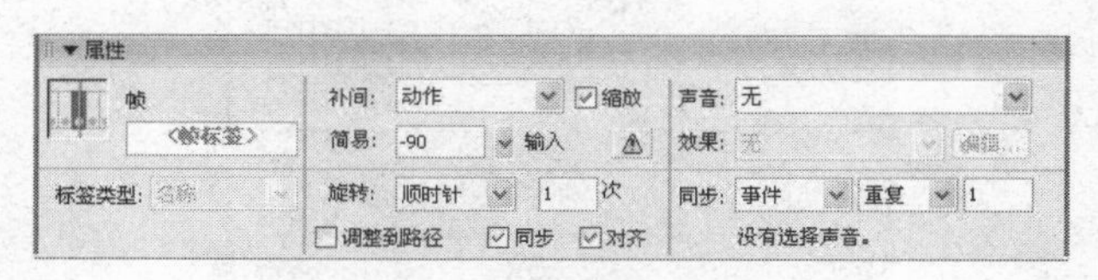

图 6-44　帧属性面板

其中，“旋转”主要用于设置移动渐变中的特殊旋转方式，包括顺时针和逆时针。“简易”决定动画从开始到结束播放的速度，可用来创建加速或减速播放的效果。若要动画在开始时比较慢然后逐渐加快，可下拉滑块；反之，则上拉滑块。若要使动画的速度保持不变，可将滑块拖到中间。

（5）用鼠标单击第30帧中的圆球实例，在打开的图形属性面板中进行设置，如图6-45所示。选择颜色下拉列表框中的“色调”选项，设置RGB值分别为255、0、0。

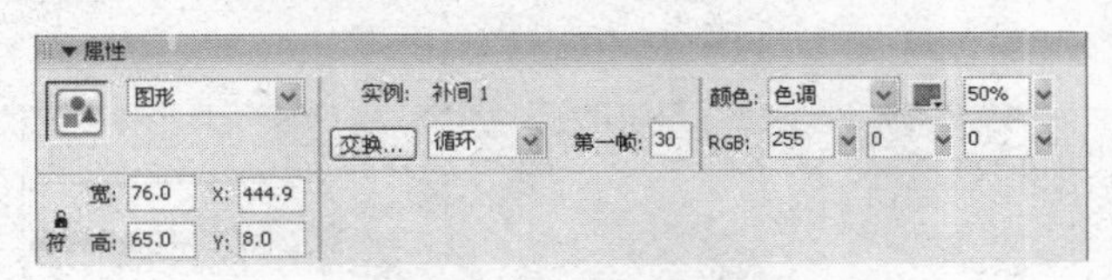

图 6-45　图形属性面板

（6）选择“控制”菜单中的“测试影片”命令，测试预览动画效果。

（7）保存文件，文件取名为“升起的圆球.fla”。

3. 给动画导入声音

一个好的动画，如果只有动画而没有声音，则美中不足。在Flash中，不仅可以制作动画，还可以给动画加入丰富的声音效果。

【例6-8】给例6-7的移动渐变动画加入声音。

操作步骤如下：

（1）选择“文件”菜单中的“导入到舞台”命令，打开“导入”对话框。选择需要导入的.mp3或.wav文件，单击“打开”按钮，如图6-46所示。

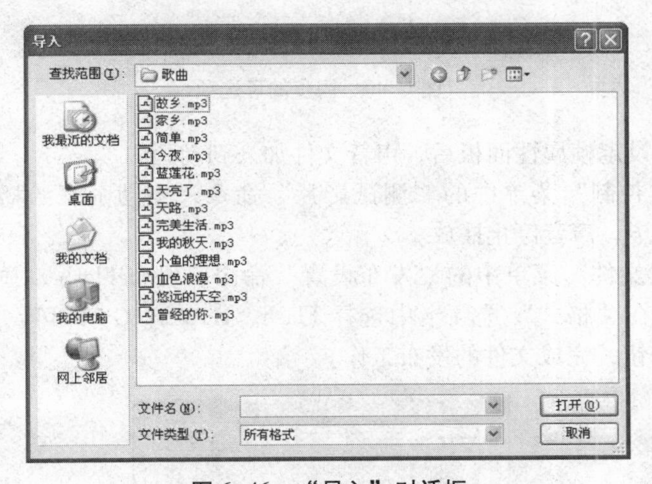

图 6-46　“导入”对话框

（2）单击图层区域中的“添加图层”按钮，添加一个新图层，如图6-47所示。该图层专门用来播放声音。

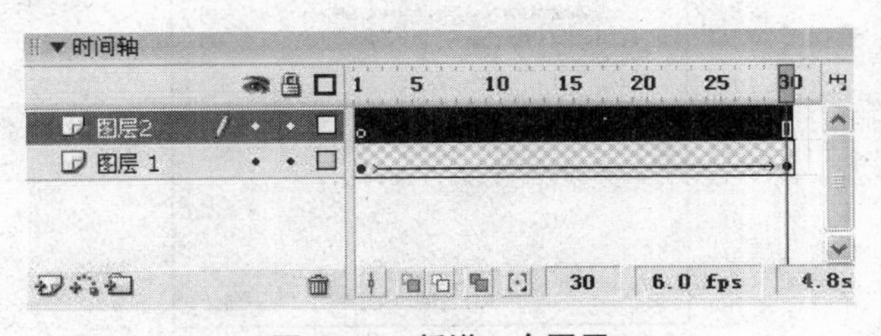

图 6-47　新增一个图层

（3）如果需要声音从该层的某一帧开始播放，用鼠标右键单击该帧，在弹出菜单中选择插入关键帧命令，将该帧设置为关键帧。然后在帧属性面板中设置声音相关属性。

在帧属性面板中的“声音”下拉框，可选择已导入到舞台的声音文件名，如图6-48所示。

图 6-48　设定动画声音

（4）“同步”下拉框中有四个选项，设置其值如图 6-49 所示。其中，“事件”表示是由某一事件驱动开始播放的，但其播放独立于时间线的约束，也就是说，即使时间线已经播放完了，该声音还将继续播放。选择“开始”项，当动画播放到添加声音的帧时，声音才开始播放；选择“停止”项，表示声音在该帧停止播放；选择“数据流”项，则声音会与动画同步，动画播放完毕，声音停止播放。

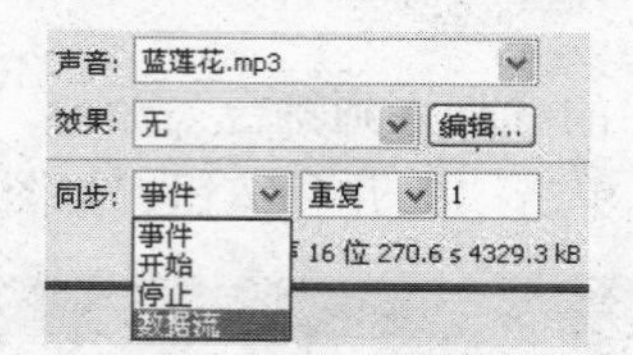

图 6-49　同步的可选项

根据需要，设定帧属性面板后，声音文件加入到动画中。

（5）选择“控制”菜单中的“测试影片”命令，当动画开始播放，音乐同步响起。动画播放完毕，声音停止播放。

（6）选择“文件”菜单中的“发布设置”命令，发布 Flash 动画。若是作为一般的网页出版，则在“格式”选项卡中选择 Flash、HTML、Gif 即可，如图 6-50 所示。单击“发布”按钮，完成文件的发布工作。

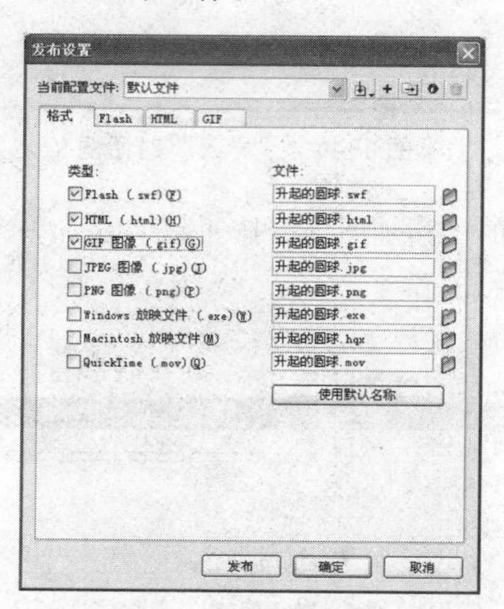

图 6-50　“发布设置”对话框

习题 6

一、选择题

1. 多媒体计算机系统的两大组成部分是__________。

A）多媒体器件和多媒体主机

B）音箱和声卡

C）多媒体输入设备和多媒体输出设备

D）多媒体计算机硬件系统和多媒体计算机软件系统

2. JPEG 是__________图像压缩编码标准。

A）静态　　B）动态　　C）点阵　　D）矢量

3. MPEG 是数字存储__________图像压缩编码和伴音编码标准。

A）静态　　B）动态　　C）点阵　　D）矢量

4. 多媒体信息具有__________的特点。

A）数据量大和数据类型多

B）数据量大和数据类型少

C）数据量大、数据类型多、输入和输出不复杂。

D）数据量大、数据类型多、输入和输出复杂。

5. 多媒体计算机软件系统的核心是__________。

A）多媒体操作系统　　B）多媒体数据处理软件

C）多媒体驱动软件　　D）多媒体应用软件

6. 扩展名是 . WAV 的文件是__________文件。

A）视频文件　　B）矢量图形文件

C）动画文件　　D）波形文件

7. 以下是矢量动画相对于位图动画的优势，除了__________。

A）文件大小要小很多　　B）放大后不失真

C）更加适合表现丰富的现实世界　　D）可以在网上边下载边播放

8. MIDI 是音乐设备数字接口的缩写，其记录的是__________。

A）一系列指令　　B）声音的模拟信息

C）声音的采样信息　　D）声音的数字化信息

9. 以下属于多媒体教学软件的特点的是__________。

① 能正确生动地表达本学科的知识内容

② 具有友好的人机交互界面

③ 能判断问题并进行教学指导

④ 能通过计算机屏幕和老师面对面讨论问题

A）①②③　　B）①②④　　C）②④　　D）②③

10. 数字音频采样和量化过程所用的主要硬件是__________。

A）数字编码器

B）数字解码器

C）模拟到数字的转换器（A/D 转换器）

D）数字到模拟的转换器（D/A 转换器）

11. 位图与矢量图比较，可以看出__________。

A）对于复杂图形，位图比矢量图画对象更快

B）对于复杂图形，位图比矢量图画对象更慢

C）位图与矢量图占用空间相同

D）位图比矢量图占用空间更少

12. 音频卡是按__________分类的。

A）采样频率　　B）声道数

C）采样量化位数　　D）压缩方式

13. 与位图描述图像相比，矢量图像__________。

A）善于勾勒几何图形　　B）不同物体在屏幕上不可重叠

C）容易失真　　D）占用空间更大

14. 位图图像是用__________来描述图像的。

A）像素　　B）点和线

C）像素、点和线　　D）直线和曲线

15. 关于图层，下面的说法不正确的是__________。

A）各个图层上的图像互不影响

B）上面图层的图像将覆盖下面图层的图像

C）如果要修改某个图层，必须将某个图层隐藏起来

D）常常将不变的背景作为一个图层，并放在最下面

16. 下列不属于多媒体开发的基本软件是__________。

A）画图和绘图软件　　B）音频编辑软件

C）图像编辑软件　　D）项目管理软件

17. Flash 的元件包括图形、按钮和__________。

A）图层　　B）时间轴　　C）场景　　D）影片剪辑

18. 在 Flash 中有文本、元件、形状、位图和组几种状态。可以使用基本绘图工具和颜色工具直接编辑的是__________。

A）元件　　B）形状　　C）位图　　D）组

19. RM 和 MP3 是因特网上流行的__________压缩格式。

A）视频　　B）音频　　C）图像　　D）动画

20. 下面有关音频处理技术中论述错误的是__________。

A）MIDI 文件中存储的是波形数据

B）一般地，WAV 格式的文件容量会比较大

C）声卡可以高效地完成模拟的波形声音和数字化采样的转换

D）MP3 文件的数据是经过压缩的

二、填空题

1. 在计算机领域，媒体元素一般分为感觉媒体、表示媒体、表现媒体、__________

和传输媒体五种类型。

2. 根据计算机动画的表现方式，通常可以分为二维动画和__________。不同种类其显现的特点也不尽相同。

3. Flash 采用__________的方式设计和安排每一个对象的出场顺序和表现方式。

4. 在多媒体中静态的图像在计算机中可以分为矢量图和__________。

5. 多媒体系统是指利用计算机技术和__________技术来处理和控制多媒体信息的系统。

6. 多媒体技术具有多样性、集成性、__________和实时性等主要特性。

7. Flash 动画中的帧主要分为关键帧和普通帧。__________表现了运动过程的关键信息，它们建立了对象的主要形态。

8. PhotoShop 的__________专门用于对图像进行各种特殊效果处理，利用它可以快速方便地实现图像的纹理、像素化、扭曲等特效处理。

9. 现实世界中的音频信息是典型的时间连续、幅度连续的__________，而在信息世界则是数字信号。

10. 多媒体的关键技术主要集中在数据压缩/解压缩技术、多媒体专用芯片技术、制作大容量的多媒体存储设备技术、多媒体系统软件技术、多媒体通信技术以及虚拟现实技术。其中使用最为广泛的是__________。

第 7 章　计算机网络基础

【学习目标】

☞掌握计算机网络的基本概念及功能。

☞熟悉计算机网络的构成及分类。

☞了解局域网的基础知识。

☞掌握 Internet 的基础知识和操作。

☞掌握网页制作的基本方法。

☞了解互联网的发展。

7.1　计算机网络概述

7.1.1　计算机网络的定义

计算机网络是按照网络协议，将分散的、相互独立的计算机相互连接、实现资源共享的集合。计算机网络具有共享硬件、软件和数据资源的功能，具有对共享数据资源集中处理、管理与维护的能力。计算机网络技术是通信技术与计算机技术相结合的产物。

（1）相互独立的计算机系统：网络中各计算机系统具有独立的数据处理功能，它们既可以连入网内工作，也可以脱离网络独立工作。

（2）通信线路：可以用多种传输介质实现计算机的互连，如双绞线、同轴电缆、光纤、微波、载波或通信卫星等。

（3）全网统一的网络协议：网络协议，即全网中各计算机在通信过程中必须共同遵守的规则。这里强调的是“全网统一”。

（4）数据：可以是文本、图形、声音、图像、视频等多媒体信息。

（5）资源：可以是网内计算机的硬件、软件和信息。

7.1.2　计算机网络的功能

1. 资源共享

计算机网络最主要的功能是实现资源共享。这里说的资源包括网内计算机的硬件、软件和信息。从用户的角度来看，网中用户既可以使用本地的资源，又可以使用远程计算机上的资源，如通过远程提交作业的方式，可以共享大型机的 CPU 和存贮器等资源。

2. 数据通信

数据通信指网络中的计算机与计算机之间交换各种数据和信息。这是计算机网络提供的最基本的功能。

3. 分布式处理

分布式处理指利用计算机网络技术，将大型复杂的计算问题分配给网络中的多台计算机，在网络操作系统的调度和管理下，由这些计算机分工协作来完成。这样的网络就像一个具有高性能的大中型计算机系统，能很好地完成复杂的处理，但费用却比大中型计算机低得多。

4. 提高了计算机的可靠性和可用性

在网络中，当一台计算机出现故障无法继续工作时，可以调度另一台计算机来接替完成计算任务，很显然，比起单机系统来，整个系统的可靠性大大提高。当一台计算机的工作任务过重时，可将部分任务转交给其他计算机处理，使得整个网络中各计算机的负担相对均衡，从而提高了每台计算机的可用性。

7.1.3 计算机网络的分类

1. 根据网络的覆盖范围与规模划分

计算机网络按覆盖的地域范围与规模可以分为局域网、广域网和城域网。

（1）局域网

局域网（Local Area Network，简称 LAN）指覆盖有限的地域范围，其地域范围一般不超过几十公里（1 公里=1000 米，以下同）。局域网的规模相对于城域网和广域网而言较小。常在公司、机关、学校、工厂等有限范围内，将本单位的计算机、终端以及其他的信息处理设备连接起来，实现办公自动化、信息汇集与发布等功能。

（2）广域网

广域网（Wide Area Network，简称 WAN）也称为远程网，可以覆盖一个地区、国家，甚至横跨几个洲，形成国际性的广域网。Internet 就是一个横跨全球的广域网。

（3）城域网

城域网（Metropolitan Area Network，简称 MAN）所覆盖的地域范围介于局域网和广域网之间，一般从几十公里到几百公里的范围。城域网是随着各单位大量局域网的建立而出现的。同一个城市内各个局域网之间需要交换的信息量越来越大，为了解决它们之间信息高速传输的问题，就出现了城域网。

2. 根据网络通信信道的数据传输速率划分

根据通信信道的数据传输速率高低不同，计算机网络可分为低速网络、中速网络和高速网络。有时也直接利用数据传输速率的值来划分，例如 10Mbps 网络、100Mbps 网络、1000Mbps（1Gbps）网络、10 000Mbps（10Gbps）网络。

3. 根据网络的信道带宽划分

在计算机网络技术中，信道带宽和数据传输速率之间存在着明确的对应关系。这样一来，计算机网络又可以根据网络的信道带宽分为窄带网、宽带网和超宽带网。

7.2 局域网技术基础

7.2.1 局域网的定义及特点

1. 局域网的定义

局域网是指在某一区域内由多台计算机互联起来构成的通信网络。局域网是封闭型的，可以由办公室内的两台计算机组成，也可以由一个公司内的多台计算机组成。局域网可以实现文件管理、应用软件共享、打印机共享、工作组内的日程安排、电子邮件和传真通信服务等功能。

2. 局域网的类型

局域网的类型很多，按网络使用的传输介质分类，可分为有线网和无线网；按网络拓扑结构分类，可分为总线型、星型、环型、树型、混合型等；按传输介质所使用的访问控制方法分类，又可分为以太网、令牌环网、FDDI网和无线局域网等。

3. 局域网的特点

局域网的主要特点可以归纳为：

（1）局域网覆盖的地理范围较小，只在一个相对独立的局部范围内，如一个办公室、一幢大楼或几幢大楼之间的地域范围，适用于机关、学校、公司、工厂等单位。一般属于一个单位所有。

（2）局域网易于建立、维护和扩展，系统灵活性高。

（3）局域网中的通信设备是广义的，包括计算机、终端、电话机等多种通信设备。

（4）局域网的数据传输速率高，通信延迟时间短，可靠性较高。

（5）局域网支持多种传输介质。

7.2.2 局域网的主要技术

1. 网络拓扑结构

计算机网络可以抽象成由一组结点和若干链路组成，这种由结点和链路组成的几何图形称之为计算机网络拓扑结构。计算机网络拓扑结构是组建各种网络的基础。局域网专用性非常强，具有比较稳定和规范的拓扑结构。局域网常见的拓扑结构有总线型结构、星型结构和树型结构。

（1）星型结构

星型结构中的各工作站以星形方式连接起来，每个结点通过点—点线路与中心结点连接，任何两结点之间的通信都要通过中心结点转接。典型的星型结构局域网如图7-1所示。星型结构的网络简单，建网容易，易于扩展，传输速率较高，便于控制和管理。但这种网络的可靠性与中央结点的可靠性紧密相关，中央结点一旦出现故障，将导致全网络瘫痪。

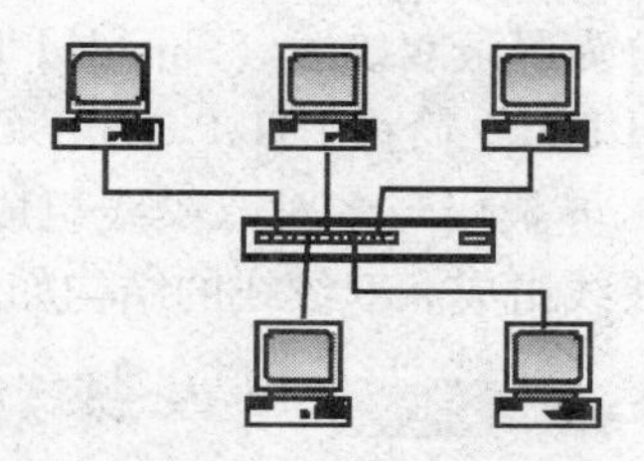

图 7-1　星型结构

（2）总线型结构

总线型结构的网络将各个节点设备和一根总线相连，网络中所有的节点工作站都是通过总线进行信息传输的。总线的通信连线可采用同轴电缆、双绞线或扁平电缆。总线结构网络中的工作站节点的个数是有限制的，如果工作站节点的个数超出总线负载能量，就需要延长总线的长度，并加入相当数量的附加转接部件，使总线负载达到容量要求。总线型结构的网络简单、灵活、可扩充性能好。总线型结构的网络可靠性高，网络节点间响应速度快，共享资源能力强，当某个工作站节点出现故障时，对整个网络系统影响小。总线型结构的局域网如图 7-2 所示。

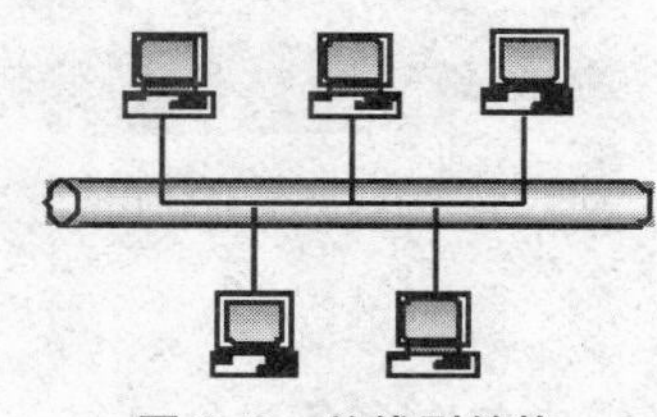

图 7-2　总线型结构

（3）树型结构

在树型结构中，节点按层次进行连接，如图 7-3 所示。树型结构可以看成是星型结构的扩展。树型结构的网络扩展性能好，控制和维护方便，适合于汇集信息。企业内部网通常由多个交换机和集线器级联构成树型结构。

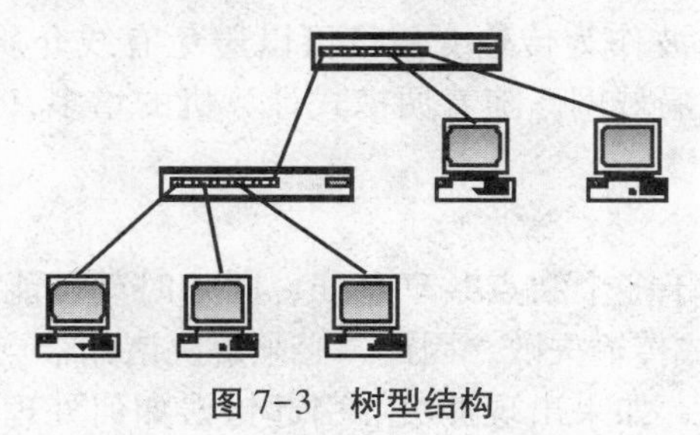

图 7-3　树型结构

2. 传输介质

传输介质是连接局域网中各结点的物理通路。在局域网中，常用的网络传输介质有双绞线、同轴电缆、光纤电缆与无线电。

（1）双绞线

双绞线由两根、四根或八根绝缘导线组成，两根为一线对而作为一条通信链路。为了减少各线对之间的电磁干扰，各线对以均匀对称的方式螺旋状扭绞在一起。

局域网中所使用的双绞线分为屏蔽双绞线（Shielded Twisted Pair，简称 STP）和非屏蔽双绞线（Unshielded Twisted Pair，简称 UTP）。

屏蔽双绞线由外部保护层、屏蔽层与多对双绞线组成。非屏蔽双绞线则没有屏蔽层，仅由外部保护层与多对双绞线组成。双绞线的结构如图 7-4 所示。

图 7-4　屏蔽双绞线和非屏蔽双绞线的结构

根据传输特性的不同，局域网中常用的双绞线可以分为五类。在典型的以太网中，非屏蔽双绞线因为其价格低廉、安装与维护方便以及不错的性能而被广泛采用，常用的有第三类、第四类与第五类非屏蔽双绞线，简称为三类线、四类线与五类线，尤其以五类线使用为多。

（2）同轴电缆

同轴电缆由内导体、外屏蔽层、绝缘层及外部保护层组成。同轴电缆可连接的地理范围比双绞线更宽，可达几公里至几十公里，抗干扰能力较强，使用与维护方便，但价格比双绞线高。同轴电缆的结构如图 7-5 所示。

图 7-5　同轴电缆的结构

（3）光纤电缆

光纤电缆简称光缆。一条光缆中包含多条光纤。每条光纤是由玻璃或塑料拉成极细的能传导光波的细丝和外面包裹的多层保护材料而构成的。光纤通过内部的全反射来传输一束经过编码的光信号。光缆的数据传输速率高，抗干扰性强，误码率低，安全保密性好。目前，光纤主要有单模光纤与多模光纤两种。单模光纤的传输性能优于多模光纤，但价格较昂贵。

（4）无线电

使用特定频率的电磁波作为传输介质，可以避免有线介质（双绞线、同轴电缆、光缆）的束缚来组成无线局域网。随着便携式计算机的增多，无线局域网应用越来越普及。

3. 介质访问控制方法

在总线型结构中，由于多个结点共享总线，同一时刻可能有多个结点向总线发送数据而引起“冲突”，造成传输失败，因此，必须解决诸如结点何时可以发送数据，如何发现总线上出现的冲突，如果出现冲突、引起错误如何处理等问题，解决这些问题的方法称之为介质访问控制方法。例如，总线型以太网中采用载波监听多路访问/冲突检测（CSMA/CD）技术。

7.2.3　以太网

1. 传统以太网

传统以太网的典型代表是 10Base-T 标准以太网。采用双绞线，特别是采用非屏蔽双绞线构建的以太网，结构简单、造价低廉、维护方便。采用非屏蔽双绞线组建

10Base-T 标准以太网时，集线器（Hub）是以太网的中心连接设备，其结构如图 7-6 所示。

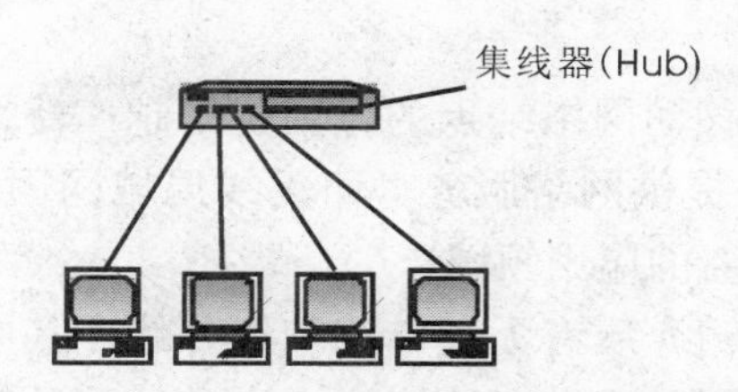

图 7-6 10Base-T 以太网物理上的星型结构

10Base-T 以太网通过集线器与非屏蔽双绞线组成星型结构，其中，集线器起着“总线”的作用，该网络通过“共享传输介质”方式进行数据交换，即仍需采用 CSMA/CD 介质访问控制方法来控制各计算机数据的发送。

2. 交换式以太网

如果将传统以太网的中心结点置换成以太网交换机，则构成交换式以太网，如图 7-7所示。目前，以太局域网交换机使用最多，相应类型有只支持 10Mbps 端口的、只支持 100Mbps 端口的、只支持 1000Mbps 端口的以太局域网交换机和带有 10Mbps/100Mbps 端口自适应的以太局域网交换机。

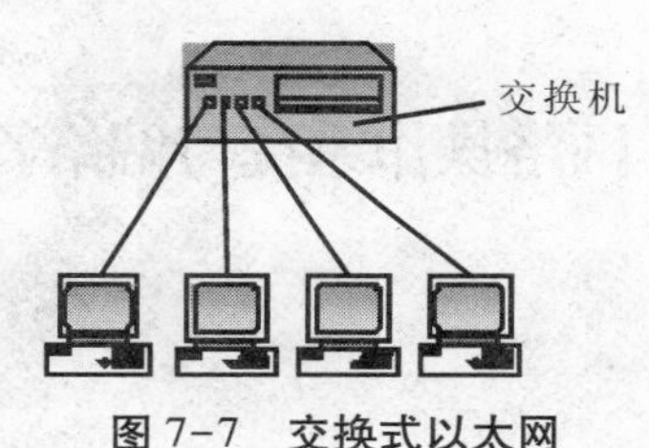

图 7-7 交换式以太网

7.2.4 高速以太网

目前，高速以太网的数据传输速率已经从 10Mbps 提高到 100Mbps、1000Mbps、10 000Mbps。

1. 快速以太网

快速以太网是保持 10Base-T 局域网的体系结构与介质控制方法不变，设法提高局域网的传输速率。快速以太网的数据传输速率为 100Mbps，保留着 10Base-T 的所有特征，但采用了若干新技术，如减少每比特的发送时间、缩短传输距离、采用新的编码方法等。

2. 千兆位以太网

千兆位以太网在数据仓库、电视会议、3D 图形与高清晰度图像处理方面有着广泛的应用前景。千兆位以太网的传输速率比快速以太网提高了 10 倍，数据传输速率达到 1000Mbps，但仍保留着 10Base-T 以太网的所有特征。

3. 万兆位以太网

万兆位以太网的传输速率比千兆位以太网提高了 10 倍，数据传输速率达到10 000 Mbps，但仍保留着 10Base-T 以太网的帧格式。这使得用户在网络升级时，能方便地和较低速率的以太网通信。

7.2.5 无线局域网

随着便携式计算机等可移动网络结点的应用越来越广泛，传统的固定连线方式的局域网已不能方便地为用户提供网络服务，而无线局域网因其可实现移动数据交换，成为了近年来局域网一个崭新的应用领域。

无线局域网中采用的传输介质有无线电波和红外线，其中无线电波按国家规定使用某些特定频段。无线局域网可以有多种拓扑结构形式。图 7-8 表示了一种常用的无线集线器接入型的拓扑结构。

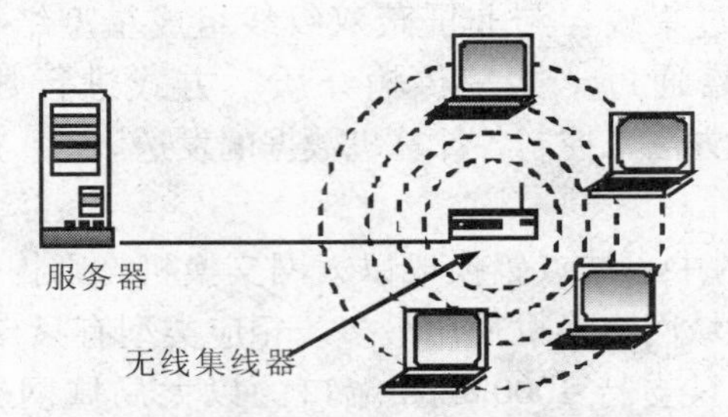

图 7-8　无线集线器接入型的无线局域网拓扑结构

7.3 网络操作系统与网络管理

7.3.1 网络操作系统概述

1. 网络操作系统的基本概念

一台计算机必须安装操作系统。操作系统可以管理计算机的软、硬件资源，并为用户提供一个方便的使用界面。在局域网中，可以安装操作系统，以便在网络范围内来管理网络中的软、硬件资源和为用户提供网络服务功能。管理一台计算机资源的操作系统被称之为单机操作系统，单机操作系统只能为本地用户使用本机资源提供服务。可以管理局域网资源的操作系统称之为网络操作系统，既可以管理本机资源，也可以管理网络资源；既可以为本地用户服务，也可以为远程网络用户服务。网络操作系统利用局域网提供的数据传输功能，屏蔽本地资源与网络资源的差异性，为高层网络用户提供共享网络资源、系统安全性等多种网络服务。

2. 网络操作系统的类型

网络操作系统可以按其软件是否平均分布在网中各结点而分成对等结构和非对等结构两类。

所谓对等结构网络操作系统，是指安装在每个连网结点上的操作系统软件相同，局域网中所有的连网结点地位平等，并拥有绝对自主权。任何两个结点之间都可以直接实现通信。结点之间的资源，包括共享硬盘、共享打印机、共享 CPU 等都可以在网内共享。各结点的前台程序为本地用户提供服务，后台程序为其他结点的网络用户提供服务。对等结构网络操作系统虽然结构简单，但由于接入网络的计算机既要承担本地信息处理任务，又要承担网络服务与管理功能，因此效率不高，仅适用于规模较小的网络系统。

目前，局域网中使用最多的是非对等结构网络操作系统。现在流行的“服务器/客户机”网络应用模型中使用的网络操作系统就是非对等结构的。

非对等结构网络操作系统的思想是将局域网中的结点分为网络服务器和网络工作站两类，通常简称为服务器和工作站。局域网中是否设置专用服务器是对等结构和非对等结构的根本区别。这种非对等结构能实现网络资源的合理配置与利用。

服务器采用高配置与高性能的计算机，以集中方式管理局域网的共享资源。通过不同软件的设置，服务器可以扮演数据库服务器、文件服务器、打印服务器和通信服务器等多种角色，为工作站提供各种服务。工作站一般是微型机系统，主要为本地用户访问本地资源与网络资源提供服务。工作站又因常接受服务器提供的服务而称之为客户机。非对等结构网络操作系统软件的大部分运行在服务器上，构成网络操作系统的核心；另一小部分运行在工作站上。服务器上的软件性能，直接决定着网络系统的性能和安全性。

由此可见，典型的服务器/客户机模型局域网可以看成是由网络服务器、工作站与通信设备三部分组成。

7.3.2 网络安全与网络管理

1. 网络安全

（1）网络安全的威胁因素

计算机网络安全所面临的威胁大体可分为两种：对网络中信息的威胁和对网络中设备的威胁。威胁网络安全的因素很多，有些因素可能是人为破坏，也有的可能是非人为的失误。归结起来，网络安全的威胁因素可能来自以下几个方面：

① 物理破坏。对于一个网络系统而言，其网络设备可能遇到诸如地震、雷击、火灾、水灾等一系列天灾的破坏，以及由于设备被盗、被鼠咬、被静电烧毁等而引起的系统损坏。

② 系统软件缺陷。网络系统软件，包括网络操作系统和应用程序等，不可能百分之百无缺陷和无漏洞。无论是 Windows 或者 UNIX 都存在或多或少的安全漏洞，这些漏洞恰恰是黑客进行攻击的首选目标。

③ 人为失误。系统管理员在进行网络管理时，难免出现人为失误，哪怕那些经验丰富的网络管理人员也是如此。这些人为失误包括诸如对防火墙配置不当而造成安全漏洞；用户口令选择不慎或长期没有变动而被破解；访问权限设置不当；内部人员之间口令管理不严格，以及无意识的违规操作等。

④ 网络攻击。网络攻击是计算机网络所面临的最大威胁。网络攻击可以分为两种：主动攻击和被动攻击。主动攻击是以中断、篡改、伪造等多种方式，破坏信息的有效性和完整性，或冒充合法数据进行欺骗，以至破坏整个网络系统的正常工作。而被动攻击则是在不影响网络正常工作的情况下，通过监听、窃取、破译等非法手段，以获得重要的网络机密信息。这两种攻击均可对计算机网络安全造成极大的危害。

⑤ 计算机病毒。计算机病毒在单个计算机上的危害已被人们所熟知。如今网络上传播的计算机病毒，其传播范围更广，破坏性更大。病毒会对网络资源进行破坏，干

扰网络的正常工作，甚至会造成整个网络瘫痪。

（2）网络安全策略

网络安全受到多方面的威胁，必须采用必要的安全策略，以保证网络正常运行。下面介绍几种常见的网络安全策略：

① 物理安全。物理安全是指保护网络系统，包括网络服务器、工作站和其他计算机设备等软硬件实体，以及通信链路和配套设施，不被人为破坏或免受自然灾害损害。一般来说，需要加强设备运行环境的安全保护和严格遵守安全管理制度。

② 访问控制。访问控制是网络安全防范和保护的主要策略。其目的是保护网络资源不被非法使用和非法访问。具体方法包括：身份认证和权限控制。

身份认证是对用户入网访问时进行身份识别。常用的技术是验证用户的用户名和口令（密码），只有全部确认无误，用户才能进入网络系统，否则系统将拒绝。权限控制是对进入系统的用户授予一定的操作权限。这些权限控制用户只能访问某些目录、文件和其他资源，并只能进行指定的相关操作，不能越权使用系统，因而可以防止造成系统被破坏或者泄露机密信息。

③ 数据加密。对网络系统内的数据，包括文件、口令和控制信息等进行加密，能有效地防止数据被截取者截获后失密。数据加密技术是保证网络安全的重要手段，具体实现技术包括对称性加密和非对称性加密两类。

④ 防火墙。防火墙技术是一种由软、硬件构成的安全系统。它设置在外部网络和内部网络之间，通过一定的安全策略，可以抵御外部网络对内部网络的非法访问和攻击。目前常用的防火墙技术包括包过滤和代理服务两类。

2. 网络管理

为了使计算机网络正常运转，各种网络资源高效利用，并能及时报告和处理网络故障，必须采用高效的网络管理系统对网络进行管理。

（1）网络管理功能

在 OSI 网络管理标准中，网络管理功能分为五个基本模块：

① 配置管理模块：定义和删除网络资源，监测和控制网络资源的活动状态和相互关系等。

② 故障管理模块：对故障的检测、诊断、恢复，对资源运行的跟踪，及差错报告和分析等。

③ 性能管理模块：持续收集网络性能数据，评判网络系统的主要性能指标，以检验网络服务水平，并做预测分析，发现潜在问题等。

④ 安全管理模块：利用多种安全措施，如权限设置、安全记录、密钥分配等，以保证网络资源的安全。

⑤ 计费管理模块：根据用户使用网络资源的情况，按照一定的计费方法，自动进行费用核收。

（2）简单网络管理协议（SNMP）

目前，Internet 上广泛使用的一种网络管理协议是简单网络管理协议（SNMP）。

SNMP 建立在 TCP/IP 协议簇中的 UDP 协议之上，提供无连接服务。尽管这是一种不可靠的服务，但保证了信息的快速传递。SNMP 模型由管理进程（Manager）、管理代理（Agent）和管理信息库（MIB）三部分组成，它们的相互关系如图 7-9 所示。

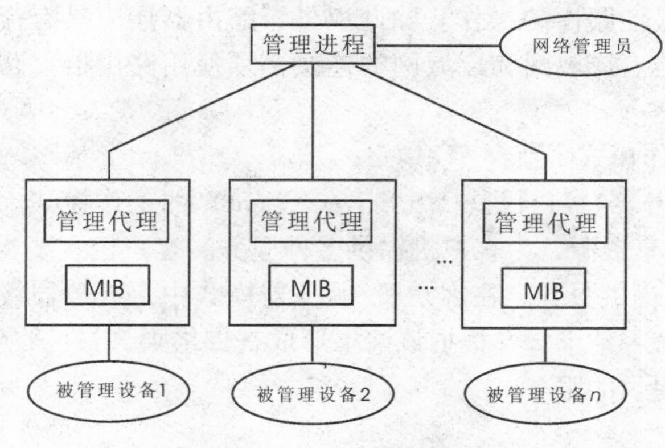

图 7-9　SNMP 管理模型

① 管理进程——处于管理模型的核心，是一组运行于网络管理中心主机上的软件程序，可在 SNMP 的支持下，通过管理代理来对各种资源执行监测、配置等管理操作。

② 管理代理——运行在被管理设备中的软件。网络中被管理的设备可以是主机、路由器、集线器等。它监视设备的工作状态、使用状况等，并收集相关网络管理信息。这些信息都存储在管理信息库中。

③ 管理信息库——包括的数据项因管理设备的不同而不同，例如，一个路由器的管理信息可能包括关于路由选择表的信息。每个管理代理，管理 MIB 中属于本地的管理对象。各管理代理控制的被管理对象共同构成全网的管理信息库。

7.4　Internet 基础

Internet 是全球性的、开放性的计算机互联网络。Internet 起源于美国国防部高级研究计划局（ARPA）资助研究的 ARPANET 网络。Internet 最初仅用于科学研究、学术和教育领域，随着 Internet 的全球规模越来越大和市场需求的增长，自 1991 年起，开始了商业化应用，提供了多种网络信息服务，使得 Internet 的发展更加迅猛。特别是 WWW（World Wide Web）这种 Internet 全新的服务模式，使得用户可以通过浏览器进入许多公司、大学或研究所的 WWW 服务器系统中查询、检索相关信息。WWW 技术使 Internet 的应用达到了一个新的高潮，深刻地改变着人们的工作、学习和生活方式。

7.4.1　Internet 的物理结构与工作模式

1. Internet 的物理结构

计算机网络从覆盖地域类型上可以分为广域网与局域网，它们都是单个网络。Internet 是将许多的广域网和局域网互相连接起来构成一个世界范围内的互联网络。网络中常见的连接设备有中继器、交换机、路由器和调制解调器，使用的传输介质有双绞线、同轴电缆、光缆、无线媒体。例如，校园网和企业网（都属于局域网）可以通过网络边界路由器，经数据通信专用线路和广域网相连接，而成为 Internet 中的一部分。

路由器最主要的功能是路由选择，Internet 中的路由器可能有多个连接的出口，如何根据网络拓扑的情况，选择一个最佳路由，以实现数据的合理传输是十分重要的。路由器能完成选择最佳路由的操作。除此以外，路由器还应具有流量控制、分段和组装、网络管理等功能。局域网和广域网的连接必须使用路由器。路由器也常用于多个局域网的连接。

2. Internet 的工作模式

Internet 采用服务器/客户机（C/S Server/Client）的工作模式。服务器以集中方式管理 Internet 上的共享资源，为客户机提供多种服务。客户机主要为本地用户访问本地资源与 Internet 资源提供服务。在客户机/服务器模式中，服务器接收到从客户机发来的服务请求，然后解释请求，并根据该请求形成查询结果，最后将结果返回给客户机。客户机接受服务器提供的服务。

7.4.2 IP 地址

Internet 采用 TCP/IP 协议。所有接入 Internet 的计算机必须拥有一个网内唯一的地址，以便相互识别，就像每台电话机必须有一个唯一的电话号码一样。Internet 上的计算机拥有的这个唯一地址称为 IP 地址。

1. IP 地址结构

Internet 目前使用的 IP 地址采用 IPv4 结构。在层次上按逻辑网络结构划分。一个 IP 地址划分为网络地址和主机地两部分地址。网络地址标识一个逻辑网络，主机地址标识该网络中一台主机，如图 7-10 所示。

IP 地址由 Internet 信息中心（NIC）统一分配。NIC 负责分配最高级 IP 地址，并给下一级网络中心授权在其自治系统中再次分配 IP 地址。

在国内，用户可向电信公司、ISP 或单位局域网管理部门申请 IP 地址，这个 IP 地址在 Internet 中是唯一的。如果是使用 TCP/IP 协议构成局域网，可自行分配 IP 地址，该地址在局域网内是唯一的，但对外通信时需经过代理服务器。

图 7-10　IP 地址的结构

需要指出的是，IP 地址不仅标识主机，还标识主机和网络的连接。TCP/IP 协议中，同一物理网络中的主机接口具有相同的网络号，因此当主机移动到另一个网络时，它的 IP 地址需要改变。

2. IP 地址分类

IPv4 结构的 IP 地址长度为 4 字节（32 位），根据网络地址和主机地址的不同划分，编址方案将 IP 地址划分为 A、B、C、D、E 五类，A、B、C 是基本，D、E 类保留使用。A、B、C 类 IP 地址划分如图 7-11 所示。

A 类地址用第 1 位为 0 来标识。A 类地址空间最多允许容纳 2^7 个网络，每个网络可接入多达 2^{24} 台主机，适用于少数规模很大的网络。

B 类地址用第 1、2 位为 1、0 来标识。B 类地址空间最多允许容纳 2^{14} 个网络，每个网络可接入多达 2^{16} 台主机，适用于国际性大公司。

C 类地址用第 1~3 位为 1、1、0 来标识。C 类地址空间最多允许容纳 2^{21} 个网络，

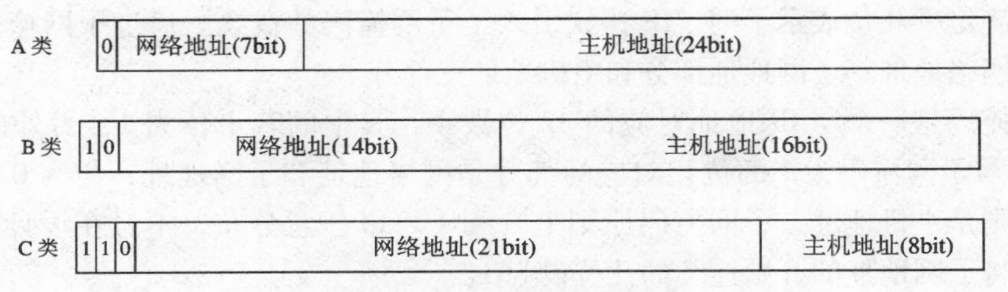

图 7-11　IP 地址的分类

每个网络可接入 2^8 台主机，适用于小公司和研究机构等小规模的网络。

IP 地址的 32 位通常写成 4 个十进制的整数，每个整数对应一个字节。这种表示方法称为“点分十进制表示法”。例如一个 IP 地址可表示为：202. 115. 12. 11。

根据点分十进制表示方法和各类地址的标识，可以分析出 IP 地址的第 1 个字节，即头 8 位的取值范围：A 类为 0~127，B 类为 128~191，C 类为 192~223。因此，从一个 IP 地址直接判断它属于哪类地址的最简单的方法是，判断它的第一个十进制整数所在的范围。下边列出了 A、B、C 类地址的起止范围：

A 类：1. 0. 0. 0　~126. 255. 255. 255（0 和 127 保留作特殊用途）

B 类：128. 0. 0. 0~191. 255. 255. 255

C 类：192. 0. 0. 0~223. 255. 255. 255

3. 特殊 IP 地址

（1）网络地址

当一个 IP 地址的主机地址部分为 0 时，表示一个网络地址。例如，202. 115. 12. 0 表示一个 C 类网络。

（2）广播地址

当一个 IP 地址的主机地址部分为 1 时，表示一个广播地址。例如，145. 55. 255. 255 表示一个 B 类网络“145. 55”中的全部主机。

（3）回送地址

任何一个 IP 地址以 127 为第 1 个十进制数时，称为回送地址，例如，127. 0. 0. 1。回送地址可用于对本机网络协议进行测试。

4. 子网和子网掩码

从 IP 地址的分类可以看到，地址中的主机地址部分最少有 8 位，对于一个网络来说，最多可连接 254 台主机（全 0 和全 1 地址不用），容易造成地址浪费。

为了充分利用 IP 地址，TCP/IP 协议采用子网技术。子网技术把主机地址空间划分为子网和主机两部分，使得网络被划分成更小的网络——子网。于是，IP 地址结构则由网络地址、子网地址和主机地址三部分组成，如图 7-12 所示。

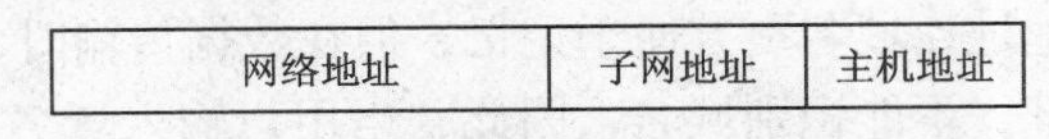

图 7-12　采用子网的 IP 地址结构

当一个单位申请到 IP 地址后，由本单位网络管理人员来划分子网。子网地址在网络外部是不可见的，仅在网络内部使用。子网地址的位数是可变的，由各单位自行决定。为了确定哪几位表示子网，IP 协议引入了子网掩码的概念。通过子网掩码，将 IP 地址分为网络地址、子网地址部分和主机地址三部分。

子网掩码是一个与 IP 地址对应的 32 位数字，其中的若干位为 1，另外的位为 0。IP 地址中与子网掩码为 1 的位相对应的部分是网络地址和子网地址，与为 0 的位相对应的部分则是主机地址。子网掩码原则上 0 和 1 可以任意分布，不过在设计子网掩码时，多是将子网地址的开始连续的几位设为 1。

A 类地址对应的子网掩码默认值为 255. 0. 0. 0，B 类地址对应的子网掩码默认值为 255. 255. 0. 0，C 类地址对应的子网掩码默认值为 255. 255. 255. 0。

7. 4. 3　域名

1. 域名的层次结构

Internet 域名具有层次型结构，整个 Internet 被划分成几个顶级域，每个顶级域规定了一个通用的顶级域名。顶级域名采用两种划分模式：组织模式和地理模式。地理模式的顶级域名采用两个字母的缩写形式来表示一个国家或地区。例如，cn 代表中国、us 代表美国、jp 代表日本、uk 代表英国、ca 代表加拿大等。

NIC 将顶级域名的管理授权给指定的管理机构，由各管理机构再为其子域分配二级域名，并将二级域名管理授权给下一级管理机构，依次类推，构成一个域名的层次结构。由于管理机构是逐级授权的，因此各级域名最终都得到 NIC 的承认。

Internet 主机域名也采用一种层次结构，从右至左依次为顶级域名、二级域名、三级域名等，各级域名之间用点“.”隔开。每一级域名由英文字母、符号和数字构成。总长度不能超过 254 个字符。主机域名的一般格式为：

……. 四级域名 . 三级域名 . 二级域名 . 顶级域名

域名已经成为接入 Internet 的单位在 Internet 上的名称。人们通过域名来查找相关单位的网络地址。由于域名的设计往往和单位、组织的名称有联系，所以和 IP 地址比较起来，记忆和使用都要方便得多。

2. 我国的域名结构

我国的顶级域名 . cn 由中国互联网信息中心（CNNIC）负责管理。顶级域 cn 按照组织模式和地理模式被划分为多个二级域名。对应于组织模式的包括 ac、com、edu、gov、net、org，对应于地理模式的是行政区代码。

CNNIC 将二级域名的管理权授予下一级的管理部门进行管理。例如，将二级域名 edu 的管理授权给 CERNET 网络中心。CERNET 网络中心又将 edu 域划分成多个三级域，各大学和教育机构均注册为三级域名。

3. 域名解析和域名服务器

相对于主机的 IP 地址，域名更方便于记忆，但在数据传输时，Internet 的网络互联设备却只能识别 IP 地址，不能识别域名，因此，当用户输入域名时，系统必须能根据主机域名找到与其相对应的 IP 地址，即将主机域名映射成 IP 地址，这个过程称为域名解析。

为了实现域名解析，需要借助于一组既独立又相互协作的域名服务器（DNS）。域名服务器是一个安装有域名解析处理软件的主机，在 Internet 中拥有自己的 IP 地址。

Internet 中存在着大量的域名服务器，每台域名服务器中都设置了一个数据库，其中保存着它所负责区域内的主机域名和主机 IP 地址的对照表。由于域名结构是有层次性的，域名服务器也构成一定的层次结构，如图 7-13 所示。

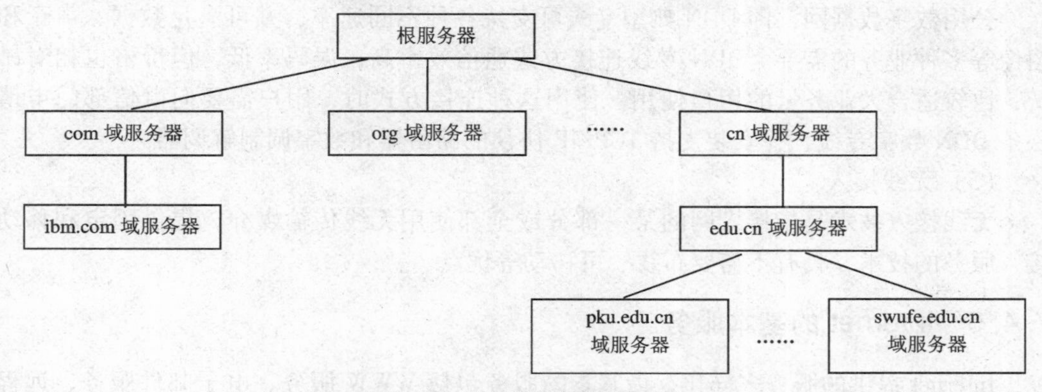

图 7-13　域名服务器层次结构

7. 4. 4　Internet 的接入

1. Internet 服务提供者 ISP

Internet 服务提供者（Internet Service Provider，简称 ISP）为用户提供 Internet 接入服务，是用户接入 Internet 的入口点。另外，ISP 还能为用户提供多种信息服务，如电子邮件服务、信息发布代理服务等。

2. Internet 接入技术

（1）电话拨号接入

电话拨号接入是通过电话网络接入 Internet。在这种方式下，用户计算机通过调制解调器和电话网相连。调制解调器负责将主机输出的数字信号转换成模拟信号，以适应于电话线路传输；同时，也负责将从电话线路上接收的模拟信号，转换成主机可以处理的数字信号。用户通过拨号和 ISP 主机建立连接后，即可访问 Internet 上的资源。

（2）xDSL 接入

DSL 是数字用户线（Digital Subscriber Line）的缩写。xDSL 技术是基于铜缆的数字用户线路接入技术。字母 x 表示 DSL 的前缀可以是多种不同的字母。xDSL 利用电话网或 CATV 的用户环路，经 xDSL 技术调制的数据信号叠加在原有话音或视频线路上传送，由电信局和用户端的分离器进行合成和分解。

非对称数字用户线（ADSL）是广泛使用的一种接入方式。ADSL 可在无中继的用户环路网上，通过使用标准铜芯电话线——一对双绞线，采用频分多路复用技术，实现单向高速、交互式中速的数字传输以及普通的电话业务。ASDL 接入充分利用了现有的大量市话用户电缆资源，可同时提供传统业务和各种宽带数据业务，两类业务互不干扰。用户接入方便，仅需安装一台 ASDL 调制解调器。

（3）局域网接入

公司、学校和机关均已建立了自己的局域网，可以通过一个或多个边界路由器，将局域网连入 Internet 的 ISP。用户只需要将自己的计算机通过局域网卡正确接入局域网，然后对计算机进行适当的配置，包括正确配置 TCP/IP 协议中的相关地址等参数，即可访问 Internet 的资源。

(4) DDN 专线接入

公用数字数据网，即 DDN 典型专线可支持各种不同速率，并可满足数据、声音和图像等多种业务的需要。DDN 专线连接方式通信效率高，误码率低，但价格也相对昂贵，比较适合大业务量的用户使用。使用这种连接方式时，用户需要向电信部门申请一条 DDN 数字专线，并安装支持 TCP/IP 协议的路由器和数字调制解调器。

(5) 无线接入

无线接入技术是指接入网的某一部分或全部使用无线传输媒介，提供固定和移动接入服务的技术，具有不需要布线、可移动等优点。

7.4.5 Internet 的基本服务

Internet 提供的服务多样化，最基本的服务包括 WWW 服务、电子邮件服务、远程登录服务、文件传送服务、电子公告牌、网络新闻组、检索和信息服务。随着计算机技术和网络技术的发展，Internet 提供的新服务层出不穷，包括通信（如即时通信、电邮、微信等）、社交（如微博、空间、博客、论坛等）、网上贸易（如网购、售票、工农贸易等）、云端化服务（如网盘、笔记、资源、计算等）、资源的共享化（如电子市场、门户资源、论坛资源以及媒体、游戏、信息等）、服务对象化（如互联网电视直播媒体、数据以及维护服务、物联网、网络营销、流量等）。

1. WWW 服务

WWW 是 World Wide Web 的简称，译为万维网。WWW 是目前最为流行的、最受欢迎的、最方便的信息服务系统，它具有友好的用户查询界面，使用超文本（Hypertext）方式组织、查找和表示信息，摆脱了以前查询工具只能按特定路径一步步查询的限制，使得信息查询符合人们的思维方式，人们能随意地选择信息链接。

WWW 目前还具有连接 FTP、BBS 等服务的能力。总之，WWW 的应用和发展已经远远超出网络技术的范畴，影响着新闻、广告、娱乐、电子商务和信息服务等诸多领域。WWW 的出现是 Internet 应用的一个革命性里程碑。

2. 电子邮件服务（E-mail）

电子邮件是在网络上模仿人们利用传统邮件传递信息的方式，是 Internet 提供和使用最为广泛的服务之一。电子邮件服务的特点是信息的发布者和接受者之间不需要进行实时的交互。和传统邮件传递信息的方式比较，电子邮件不仅速度快、费用低，而且可以传递声音、图像等信息。电子邮件服务器是 Internet 邮件服务系统的核心，用户将邮件提交给邮件服务器，由该邮件服务器根据邮件中的目的地址，将其传送到对方的邮件服务器，然后由对方的邮件服务器转发到收件人的电子邮箱中。

用户要使用电子邮件传递信息，必须要有电子邮件信箱。电子邮件信箱可以通过申请免费得到（或付费得到），电子邮件信箱是由电子邮件服务器提供的。标识电子邮件信箱的信息叫“电子邮件地址”，电子邮件地址的表示规则是：

用户标识 @ 邮件服务器地址

3. 文件传输服务（FTP）

文件传输服务是为 Internet 用户提供的在主机之间进行文件复制的服务（将一个文件完整地从一台主机上传送到另一台主机上）。文件传输服务传送文件的类型各种各样，包括文本文件、程序文件、数据压缩文件、图像文件、声音文件等。

文件传输服务的工作模式是服务器/客户机模式。信息的发布者是文件传输服务器，客户机是一般的计算机系统。从客户机向服务器传送文件通常被称为文件的上传，从服务器向客户机传送文件通常被称为文件的下载。

4. 远程登录服务（Telnet）

用户计算机需要和远程计算机协同完成一个任务时，需要使用 Internet 的远程登录服务。在 Internet 中，用户可以通过远程登录使自己成为远程计算机的终端，然后在它上面运行程序，或使用它的软件和硬件资源。

5. 网络新闻组（Usenet）

网络新闻组是指利用网络进行专题讨论的国际论坛。Usenet 是规模最大的一个网络新闻组。用户可以在一些特定的讨论组中，针对特定的主题阅读新闻、发表意见、相互讨论、收集信息等。

6. 电子公告牌（BBS）

电子公告牌（Bulletin Board System，简称 BBS）是一种电子信息服务系统。通过提供公共电子白板，用户可以在上面发表意见，并利用 BBS 进行网上聊天、网上讨论、组织沙龙、为别人提供信息等。

7. 信息查找服务（Gopher）

Gopher 是 Internet 上一种综合性的信息查询系统，它给用户提供具有层次结构的菜单和文件目录，每个菜单指向特定信息。用户选择菜单项后，Gopher 服务器将提供新的菜单，逐步指引用户轻松地找到自己需要的信息资源。

8. 广域信息服务（WAIS）

广域信息服务（Wide Area Information Service，简称 WAIS）是一个网络数据库的查询工具，它可以从 Internet 数百个数据库中搜索任何一个信息。用户只要指定一个或几个单词为关键字，WAIS 就按照这些关键字对数据库中的每个项目或整个正文内容进行检索，从中找出与关键词相匹配的信息，即符合用户要求的信息，查询结果通过客户机返回给用户。

9. 商业应用（Business Application）

商业应用是一种不受时间与空间限制的交流方式，是一个促进销售、扩大市场、推广技术、提供服务的非常有效的方法。厂商可以将产品的介绍发布在网上，并附带详细的图文资料，实效性强、费用经济。

10. 网络电话（Web Phone）

只花市话费用就能拨打国际长途，这已是 Internet 上流行的活动之一。InternetPhone 5.0 是利用 Internet 网上打电话的优秀软件，它不仅可以打国际长途电话，并且可以打电视电话，费用却较一般的国际长途电话节省多至 95%。如果加上摄像机、麦克风、扬声器等工具，用户还可以看到对方的活动。

11. 虚拟现实（VR）

虚拟现实是一种可以创建和体验虚拟世界的计算机系统。它是由计算机生成的通过视觉、听觉、触觉等作用于使用者，使之产生身临其境的交互式视景的仿真。它综合了计算机图形学、图像处理与模式识别、智能接口技术、人工智能、传感技术、语音处理与音响技术、网络技术等多门科学。

12. 语音广播（Real Audio）

语音广播是 Internet 上的一种语音实时压缩专利技术。当用户在 Web 页上遇见一个 Real Audio 声音文件时，系统会在接收到该文件的前几千个字节之后，就开始解压缩，然后播放解开的部分，与此同时，其余部分仍在传送，这样就节约了大量的时间。

13. 视频会议

随着网络技术的迅速发展，可以借助一些软件在 Internet 上实现视频会议。跟以前意义上的视频会议相比，Internet 具有传播范围更广、传输速度更快、价格更低廉的特点。Internet 上的视频会议大都采用点对点方式，有的软件也提供了一对多的传输方式，即多台站点可以同时看到一台站点的输出。总之，对于以缩短距离、建立联系为目的的视频会议来说，Internet 视频会议是一个性价比较高的选择。

7.4.6 Internet 的常用术语

1. 浏览器

WWW 服务采用客户机/服务器的工作模式，客户端需使用应用软件——浏览器，这是一种专用于解读网页的软件。目前常用的有 Microsoft 公司的 IE（Internet Explorer）和 Netscape 公司的 Netscape Communicator。浏览器向 WWW 服务器发出请求，服务器根据请求将特定页面传送至客户端。页面是 HTML 文件，需经浏览器解释才能使用户看到图文并茂的页面。

2. 主页和页面

Internet 上的信息以 Web 页面来组织，若干与主题相关的页面集合构成 Web 网站。主页（Home Page）就是这些页面集合中的一个特殊页面。通常，WWW 服务器设置主页为默认值，所以主页是一个网站的入口点，就好似一本书的封面。目前，许多单位都在 Internet 上建立了自己的 Web 网站，进入一个单位的主页以后，通过网页上的链接，即可访问更多网页的详细信息。

3. 超文本传输协议

WWW 服务中客户机和服务器之间采用超文本传输协议（HTTP）进行通信。从网络协议的层次结构上看，应属于应用层的协议。使用超文本传输协议定义的请求和响应报文，客户机发送“请求”到服务器，服务器则返回“响应”。

4. 超文本标记语言

超文本标记语言（HTML）是用于创建 Web 网页的一种计算机程序语言。它可以定义格式化的文本、图形与超文本链接等，使得声音、图像、视频等多媒体信息可以集成在一起。特别是其中的超文本和超媒体技术，可以使得用户在浏览 Web 网页时能够随意跳转到其他的页面，极大地促进了 WWW 的迅速发展。

5. 超文本和超媒体

超文本技术是将一个或多个“热字”集成于文本信息之中，“热字”后面链接新的文本信息，新文本信息中又可以包含“热字”。通过这种链接方式，许多文本信息被编织成一张网。无序性是这种链接的最大特征。用户在浏览文本信息时，可以随意选择其中的“热字”而跳转到其他的文本信息上，浏览过程无固定的顺序。“热字”不仅能够链接文本，还可以链接声音、图形、动画等，因此也称为超媒体。

6. 统一资源定位器

统一资源定位器（Uniform Resource Locator，简称 URL）体现了 Internet 上各种资源统一定位和管理的机制，极大地方便了用户访问各种 Internet 资源。URL 的组成为：

<协议类型>：//<域名或 IP 地址>/路径及文件名

其中协议类型可以是超文本传输协议、文件传输协议、远程登录协议等，因此利用浏览器不仅可以访问 WWW 服务，还可以访问 FTP 等服务。“域名或 IP 地址”指明要访问的服务器，“路径及文件名”指明要访问的页面名称。HTML 文件中加入 URL，则可形成一个超链接。

7.5 网页制作基础

7.5.1 网页与网站

1. 网站由网页组成

网页（Web Page）是一个实实在在的文件，存储在被访问的 Web 服务器（如网站服务器）上，通过网络进行传输，被浏览器解析和显示。它使用超文本标记语言编写而成，通常又称为 HTML 文件，其文件扩展名默认为 html 和 htm。

从网页的组成来说，它是一种由多种对象构成的多媒体页面，包括文本、图片和超链接等。一个网站通常由众多网页有机地组织起来，为网站用户提供各种各样的信息和服务。网页是网站的基本信息单位。主页是一种特殊的网页，它专指一个网站的首页。主页上除了文本、图片、超链接之外，还有 Flash、GIF 动画、文本框、按钮等多种对象。

2. 网页制作的素材

写作文时，一般先确定作文题目，再规划大致内容，最后动笔。同样，制作网页之前，要先想好网页的主题，然后搜集需要的素材，最后再动手制作。网页制作中不同素材的选取所呈现的效果是不同的。

网页制作中通常需要用到的素材及类型如下：

（1）文：文本素材是计算机上常见的各种文字，包括各种不同字体、尺寸、格式及色彩的文本。例如字母、数字、符号、文字等，可以在文本编辑软件中制作，如用 Word、NotePad 等编辑工具；也可直接在网页设计软件中（如 FrontPage）编写。通常使用的文本文件格式有 . RTF、. DOC、. TXT 等。

（2）图：图形、图像素材比文本素材更加直观，具有丰富的表现力。在网页上常用的图形、图像素材文件格式有 . BMP、. JPG、. GIF、. PNG 等。这些素材可以利用数码照相机采集，也可在网页图形制作工具如 Fireworks 等软件上制作。

（3）声：声音素材可用在网页中表达信息或烘托某种效果，增强对所表达信息的理解。常用的声音素材类型有.WAV、.MP3、.MIDI等。

(4) 动画和视频：动画具有交互性，可以在画面里创建各式各样的按钮，用于控制信息的显示及动画或声音的播放，以及对不同鼠标事件的响应等，极大地丰富了网页的表现手段。网页中的视频通常来自录像带、摄像机等视频信号源的影像等。这些素材能使信息的表现更生动、直观。常用的动画和视频类型有.SWF、.GIF、.MOV、.AVI、RM等。

在网页中，这几种素材形式可独立存在，也可融合在一起综合地表现信息，具有较强的感染力。

3. 可视化网页制作

通过手工编写HTML代码制作网页，工作量巨大，容易出错。因此，业界推出了所见即所得的可视化工具。网页制作工具使网页制作变成了一项轻松的工作。

常用的可视化网页制作工具有：

(1) FrontPage：Office自带的一款HTML编辑器，用于对Web站点、Web页和Web应用程序进行设计、编码和开发，操作简单实用，可以让初学者轻松地创建个人网站。

(2) Dreamweaver：这是网页三剑客之一，专门制作网页的工具，界面简单，实用功能比较强大。利用该工具，可以自动将网页生成代码。

此外，还可以使用代码编辑工具，例如写字本、EditPlus等。这些工具主要用来编辑asp等动态网页。还有一些网络编程工具如javascript、java编辑器等，也常常参与到网页的编写工作中来。

4. 网站的制作流程

网站的制作就像盖一幢大楼一样，是一个系统工程。网站制作具有特定的工作流程。只有遵循这个流程，才能设计出一个满意的网站。

(1) 确定网站主题。网站主题是网站所要包含的主要内容。一个网站必须要有一个明确的主题，特别是对于个人网站，不可能像综合网站那样内容庞大、包罗万象，必须要找准自己的特色，才能给用户留下深刻的印象。

(2) 准备素材。确定网站主题后，需要围绕主题准备素材。若要让网站丰富多彩，需要尽量搜集素材。素材既可以从图书、报纸、光盘、多媒体上获取，也可以从互联网上搜集，然后把搜集的材料去粗存精，作为制作网页的素材。

(3) 规划网站。网站设计是否成功，很大程度上取决于设计者的规划水平。网站规划包含的内容很多，如网站结构、栏目设置、网站风格、颜色搭配、版面布局、图片运用等。

(4) 创建网页。选择合适的网页制作工具，新建一个站点后，就可为新站点创建网页、调整网页布局、添加内容。网页的制作按照先大后小、先简单后复杂的原则来进行。也就是说，在制作网页时，先设计大的结构，然后再逐步完善小的结构；先设计简单的内容，再设计复杂的内容。

(5) 网页编码。目前很多大型的门户网站或企业网站都需要完成若干的企业应用和商业逻辑，单独的Web页面是无法完成的。因此，需要对制作的网页进行编码。

(6) 网页链接。在完成相关的编码后，需要把相关的网页建立链接。链接完毕，对相关的网页进行预览。

（7）发布。网站制作完毕，需要发布到 Web 服务器上才能够让用户使用。大多数可视化的网页制作工具本身就带有 FTP 功能。利用这些 FTP 工具，可以很方便地把网站发布到自己申请的主页服务器上。

7.5.2 HTML 语言简介

网页文件又称为 HTML 文件。HTML（HyperText Markup Language）是一种建立网页文件的语言，通过标记式的指令（Tag），将影像、声音、图片、文字等的联结显示出来。HTML 文件中包含所有要显示在网页上的信息，其中包括对浏览器的一些指示，如哪些文字应放置在何处、显示模式等。HTML 文件通过两个尖括号内的标记字符串来实现这些功能，例如<HTML>、<BODY>、<TABLE>。当用任何一种文本编辑器打开一个 HTML 文档时，所能看到的只是成对的尖括号和一些文档中的字符串。而用浏览器打开，则能看到漂亮的外观。

HTML 语言使用标志对的方法编写文件，既简单又方便，通常使用<标志名></标志名>来表示标志的开始和结束（例如<html></html>标志对），因此，在 HTML 文档中，这样的标志对都必须是成对使用的。

HTML 标记是由“<”和“>”包括起来的指令，主要分为：单标记指令、双标记指令（由“<起始标记>”，“</结束标记>”所构成）。HTML 文件是文本文件，可以用任何文本编辑器（如 Windows 的记事本、写字板）或网页专用编辑器进行编辑，只要在保存文件时扩展名使用 . HTM、. HTML 等即可。

将 HTML 网页文件由浏览器打开显示，若测试没有问题则可以放到服务器（Server）上对外发布。

HTML 文件基本架构如下：

<html> 文件开始

<head> 标头区开始

<title>. . . </title> 标题区

</head> 标头区结束

<body> 本文区开始

本文区内容

</body> 本文区结束

</html> 文件结束

<html> 网页文件格式

<head> 标头区：记录文件基本资料，如作者、编写时间

<title> 标题区 ：文件标题须使用在标头区内，可以在浏览器最上面看到标题

<body> 本文区 ：文件资料，即在浏览器上看到的网站内容

注意：通常一份 html 网页文件包含两个部份：<head>. . . </head> 标头区、<body>. . . </body>本文区。<html>和</html>代表网页文件格式。

7.5.3 制作一个 HTML 网页

【案例 6-1】制作一个 HTML 网页。

（1）打开文本编辑器 Notepad，在其中输入以下 HTML 代码：

```
<html>
<head>
<title>第一个 HTML 网页</title>
</head>
<body>
<h1>欢迎进入 HTML 世界</h1>
大家都来学习 HTML 语言！<p>
在这里可以学到许多 HTML 的知识。<p>
</body>
</html>
```

（2）代码输入完毕，保存该文件，其扩展名为 .html 或 htm。使用浏览器打开该文件，如图 7-14 所示。

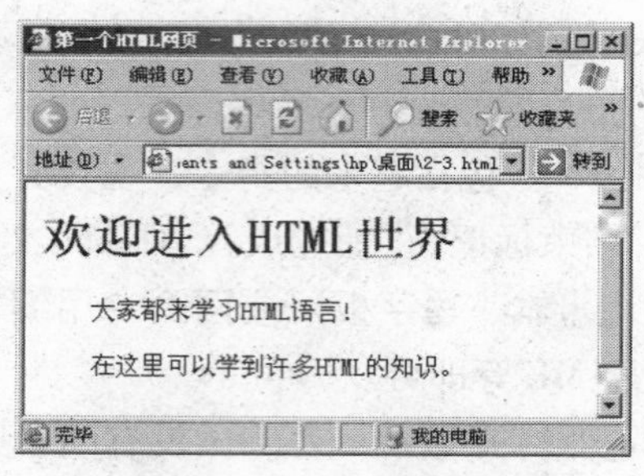

图 7-14　第一个 HTML 网页

7.6　互联网发展概述

Internet 诞生于 20 世纪 60 年代末 70 年代初。Internet 的出现，标志着人类开始进入信息时代。从 20 世纪 80 年代万维网之父蒂姆·伯纳斯-李（Tim Berners-Lee）发明万维网（WWW）以来，互联网进入飞速发展阶段。Internet 改变了人们的工作和生活方式，人们已经习惯使用 Internet 获取信息、分享资源、互相交流。

7.6.1　互联网发展趋势的主要特征

如今，Internet 的规模已极大地超出了最初的发展目标，成为包括广大用户群和多样化服务活动的全球性网络。Internet 在接入技术等方面的进步，加快了网络规模扩大的速度，优化了网络的管理及使用。时至今日，Internet 仍然处在一个不断发展的阶段，信息资源共享的需要以及信息和通信技术的迅猛发展仍然是 Internet 产生和发展的强大推动力。未来 Internet 的发展趋势包括以下几个方面：

（1）全球化：各个国家都在以最快的速度接入 Internet。未来信息与知识在 Internet 上发布的成本将越来越低。人们可以更迅速、更便捷地访问所希望得到的任何信息，因此人们更加关心自身居住环境之外的世界。

（2）虚拟现实：模拟人类生活环境的虚拟现实技术将和 Internet 结合。通过该技术，我们可以和身处不同城市的朋友在一张桌子上共进晚餐；可以通过 Internet 访问网络大学，犹如身处在真实的教室里。

（3）带宽：互联必然宽带化，消除带宽瓶颈约束。未来 Internet 的带宽将继续增加，高质量的音频、视频和虚拟现实信息在网络上的应用将增加，而 Internet 接入成本会继续降低。

（4）无线：未来的 Internet 将朝无线化方向发展。无线互联网有两个优势：除了构建基站，无线互联网不需要建立、维护其他基础设施。无线互联网的成本将降低；无线互联网使用户可以无位置约束地随处移动来访问 Internet。

（5）网格：将成千上万的在 Internet 上的计算机连接到一起来解决问题，通常称为网格计算。未来 Internet 朝网格方向发展是不可避免的。网格计算将继续发展，并会在许多方面改变人类的未来。许多闲置的计算机通过连接到 Internet 来组成具有超强计算能力的计算机群，可以在科学、工程等方面帮助完成许多单个组织不可能完成的任务。

（6）集成：Internet 未来和其他技术的集成将是非常自然的事情，例如，电视、电话、家电、便携式数码设备等，即实现电信、电视、计算机的“三网融合”。未来的互联网将是一个真正的多网合一、多业务综合平台和智能化的平台。用户可以从 Internet 的任何地方访问、控制这些连接到 Internet 上的设备。

（7）无处不在的宽带和无线网络必将成为全球计算产业的主要发展趋势之一。

未来的互联网将成为一个设备网络而不再只是一个计算机网络，随着社交网络和移动互联网的兴起与逐渐成熟，移动带宽迅速提升，移动互联网的应用全球普及，云计算、物联网应用更加丰富，更多的传感设备、移动终端接入网络，由此产生的数据及增长速度将比历史上的任何时期都要多和快。互联网上的数据流量，尤其是高清图像和高清视频流量迅猛增长，一个“大数据”引领智慧科技的时代正在到来。未来还将在三网合一、网络电视、富媒体应用、电商社区化、带宽提速、实时搜索、3D 互联网、5G 技术、人工智能等方面不断突破。

7.6.2 普适计算

普适计算是一种新型的计算模式，计算机能以一种人们察觉不到的计算方式感知人的动作、语音甚至表情，人机交互类似于人与人之间的自然交流方式。用于计算的设备无处不在，弥漫在人们生活的环境中，并能随时随地为人们提供所需要的服务，而使用计算设备的人则感知不到计算机的存在。

在普适计算时代，计算机不再局限于桌面，将被嵌入人们的工作、生活空间中，变为手持或可穿戴的设备，甚至与日常生活中使用的各种器具融合在一起。各种具有计算和联网能力的设备将变得像现在的水、电、纸、笔一样，随手可得。普适计算使计算机融入人们的生活空间，形成一个“无时不在、无处不在，而又不可见”的计算环境。人们可在任何时间、任何地点、以任意方式利用身边所有可获取的信息。

7.6.3 网格计算

网格计算是伴随着互联网而发展起来的一种新型计算模式，利用互联网把分散在不同地理位置的电脑组织成一个虚拟的超级计算机，其中每一台参与计算的电脑就是一个

"节点"，而整个计算是由成千上万个"节点"组成的"一张网格"，所以这种计算方式叫网格计算。有人把它看成未来的互联网技术。

7.6.4 云计算

2007年，Google第一次正式提出"云计算"的概念。在此之前，因买不起昂贵的商用服务器来设计搜索引擎，Google采用众多廉价的PC来提供搜索服务，成功地把PC集群做到比商用服务器更强大，而成本却远远低于商用的硬件和软件。Google通过创造新的技术，逐步形成了所谓的云计算技术。

1. 云计算的定义

云计算就是将以前那些需要大量软硬件投资以及专业技术能力的应用，以基于Web服务的方式提供给用户。云计算是一种基于Web的服务，让用户只为自己需要的功能付钱，同时消除传统软件在硬件、软件和专业技能方面的投资。云计算利用大规模低成本运算单元，通过IP网络连接，以提供各种计算服务的IT技术。云计算具有计算的弥漫性、无所不在的分布性和社会性。云计算能够将动态伸缩的虚拟化资源通过互联网以服务的方式提供给用户，用户不需要知道如何管理那些支持云计算的基础设施。用户加入云计算不需要安装服务器或任何客户端软件，但可以在任何时间、任何地点、任何设备上随意访问。它就是一个网络。

云计算是网格计算、分布式计算、并行计算、效用计算、网络存储、虚拟化、负载均衡等传统计算机技术和网络技术发展融合的产物，云计算通过网络把多个成本相对较低的计算实体整合成一个具有强大计算能力的系统。云计算的核心思想，是将大量用网络连接的计算资源统一管理和调度，构成一个计算资源池，为用户提供按需服务。

2. 云计算的三个服务模式

① 基础设施即服务IaaS：消费者通过Internet可以从完善的计算机基础设施获得服务。

② 平台即服务PaaS：将软件研发的平台作为一种服务。

③ 软件即服务SaaS：用户无需购买软件，向提供商租用基于Web的软件。

3. 云计算的特点

云计算主要具有以下特点：

① 数据安全可靠：提供最可靠、最安全的数据存储中心。

② 客户端需求低：对用户端的设备要求最低，使用方便。

③ 轻松共享数据：轻松实现不同设备间的数据与应用共享。

④ 可能无限多：强大的虚拟化能力，高伸缩性，高可靠性。

⑤ 快速满足业务需求：按需服务，价格低廉。

云计算使计算成为一种公共资源，成为21世纪的商业平台，将改变互联网的技术基础，极大降低企业IT成本，影响互联网应用模式、产品开发方向以及整个产业的格局，必将深刻地改变未来。

7.6.5 物联网

顾名思义，物联网就是物物相连的互联网。物联网是一个动态的全球网络基础设施，是新一代信息技术的重要组成部分，用于实现物与物、人与物之间的信息传递与控制，把所有物品通过信息传感设备与互联网连接起来，以实现智能化识别和管理。

物联网的关键技术包括：射频识别（RFID）技术、传感器技术、纳米技术以及智能嵌入技术。物联网就是通过射频识别、红外感应器、全球定位系统、激光扫描器等信息传感设备，按约定的协议，把任何物体与互联网相连接，进行信息交换和通信，以实现对物体的智能化识别、定位、跟踪、监控和管理的一种巨大网络。其内涵包括两个方面：一是物联网的核心和基础仍然是互联网，是在互联网基础上延伸和扩展的网络；二是其用户端延伸和扩展到了任何物品与物品之间来进行信息交换和通信。

从技术架构上来看，物联网可分为三层，即：感知层、网络层和应用层。感知层由各种传感器以及传感器网关构成；网络层由各种私有网络、互联网、有线与无线通信网、网络管理系统和云计算平台等组成，相当于人的神经中枢和大脑，负责传递和处理感知层获取的信息；应用层则是物联网和用户（包括人、组织和其他系统）的接口，与行业需求结合，实现物联网的智能应用。

物联网将是下一个推动世界高速发展的“重要生产力”。无所不在的“物联网”通信时代正在来临，射频识别技术、传感器技术、纳米技术、智能嵌入技术将得到更加广泛的应用。物联网将与媒体互联网、服务互联网和企业互联网一道，构成未来的互联网。

7.6.6 移动互联网

移动通信和互联网成为当今世界发展最快、市场潜力最大、前景最诱人的两大业务。宽带无线接入技术和移动终端技术的飞速发展以及智能手机和平板电脑等的技术变革，将移动通信和互联网二者结合起来成为一体，移动互联网触手可及。

移动互联网是一个以宽带 IP 为技术核心的，可同时提供话音、传真、数据、图像、多媒体等高品质电信服务的新一代开放的电信基础网络，是移动通信技术和互联网融合的产物。

随着移动互联网的迅猛发展，将出现移动多媒体业务、社交业务、个性化服务、基于位置的移动业务、移动支付业务等商业模式，移动社交、移动广告、手机游戏、手机电视、移动电子阅读、移动定位服务、手机搜索、手机内容共享服务、移动支付、移动电子商务等新型业务模式应运而生，必将带来无法估量的商业机会，

移动互联网具有移动性、便捷性、智能感知和个性化等特性。移动用户可随时随地方便地接入互联网以获取信息和创造信息，即利用手机在线购物，支付各种费用，通过移动终端上传图片、视频到微博、博客以及空间，与好友共享和互动等。通过精准的位置定位所提供的个性化信息及社区化的服务，用户可以方便获得周边的商场、交通、酒店、饭馆、娱乐场所等的信息，随时与附近的亲朋好友甚至陌生人联系。移动互联网正在成为信息时代最强大的工具之一，正逐渐渗透到人们生活、工作的方方面面，能够极大地提高工作效率，改变人们的生活交互方式，创造新的商业模式，从而给人们的生活带来翻天覆地的变化。

7.6.7 大数据

随着互联网、云计算、移动互联网和物联网的迅猛发展，无所不在的移动设备、射

频识别、无线传感器每分每秒都在产生海量的数据，庞大的数据资源带来的信息风暴正在深刻地改变我们的生活、工作和思维方式。哈佛大学社会学教授加里·金指出："这是一场革命，庞大的数据资源使得各个领域开始了量化进程，无论学术界、商界还是政府，所有领域都将开始这种进程。"

大数据（Big Data），或称巨量资料，是一个体量特别巨大的数据集，有结构化、半结构化和非结构化等多种数据形式，这样的数据集已无法使用传统的数据库工具对其内容进行抓取、管理和处理，大数据需要特殊的技术。大数据具有数据体量巨大、数据类型繁多、价值密度低、商业价值高、处理速度快、时效高等特征。

最早提出"大数据"时代已经到来的是全球知名咨询公司麦肯锡。麦肯锡在研究报告中指出，数据已经渗透到每一个行业和业务职能领域，并逐渐成为重要的生产因素。人们对于海量数据的挖掘和运用，预示着新一波生产率增长和消费者盈余浪潮的到来。如果说云计算为数据资产提供了保管、访问的场所和渠道，那么如何盘活数据资产，使其为国家治理、企业决策乃至个人生活服务，则是大数据的核心议题，也是云计算内在的灵魂和必然的升级方向。

人们用大数据来描述和定义信息爆炸时代产生的海量数据，并命名与之相关的技术发展与创新。大数据可分成大数据技术、大数据工程、大数据科学和大数据应用等领域。大数据是数据分析的前沿技术，适用于大数据的技术包括大规模并行处理数据库、数据挖掘电网、分布式文件系统、分布式数据库、云计算平台、互联网和可扩展的存储系统。大数据技术的战略意义不在于掌握庞大的数据信息，而在于对这些有意义的数据进行专业化处理。大数据时代对人类的数据驾驭能力提出了新的要求，大数据将为人类的生活创造前所未有的可量化的维度，将成为新发明和新服务的源泉。

习题 7

一、选择题

1. 计算机网络最突出的优点是__________。

A）存储容量大　　B）资源共享
C）运算速度快　　D）运算精度高

2. 计算机网络分为广域网、城域网、局域网，其划分的主要依据是网络的__________。

A）拓扑结构　　B）控制方式　　C）作用范围　　D）传输介质

3. 在计算机网络术语中，WAN 的中文意思是__________。

A）城域网　　B）广域网　　C）互联网　　D）因特网

4. 城域网的作用范围为__________。

A）几十到几千公里　　B）5~100 公里
C）一个建筑物内部　　C）几个国家之间

5. 如果要将一个建筑物中的几个办公室接入网络，一般应采用__________技术方案。

A）互联网　　B）局域网　　C）城域网　　D）广域网

6. 网络的常见拓扑结构有__________。

A）总线型，环型，星型　　B）总线型，星型，对等型
C）总线型，主从型，对等型　　D）总线型，星型，主从型

7. 使用的有线通信介质包括双绞线、同轴电缆和＿＿＿＿＿。

A）微波　　B）红外线　　C）光缆　　D）激光

8. 计算机网络的目的是实现＿＿＿＿＿。

A）网上计算机之间的通信
B）互通信息并连接上 Internet
C）广域网（WAN）与局域网（LAN）的连接
D）资源共享

9. 实现计算机联网需要硬件和软件，其中，负责管理整个网络各种资源，协调各种操作的软件叫做＿＿＿＿＿。

A）网络操作系统　　B）网络应用软件
C）通信协议软件　　D）网络数据库管理系统

10. 在计算机局域网中，以文件数据共享为目标，需要将供多台计算机共享的文件存放于一台被称为＿＿＿＿＿的计算机中。

A）路由器　　B）网桥　　C）网关　　D）文件服务器

11. 常用的通信有线介质包括双绞线、同轴电缆和＿＿＿＿＿。

A）微波　　B）红外线　　C）光缆　　D）激光

12. 在常用的传输介质中。带宽最宽、信号传输衰减最小、抗干扰能力最强的一类传输介质是＿＿＿＿＿。

A）双绞线　　B）光纤　　C）同轴电缆　　D）无线信道

13. 计算机网络中传输数据常用的物理介质有＿＿＿＿＿。

A）同轴电缆、光缆和双绞线　　B）光缆、集线器和电源
C）电话线、双绞线和服务器　　D）同轴电缆、光缆和插座

14. 计算机网络由若干主机、通信子网和＿＿＿＿＿组成。

A）通信协议　　B）结点交换机
C）通信链路　　D）终端

15. 下列关于计算机网络的叙述中不正确的是＿＿＿＿＿。

A）把多台计算机通过通信线路连接起来，就是计算机网络
B）建立计算机网络的主要目的是实现资源共享
C）计算机网络是在通信协议控制下实现的计算机之间的连接
D）Internet 也称国际互联网、因特网

16. ＿＿＿＿＿在逻辑结构上属于总线型局域网，在物理结构上可看成是星型局域网。

A）令牌环网　　B）广域网　　C）因特网　　D）以太网

17. 进行网络互联，当总线网的网段已超过最大距离时，可用＿＿＿＿＿来延伸。

A）路由器　　B）中继器　　C）网桥　　D）网关

18. ＿＿＿＿＿多用于同类局域网之间的互联。

A）中继器　　B）网桥　　C）路由器　　D）网关

19. FDDI 技术可以使用具有很好容错能力的__________。

A）单环结构　B）双环结构　C）复合结构　D）双总线结构

20. 在局域网上经常共享的关键资源可以是__________。

A）内存　B）显卡　C）CPU　D）硬盘

21. 为网络提供共享资源，并对这些资源进行管理的计算机称之为__________。

A）网卡　B）服务器　C）工作站　D）网桥

22. 一个局域网的硬件系统由__________基本部分组成。

A）计算机、双绞线和网络适配器三个

B）计算机、电缆和网络接口卡等多个

C）计算机、电话机、通信电缆和 Modem 四个

D）文件服务器、工作站、网络接口卡和通信电缆四个

23. 网络适配器是一块插件板，通常在计算机的扩展槽中，又被称为__________。

A）网络接口卡或网卡　B）调制解调器

C）网桥　D）网点

24. 采用拨号上网方式的用户，对电话线的要求是__________。

A）只要能拨市话的电话线，无论直拨还是分机均可用来上网

B）只有直拨电话才可用来上网

C）只有分机电话才可用来上网

D）必须是专线电话才可用来上网

25. 调制解调器（Modem）的功能是实现__________。

A）数字信号的编码　B）数字信号的整形

C）模拟信号的放大　D）数字信号与模拟信号的转换

26. Internet 提供许多应用，其中，用来传输文件的是__________。

A）WWW　B）FTP　C）Telnet　D）Gopher

27. E-mail 地址的格式为__________。

A）用户名@邮件主机域名　B）@用户名邮件主机域名

C）用户名邮件主机@域名　D）用户名@域名邮件主机

28. 将数据从 FTP 服务器传输到 FTP 客户程序，称之为__________。

A）数据下载　B）数据上传　C）数据传输　D）WWW 服务

29. WWW 使用 Client/Server 模型，用户通过__________端浏览器访问 WWW。

A）客户机　B）服务器　C）浏览器　D）局域网

30. 能够支持移动无线上网应用的是__________。

A）无线局域网　B）移动通信

C）蓝牙　D）红外

二、填空题

1. 在当前的网络系统中，由于网络覆盖面积的大小、技术条件和工作环境不同，通常分为广域网、__________和城域网三种。

2. 计算机网络是将分布在不同地理位置上的、具有独立工作能力的计算机、终端及

其附属设备用__________和通信线路彼此互联，配以功能完善的网络软件，以实现相互通信和资源共享为目标的计算机系统。

3. 建立计算机网络的基本目的是实现数据通信和__________。

4. 在计算机网络中，所谓的共享资源主要是指硬件、软件和__________资源。

5. 计算机网络的主要功能有__________资源共享、提高计算机的可靠性和可用性、分布式处理等。

6. 人们把一组互相连接的计算机称一个__________、把计算机连接起来以便共享资源叫组网。

7. 与 Internet 连接的两种基本方法是专线连接和__________。

8. 给每一个连接在 Internet 上的主机分配的唯一的 32 位地址又称为__________。

9. Telnet 采用__________模式，用户远程登录成功后，用户计算机暂时成为远程计算机的一个仿真终端，可以直接执行远程计算机上拥有权限的任何应用程序。

10. WWW 服务中客户机和服务器之间采用__________协议进行通信。

11. 用户通过搜索引擎的主机名进入搜索引擎以后，只需输入相应的__________即可找到相关的网址，并能提供相关的链接。

12. 统一资源定位器 URL 的组成为__________。

13. 将 IE 浏览器中整个网页的信息完整地保存下来，应选择“文件”菜单中的__________命令。

14. 上传文件最直接的方法就是通过__________文件传输服务协议，从远程登录服务器，然后将本机的文件复制粘贴到远程计算机上即可实现文件上传。

附录　各章参考答案

第1章　计算机基础

一、选择题

1. B	2. C	3. D	4. B	5. B
6. D	7. C	8. C	9. C	10. B
11. A	12. C	13. C	14. C	15. B
16. C	17. A	18. D	19. B	20. D
21. D	22. D	23. C	24. A	25. B
26. B	27. C	28. B	29. C	30. D
31. B	32. B	33. C	34. A	35. B
36. D	37. B	38. D	39. A	40. B
41. C	42. A	43. B	44. A	45. B
46. B	47. C	48. B	49. C	50. C

二、填空题

1. 冯·诺依曼	2. 电子管
3. 大规模集成电路	4. 11011001
5. 110	6. 11B
7. 14	8. 56
9. 2E	10. 只读存储器（ROM）
11. 主机	12. 控制
13. 逻辑运算	14. 分辨率
15. 输出	16. 输入设备
17. 程序	18. 应用软件
19. 机器	20. 输入/输出

第 2 章　Windows 7 的使用

一、选择题

1. D	2. A	3. B	4. D	5. C
6. B	7. A	8. D	9. A	10. A
11. D	12. C	13. B	14. D	15. A
16. C	17. A	18. C	19. D	20. C
21. B	22. D	23. B	24. A	25. A
26. D	27. B	28. B	29. A	30. B
31. C	32. D	33. C	34. B	35. D

二、填空题

1. “开始”
2. 复制
3. 鼠标右键
4. 活动/当前
5. 搜索
6. 启动
7. 还原
8. Shift+Del
9. PrintScreen
10. 任务栏

第 3 章　Word 2010 的使用

一、选择题

1. D	2. D	3. D	4. A	5. B
6. C	7. A	8. A	9. A	10. D
11. D	12. C	13. A	14. D	15. C
16. C	17. C	18. D	19. A	20. B
21. B	22. D	23. B	24. C	25. D
26. C	27. B	28. B	29. C	30. C

二、填空题

1. 显示/隐藏编辑标记
2. 绘图工具栏
3. Ctrl+A
4. 标题栏
5. 图形
6. 页眉和页脚
7. Enter
8. 工具
9. 视图
10. 排序

第4章　Excel 2010的使用

一、选择题

1. D	2. B	3. D	4. A	5. C
6. A	7. D	8. B	9. D	10. B
11. D	12. D	13. B	14. B	15. A
16. A	17. C	18. D	19. D	20. B
21. D	22. B	23. D	24. B	25. B
26. D	27. A	28. A	29. D	30. A
31. A	32. D	33. C	34. A	35. C

二、填空题

1. B3：B7
2. Alter+Enter
3. 4
4. 工作簿
5. 3
6. 同时满足
7. 地址
8. 单元格地址
9. 以=或+开始
10. 隐藏
11. 行标号
12. Ctrl+Shift+：
13. B2+＄B2+＄D＄1
14. Sheet2

第5章　PowerPoint 2010的使用

一、选择题

1. C	2. D	3. B	4. C	5. D
6. C	7. A	8. B	9. B	10. D
11. A	12. A	13. A	14. C	15. D
16. D	17. B	18. D	19. D	20. C

二、填空题

1. Esc
2. 位图文件
3. 9
4. 母板
5. Shift
6. 移动
7. 图片
8. 对象
9. 效果
10. Shift

第6章　多媒体技术基础

一、选择题

1. D	2. A	3. B	4. D	5. A
6. D	7. C	8. A	9. A	10. C
11. B	12. C	13. A	14. A	15. C
16. B	17. D	18. C	19. B	20. A

二、填空题

1. 存储媒体　　2. 三维动画
3. 时间轴　　4. 位图
5. 多媒体　　6. 交互性
7. 关键帧　　8. 滤镜
9. 模拟信号　　10. 数据压缩/解压缩技术

第7章　计算机网络基础

一、选择题

1. B	2. C	3. A	4. B	5. B
6. A	7. C	8. D	9. A	10. D
11. C	12. B	13. A	14. A	15. A
16. D	17. B	18. B	19. B	20. D
21. B	22. D	23. A	24. A	25. D
26. B	27. B	28. D	29. C	30. B

二、填空题

1. 局域网　　2. 通信设备
3. 资源共享　　4. 数据
5. 数据网络　　6. 网络
7. 拨号连接　　8. IP 地址
9. 客户机/服务器　　10. 超文本传输协议 HTTP
11. 关键字
12. <协议类型>：//<域名或 IP 地址>/路径及文件名
13. 另存为　　14. FTP

参考文献

1. 匡松，陈建国，袁继敏．大学计算机基础［M］．北京：电子工业出版社，2013

2. 卢湘鸿．计算机应用教程［M］．6 版．北京：清华大学出版社，2010

3. 匡松，李自力，康立．大学计算机应用教程［M］．成都：西南财经大学出版社，2012

4. 战德臣，聂兰顺等．大学计算机——计算思维导轮［M］．北京：电子工业出版社，2013

5. 姚永旭．网络基础与 Internet 应用［M］．北京：清华大学出版社，2006

图书在版编目(CIP)数据

大学 MS Office 高级应用教程/匡松主编．—成都：西南财经大学出版社，2014.1(2015.12 重印)
ISBN 978-7-5504-1299-6

Ⅰ.①大… Ⅱ.①匡… Ⅲ.①办公自动化—应用软件—高等学校—教材 Ⅳ.①TP317.1

中国版本图书馆 CIP 数据核字(2013)第 303953 号

大学 MS Office 高级应用教程

主 编:匡 松 何志国 刘洋洋 王 超
副主编:鄢 莉 何春燕 邓克虎 王 勇

策划组稿:李玉斗
责任编辑:植 苗
封面设计:何东琳设计工作室
责任印制:封俊川

出版发行	西南财经大学出版社(四川省成都市光华村街 55 号)
网 址	http://www.bookcj.com
电子邮件	bookcj@foxmail.com
邮政编码	610074
电 话	028-87353785 87352368
照 排	四川胜翔数码印务设计有限公司
印 刷	四川森林印务有限责任公司
成品尺寸	185mm×260mm
印 张	21.5
字 数	490 千字
版 次	2014 年 1 月第 1 版
印 次	2015 年 12 月第 3 次印刷
印 数	3001—6000 册
书 号	ISBN 978-7-5504-1299-6
定 价	42.00 元